자동차정비 기능사 실기

임춘무 · 최종기 · 이호상 · 최필식 공저

일진사

머 리 말

자동차정비기능사 자격증을 취득하고자 하는 여러분께!

대한민국 경제는 1인당 국민소득 4만 불과 무역 규모 2조 달러를 목표로 삼아 지금까지의 추격형, 기능형 경제 정책이 점차 선도형, 창조형 패러다임으로 변화되고 있습니다. 특히 소비자들의 소득 수준이 높아질수록 자동차는 단순한 이동수단을 넘어 자신의 삶의 즐거움과 예술품으로 진화하고 있습니다. 이제 자동차는 문화를 주도하는 도구로서 그 영역이 점점 더 넓어져 가고 있는 것을 실감하고 있습니다.

'자동차정비기능사'는 자동차를 배우는 학생과 현업에 종사하는 자동차 전문가들에게 꼭 필요한 진정한 자동차 전문 자격증이라 할 수 있으며, 이를 목표로 준비하는 모든 사람들에게 도움이 될 수 있도록 나름대로의 강의 경험과 노하우를 담아 이 책을 출간하게 되었습니다.

이 책은 작업형, 장비사용법 및 측정에 이르기까지 수험자 입장에서 이해하기 쉽도록 다음과 같은 특징으로 구성하였습니다.

첫째, 국가기술자격 실기시험문제를 중심으로 수험자 입장에서 실기문제를 이해하기 쉽도록 작업형과 답안지 작성법으로 분류하여 편성하였습니다.

둘째, 실기문항 작업형은 작업공정별로 사진을 첨부하여 작업공정을 이해하기 쉽게 구성하였고, 답안지 작성은 시험에 임하는 수험자 입장에서 문제 요지에 맞게 답안 예시를 하였습니다.

셋째, QR코드로 동영상 무료강의를 들을 수 있게 하여 실습과정을 이해하기 쉽고 언제 어디서나 편리하게 학습할 수 있도록 하였습니다.

넷째, 생생한 실기시험장의 분위기를 수험자에게 전달하고 편하게 공부할 수 있도록 컬러사진을 다양하게 수록함으로써 실제 시험장 분위기에 적응할 수 있도록 하였습니다.

다섯째, 시험장에서 주의할 사항과 실기시험 핵심포인트를 강조함으로써 문항별 특징을 이해할 수 있도록 구성하였습니다.

자동차정비기능사를 목표로 준비하는 실무 종사자와, 취업을 준비하며 전문 자격을 취득하기 위해 노력하는 모두에게 합격의 영광이 있기를 바랍니다. 책 내용의 오류를 지적해 주시면 겸허한 마음으로 수정·보완하여 더 나은 실기 책이 되도록 노력하겠습니다.

끝으로 이 책이 세상에 나올 수 있도록 물심양면으로 관심과 사랑으로 지원해주신 **일진사** 대표님과 편집부 직원들께 감사의 말씀을 전합니다.

저자 씀

차례 CONTENTS

공구 목록 및 준비물 ········· 10

국가기술자격 실기시험문제 1안

엔진
- 1-1 엔진 분해 조립 ········· 22
- 1-2 엔진 분사노즐 탈거 후 조립 ········· 26
- 1-3 분사노즐 분사압력 및 후적 측정 ········· 27
- 1-4 분사노즐 압력 및 후적 점검 ········· 27
- 2-1 엔진 시동(점화계통 점검) ········· 30
- 3-1 ISC 밸브(스텝 모터) 어셈블리 탈·부착 ········· 33
- 3-2 자기진단 센서 점검 ········· 33
- 4-1 광 투과식 디젤매연 측정 ········· 38

섀시
- 1-1 앞 쇽업소버 탈·부착 ········· 46
- 1-2 앞 쇽업소버 스프링 탈·부착 ········· 47
- 2-1 휠 얼라인먼트 시험기에 의한 점검 ········· 49
- 2-2 포터블 게이지에 의한 측정 ········· 53
- 3-1 브레이크 패드 탈·부착 ········· 57
- 4-1 인히비터 스위치 점검 ········· 58
- 5-1 제동력 시험 ········· 61

전기
- 1-1 윈드실드 와이퍼 모터 탈·부착 ········· 65
- 2-1 크랭킹 전류 시험 ········· 67
- 3-1 미등 회로 점검 ········· 70
- 4-1 전조등 측정(집광식) ········· 74

국가기술자격 실기시험문제 2안

엔진
- 1-1 엔진 분해 조립 ········· 80
- 1-2 밸브 스프링 탈·부착 ········· 80
- 1-3 밸브 스프링 장력 점검 ········· 82
- 2-1 엔진 시동(연료계통 점검) ········· 85
- 3-1 엔진 인젝터 1개 탈·부착 ········· 89
- 3-2 엔진의 각종 센서 점검 ········· 90
- 4-1 배기가스 점검 ········· 90

섀시
- 1-1 앞 허브 너클 탈·부착 ········· 96
- 2-1 휠 얼라인먼트 시험기에 의한 점검 ········· 98
- 3-1 브레이크 라이닝(슈) 탈·부착 ········· 99
- 4-1 자동변속기 자기진단 ········· 101
- 5-1 최소회전반지름 측정 ········· 105

전기
- 1-1 발전기 탈·부착 ········· 107
- 2-1 점화코일 1, 2차 저항 측정 ········· 109
- 3-1 전조등 회로 점검 ········· 112
- 4-1 경음기 음량 측정 ········· 115

국가기술자격 실기시험문제 3안

엔진

- **1-1** 엔진 분해 조립 ········· 120
- **1-2** 라디에이터 압력식 캡 탈거 후 조립 ········· 120
- **2-1** 엔진 시동(시동계통 점검) ········· 123
- **3-1** 흡입공기량 센서 탈·부착 ········· 126
- **3-2** 엔진 자기진단 ········· 126
- **4-1** 광 투과식 디젤매연 측정 ········· 126

섀시

- **1-1** 타이어 탈·부착 ········· 127
- **2-1** 입력축 엔드 플레이 측정 ········· 129
- **3-1** 릴리스 실린더 탈·부착 ········· 132
- **4-1** ECS 자기진단 ········· 133
- **5-1** 제동력 시험 ········· 134

전기

- **1-1** 점화플러그 및 고압케이블 탈·부착 ········· 136
- **2-1** 충전 전류 및 전압 점검 ········· 137
- **3-1** 와이퍼 회로도 ········· 142
- **3-2** 와이퍼 회로 점검 ········· 143
- **4-1** 전조등 측정 ········· 145

국가기술자격 실기시험문제 4안

엔진

- **1-1** 엔진 분해 조립 ········· 148
- **1-2** 캠 높이 측정 ········· 148
- **2-1** 엔진 시동(점화계통 점검) ········· 152
- **3-1** CRDI 엔진의 연료 압력 조절밸브 탈·부착 ········· 152
- **3-2** 엔진 센서(액추에이터) 점검 ········· 153
- **4-1** 배기가스 점검 ········· 153

섀시

- **1-1** 로어 암 탈·부착 ········· 154
- **2-1** 휠 얼라인먼트 시험기에 의한 점검 ········· 156
- **3-1** 브레이크 캘리퍼 탈·부착 ········· 160
- **4-1** 스캐너 진단 ········· 162
- **5-1** 최소회전반지름 측정 ········· 165

전기

- **1-1** 기동모터 탈·부착 ········· 166
- **2-1** 메인 컨트롤 릴레이 점검 ········· 168
- **3-1** 방향지시등 회로 점검 ········· 171
- **4-1** 경음기 음량 측정 ········· 175

국가기술자격 실기시험문제 5안

엔진

- **1-1** 엔진 분해 조립 ········· 178
- **1-2** 크랭크축 휨 측정 ········· 178
- **2-1** 엔진 시동(점화계통 점검) ········· 182
- **3-1** 예열플러그 탈·부착 ········· 182
- **3-2** 엔진의 각종 센서 점검 ········· 183
- **4-1** 광 투과식 디젤매연 측정 ········· 183

섀시

- **1-1** 등속축 탈·부착 ········· 184
- **2-1** 휠 밸런스 측정 ········· 185
- **3-1** 타이로드 엔드 탈·부착 ········· 188
- **4-1** 자동변속기 자기진단 ········· 189
- **5-1** 제동력 시험 ········· 189

차례 CONTENTS

전기
- 1-1 냉매 충전작업 ········· 190
- 2-1 ISC(공전속도 조절장치) 밸브 듀티값 측정 ········· 193
- 3-1 경음기 회로 점검 ········· 196
- 4-1 전조등 측정 ········· 198

국가기술자격 실기시험문제 6안

엔진
- 1-1 엔진 분해 조절 ········· 200
- 1-2 크랭크축 점검 ········· 200
- 2-1 엔진 시동(연료계통 점검) ········· 202
- 3-1 스로틀 보디 탈·부착 ········· 202
- 4-1 배기가스 점검 ········· 203

섀시
- 1-1 자동차 범퍼 탈·부착 ········· 204
- 2-1 주차 브레이크 클릭수 점검 ········· 207
- 3-1 파워스티어링 오일펌프 탈·부착 ········· 210
- 4-1 자동변속기 자기진단 ········· 211
- 5-1 최소회전반지름 측정 ········· 212

전기
- 1-1 다기능 스위치(콤비네이션 SW) 탈·부착 ········· 213
- 2-1 축전지 비중 및 용량 시험 ········· 214
- 2-2 축전기 용량 시험기(디지털) ········· 217
- 3-1 기동 및 점화회로 점검 ········· 219
- 4-1 경음기 음량 측정 ········· 223

국가기술자격 실기시험문제 7안

엔진
- 1-1 엔진 분해 조립 ········· 226
- 1-2 실린더 헤드 변형도 측정 ········· 226
- 2-1 시동 점화회로 점검 ········· 229
- 3-1 엔진 점화플러그 및 고압케이블 탈·부착 ········· 229
- 3-2 엔진의 각종 센서 점검 ········· 230
- 4-1 광 투과식 디젤매연 측정 ········· 230

섀시
- 1-1 수동변속기 후진 아이들 기어 탈·부착 ········· 231
- 2-1 디스크 두께 및 런 아웃 ········· 233
- 3-1 타이로드 엔드 탈·부착 ········· 235
- 4-1 자동변속기 오일 압력 측정 ········· 235
- 5-1 제동력 시험 ········· 239

전기
- 1-1 경음기 릴레이 탈·부착 ········· 240
- 2-1 에어컨 라인 압력 측정 ········· 242
- 3-1 전동 팬 회로 점검 ········· 244
- 4-1 전조등 측정 ········· 248

국가기술자격 실기시험문제 8안

엔진
- 1-1 엔진 분해 조립 ········· 250
- 1-2 엔진 압축압력 측정 ········· 250
- 2-1 엔진 시동(연료계통 점검) ········· 254
- 3-1 점화코일 탈·부착 ········· 254
- 3-2 엔진의 각종 센서 점검 ········· 255
- 4-1 배기가스 점검 ········· 255

섀시

- 1-1 후륜 액슬축 탈·부착 256
- 2-1 자동변속기 오일 점검 257
- 3-1 브레이크 캘리퍼 탈·부착 260
- 4-1 인히비터 스위치 점검 260
- 5-1 최소회전반지름 측정 260

전기

- 1-1 윈도 레귤레이터 탈·부착 261
- 2-1 축전지 급속 충전 265
- 2-2 축전지 비중 측정 266
- 3-1 충전회로 점검 269
- 4-1 경음기 음량 측정 272

국가기술자격 실기시험문제 9안

엔진

- 1-1 엔진 분해 조립 274
- 1-2 크랭크축 축 방향 유격 측정 274
- 2-1 엔진 시동(시동계통 점검) 276
- 3-1 맵 센서 탈·부착 276
- 3-2 엔진의 각종 센서 점검 277
- 4-1 광 투과식 디젤매연 측정 277

섀시

- 1-1 뒤 쇽업소버 탈·부착 278
- 2-1 종감속 기어 백래시 측정 280
- 3-1 휠 실린더 탈·부착 282
- 4-1 스캐너 진단 284
- 5-1 제동력 시험 284

전기

- 1-1 전조등 탈·부착 286
- 2-1 충전 전류 및 전압 점검 286
- 3-1 에어컨 회로 점검 287
- 4-1 경음기 음량 측정 289

국가기술자격 실기시험문제 10안

엔진

- 1-1 엔진 분해 조립 292
- 1-2 크랭크축 오일 간극 측정
  (텔레스코핑게이지 측정) 292
- 1-3 크랭크축 오일 간극 측정
  (플라스틱 게이지 측정) 293
- 2-1 엔진 시동(점화계통 점검) 297
- 3-1 가솔린 엔진 연료펌프 탈·부착 297
- 3-2 엔진의 각종 센서(액추에이터) 점검 298
- 4-1 배기가스 점검 298

섀시

- 1-1 자동 변속기 오일 필터
  및 유온 센서 탈·부착 299
- 2-1 브레이크 페달 높이 및 유격 측정 300
- 3-1 파워스티어링 오일펌프 탈·부착 302
- 4-1 ECS 자기진단 302
- 5-1 최소회전반지름 측정 302

전기

- 1-1 에어컨 필터(실내 필터) 탈·부착 303
- 2-1 인젝터 저항 측정 304
- 3-1 기동 및 점화회로 점검 307
- 4-1 전조등 측정 307

차례 CONTENTS

국가기술자격 실기시험문제 11안

엔진
- 1-1 엔진 분해 조립 ········· 310
- 1-2 캠축 휨 측정 ········· 310
- 2-1 엔진 시동(연료계통 점검) ········· 312
- 3-1 가솔린 엔진 연료펌프 탈·부착 ········· 312
- 4-1 광 투과식 디젤매연 측정 ········· 312

섀시
- 1-1 추진축 탈·부착 ········· 313
- 2-1 토(toe) 측정 ········· 315
- 3-1 마스터 실린더 탈·부착 ········· 319
- 4-1 자동변속기 자기진단 ········· 320
- 5-1 제동력 시험 ········· 321

전기
- 1-1 라디에이터 전동 팬 탈·부착 ········· 322
- 2-1 시동 모터 크랭킹 전압 강하 시험 ········· 323
- 3-1 제동등 및 미등 회로 점검 ········· 325
- 4-1 전조등 측정 ········· 328

국가기술자격 실기시험문제 12안

엔진
- 1-1 엔진 분해 조립 ········· 330
- 1-2 플라이휠 런 아웃 측정 ········· 330
- 2-1 엔진 시동(시동계통 점검) ········· 331
- 3-1 가솔린 엔진 연료펌프 탈·부착 ········· 331
- 4-1 배기가스 점검 ········· 331

섀시
- 1-1 종감속 기어 탈·부착 ········· 333
- 1-2 차동 기어 탈·부착 ········· 334
- 2-1 클러치 페달 유격 점검 ········· 336
- 3-1 브레이크 라이닝(슈) 탈·부착 ········· 339
- 4-1 스캐너 진단 ········· 339
- 5-1 최소회전반지름 측정 ········· 339

전기
- 1-1 발전기 탈·부착 ········· 340
- 2-1 ISC 저항 측정 ········· 340
- 3-1 실내등 및 열선 회로 점검 ········· 342
- 4-1 경음기 음량 측정 ········· 346

국가기술자격 실기시험문제 13안

엔진
- 1-1 디젤 커먼레일 인젝터 탈·부착 ········· 348
- 1-2 예열 플러그 탈·부착 ········· 350
- 2-1 엔진 시동(점화계통 점검) ········· 353
- 3-1 공기 유량 센서 탈·부착 ········· 353
- 3-2 엔진 자기진단 ········· 353
- 4-1 광 투과식 디젤매연 측정 ········· 353

섀시
- 1-1 자동변속기 오일펌프 탈·부착 ········· 354
- 2-1 사이드슬립 측정 ········· 356
- 3-1 브레이크 패드 탈·부착 ········· 358
- 4-1 자동변속기 오일 압력 측정 ········· 358
- 5-1 제동력 시험 ········· 358

전기

- 1-1 히터 블로어 모터 탈·부착 359
- 2-1 ISC 저항 측정 360
- 3-1 방향지시등 회로 점검 360
- 4-1 전조등 측정 360

국가기술자격 실기시험문제 14안

엔진

- 1-1 엔진 분해 조립 362
- 1-2 실린더 간극 측정 362
- 2-1 엔진 시동(연료계통 점검) 366
- 3-1 흡입공기량 센서 탈·부착 366
- 4-1 배기가스 점검 366

섀시

- 1-1 수동변속기 1단 기어 탈·부착 367
- 2-1 ABS 톤 휠 간극 측정 370
- 3-1 휠 실린더 탈·부착 372
- 4-1 자동변속기 자기진단 372
- 5-1 최소회전반지름 측정 372

전기

- 1-1 에어컨 벨트 탈·부착 373
- 2-1 메인 컨트롤 릴레이 점검 374
- 3-1 와이퍼 회로 점검 375
- 4-1 경음기 음량 측정 375

국가기술자격 실기시험문제 15안

엔진

- 1-1 엔진 분해 조립 378
- 1-2 피스톤 링 이음 간극 측정 378
- 2-1 엔진 시동(시동계통 점검) 380
- 3-1 흡입공기량 센서 탈·부착 380
- 4-1 광 투과식 디젤매연 측정 380

섀시

- 1-1 자동변속기 밸브 보디 탈·부착 381
- 2-1 자동변속기 오일 점검 382
- 3-1 릴리스 실린더 탈·부착 383
- 4-1 ECS 자기진단 383
- 5-1 제동력 시험 383

전기

- 1-1 계기판 탈·부착 384
- 2-1 점화코일 1, 2차 저항 측정 385
- 3-1 파워윈도 회로 점검 386
- 4-1 전조등 측정 391

부록
국가기술자격 실기시험문제
1~15안 393

공구 목록 및 준비물

1 자동차정비 공구의 활용

　자동차정비 공구는 자동차 실기시험에 필요한 지참 공구로, 자동차정비작업을 안전하고 효율적으로 수행하기 위한 것이다. 특히 실기시험에서는 공구의 활용 능력 및 습득 상태를 확인하고 안전에 위배되지 않는지, 공구 활용이 충분히 발휘되는지의 정도를 확인하므로, 자동차 공구는 자동차정비 실기시험의 비중 있는 채점 요인이며 기본이 되는 주요 사항이다.

2 자동차정비 실기시험 공구 목록

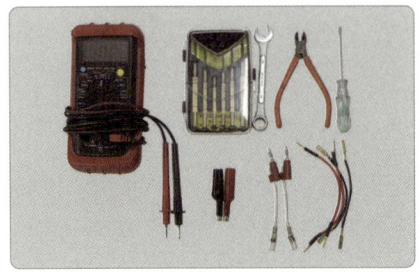

일반 공구 툴 박스

자동차정비기능사 실기시험 공구 목록

순번	재료명	규격	단위	수량	비고
1	소켓 렌치	mm용, inch용	조	1	13PC 이상
2	오픈엔드 렌치	mm용, inch용	조	1	6PC 이상
3	힌지 핸들	1/2 inch용	개	1	-
4	스피드 핸들	1/2 inch용	개	1	-
5	복스 렌치	mm용, inch용	조	1	6PC 이상
6	헤드볼트 렌치	6각, 별표형	조	1	-
7	고무 해머	450 g 정도	개	1	자루 포함
8	볼 핀 해머	500 g 정도	개	1	자루 포함
9	플라이어	150 mm	개	1	-
10	스크레이퍼	폭 10 mm 정도	개	1	철재용
11	바이스 플라이어	150 mm 정도	개	1	-
12	드라이버	+, -	조	1	대, 중, 소 각 1조씩
13	니퍼	150 mm	개	1	-
14	스냅 링 플라이어	150 mm	개	1	-
15	록 링 플라이어	3.7~25 mm	개	1	-
16	간극게이지	0.03~3 mm	조	1	-
17	피스톤 링 압축기	50~125 mm	개	1	-
18	브레이크 스프링 플라이어	400 정도	개	1	-
19	멀티 테스터	디지털 또는 아날로그	개	1	-
20	필기구	검은색 볼펜	개	1	-

※ 자기진단 시험기 등 간단한 측정기와 기타 자동차정비에 필요한 수공구는 지참 시 사용 가능합니다.

🔧 일반 공구 : 드라이버(+, -), 각종(오픈, 복스, 소켓, 토크 등) 렌치류, 니퍼, 각종(조합, 롱 노즈, 스냅 링 등) 플라이어, 힌지 핸들, 스피드 핸들, 해머(고무, 볼 핀), 간극게이지, 스크레이퍼, 자(줄자) 등 정비에 필요하고 지참 가능한 공구

3 수험자 준비물

수험표, 신분증, 체크리스트, 계산기, 헝겊이나 유지, 면장갑, 작업복, 실기실험 개인 공구 지참

4 자동차정비 공구 명칭과 종류

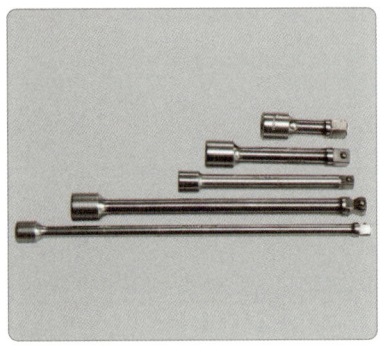

연결대(이음대, extension bar) : 복스 소켓과 렌치나 핸들의 중간 연결에 사용하며, 대·중·소로 구성되어 작업 상황에 맞게 사용한다.

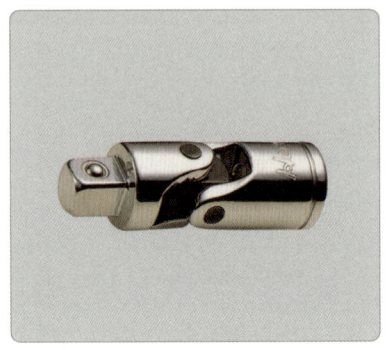

유니버설 조인트 : 두 축의 각도를 자유롭게 바꿀 수 있는 이음 공구로, 각도가 있는 비스듬한 작업 공간이나 경사진 곳에서 조임이나 풀기가 가능하다.

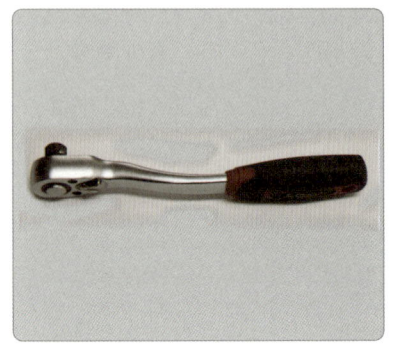

래칫 핸들(rachet handle) : 볼트나 너트에서 소켓을 빼지 않고 한쪽 방향으로 볼트나 너트를 조이거나 풀 때 사용한다.

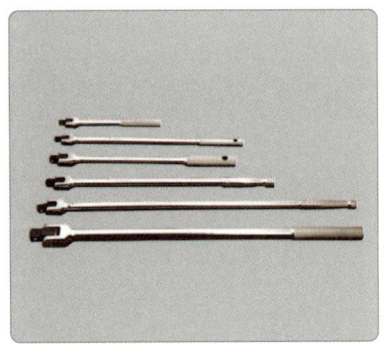

힌지 핸들(hinge handle) : 지렛대 힘을 최대로 활용할 수 있는 공구로, 조임 토크가 커서 볼트나 너트를 풀고 조일 때 사용한다.

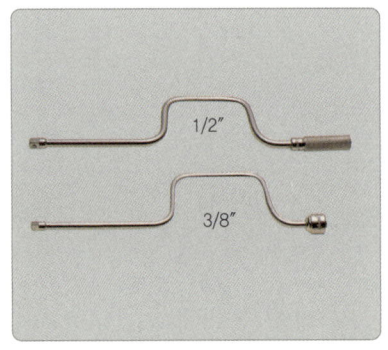

스피드 핸들(speed handle) : 볼트나 너트를 신속히 풀거나 조일 때 사용한다. 10 mm 이상은 힌지 핸들로 분해한 후 스피드 핸들로 작업한다.

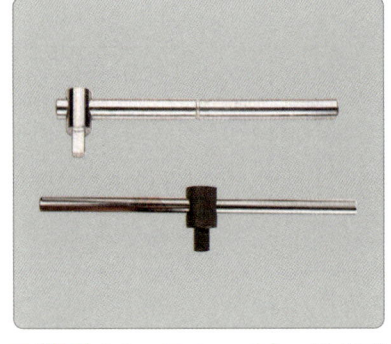

T 핸들(sliding T-handle) : 양 끝에 똑같은 힘을 가할 수 있으며, 한쪽으로 몰아서 힌지 핸들과 같이 볼트나 너트를 분해 조립할 수 있다.

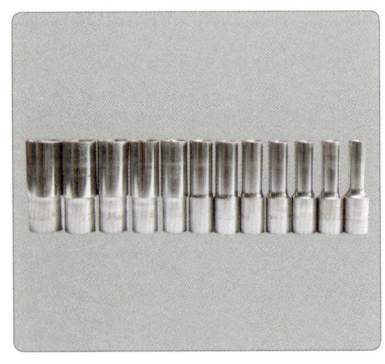

딥(롱) 소켓 : 볼트나 너트의 깊이가 깊어서 단구 소켓을 사용할 수 없을 경우에 사용한다.

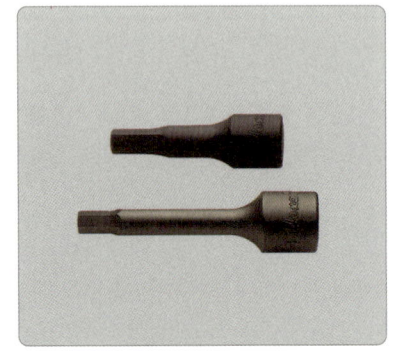

육각 렌치(실린더 헤드 분해 조립용) : 실린더 헤드 볼트나 일반 볼트 안지름이 육각으로 형성된 경우에 사용한다.

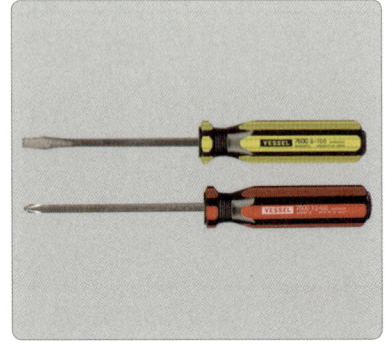

스크루 드라이버(screw driver) : 각종 나사나 피스를 조이거나 풀 때 사용한다.

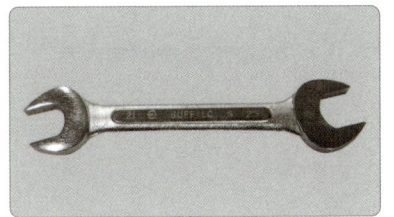

오픈 엔드 렌치(open-end wrench, 양구 스패너) : 양쪽에 물림입이 달린 스패너로 양쪽 끝이 열려 있다. 볼트나 너트를 조이거나 풀 때 사용한다.

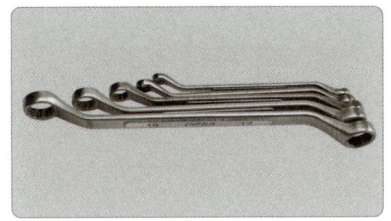

복스 렌치(box wrench) : 볼트나 너트에 힘이 고르게 분산되어 오픈 엔드 렌치와 달리 볼트나 너트를 완전히 감싸며 사용한다.

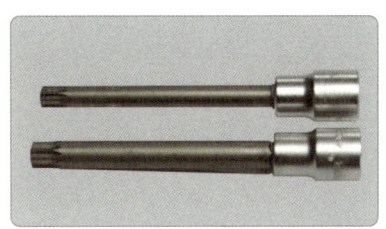

별표 렌치 : 형상이 별각으로 되어 있는 볼트나 너트를 분해하거나 조립할 때 사용하는 특수 공구이다.

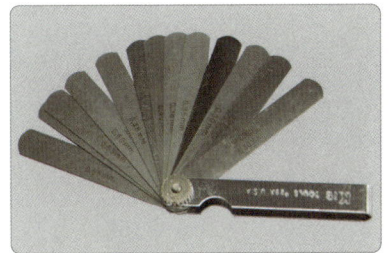

디그니스 게이지 : 기어나 축 사이드 간극을 측정하기 위한 게이지이다.

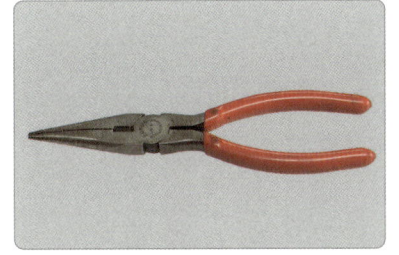

롱 노즈 플라이어(long nose plier) : 끝이 가늘게 되어 있어 좁은 곳의 전기 수리 작업에 유용하다.

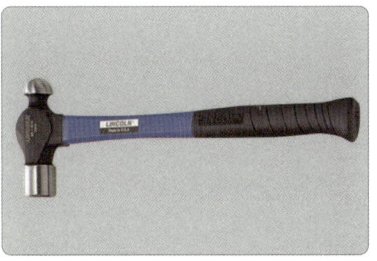

볼핀 해머(ball peen hammer) : 물체의 다목적 타격용 금속 해머로, 핀이 볼 모양으로 둥글게 되어 있다.

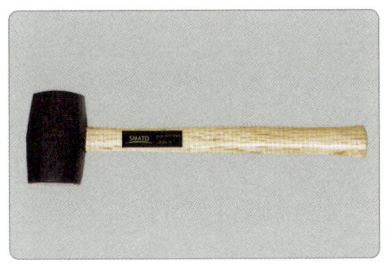

고무 망치(rubber hammer) : 물체에 타격을 가할 때 사용하는 공구로, 물체의 손상없이 충격을 가할 때 사용한다.

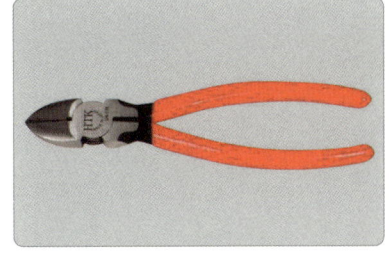

커팅 플라이어(cutting plier, 니퍼) : 동선류, 철선류, 전선류를 절단하거나 피복을 벗길 때 사용한다.

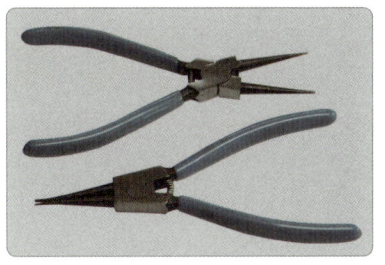

스냅링 플라이어 : 축이나 구멍 등에 설치된 스냅링(축이나 베어링 등이 빠지지 않게 하는 멈춤링)을 빼거나 조립 시 사용한다.

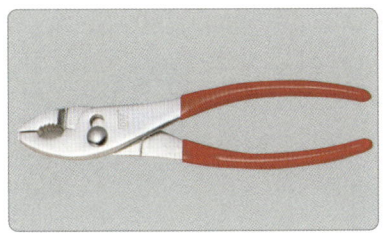

조합 플라이어(combination plier) : 물체 크기에 맞게 조의 폭을 변화할 수 있도록 지지점 구멍이 2단으로 되어, 큰 것과 작은 것 모두 돌릴 수 있다.

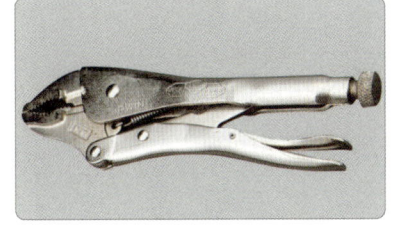

바이스 그립(클램프 플라이어) : 플라이어와 손바이스를 합친 기능으로, 압착 간격 조정이 용이하며 스패너, 파이프 렌치 등으로 사용 가능하다.

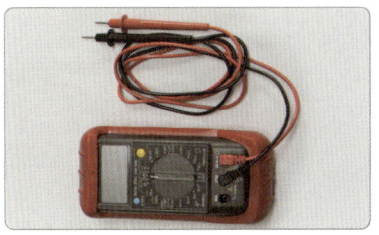

디지털 멀티 테스터기 : 자동차 전기 전자 회로의 저항, 단선, 접지 및 센서의 단품 점검과 회로 내 직류와 교류 전압을 점검하기 위한 테스터이다.

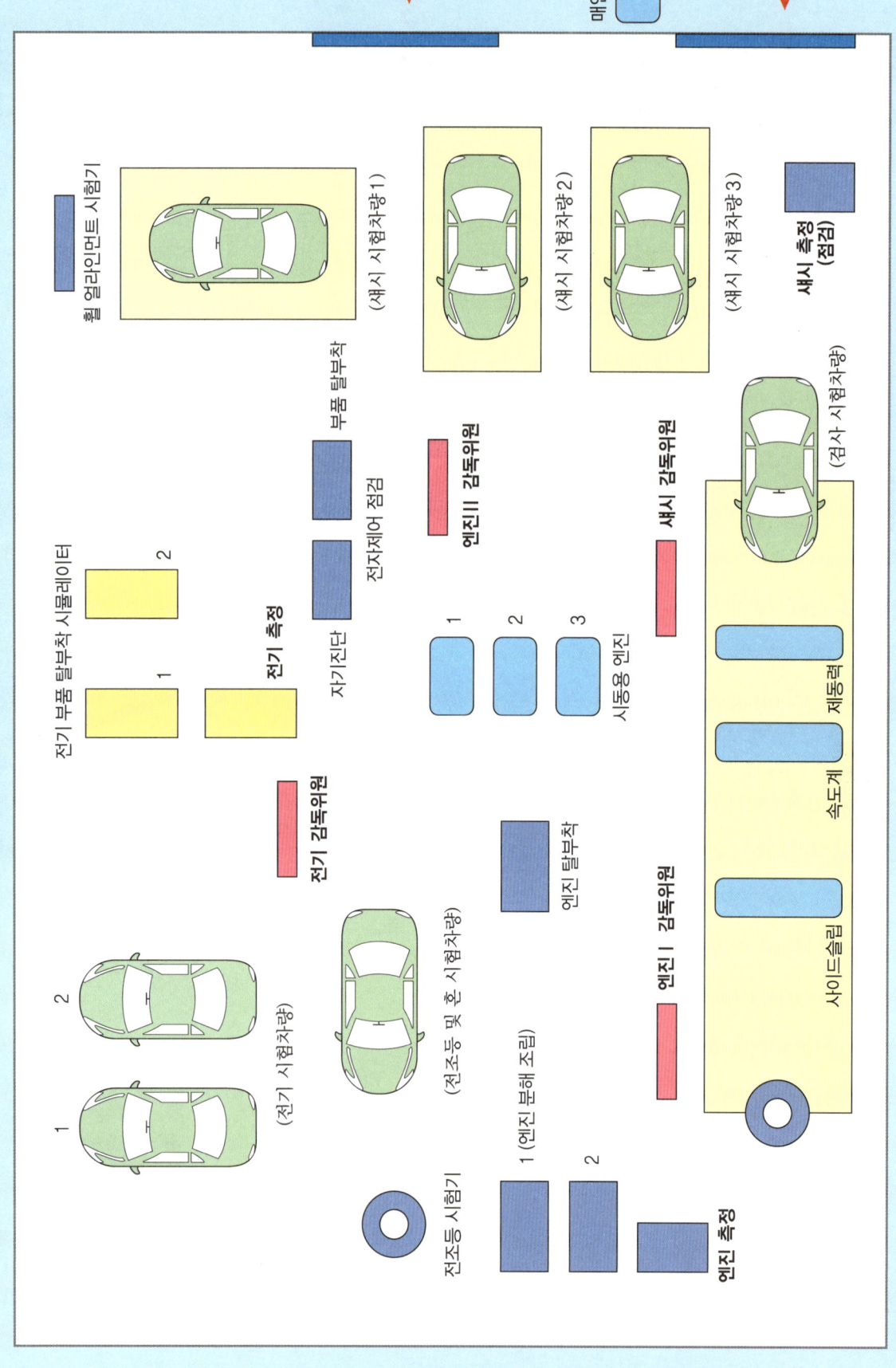

차종별 자동차 분류기준

자동차관리법 시행규칙 [별표 1] 자동차의 종류
⟨2018. 11. 23⟩

승용자동차		
소형	중형	대형
• 배기량 1600 cc 미만 • 길이 4.7 m, 너비 1.7 m, 높이 2.0 m 이하	• 배기량 1600 cc 이상 2000 cc 미만 • 길이, 너비, 높이 중 하나라도 소형을 초과	• 배기량 2000 cc 이상 • 길이, 너비, 높이 모두 소형을 초과
엑센트, 아베오, 프라이드, 아반떼 포르테	쏘나타, K5, SM5	K7, K9, 모하비, 카니발, 쏠라티, 그랜저, SM7, 코란도 투스리모, 스팅어 2.2디젤과 3.3 터보, G70, G80, EQ900

승합자동차		
소형	중형	대형
• 승차정원 15인 이하 • 길이 4.7 m, 너비 1.7 m, 높이 2.0 m 이하	• 승차정원 16인 이상 35인 이하 • 길이, 너비, 높이 중 하나가 소형을 초과하고 길이가 9 m 미만	• 승차정원 36인 이상 • 길이, 너비, 높이 모두 소형을 초과하고 길이가 9 m 이상
쏠라티, 봉고, 그레이스, 뉴카운티, 이스타나	에어로타운버스, 카운티, 그랜드 스타렉스	그린시티, 유니버스, 그랜버드, 자일대우버스

화물자동차		
소형	중형	대형
• 최대적재량 1톤 이하 • 총중량 3.5톤 이하	• 최대적재량 1톤 이상 5톤 미만 • 총중량 3.5톤 초과 10톤 미만	• 최대적재량 5톤 이상 • 총중량 10톤 이상
봉고3트럭, 봉고프런티어, 와이드봉고, 타이탄, 포터, 포터2, 리베로, 카고(2.5톤)	카고(3.5~5톤)	트라고 엑시언트, 카고(11톤 이상)

수험자 유의사항

1. 수험자 인적사항 및 답안 작성은 검은색 필기구만 사용해야 합니다. 그 외 연필류, 유색 필기구, 지워지는 펜 등을 사용한 답항은 채점하지 않으며, "0"점 처리됩니다.
2. 답안 정정 시 정정하고자 하는 단어에 두 줄(=)을 긋고 다시 작성하거나 수정테이프(수정액 제외)를 사용하여 정정합니다.
3. 감독위원의 지시에 따라 실기작업에 임하며, 모든 작업은 안전사항을 준수합니다.
4. 기록표 작성은 본인의 비번호와 엔진 번호, 작업대 번호, 자동차 번호 등을 먼저 기록하고, 감독위원의 지시에 따라 요구사항에 맞게 점검 및 측정하여 작성합니다.
5. 과제[엔진, 섀시, 전기]의 소항목 작업 중에서 기록표 작성이 요구된 항목은 매 작업이 끝날 때마다 감독위원에게 기록표를 제출합니다.
6. 과제[엔진, 섀시, 전기]의 소항목 작업시간은 감독위원의 지시에 따라 시행됩니다.
7. 부품 교환(또는 탈·부착) 시 감독위원의 확인을 받은 후 다음 작업을 합니다.
    ㉮ 수험자가 '완료'되었다는 의사표현이 있을 때 감독위원이 확인합니다.
    ㉯ 과제 확인을 요청(완료 의사표현)한 경우 해당 작업이 완료되었음을 의미하며, 완료 이후 동일 작업을 추가로 진행한 것은 채점대상에서 제외됩니다.
8. 모든 측정기 또는 시험기 등의 설치 및 조작은 반드시 수험자 본인이 직접 실시하며 필요한 특수 공구는 시험장에서 제공된 것 중 수험자 본인이 직접 선택하여 사용합니다.
9. 검정 장비, 측정기기 및 시험기기 등은 조심스럽게 다루며 안전사고 및 각종 기자재 손상이 발생하지 않도록 주의합니다.
10. 전자제어 시스템 취급 시 안전수칙을 지켜 전자부품의 손상이 없도록 합니다.
11. 기준값에 관한 사항
    ㉮ 회로도와 기록표의 규정(정비 한계, 기준)값은 시험장에서 제공하는 정비지침서, 측정 장비(스캐너 포함) 등에서 수험자가 직접 찾아 참조 및 기록합니다.
    ㉯ 자동차 검사에 관련된 기준값은 제시하지 않습니다(자동차관리법, 자동차 및 자동차부품의 성능과 기준에 관한 규칙, 대기환경보전법, 소음·진동관리법 등).
12. 수치 기록에 관한 사항
    ㉮ 지침서 또는 장비 등에 표기된 단위를 사용하거나 SI 또는 MKS를 사용합니다.
    ㉯ 자동차 검사와 관련된 수치의 기록은 자동차 검사 관련 법규를 준용합니다.
13. 기록표 작성에서 다음 각 항에 해당하는 경우는 틀린 것으로 합니다.
    ㉮ 단위가 없거나 틀린 경우

㉯ 의미가 달라질 수 있는 단위 접두어의 대소문자가 틀린 경우

㉰ 측정 조건이나 환경에 따라 변화하는 측정값에서 측정값만 있고 측정 조건이 없는 경우

㉱ 정비 및 조치 사항에서 교환, 수리, 조정 후 연계되는 후속 조치 사항이 없는 경우

㉲ 기록표 기재 사항에서 정정 날인 없이 정정된 개소

    (정정 시 시험위원이 입회 · 정정 · 날인해야 함)

14. 다음 각 항에 해당하는 경우 해당 항목을 "0"점 처리합니다.

㉮ 요구사항 또는 감독위원의 지시사항과 다른 작업을 한 경우

㉯ 과제[엔진, 섀시, 전기]의 소항목 시험시간을 초과하여 작업한 경우

㉰ 소항목의 제한된 시간 또는 작업 횟수를 초과하는 경우

    (소항목이 "0"점인 경우 연계된 작업은 할 수 없습니다.)

㉱ 최종 작업을 완료한 자동차(또는 엔진 등)의 주행(작동)이 불완전한 상태인 경우

㉲ 분해 및 탈거 부품을 미조립 또는 규정 토크로 조이지 않고 최종 완료한 경우

㉳ 파형 분석에서 출력물이 감독위원이 제시한 측정 조건과 일치하지 않는 경우

㉴ 작업 미숙으로 안전사고, 기재 손상 등이 우려되어 "기능 미숙"에 해당되는 경우

㉵ 점검, 측정 항목에서 시험기 및 측정기 사용이 극히 미숙한 경우

㉶ 측정값의 단위는 SI 또는 MKS를 사용하여야 하며, 단위가 없거나 틀린 경우

15. 다음 사항에 대해서는 채점 대상에서 제외하니 특히 유의하시기 바랍니다.

㉮ 기권
- 수험자 본인이 수험 도중 기권 의사를 표시하는 경우

㉯ 실격
- 작업이 극히 미숙하여 안전사고 및 기자재 손상이 발생된 경우
- 과제별[엔진, 섀시, 전기]로 응시하지 않거나 어느 한 과제 전체가 "0"점일 경우
- 타인의 결과 기록표를 보고 기록하거나 보여주는 경우
- 수험자 간 대화를 하거나 휴대폰 또는 기타 통신기기를 휴대하여 사용하는 경우
- 기타 시험과 관련된 부정행위를 하는 경우

16. 수험자는 시험용 시설 및 장비를 주의하여 다루어야 하며, 자신 및 타인의 안전을 위하여 알맞은 복장을 반드시 착용하여야 합니다.

17. 시험 중 수험자는 반드시 안전수칙을 준수해야 하며 작업 복장 상태, 정리정돈 상태, 안전 사항 등이 채점 대상이 됩니다.

한국산업인력공단 시행 자동차정비기능사 실기 안별 출제 문제

파트별		안별 문제	1	2	3	4	5	6	7
엔진	1	엔진(부품) 분해 조립	실린더 헤드(디젤)/노즐	실린더 헤드(가솔린)/밸브 스프링	워터펌프(디젤)/라디에이터 캡	가솔린 엔진(DOHC)/타이밍벨트, 캠축	디젤엔진 크랭크축	가솔린 엔진 크랭크축	가솔린 엔진(DOHC) 실린더 헤드
		측정/답안작성	노즐압력 및 후적	밸브 스프링 장력	라디에이터 압력식 캡	캠 높이	크랭크축 휨	크랭크축 마모	실린더 헤드 변형
	2	시스템 점검 엔진 시동	점화회로	연료계통회로	시동회로	점화회로	연료계통회로	시동회로	점화회로
		부품 탈거/조립	공회전 조절 장치 (ISC 서보 및 스텝 모터)	가솔린 인젝터(1개)	흡입공기량센서 (AFS)	CRDI 연료압력 조절밸브	CRDI 예열플러그	스로틀 보디	점화플러그(LPG) 배선
	3	자기진단(답안작성)	스캐너를 이용한 엔진 전자제어 센서(액추에이터) 점검						
	4	차량 검사 측정	디젤 매연	가솔린 배기가스	디젤 매연	가솔린 배기가스	디젤 매연	가솔린 배기가스	디젤 매연
섀시	1	부품 탈거/조립	앞 쇽업소버 스프링	허브와 너클	타이어	로어 암	등속축	범퍼(앞 또는 뒤)	M/T 후진 아이들 기어
	2	점검/답안작성	캐스터각, 캠버각	캐스터각, 캠버각	M/T 입력축 엔드 플레이	캐스터각, 캠버각	타이어 휠 탈거기 휠 밸런스	주차 레버 클릭수	디스크 (두께, 런 아웃)
	3	부품 탈거 작동 상태	ABS 브레이크 패드	브레이크 라이닝(슈)	릴리스 실린더/공기빼기	브레이크 캘리퍼	타이로드 엔드	파워스티어링 오일펌프	타이로드 엔드
	4	점검/답안작성	인히비터 스위치	A/T 자기진단	ECS 자기진단	ABS 자기진단	A/T 자기진단	A/T 자기진단	A/T 오일 압력 점검
	5	안전기준 검사	브레이크 제동력	최소회전반지름	브레이크 제동력	최소회전반지름	브레이크 제동력	최소회전반지름	브레이크 제동력
전기	1	부품 탈거/조립 작동 확인	와이퍼 모터	발전기	점화플러그(DOHC) 케이블	기동모터	에어컨 냉매 충전	다기능스위치	경음기 릴레이
	2	측정/답안작성	크랭킹 시 전류 소모 시험	점화코일 점검 (1, 2차 저항)	충전 전류, 전압 점검	메인 컨트롤 릴레이	ISC 밸브 듀티값	급속 충전 후 축전지 비중 및 전압	에어컨 압력 점검 (저압, 고압)
	3	전기회로점검/고장부위작성	미등 및 번호등 회로	전조등 회로	와이퍼 회로	방향지시등 회로	경음기 회로	기동 및 점화회로	전동 팬 회로
	4	차량 검사 측정	전조등 광도	경음기 음량	전조등 광도	경음기 음량	전조등 광도	경음기 음량	전조등 광도

파트별		인별문제	8	9	10	11	12	13	14	15
엔진	1	엔진(부품) 분해 조립	공기청정기(가솔린/점화플러그)	크랭크축(가솔린 엔진)	크랭크축(가솔린 엔진) 메인 베어링	실린더 헤드 캠축(DOHC 가솔린 엔진)	크랭크축(디젤)	CRDI 인젝터 1개 예열플러그	실린더 헤드(DOHC) 피스톤 1개	실린더 헤드(가솔린) 피스톤
엔진		측정/담인작성	압축압력시험	크랭크축 축방향 유무 플레이	크랭크축 메인 베어링 유무 간극	캠축 휠	플라이휠 런 아웃	예열 플러그 저항	피스톤 간극	피스톤 링 엔드 갭
엔진	2	시스템 점검 엔진 시동	연료계통회로	시동회로	점화회로	연료계통 회로	시동회로	점화회로	연료계통회로	시동회로
엔진	3	부품 탈거/조립 작동 상태	엔진 점화코일	맵 센서	연료 펌프	연료 펌프	연료펌프	AFS/에어클리너	AFS/에어클리너	AFS/에어클리너
엔진		자기진단(담인작성)								
엔진	4	차량 검사 측정	가솔린 배기가스	디젤 매연	가솔린 배기가스	디젤 매연	가솔린 배기가스	디젤 매연	가솔린 배기가스	디젤 매연
섀시	1	부품 탈거/조립	액슬축(후륜)	뒤 속업쇼버	A/T 오일 필터 오운 센서	추진축	자동기어(FR형식)	A/T 오일펌프	M/T 후진 아이들 기어	A/T 벨브 보디
섀시	2	점검/담인작성	A/T 오일 점검	증감속 기어 백래시	브레이크 페달 유극/직동거리	토(toe)	클러치 페달 유격	사이드슬립	ABS 톤 휠 간극	A/T 오일 점검
섀시	3	부품 탈거 작동 성태	브레이크 캘리퍼	휠 실린더/공기빼기	파워스티어링 오일펌프	ABS 브레이크 패드	브레이크 라이닝(슈) 교환	ABS 브레이크 패드	휠 실린더/공기빼기	릴리스 실린더/공기빼기
섀시	4	점검/담인작성	A/T 인히비터 스위치	ABS 자기진단	ECS 자기진단	ABS 자기진단	ABS 자기진단	A/T 오일 압력 점검	A/T 자기진단	ECS 자기진단
섀시	5	안전기준 검사	최소회전반지름	브레이크 제동력	최소회전반지름	브레이크 제동력	최소회전반지름	브레이크 제동력	최소회전반지름	브레이크 제동력
전기	1	부품 탈거/조립 작동 확인	윈도 레귤레이터	전조등	에어컨 필터/블로어 모터	전동 팬	발전기	히터 블로어 모터	에어컨 벨트	계기판
전기	2	측정 담인작성	축전지 점검 급속 충전, 비중 점압	발전기 충전 전류, 전압	인젝터 코일저항	크랭킹 전압	스텝 모터 저항	스텝 모터 저항	메인 컨트롤 릴레이 점검	점화코일 점검 (1, 2차 저항)
전기	3	전기회로 점검/고장부위 작성	충전회로	에어컨 회로	점화회로	제동 및 미등 회로	실내등 및 열선 회로	방향지시등 회로	와이퍼 회로	파워윈도 회로
전기	4	차량 검사 측정	경음기 음량	경음기 음량	전조등 광도	전조등 광도	경음기 음량	전조등 광도	경음기 음량	전조등 광도

자동차정비기능사 실기시험 1안

파트별	안별 문제	1안
엔진	엔진(부품) 분해 조립	실린더 헤드(디젤)/노즐
엔진	측정/답안작성	노즐압력 및 후적
엔진	시스템 점검/엔진 시동	점화회로
엔진	부품 탈거/조립	공회전 조절 장치 (ISC 서보 및 스텝 모터)
엔진	자기진단(답안작성)	스캐너를 이용한 엔진 전자제어 센서(액추에이터) 점검
엔진	차량 검사 측정	디젤 매연
섀시	부품 탈거/조립	앞 쇽업소버 스프링
섀시	점검/답안작성	캐스터각, 캠버각
섀시	부품 탈거 작동 상태	ABS 브레이크 패드
섀시	점검/답안작성	인히비터 스위치
섀시	안전기준 검사	브레이크 제동력
전기	부품 탈거/조립 작동 확인	와이퍼 모터
전기	측정/답안작성	크랭킹 시 전류 소모 시험
전기	전기회로 점검/고장부위 작성	미등 및 번호등 회로
전기	차량 검사 측정	전조등 광도

국가기술자격 실기시험문제 1안 (엔진)

자격종목	자동차정비기능사	과제명	자동차정비작업

비번호 :   시험시간 : 4시간(엔진 : 100분, 섀시 : 80분, 전기 : 60분)

엔진 1

주어진 디젤엔진에서 실린더 헤드와 분사노즐(1개)을 탈거한 후(감독위원에게 확인하고) 감독위원의 지시에 따라 기록표의 내용대로 기록·판정한 후 다시 조립하시오.

1-1 엔진 분해 조립

(1) 엔진 분해

1. 팬벨트 장력을 이완시킨다.

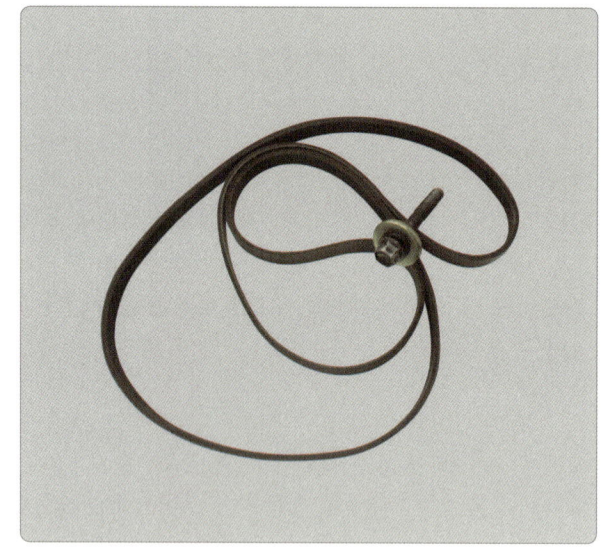

2. 팬벨트를 탈거한다(회전 방향 → 표시).

3. 전기장치(발전기, 기동전동기, 고압케이블, 점화코일, 에어컨 컴프레서)를 탈거한다.

4. 크랭크축 풀리를 탈거한다.

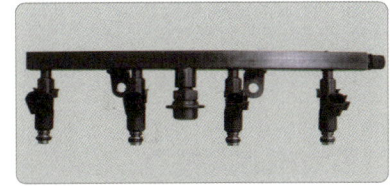

5. 연료 인젝터를 탈거한다.

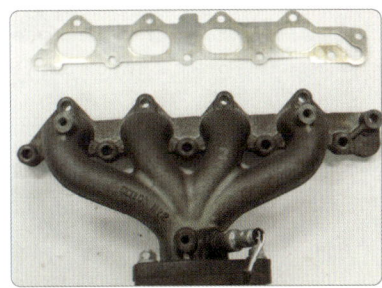

6. 배기 다기관을 탈거한다.

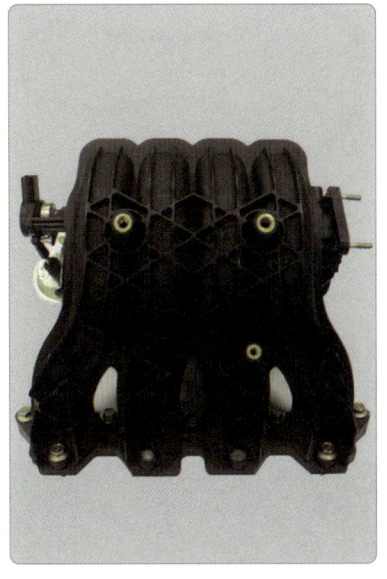

7. 흡기 다기관을 탈거한다.

8. 엔진 본체를 정렬한다.

9. 실린더 헤드 커버를 탈거한다.

10. 타이밍 커버를 탈거한다(상, 하).

11. 타이밍 벨트를 탈거하기 전에 크랭크축 및 캠축 스프로킷 타이밍 마크를 확인한다.

12. 크랭크축을 돌려 캠축 스프로킷과 크랭크축 타이밍 마크를 세팅한다.

13. 물 펌프 고정 볼트를 풀고 시계 방향으로 돌려 타이밍 벨트 장력을 이완시킨다.

14. 타이밍 벨트 및 텐셔너, 물 펌프를 탈거한다.

15. 캠축 기어 및 밸브 리프터(유압 태핏)를 탈거한다.

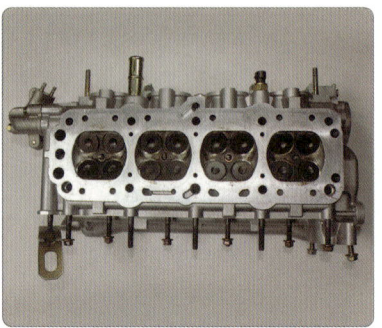

16. 실린더 헤드를 탈거한다(헤드 볼트를 밖에서 안으로 분해한다).

17. 오일 팬을 탈거하기 위해 엔진을 180° 회전시킨다.

18. 오일 팬을 탈거한다.

19. 오일펌프, 오일 필터, 오일 스트레이너를 탈거한다.

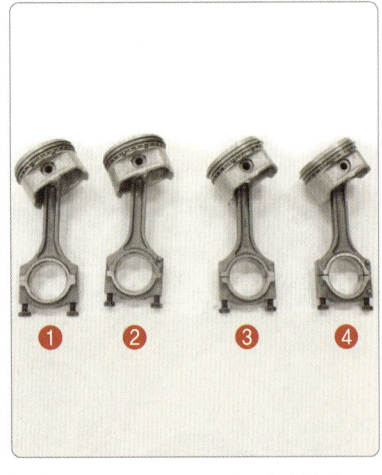

20. 실린더별 피스톤을 탈거한다.
(❶-❹-❸-❷)

21. 크랭크축을 탈거한다(크랭크축 및 크랭크축 메인저널 캡 정리).

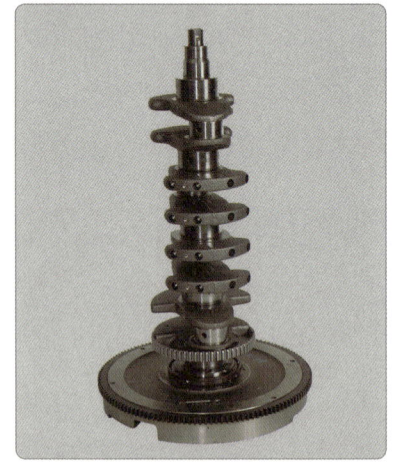

22. 크랭크축을 탈거한 후 엔진 부품을 정렬한다.

실기시험 주요 Point

엔진 분해 시기 및 결정 요인

❶ 압축 압력이 규정값의 70% 이하일 경우와 10% 이상일 경우

❷ 연료 소비율이 표준 소비율의 60% 이상일 경우 ❸ 윤활유 소비율이 표준 소비율의 50% 이상일 경우

(2) 엔진 조립

1. 크랭크축을 실린더 블록에 정위치 하고 메인저널 캡을 규정 토크로 조립한다(4.5~5.5kgf·m).

2. 피스톤을 조립한다(❸-❷, ❹-❶). 조립이 끝나면 ❶, ❹번 피스톤 위치가 상사점에 오도록 둔다.

3. 오일 펌프 및 오일 스트레이너를 조립한다.

4. 오일 팬을 조립한다.

5. 물 펌프를 조립한다.

6. 엔진을 정렬하고 헤드 개스킷을 조립한다.

7. 실린더 헤드를 블록 위에 설치하고 헤드 볼트를 규정 토크로 조립한다(8.5~9.5kgf·m).

8. 밸브 리프터(유압 태핏), 캠축(흡기, 배기)을 실린더 헤드에 설치하고 조립한다.

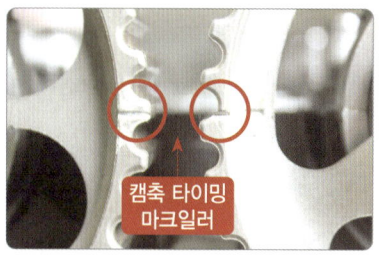
9. 캠축 스프로킷의 타이밍 마크를 맞춘다.

10. 크랭크축 기어 타이밍 마크를 맞춘다.

11. 타이밍 벨트의 크랭크축과 캠축 스프로킷을 조립하고 물 펌프 몸체를 시계, 반시계 방향으로 돌려 타이밍 벨트 장력을 조정한다.

12. 엔진 고정 마운틴을 조립하고 타이밍 커버를 조립한 후 발전기, 컴프레서를 조립한다.

1-2 엔진 분사노즐 탈거 후 조립

1. 연료 공급 호스를 탈거한다.

2. 인젝터 및 인젝션 펌프 고압 파이프를 탈거한다.

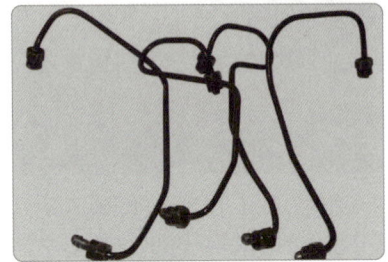
3. 탈거한 고압 파이프를 정리한다.

4. 연료 리턴 파이프를 탈거한다.

5. 분사노즐을 탈거한다.

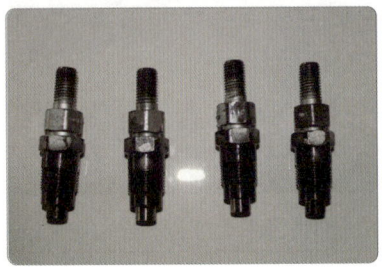
6. 탈거된 분사노즐을 정리하고 감독위원에게 확인받는다.

7. 분사노즐을 실린더 헤드에 설치하고 조립한다.

8. 연료 리턴 파이프를 조립한다.

9. 인젝션 펌프

10. 연료 공급 파이프를 인젝션 펌프와 분사노즐에 체결 조립한다.

11. 실린더별 연료 공급 파이프를 체결한다.

12. 연료 공급 파이프를 체결하고 감독위원의 확인을 받는다.

1-3 분사노즐 분사압력 및 후적 측정

1. 분사노즐 테스터기 노즐 위치와 작동레버 경유 충전상태를 확인한다.

2. 분사노즐이 수직인 상태를 확인하고 노즐 팁 부위를 닦아낸다.

3. 펌프 레버를 1~2회 서서히 작동시켜 계기의 눈금이 상승하면 다시 펌프 레버를 강하게 작동시킨 후, 압력 제거 핸들을 잠그면 계기의 눈금이 서서히 상승한 후 멈춘다.

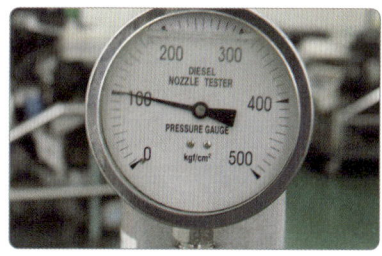

4. 분사노즐 분사압력을 확인한다. (100 kgf/cm²)

5. 노즐 팁을 육안으로 확인하여 후적 유무를 확인한다(후적 상태 양호).

1-4 분사노즐 압력 및 후적 점검

(1) 분사압력 조정(제거) 핸들이 있는 타입

① 노즐 시험기에 분사노즐이 설치된 상태와 연료탱크에 경유가 있는지 확인한다.
② 노즐 시험기 펌프 레버를 작동하면서 인젝션 파이프 고정 너트를 풀어 공기빼기를 한 후, 압력 제거 핸들을 2~3바퀴 정도 풀어준다.
③ 펌프 레버를 1~2회 서서히 작동하여 계기의 눈금이 상승하면, 다시 펌프 레버를 강하게 작동하여 압력 제거 핸들을 잠그면 계기의 눈금이 서서히 상승한 후 멈춘다. 이 상태가 분사개시 압력이 된다.

(2) 분사압력 조정(제거) 핸들이 없는 타입

분사노즐 테스터기 종류에 따라 계기판의 눈금이 최대 상승 후 하강 시 순간적으로 흔들림이 멈추었다가 하강하게 되는데, 순간적으로 멈춘 부분을 분사개시 압력으로 측정한다.

답안지 작성

엔진 1 노즐 점검

항목	① 측정(또는 점검)			② 판정 및 정비(또는 조치) 사항		(I) 득점
	(D) 측정값	(E) 규정(정비한계)값	(F) 후적 유무 판정 (□에 'V'표)	(G) 판정(□에 'V' 표)	(H) 정비 및 조치할 사항	

(A) 엔진 번호 :   (B) 비번호   (C) 감독위원 확 인

| 분사노즐 분사압력 | 100 kgf/cm² | 100~120 kgf/cm² | □ 유
☑ 무 | ☑ 양호
□ 불량 | 정비 및 조치할 사항 없음 | |

1. 답안지 공통 사항(감독위원 확인 및 기록 사항)

(C) 감독위원 확인 : 시험 전 또는 시험 후 감독위원이 채점 후 확인합니다(날인).
(I) 득점 : 감독위원이 해당 문항을 채점하고 점수를 기록합니다.

2. 수험자가 기록해야 할 답안 사항

(A) 엔진 번호 : 측정하는 엔진 번호를 기록합니다(측정 엔진이 1대인 경우 생략할 수 있습니다).
(B) 비번호 : 책임관리위원(공단 본부)이 배부한 등번호(비번호)를 기록합니다.
① 측정(또는 점검)
 (D) 측정값 : 분사개시 압력을 측정한 값 **100 kgf/cm²**를 기록합니다.
 (E) 규정(정비한계)값 : 정비지침서를 확인해서 기록하거나 감독위원이 제시한 값으로 기록합니다.
      100~120 kgf/cm²
 (F) 후적 유무 판정 : 후적이 없으므로 ☑ **무**에 표시합니다.
② 판정 및 정비(또는 조치) 사항
 (G) 판정 : 측정값이 규정(정비한계)값 범위 내에 있으므로 ☑ **양호**에 표시합니다.
 (H) 정비 및 조치할 사항 : 판정이 양호이므로 **정비 및 조치할 사항 없음**을 기록합니다.
      판정이 불량일 때는 **심으로 조정 후 재점검**을 기록합니다.
※ 불량 시 조정 방법
 ① 심 조정식 : 노즐 홀더 덮개 안에 심의 두께로 조정
 ② 압력조정 나사식 : 노즐 홀더 덮개 안에 있는 조정 너트를 드라이버로 돌려 압력 조정

3. 분사개시 압력 규정값

차 종	분사개시 압력	비 고
그레이스	120 kgf/cm²	규정값 범위를 벗어난 경우 심으로 조정합니다.
포 터	120 kgf/cm²	규정값 범위를 벗어난 경우 압력조정나사로 조정합니다.

※ 규정값은 100~120 kgf/cm²로 주어지거나 감독위원이 제시한 값으로 합니다.

● 분사압력이 규정값 범위 내에 있고 후적이 있을 경우

항목	엔진 번호 :			비번호		감독위원 확 인	
	측정(또는 점검)			판정 및 정비(또는 조치) 사항			득점
	측정값	규정 (정비한계)값	후적 유무 판정(□에 'V'표)	판정(□에 'V'표)	정비 및 조치할 사항		
분사노즐 분사압력	110 kgf/cm²	100~120 kgf/cm²	☑ 유 □ 무	□ 양호 ☑ 불량	분사노즐 교체 후 재점검		
※ 판정 및 정비(조치)사항 : 분사압력이 규정값 범위 내에 있지만 후적이 있으므로 ☑ 불량에 표시하고, 분사노즐 교체 후 재점검합니다.							

● 분사압력이 규정값 범위 내에 있을 경우

항목	엔진 번호 :			비번호		감독위원 확 인	
	측정(또는 점검)			판정 및 정비(또는 조치) 사항			득점
	측정값	규정 (정비한계)값	후적 유무 판정(□에 'V'표)	판정(□에 'V'표)	정비 및 조치할 사항		
분사노즐 분사압력	110 kgf/cm²	100~120 kgf/cm²	□ 유 ☑ 무	☑ 양호 □ 불량	정비 및 조치할 사항 없음		
※ 판정 및 정비(조치)사항 : 분사압력이 규정값 범위 내에 있고 후적이 없으므로 ☑ 양호에 표시하고, 정비 및 조치할 사항 없음을 기록합니다.							

실기시험 주요 Point

분사압력이 규정값 범위를 벗어난 경우 정비 및 조치할 사항
❶ 분사압력이 규정값보다 높을 경우 → 심을 감소하거나 압력 조정나사를 푼다.
❷ 분사압력이 규정값보다 낮을 경우 → 심을 증가하거나 압력 조정나사를 조인다.

엔진 2

주어진 전자제어 가솔린 엔진에서 감독위원의 지시에 따라 시동에 필요한 점화회로의 고장부분 1개소를 점검 및 수리하여 시동하시오.

2-1 엔진 시동(점화계통 점검)

(1) 기동 및 점화회로 점검

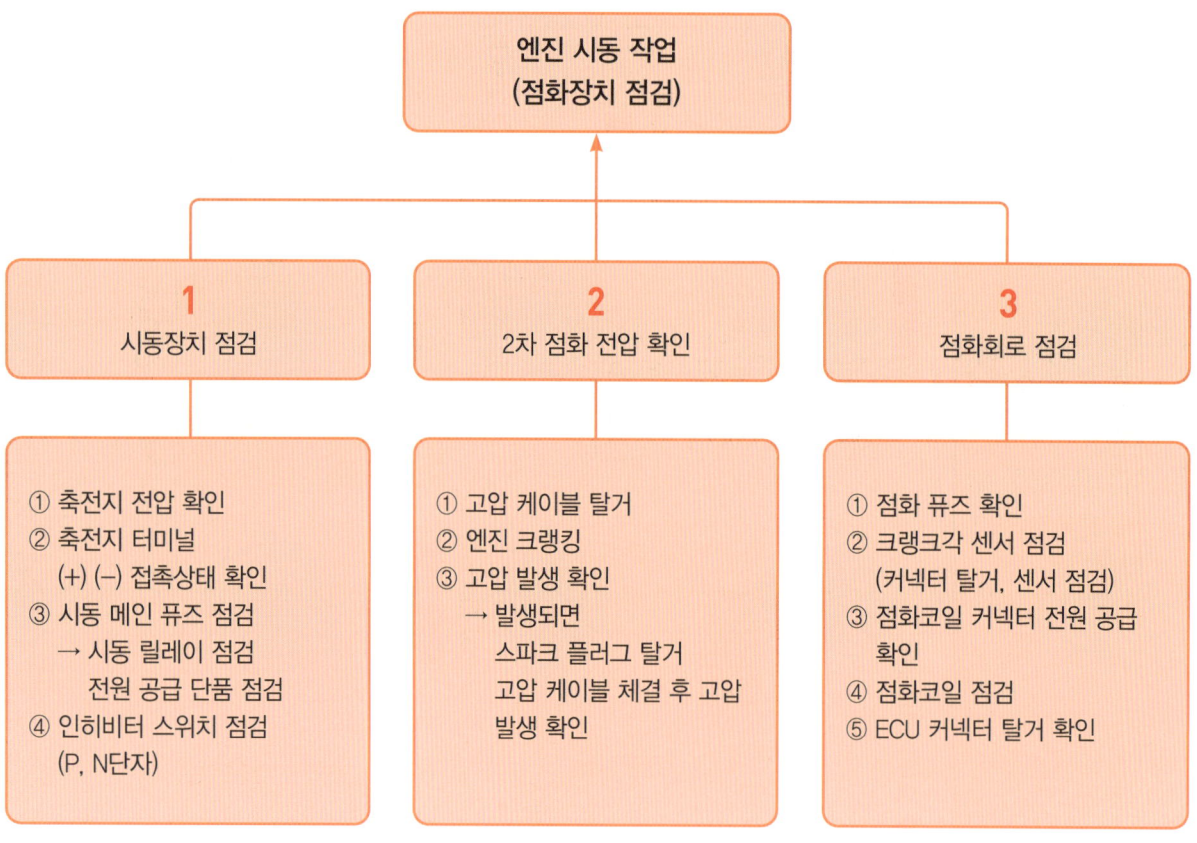

```
                    엔진 시동 작업
                   (점화장치 점검)
                         ▲
    ┌────────────────────┼────────────────────┐
    1                    2                    3
시동장치 점검         2차 점화 전압 확인        점화회로 점검

① 축전지 전압 확인    ① 고압 케이블 탈거      ① 점화 퓨즈 확인
② 축전지 터미널       ② 엔진 크랭킹           ② 크랭크각 센서 점검
  (+) (-) 접촉상태 확인 ③ 고압 발생 확인          (커넥터 탈거, 센서 점검)
③ 시동 메인 퓨즈 점검    → 발생되면            ③ 점화코일 커넥터 전원 공급
  → 시동 릴레이 점검      스파크 플러그 탈거      확인
    전원 공급 단품 점검    고압 케이블 체결 후 고압 ④ 점화코일 점검
④ 인히비터 스위치 점검    발생 확인             ⑤ ECU 커넥터 탈거 확인
  (P, N단자)
```

실기시험 주요 Point

점화계통 점검 시 필수 점검사항(육안 점검)
❶ 축전지 단자 (+), (-) 탈거
❷ 점화스위치 커넥터 탈거
❸ 점화코일 커넥터 탈거
❹ 크랭크각 센서 커넥터 탈거
❺ 캠각 센서 커넥터 탈거

(2) 점화장치 전기 회로도

● 주요 부위 회로 점검

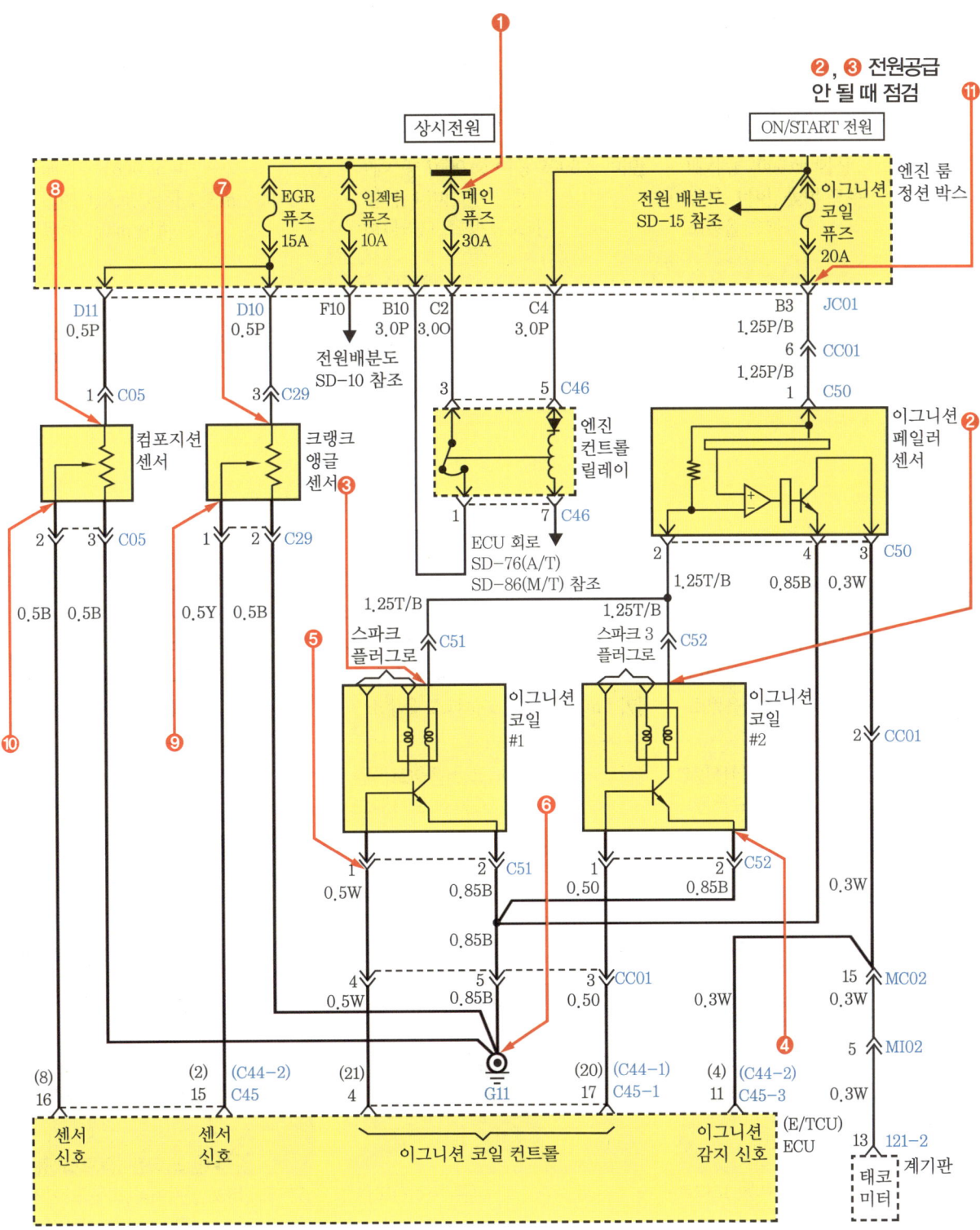

(3) 점화회로 점검

점화회로 점검

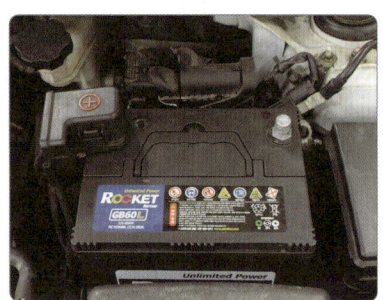

1. 축전지 체결상태를 확인한다.

2. 엔진 룸 정션 박스의 시동 릴레이 체결 및 전원 공급을 점검한다.

3. 점화코일 커넥터 체결상태 및 고압케이블 체결상태(점화순서)를 확인한다.

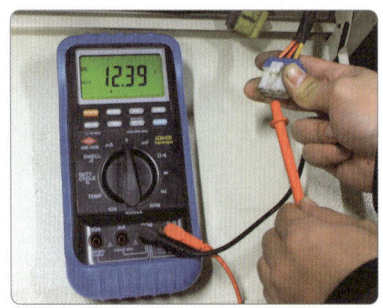

4. 점화스위치 및 커넥터 체결 단자 전압을 확인한다.

5. 점화코일을 점검한다.

6. 크랭크각 센서 커넥터(CPS) 접촉상태를 확인한다.

엔진 3

주어진 자동차에서 엔진의 공회전 조절장치를 탈거(감독위원에게 확인)한 후, 다시 조립하고 감독위원의 지시에 따라 진단기(스캐너)를 사용하여 엔진의 각종 센서(액추에이터) 점검 후 고장 부분을 기록하시오.

3-1 ISC 밸브(스텝 모터) 어셈블리 탈·부착

1. 스텝 모터 커넥터를 탈거한다.

2. 바이패스 호스 클립을 탈거한다.

3. 탈거된 스텝 모터를 감독위원에게 확인받는다.

4. 스텝 모터를 바이패스 호스에 조립한다.

5. 스텝 모터 바이패스 호스에 밴드를 고정한다.

6. 배선 커넥터 조립 후 감독위원에게 확인을 받는다.

3-2 자기진단 센서 점검

(1) 자기진단(스캐너 사용)

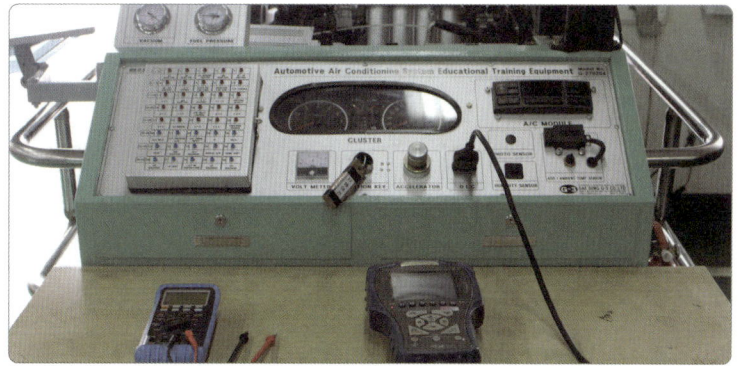

스캐너 전원 ON(점화스위치 Key(ON) 상태)

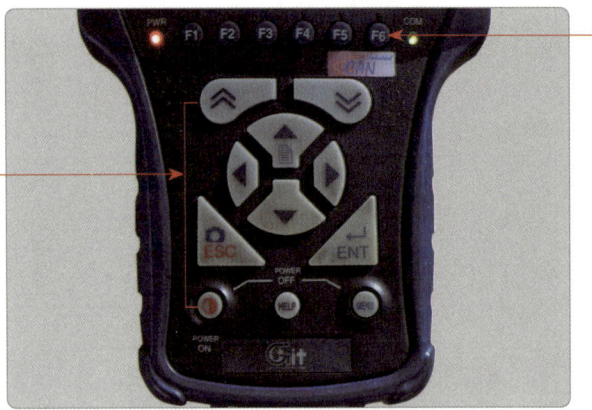

기능 버튼
시스템 작동 시 기능을 독립적으로 수행하기 위한 키

부가 기능 버튼
화면 하단 부가 기능 선택 시 사용

스캐너 작동 상태 확인

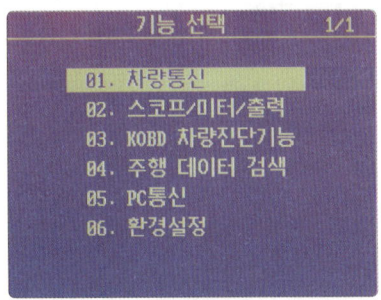

1. 차량통신을 선택한다.

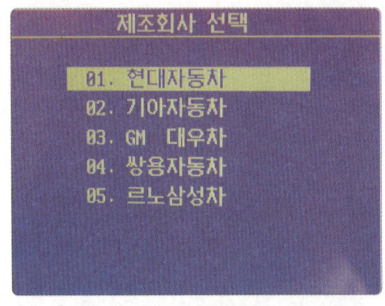

2. 제조회사를 선택한다.

3. 차종을 선택한다(뉴-EF 쏘나타).

4. 점검할 장치를 선택한다.

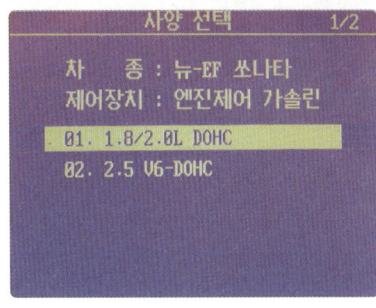

5. 차량 배기량을 선택한다.

6. 자기진단을 선택한다.

7. 고장코드가 출력된다(스로틀 포지션 센서 : TPS).

8. ESC를 선택하여 센서출력을 선택한다.

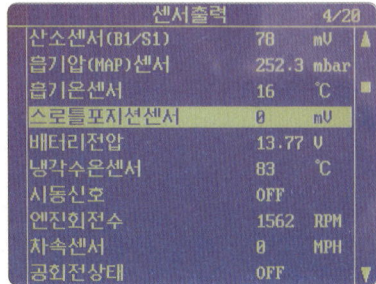

9. 센서출력값을 확인한다(스로틀 포지션 센서 0 mV).

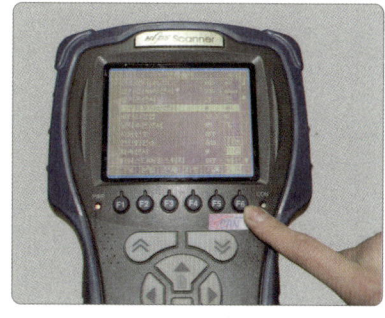 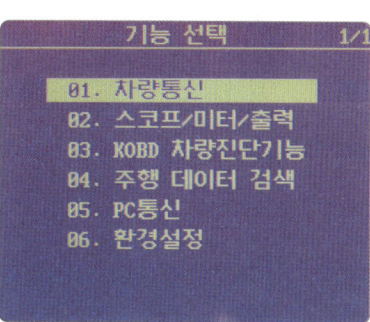 

10. 센서출력값을 확인한 후 기준값을 확인한다. 기준값은 시험장 여건에 따라 감독위원이 제시할 수 있다.

11. 측정이 끝나면 ESC를 이용하여 자기진단 초기 상태로 놓는다.

12. 점화스위치를 OFF시킨다.

실기시험 주요 Point

TPS 계측 및 고장현상

(1) TPS 계측 원리

TPS는 스로틀 밸브의 열림 양에 따라 가변저항식 전위차계(potentionmeter)의 출력전압이 변화되고, 이를 이용하여 스로틀 열림 양을 검출한다. TPS는 가변저항기로 ECU에서 출력되는 5 V가 가변저항(TPS)을 통해 ECU로 입력된다. 따라서 TPS가 완전히 열리면 5 V에 가까운 전압이 출력되고 완전히 닫히면 0.5 ~ 0.6 V가 출력된다.

(2) 고장진단 및 이상현상

스로틀 밸브를 서서히 작동시켜 출력전압 변화를 관찰한다.
① 공회전 시 엔진 회전수 상승 및 부조현상이 발생한다.
② 주행 시(가속 시) 가속력이 떨어진다.
③ 연료 소모가 크고 유해가스(CO, HC)의 발생량이 증가한다.
④ A/T(자동변속기) 변속 시 충격과 변속 지연이 발생한다.

답안지 작성

엔진 3 엔진 센서(액추에이터) 점검

항목	① 측정(또는 점검)			② 판정 및 정비(또는 조치) 사항		(I) 득점
	(D) 고장 부위	(E) 측정값	(F) 규정값	(G) 고장 내용	(H) 정비 및 조치할 사항	
센서 (액추에이터) 점검	TPS (스로틀 포지션 센서)	0 mV	450~500 mV	커넥터 탈거	TPS 커넥터 체결, ECU 기억 소거 후 재점검	

(표 상단: (A) 자동차 번호 / (B) 비번호 / (C) 감독위원 확인)

1. 답안지 공통 사항(감독위원 확인 및 기록 사항)

(C) 감독위원 확인 : 시험 전 또는 시험 후 감독위원이 채점 후 확인합니다(날인).
(I) 득점 : 감독위원이 해당 문항을 채점하고 점수를 기록합니다.

2. 수험자가 기록해야 할 답안 사항

(A) 자동차 번호 : 측정하는 자동차 번호를 기록합니다(측정 차량이 1대인 경우 생략할 수 있습니다).
(B) 비번호 : 책임관리위원(공단 본부)이 배부한 등번호(비번호)를 기록합니다.
① 측정(또는 점검)
(D) 고장 부위 : 자기진단에서 확인된 고장 부위로 **TPS(스로틀 포지션 센서)**를 기록합니다.
(E) 측정값 : 센서 출력 화면에서 측정한 값 **0 mV**를 기록합니다.
(F) 규정값 : 스캐너 내 규정값을 기록하거나 감독위원이 제시한 규정값 **450~500 mV**를 기록합니다.
② 판정 및 정비(또는 조치) 사항
(G) 고장 내용 : 고장 내용으로 **커넥터 탈거**를 기록합니다.
(H) 정비 및 조치 사항 : 판정이 불량이므로 **TPS 커넥터 체결, ECU 기억 소거 후 재점검**을 기록합니다.
판정이 양호일 때는 **정비 및 조치 사항 없음**을 기록합니다.

실기시험 주요 Point

스캐너 자기진단 센서 액추에이터 점검 시 주의사항
❶ 축전지 전압 및 체결상태를 확인한다.
❷ 고장 점검 후 기억력 소거를 실행하지 말고 기록표에 기록한다.
❸ 규정값은 정비지침서 또는 스캐너 내 규정값을 활용한다(감독위원이 방법 제시).
❹ 진단기 활용 시 떨어뜨리거나 배선이 엔진 배기 쪽에 접촉되지 않도록 주의한다.
❺ 자기진단 시 이그니션 스위치(점화스위치)는 반드시 ON 상태인지 확인한다.

● 냉각수온 센서 커넥터가 탈거된 경우(센서 출력 : 온도)

항목	측정(또는 점검)			판정 및 정비(또는 조치) 사항		득점
	고장 부위	측정값	규정값	고장 내용	정비 및 조치할 사항	
센서 (액추에이터) 점검	냉각수온 센서 (WTS)	-40°C	80°C	커넥터 탈거	WTS 커넥터 체결, ECU 기억 소거 후 재점검	

※ 판정 및 정비(조치)사항 : 냉각수온 센서 커넥터가 탈거되었으므로 WTS 커넥터 체결, ECU 기억 소거 후 재점검합니다.

● 맵 센서 커넥터가 탈거된 경우

항목	측정(또는 점검)			판정 및 정비(또는 조치) 사항		득점
	고장 부위	측정값	규정값	고장 내용	정비 및 조치할 사항	
센서 (액추에이터) 점검	맵 센서	0 mbar	190~390 mbar (공회전 상태)	커넥터 탈거	맵 센서 커넥터 체결, ECU 기억 소거 후 재점검	

※ 판정 및 정비(조치)사항 : 맵 센서 커넥터가 탈거되었으므로 맵 센서 커넥터 체결, ECU 기억 소거 후 재점검합니다.

● 인젝터 커넥터 1개가 탈거된 경우(1번 인젝터)

항목	측정(또는 점검)			판정 및 정비(또는 조치) 사항		득점
	고장 부위	측정값	규정값	고장 내용	정비 및 조치할 사항	
센서 (액추에이터) 점검	인젝터(1번)	0 mS	1.5~3.5 mS (공회전 rpm)	커넥터 탈거 (1번 인젝터)	1번 인젝터 커넥터 체결, ECU 기억 소거 후 재점검	

※ 판정 및 정비(조치)사항 : 1번 인젝터 커넥터가 탈거되었으므로 1번 인젝터 커넥터 체결, ECU 기억 소거 후 재점검합니다.

엔진 4. 주어진 자동차에서 기록표에 제시된 내용을 측정하고 기록·판정하시오.

4-1 광 투과식 디젤매연 측정

(1) 광학식 매연 테스터기 구조 및 기능

측정 차량(시뮬레이터)과 매연 테스터기를 준비하고 측정 유닛 프로브를 차량 머플러에 삽입한다.

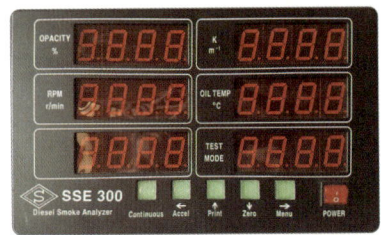

전면 지시부 및 기능키

지시부 뒷면 연결 커넥터 및 기능

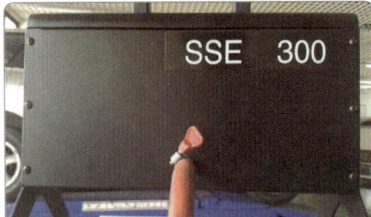

측정 유닛 전면

● 준비 작업

① **셀프 테스트** : 전원 스위치를 ON시키면 모든 기능을 스스로 체크한다.

② **예열** : 셀프 테스트가 끝난 후 자동으로 시작되며, 지시부 불투과율 창에 측정 체임버 온도가 표시되고 K값 창에 적정온도(85℃)가 표시된다. 나머지 창에는 SSE 문자가 표시된다. 예열하는 3분 동안은 측정 정도가 정확하지 않으므로 측정값이 지시되지 않고 모든 기능이 잠긴다.

측정 체임버 온도가 85℃에 도달하면 예열시간이 끝나고 장비는 자동으로 영점 조정 캘리브레이션을 시작한다. 영점 조정이 끝나면 자동으로 연속 측정 모드로 들어가며 측정값을 나타내기 시작한다.

● 지시부 및 기능키

❶ **지시부** : 고농도 LED 타입이며 6개 지시부가 윈도에 지시되는데 불투과율, K값, rpm(옵션), 오일 온도(옵션), 상태에 대한 정보가 지시부에 지시된다.

❷ **기능키 기능** : 주요 키 기능은 각각 키 아래에 있는 문자와 화살표로 표시되어 있다.

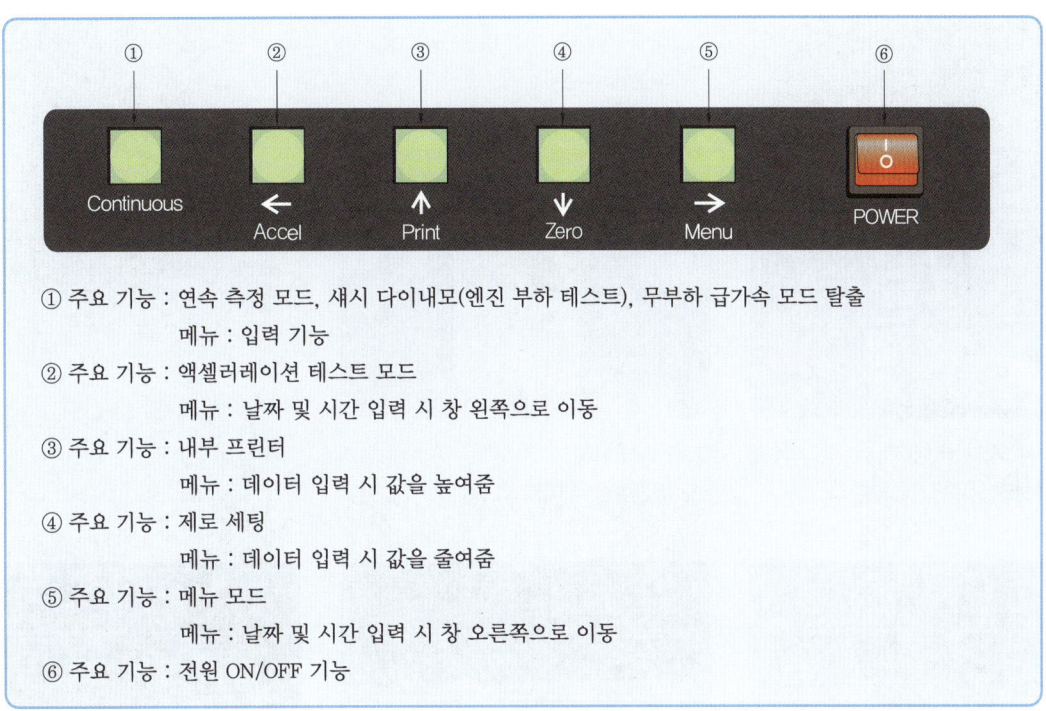

① 주요 기능 : 연속 측정 모드, 섀시 다이내모(엔진 부하 테스트), 무부하 급가속 모드 탈출
　　　　　메뉴 : 입력 기능
② 주요 기능 : 액셀러레이션 테스트 모드
　　　　　메뉴 : 날짜 및 시간 입력 시 창 왼쪽으로 이동
③ 주요 기능 : 내부 프린터
　　　　　메뉴 : 데이터 입력 시 값을 높여줌
④ 주요 기능 : 제로 세팅
　　　　　메뉴 : 데이터 입력 시 값을 줄여줌
⑤ 주요 기능 : 메뉴 모드
　　　　　메뉴 : 날짜 및 시간 입력 시 창 오른쪽으로 이동
⑥ 주요 기능 : 전원 ON/OFF 기능

(2) 측정 방법

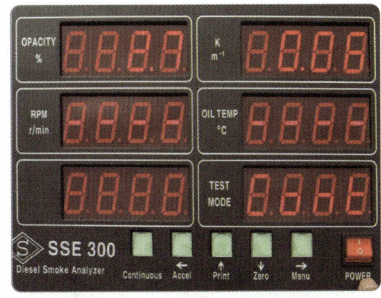

1. 매연 테스터기를 ON시킨다.

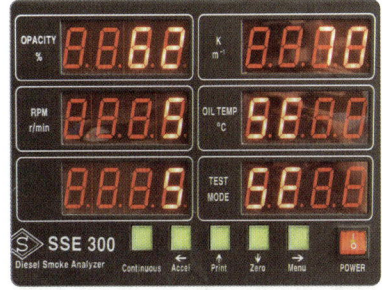

2. 매연 테스터기 측정 체임버 온도가 현재온도(62℃)에서 목표온도(70℃)가 되는 것을 확인한다.

3. 매연 측정 준비를 확인한다. (측정 준비 완료)

4. 배기 머플러에 흡입구를 삽입하고 클립으로 고정시킨다.

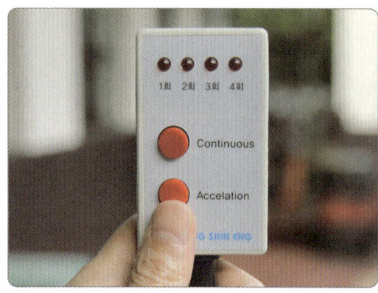

5. 리모컨(또는 지시부) Accelation 버튼을 누른다.

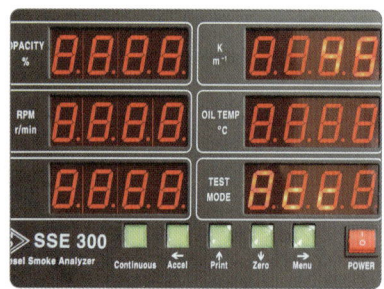

6. 기준되는 K값을 설정한다.

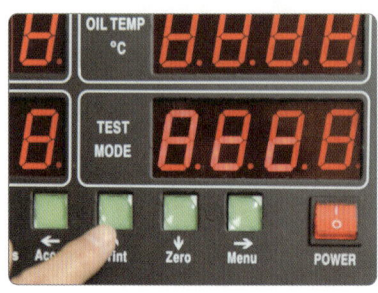

7. 지시부 기능키 상, 하(3, 4) 버튼을 이용하여 기준값을 맞춘다.

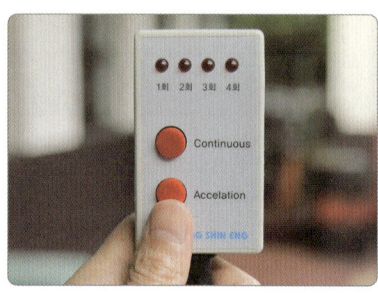

8. 리모컨(또는 지시부) Accelation 버튼을 누른다.

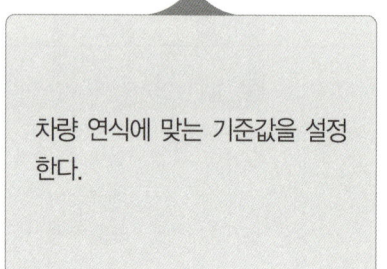

차량 연식에 맞는 기준값을 설정한다.

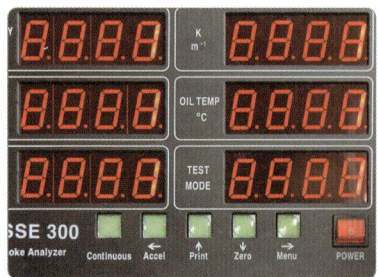

9. 지시부 화면에 '111'이 표시되면 Accelation 버튼을 누른다.

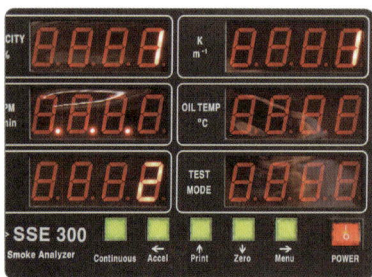

10. 지시부 화면에 측정 시작 신호 동작이 표시되면('···') 액셀러레이터 페달을 밟는다.

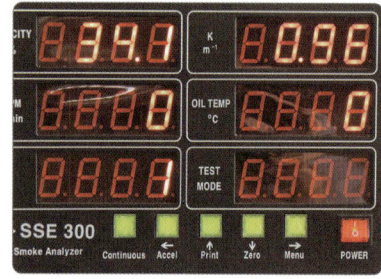

11. 1회 측정값(34.1%)이 출력된다. (리모컨에 측정 횟수 표시)

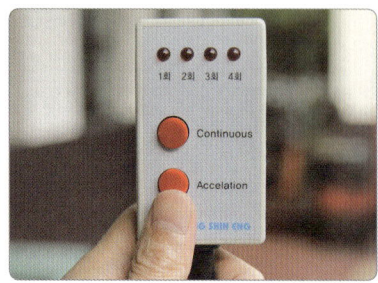

12. 리모컨(또는 지시부) Accelation 버튼을 누른다.

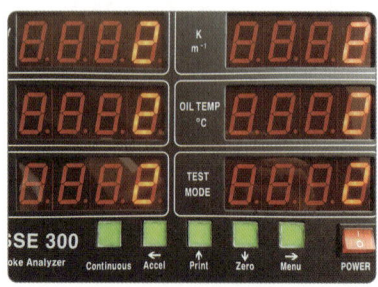

13. 지시부에 '222'가 표시되면 Accelation 버튼을 누른다.

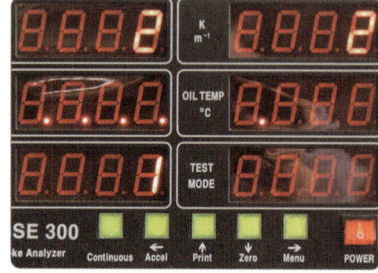

14. 지시부 화면에 측정 시작 신호 동작이 표시되면('···') 액셀러레이터 페달을 밟는다.

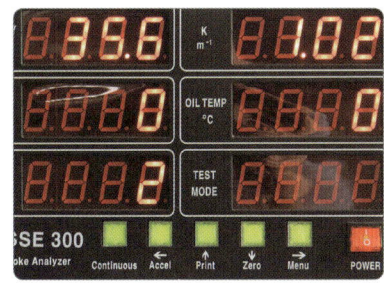

15. 2회 측정값(35.6%)이 출력된다. (리모컨에 측정 횟수 표시)

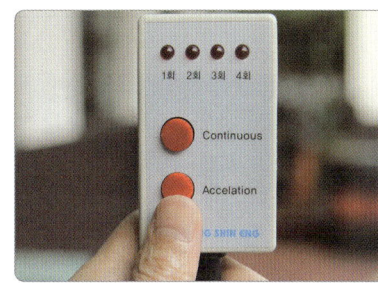

16. 리모컨(또는 지시부) Accelation 버튼을 누른다.

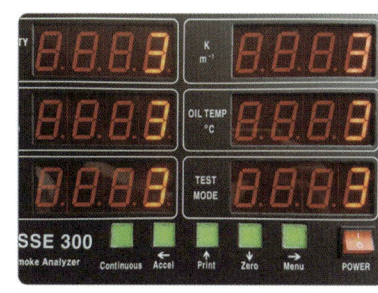

17. 지시부에 '333'이 표시된다.

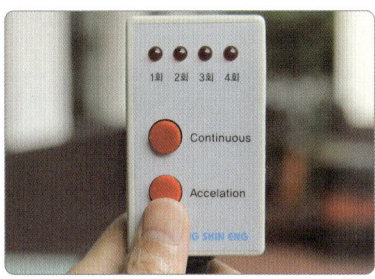

18. 리모컨(또는 지시부) Accelation 버튼을 누른다.

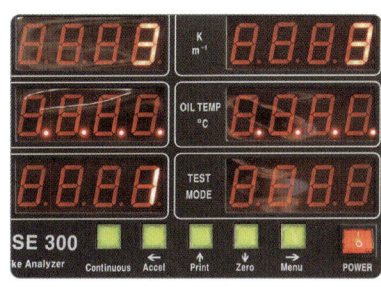

19. 지시부 화면에 측정 시작 신호 동작이 표시되면('···') 액셀러레이터 페달을 밟고 측정한다.

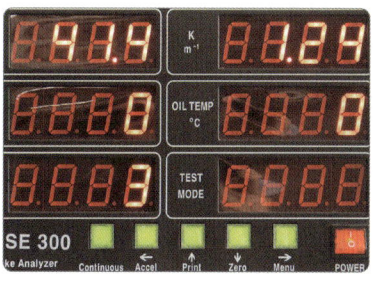

20. 3회 측정값(41.4%)이 출력된다. (리모컨에 측정 횟수 표시)

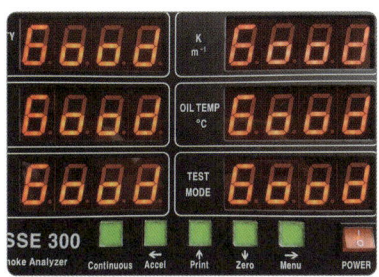

21. 기준값에 따른 판정기준 K에 따라 'Good'과 'Fail'이 표시된다.

22. Accelation이나 Print 버튼을 누르면 결과값이 출력된다.

출력한 결과값을 확인한다.

실기시험 주요 Point

자동차등록증 확인 방법

❶ 자동차등록증 점검 시 자동차등록번호, 차종, 차명, 형식 및 연식, 차대번호를 꼼꼼히 살핀다.
❷ 자동차등록증과 차대번호를 비교하여 한 곳이라도 틀리면 부적합하다.

자 동 차 등 록 증

제2007 - 03260호　　　　　　　　　　　　　　　　　최초등록일 : 2007년 10월 05일

① 자동차 등록번호	08다 1402	② 차종	대형 승용	③ 용도	자가용
④ 차명	싼타페	⑤ 형식 및 연식	2007		
⑥ 차대번호	KMHSH81WP7U100168	⑦ 원동기형식			
⑧ 사용자 본거지	경기도 군포시 산본동 1100번지				
소유자	⑨ 성명(상호)	기동찬	⑩ 주민(사업자)등록번호	******-******	
	⑪ 주소	서울특별시 영등포구			

자동차관리법 제8조 규정에 의하여 위와 같이 등록하였음을 증명합니다.

2007 년 10 월 05 일

서울특별시장

◆ **차대번호 식별방법**

K	M	H	S	H	8	1	W	P	7	U	1	0	0	1	6	8
①	②	③	④	⑤	⑥	⑦	⑧	⑨	⑩	⑪	⑫					
제작회사군			자동차 특성군						제작 일련번호군							

◆ **차대번호** : 차대번호는 총 17자리로 구성되어 있다.

KMHSH81WP7U100168

① 첫 번째 자리는 제작국가 (K=대한민국)
② 두 번째 자리는 제작회사 (M=현대, N=기아, P=쌍용, L=GM 대우)
③ 세 번째 자리는 자동차 종별 (H=승용차, J=승합차, F=화물트럭)
④ 네 번째 자리는 차종 구분 (S=싼타페, V=아반떼, 엑센트)
⑤ 다섯 번째 자리는 세부 차종 (H=슈퍼 디럭스, G=디럭스, F=스탠다드, J=그랜드살롱)
⑥ 여섯 번째 자리는 차체 형상 (1=리무진, 2~5=도어수, 6=쿠페, 8=왜건)
⑦ 일곱 번째 자리는 안전벨트 고정개소 (1=액티브 벨트, 2=패시브 벨트)
⑧ 여덟 번째 자리는 엔진 형식(배기량)(W=2200 cc, A=1800 cc, B=2000 cc, G=2500 cc)
⑨ 아홉 번째 자리는 기타 사항 용도 구분 (P=왼쪽 운전석, R=오른쪽 운전석)
⑩ 열 번째 자리는 제작연도 (영문 I, O, Q, U, Z 제외)~7(2007)~9(2009), A(2010)~M(2021)~
⑪ 열한 번째 자리는 제작공장 (A=아산공장, C=전주공장, U=울산공장)
⑫ 열두 번째 ~ 열일곱 번째 자리는 차량 생산(제작) 일련번호

◆ 차대번호 10번째 자리 (제작연도)

연도	부호	연도	부호	연도	부호	연도	부호
1980	A	1991	M	2002	2	2013	D
1981	B	1992	N	2003	3	2014	E
1982	C	1993	P	2004	4	2015	F
1983	D	1994	R	2005	5	2016	G
1984	E	1995	S	2006	6	2017	H
1985	F	1996	T	2007	7	2018	J
1986	G	1997	V	2008	8	2019	K
1987	H	1998	W	2009	9	2020	L
1988	J	1999	X	2010	A	2021	M
1989	K	2000	Y	2011	B	2022	N
1990	L	2001	1	2012	C	2023	P

◆ 제작사 차대번호의 예

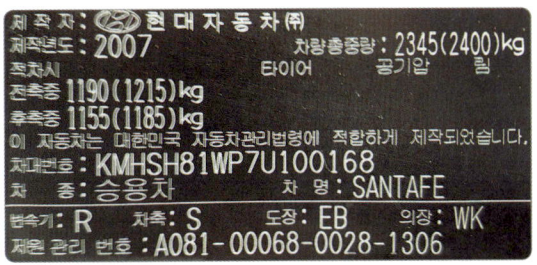

차대번호 2007년식   KMHSH81WP7U100168

◆ 매연 허용 기준값

차 종	제작일자	수시·정기검사
승용자동차	1995년 12월 31일 이전	60% 이하
	1996년 1월 1일부터 2000년 12월 31일까지	55% 이하
	2001년 1월 1일부터 2003년 12월 31일까지	45% 이하
	2004년 1월 1일부터 2007년 12월 31일까지	40% 이하
	2008년 1월 1일부터 2016년 8월 31일까지	20% 이하
	2016년 9월 1일 이후	10% 이하

답안지 작성

엔진 4 · 디젤엔진 매연 점검

(A) 자동차 번호 :				(B) 비번호		(C) 감독위원 확인	
① 측정(또는 점검)				② 산출 근거 및 판정			(K) 득점
(D) 차종	(E) 연식	(F) 기준값	(G) 측정값	(H) 측정	(I) 산출 근거(계산) 기록	(J) 판정 (□에 'V' 표)	
승용차	2007	40% 이하	37%	1회 : 34.1% 2회 : 35.6% 3회 : 41.4%	$\dfrac{34.1 + 35.6 + 41.4}{3} = 37.03$	☑ 양호 □ 불량	

※ 23년부터 과급기 부착차량에 대한 매연검사(무부하급가속)의 5% 가산 기준은 미적용합니다.
※ 감독위원이 제시한 자동차등록증(차대번호)을 활용하여 차종 및 연식을 적용합니다.
※ 자동차 검사 기준 및 방법에 의하여 기록·판정합니다.   ※ 측정 및 판정은 무부하 조건으로 합니다.
※ 측정 및 산출근거란은 소수점 값을 기입합니다.   ※ 측정값란은 매연 농도를 산술평균하여 소수점 이하는 버린 값으로 기입합니다.

1. 답안지 공통 사항(감독위원 확인 및 기록 사항)

(C) 감독위원 확인 : 시험 전 또는 시험 후 감독위원이 채점 후 확인합니다(날인).
(K) 득점 : 감독위원이 해당 문항을 채점하고 점수를 기록합니다.

2. 수험자가 기록해야 할 답안 사항

(A) 자동차 번호 : 측정하는 자동차 번호를 기록합니다(측정 차량이 1대인 경우 생략할 수 있습니다).
(B) 비번호 : 책임관리위원(공단 본부)이 배부한 등번호(비번호)를 기록합니다.
① 측정(또는 점검)
  (D) 차종 : KM**H**SH81WP7U100168(차대번호 세 번째 자리) ➡ **승용차**
  (E) 연식 : KMHSH81WP**7**U100168(차대번호 10번째 자리) ➡ **2007**
  (F) 기준값 : 등록증 차대번호의 연식을 보고 기준값 **40% 이하**를 기록합니다.
  (G) 측정값 : 3회 산출된 평균값 **37%**를 기록합니다(소수점 이하는 버림).
② 산출 근거 및 판정
  (H) 측정 : 1회부터 3회차까지 측정한 값을 기록합니다.
     • 1회 : **34.1%**   • 2회 : **35.6%**   • 3회 : **41.4%**
  (I) 산출 근거(계산) 기록 : $\dfrac{34.1 + 35.6 + 41.4}{3} = 37.03$
  (J) 판정 : 측정값이 기준값 범위 내에 있으므로 ☑ **양호**에 표시합니다.

● 매연 측정값이 기준값보다 클 경우

자동차 번호 :				비번호		감독위원 확 인	
측정(또는 점검)				산출 근거 및 판정			득점
차종	연식	기준값	측정값	측정	산출 근거(계산) 기록	판정 (□에 'V'표)	
승용차	2007	40% 이하	46%	1회 : 45.5% 2회 : 44.7% 3회 : 48.6%	$\dfrac{45.5 + 44.7 + 48.6}{3} = 46.26\%$	□ 양호 ☑ 불량	

※ 판정 : 매연 측정값이 기준값 범위를 벗어났으므로 ☑ 불량에 표시합니다.

● 매연 측정값이 기준값보다 클 경우

자동차 번호 :				비번호		감독위원 확 인	
측정(또는 점검)				산출 근거 및 판정			득점
차종	연식	기준값	측정값	측정	산출 근거(계산) 기록	판정 (□에 'V'표)	
화물차	2008	20% 이하	30%	1회 : 32.3% 2회 : 28.9% 3회 : 31.5%	$\dfrac{32.3 + 28.9 + 31.5}{3} = 30.9\%$	□ 양호 ☑ 불량	

※ 판정 : 매연 측정값이 기준값 범위를 벗어났으므로 ☑ 불량에 표시합니다.

※ 23년부터 과급기 부착차량에 대한 매연검사(무부하급가속)의 5% 가산 기준은 미적용합니다.

실기시험 주요 Point

- 대기환경보전법 시행규칙[별표 21] 〈개정 2022. 11. 14.〉
  운행차 배출허용 기준(제78조 관련) 변경으로 과급기(turbo charger)에 배출허용 5% 가산을 적용하지 않는다.
- 측정값은 매연 농도를 산출하여 소수점 이하는 버린 값으로 기입한다.

국가기술자격 실기시험문제 1안 (섀시)

자격종목	자동차정비기능사	과제명	자동차정비작업

비번호 :   시험시간 : 4시간(엔진 : 100분, 섀시 : 80분, 전기 : 60분)

섀시 1 주어진 자동차에서 감독위원의 지시에 따라 앞 쇽업소버(shock absorver)의 스프링을 탈거(감독위원에게 확인)한 후 다시 조립하시오.

1-1 앞 쇽업소버 탈·부착

쇽업소버 탈·부착(차량을 작업 위치에 맞게 리프트 업 시킨다.)

1. 허브 너클과 체결된 쇽업소버 고정 볼트를 탈거한다(브레이크 호스 탈거).

2. 쇽업소버 상부 고정 너트를 탈거한다.

3. 쇽업소버를 차체에서 탈거한다.

4. 탈거한 쇽업소버를 정렬한 후 감독위원의 확인을 받는다.

5. 쇽업소버를 차체에서 체결한다.

6. 쇽업소버 상부 고정 너트를 체결한다.

7. 쇽업소버의 하단은 허브 너클 고정 볼트로 체결한다.

8. 브레이크 파이프를 쇽업소버에 고정한다.

9. 타이어를 조립한 후 감독위원에게 확인을 받는다.

1-2 앞 쇽업소버 스프링 탈·부착

1. 쇽업소버 어셈블리를 스프링 탈착기에 장착한다.

2. 스프링의 높이와 좌우 스프링 각도를 알맞게 조절한다.

3. 스트러트 인슐레이터 고정 너트를 1~2바퀴 풀어준다.

4. 스프링을 시트에서 떨어질 때까지 압축한다.

5. 스트러트 인슐레이터 고정 너트를 탈거한다(1).

6. 고정 너트를 풀고 스트러트 인슐레이터를 탈거한다(2).

7. 압축된 스프링을 시계 반대 방향으로 풀어 스프링 장력을 해제한다.

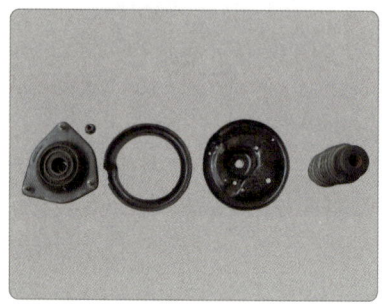
8. 속업소버 분해된 부품을 정리한다.

9. 스프링을 탈거한 후 감독위원에게 확인을 받는다.

10. 스프링 좌우 균형과 높이를 맞추고 압축한다.

11. 스프링을 압축하고 범퍼 고무 어셈블리를 장착한다.

12. 스트러트 인슐레이터를 장착한다.

13. 고정 너트를 충분히 조인다.

14. 압축된 스프링을 마저 푼다.

15. 스트러트 인슐레이터 고정 너트를 규정 토크로 조인다.

16. 스프링 장착기에서 조립된 속업소버를 감독위원에게 확인받는다.

| 섀시 | 2 | 주어진 자동차에서 감독위원의 지시에 따라 휠 얼라인먼트 시험기를 사용하여 캐스터각과 캠버각을 점검하여 기록·판정하시오. |

2-1 휠 얼라인먼트 시험기에 의한 점검

(1) 휠 얼라인먼트 본체 구성

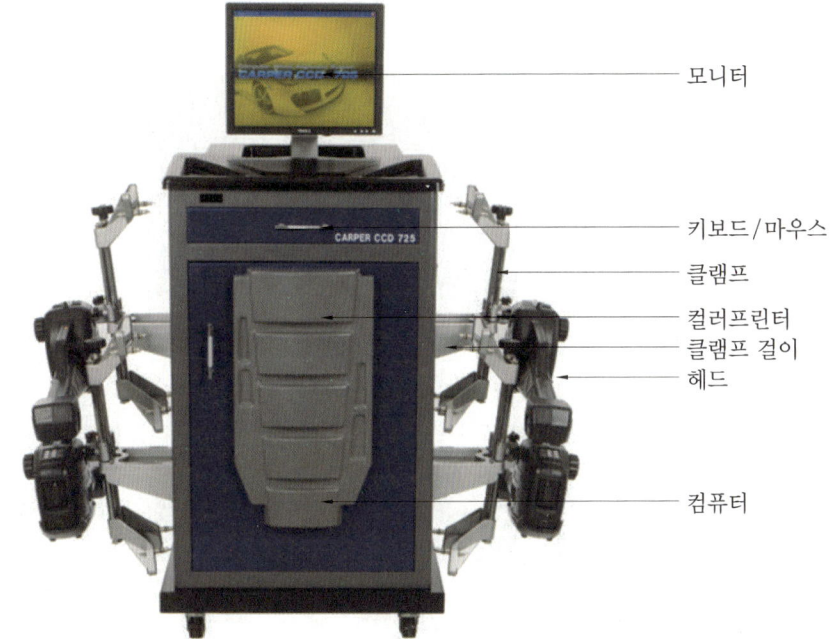

(2) 모니터 화면

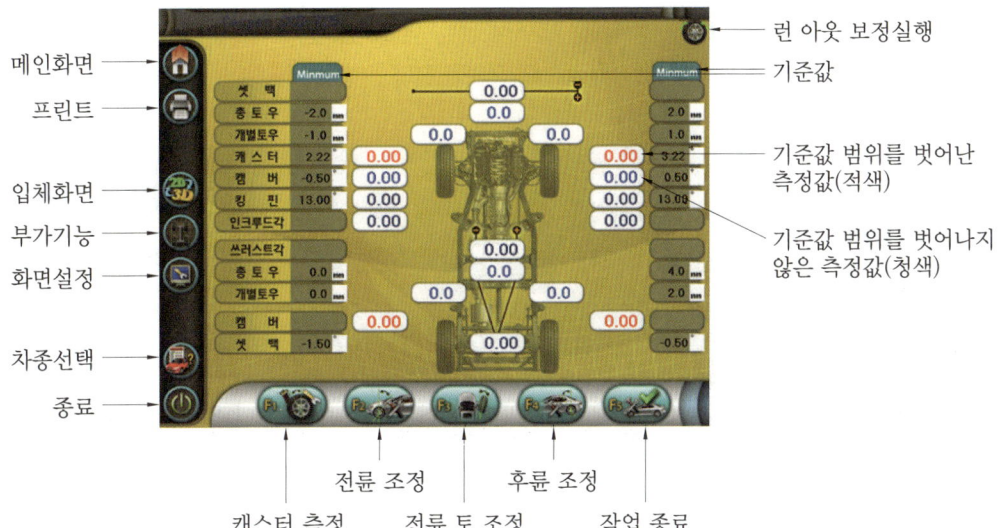

(3) 휠 얼라인먼트 측정

1. 차량을 리프트에 올려 작업 위치로 들어올린다.

2. 차량 하체에 중간 리프트를 사용하여 지지시킨다.

3. 변속 선택 레버를 N에 놓는다.

4. 턴테이블을 전륜 및 후륜 하단에 설치한다.

5. 차량의 네 바퀴에 측정 헤드를 장착한다.

> 턴테이블 설치 : 턴테이블을 전륜 및 후륜 하단에 설치한 후 고정핀을 제거한다.

6. 헤드의 수평기를 기준으로 수평을 맞춘다.

7. 헤드 측면의 헤드 브레이크 고정 후 헤드의 전원을 켠다.

8. 각 바퀴의 헤드를 장착하고 헤드의 전원을 ON시킨다.

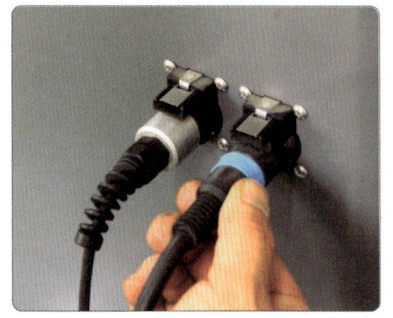

9. **통신케이블 설치** : 충전이 안 된 경우 각 헤드의 커넥터에 연결한다.

10. 전륜 헤드 앞쪽 커넥터는 본체, 뒤쪽 커넥터는 후륜 헤드에 연결한다.

11. 전륜 헤드 앞쪽 커넥터는 본체, 뒤쪽 커넥터는 후륜 헤드에 연결한다.

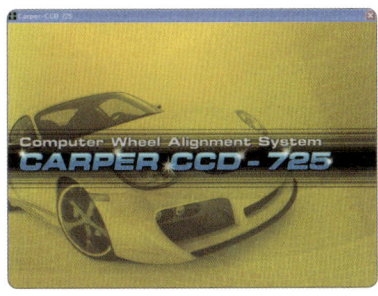
12. 자판을 눌러 메뉴 화면으로 이동한다.

13. F1 선택 : 휠 얼라인먼트 측정으로 들어간다.

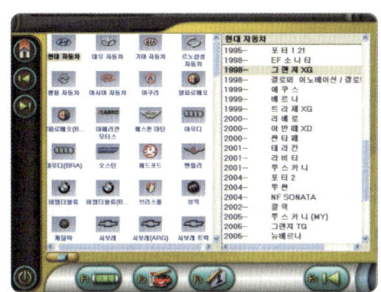
14. 제조사를 선택하고 차종을 선택한다.

15. 화면에서 차량의 앞뒤, 좌우 수평을 확인한다.

16. 수평이 확인되면 런 아웃으로 넘어간다.

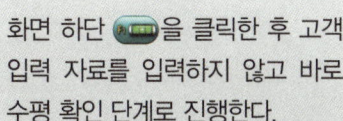
화면 하단 ⬜을 클릭한 후 고객 입력 자료를 입력하지 않고 바로 수평 확인 단계로 진행한다.

※ 해당 차종을 더블클릭하여도 차종 선택 후 수평 확인 단계로 자동으로 이동된다.

17. 런 아웃을 순서에 따라 실시한다(런 아웃 바퀴 청색 확인).

18. 런 아웃 작업 : 런 아웃 작업은 후륜부터 실행한다(좌우 구분 없음).

19. 헤드 상단의 버튼을 누르면 LED가 깜박이다 적색으로 멈춘다.

20. LED의 깜박임이 멈추면 다시 180° 돌린 후 수평을 맞추어 고정 브레이크를 고정한다.

21. 버튼을 다시 한번 눌러 LED가 깜박이다 청색으로 멈출 때까지 기다린다.

22. 런 아웃은 후륜부터 180°씩 돌리면서 헤드 상단 확인 버튼을 누른다(좌우 2회씩 실시).

23. 후륜 작업 후 전륜 180° 확인 버튼을 누른다(좌우 2회씩 실시).

24. 런 아웃이 완료되면 안내에 따라 자동차를 내릴 준비를 한다.

25. 얼라인먼트 측정 : 풋 브레이크와 사이드 브레이크를 고정한다.

26. 차량을 메인 리프트 상판으로 하강시켜 턴테이블에 안착한다.

27. 차량을 앞·뒤에서 흔들어준 후 헤드 수평을 확인한다(4바퀴).

28. ▶을 선택하고 다음으로 진행한다.

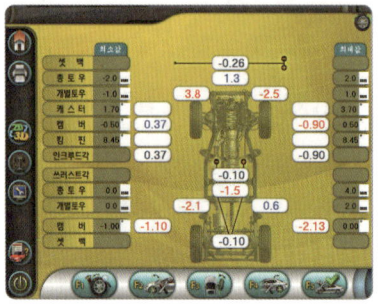

29. ▶을 선택하고 다음으로 진행한다. 1차 측정 완료 화면

30. 캐스터, 킹핀 측정(스윙 작업) ① : 좌 직진

31 캐스터, 킹핀 측정(스윙 작업) ② : 좌 스윙(2회)

32. 캐스터, 킹핀 측정(스윙 작업) ③ : 우 스윙(2회)

33. 캐스터, 킹핀 측정(스윙 작업) ④ : 우 직진

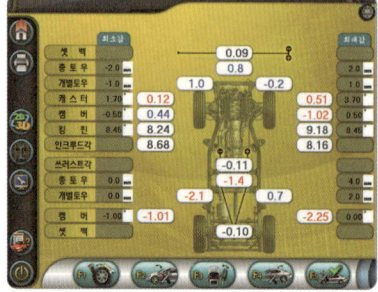

34. 측정 완료
(캠버 : 0.44~-1°, 토 : 0.8mm)

● 토(toe) 조정 방법

전륜 토 조정

> **전륜 토 조정**
> 반드시 핸들 고정대로 핸들을 고정시킨 후 진행한다. 이때 핸들은 먼저 시동을 걸고 좌, 우로 핸들을 충분히 돌려 핸들 유격을 최소화시킨 후 고정한다.

전륜 조정: 캐스터→캠버→토 순서로 진행한다.

2-2 포터블 게이지에 의한 측정

바퀴가 직진 상태일 때 턴테이블을 바퀴에 장착하고 턴테이블 고정 핀을 제거한다.

1. 턴테이블 각도를 0°에 맞춘다.

2. 포터블 게이지를 바퀴 허브에 설치 후 수평 수포가 중앙에 오게 한다.

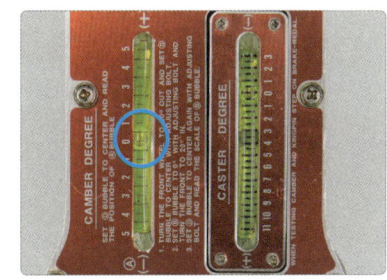

3. 캠버값을 읽는다(+0.5°).

4. 바퀴를 밖으로 20° 돌려 회전시킨다.

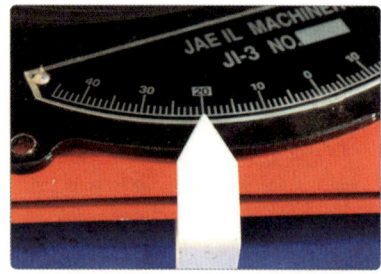
5. 턴테이블 각도를 20°에 맞춘다.

6. 수평 수포를 좌우로 움직여 중앙에 오도록 맞춘다.

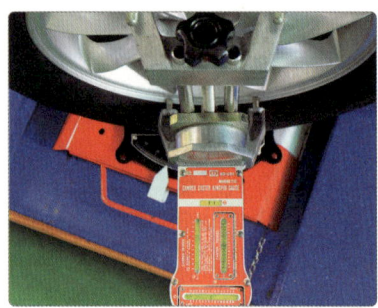
7. 포터블 게이지 뒷면에 있는 캐스터 0점 조정을 한다.

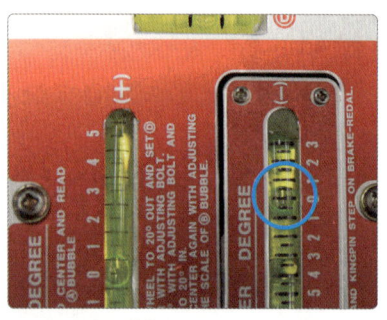
8. 캐스터 0점을 확인한다(수포 게이지 측정기준 중앙을 읽는다).

9. 킹핀 0점 조정을 한다(게이지 뒷면 0점 조정, 수포 중앙이 0에 오도록 한다. LEFT와 RIGHT 0점 확인).

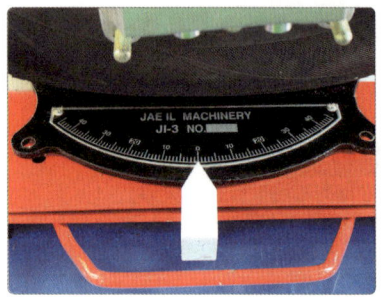
10. 바퀴를 직진(턴테이블 각도가 0°)이 되도록 한다.

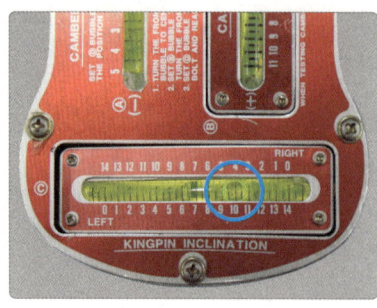
11. 킹핀값을 읽는다(10°).

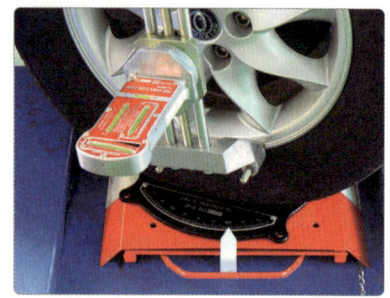
12. 바퀴를 안으로 20° 돌린다.

13. 수평 수포를 맞춘다.

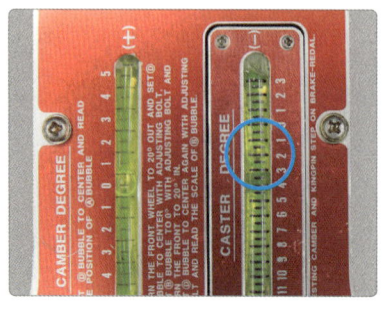
14. 캐스터값을 읽는다(+2°).

15. 바퀴를 직진 상태로 복원 후 측정을 마무리한다.

답안지 작성

섀시 2 캐스터각, 캠버각 점검

항목	① 측정(또는 점검)		② 판정 및 정비(또는 조치) 사항		(H) 득점
	(D) 측정값	(E) 규정(정비한계)값	(F) 판정(□에 'V' 표)	(G) 정비 및 조치할 사항	
캐스터각	2°	2±0.5°	☑ 양호 □ 불량	정비 및 조치할 사항 없음	
캠버각	0.5°	0.5±0.5°			

표 상단: (A) 자동차 번호 :   (B) 비번호   (C) 감독위원 확인

1. 답안지 공통 사항(감독위원 확인 및 기록 사항)

(C) 감독위원 확인 : 시험 전 또는 시험 후 감독위원이 채점 후 확인합니다(날인).
(H) 득점 : 감독위원이 해당 문항을 채점하고 점수를 기록합니다.

2. 수험자가 기록해야 할 답안 사항

(A) 자동차 번호 : 측정하는 자동차 번호를 기록합니다(측정 차량이 1대인 경우 생략할 수 있습니다).
(B) 비번호 : 책임관리위원(공단 본부)이 배부한 등번호(비번호)를 기록합니다.
① 측정(또는 점검)
　(D) 측정값 : 캐스터각과 캠버각을 측정한 값을 기록합니다.
　　　• 캐스터각 : 2°　　• 캠버각 : 0.5°
　(E) 규정값 : 감독위원이 제시한 값이나 정비지침서를 보고 기록합니다(단위를 기록합니다).
　　　• 캐스터각 : 2±0.5°　　• 캠버각 : 0.5±0.5°
② 판정 및 정비(또는 조치) 사항
　(F) 판정 : 측정한 값이 규정(정비한계)값 범위 내에 있으므로 ☑ 양호에 표시합니다.
　(G) 정비 및 조치할 사항 : 판정이 양호이므로 정비 및 조치할 사항 없음을 기록합니다.
　　　　　　　　　　　　판정이 불량일 때는 스트럿 바 교체 또는 로어암 교체 후 재점검을 기록합니다.

실기시험 주요 Point

전륜 조정(앞바퀴 정렬을 점검하고 얼라인먼트를 조정할 때의 순서)
전륜 조정은 캐스터 → 캠버 → 토 순서로 진행한다.

● 캐스터각과 캠버각이 규정값보다 클 경우

항목	자동차 번호 :		비번호		감독위원 확 인	
	측정(또는 점검)		판정 및 정비(또는 조치) 사항			득점
	측정값	규정(정비한계)값	판정(□에 'V'표)	정비 및 조치할 사항		
캐스터각	5°	2±0.5°	□ 양호 ☑ 불량	로어암과 스트럿 바 교체 후 재점검		
캠버각	3°	0.5±0.5°				

※ 판정 및 정비(조치)사항 : 캐스터각과 캠버각이 규정값보다 크므로 ☑ 불량에 표시하고, 로어암과 스트럿 바 교체 후 재점검합니다.

● 캠버각이 규정값보다 클 경우

항목	자동차 번호 :		비번호		감독위원 확 인	
	측정(또는 점검)		판정 및 정비(또는 조치) 사항			득점
	측정값	규정(정비한계)값	판정(□에 'V'표)	정비 및 조치할 사항		
캐스터각	2°	2±0.5°	□ 양호 ☑ 불량	로어암과 스트럿 바 교체 후 재점검		
캠버각	4°	0.5±0.5°				

※ 판정 및 정비(조치)사항 : 캠버각이 규정값보다 크므로 ☑ 불량에 표시하고, 로어암과 스트럿 바 교체 후 재점검합니다.

※ 휠 얼라인먼트 측정은 시험장 상황에 따라 모니터에 출력된 측정값을 시험 전에 확인한 후 판정합니다.

실기시험 주요 Point

캐스터각과 캠버각이 규정값 범위를 벗어난 경우 정비 및 조치할 사항
❶ 로어암 불량 → 로어암 교체 ❷ 스트럿 바 불량 → 스트럿 바 교체
❸ 차대의 휨 → 차대 정렬 ❹ 스핀들의 휨 → 조향 너클 교체

캐스터각과 캠버각 조정
❶ 캐스터각 조정 : 스트럿 바로 조정하거나 로어암을 교체한다.
❷ 캠버각 조정 : 차종에 따라 조정방식에 차이가 있다.
어퍼 암에 조정심을 넣거나 빼서 조정하는 방식과 로어암 볼트를 돌려서 조정하는 방식이 있으며, 토션 바 스프링과 같은 타입은 로어암 볼트를 돌려 조정하는 방식이다. 캠버 조정이 어려울 때는 로어암을 교체한다.

섀시 3

주어진 자동차(ABS 장착 차량)에서 감독위원의 지시에 따라 브레이크 패드(좌 또는 우측)를 탈거(감독위원에게 확인)하고 다시 조립하여 브레이크의 작동상태를 확인하시오.

3-1 브레이크 패드 탈·부착

1. 타이어를 탈거한다.

2. 탈거 작업의 편의를 위해 바퀴(캘리퍼 어셈블리)를 밖으로 돌린다.

3. 캘리퍼 하단 슬라이딩 볼트를 탈거한다.

4. 캘리퍼 피스톤 어셈블리를 상부로 들어올린다.

5. 브레이크 패드를 탈거한다.

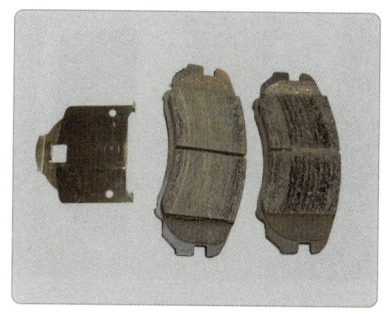

6. 브레이크 패드를 정렬한 후 감독위원의 확인을 받는다.

7. 브레이크 패드를 정위치하고 조립한다.

8. 유압에 밀린 피스톤을 압축기를 사용하여 압축한다.

9. 캘리퍼 어셈블리를 하단으로 내리고 슬라이딩 볼트를 조립한다.

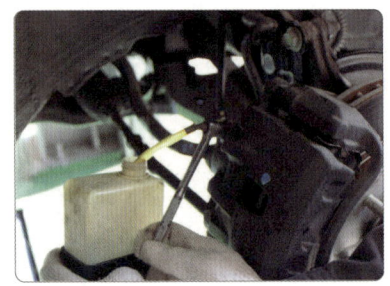
10. 브레이크 공기빼기 작업을 실시한다.

11. 브레이크액을 보충한다.

12. 타이어를 장착한 후 감독위원의 확인을 받는다.

섀시 4 주어진 자동차에서 감독위원의 지시에 따라 인히비터 스위치와 선택 레버 위치를 점검하고 기록·판정하시오.

4-1 인히비터 스위치 점검

1. 선택 레버를 N에 위치한다(인히비터 스위치와 링크 중립 홈이 일치하는지 확인한다).

2. 중립 홈이 일치하지 않으면 인히비터 스위치 보디를 회전시켜 조정한다.

3. 선택 레버를 P, R, N, D, L 순서로 선택하고 인히비터 스위치 단자별 통전상태를 확인한다.

실기시험 주요 Point

인히비터 스위치와 컨트롤 케이블의 조정 방법
① 변속 선택 레버를 N 위치에 놓는다.
② 매뉴얼 컨트롤 레버 연결 조정 너트를 풀고 케이블과 레버를 자유롭게 한다.
③ 매뉴얼 컨트롤 레버를 중립 N 위치에 놓는다.
④ 매뉴얼 컨트롤 레버 고정 너트와 인히비터 스위치 고정 볼트 2개를 푼다.
⑤ 매뉴얼 컨트롤 레버 사각면과 인히비터 스위치 몸체 플랜지가 일치할 때까지 인히비터 스위치 몸체를 돌린다.
⑥ 매뉴얼 컨트롤 레버와 인히비터 스위치를 일체로 고정하기 위해 5 mm 봉을 삽입하여 기준을 잡는다.
⑦ 인히비터 스위치 장착 볼트를 규정 토크로 조인다(조임 토크 1.0~1.2 kgf·m).
⑧ 매뉴얼 컨트롤 케이블의 선단을 가볍게 당기면서 조정 너트를 조인다.
⑨ 변속 선택 레버가 N 위치에 있는지 점검한 다음 각 위치로 조작하여 확실히 작동하는지 확인한다.

(1) 인히비터 스위치 전원공급 회로도

● 주요 부위 회로 점검

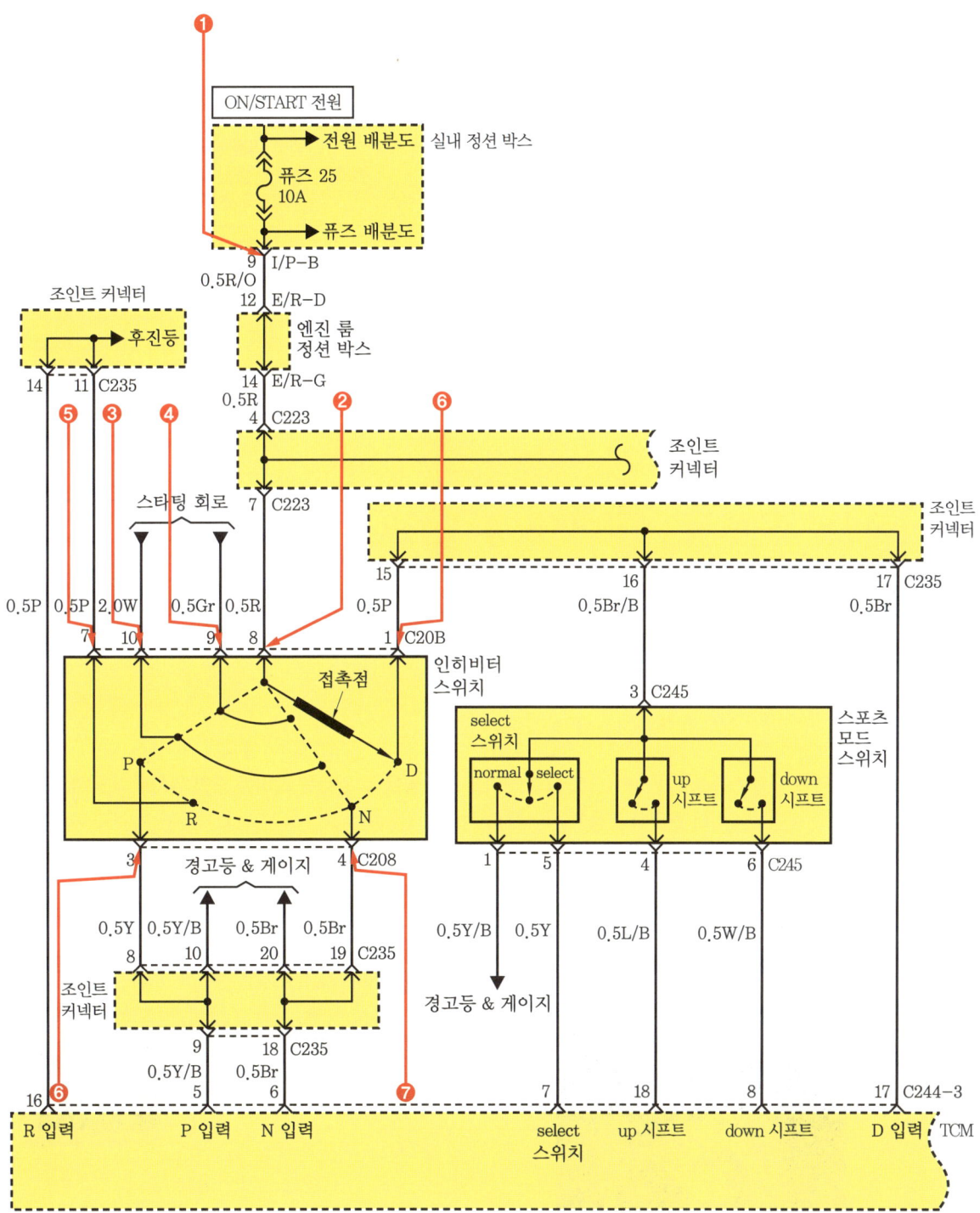

답안지 작성

섀시 4 자동변속기 점검

항목	① 측정(또는 점검)		② 판정 및 정비(또는 조치) 사항		(H) 득점
(A) 자동차 번호 :			(B) 비번호	(C) 감독위원 확 인	
항목	(D) 점검 위치	(E) 내용 및 상태	(F) 판정(□에 'V' 표)	(G) 정비 및 조치할 사항	(H) 득점
변속 선택 레버	P 위치	인히비터 스위치 조정 불량	□ 양호 ☑ 불량	선택 레버를 N에 놓은 후 컨트롤 레버를 중립 위치로 세팅하고 인히비터 스위치 조정	
인히비터 스위치	R 위치				

1. 답안지 공통 사항(감독위원 확인 및 기록 사항)

(C) 감독위원 확인 : 시험 전 또는 시험 후 감독위원이 채점 후 확인합니다(날인).
(H) 득점 : 감독위원이 해당 문항을 채점하고 점수를 기록합니다.

2. 수험자가 기록해야 할 답안 사항

(A) 자동차 번호 : 측정하는 자동차 번호를 기록합니다(측정 차량이 1대인 경우 생략할 수 있습니다).
(B) 비번호 : 책임관리위원(공단 본부)이 배부한 등번호(비번호)를 기록합니다.
① 측정(또는 점검)
 (D) 점검 위치 : 변속 선택 레버가 **P 위치**로 주어진 상태에서 인히비터 스위치가 **R 위치**로 확인됨을 기록합니다.
 (E) 내용 및 상태 : **인히비터 스위치 조정 불량**을 기록합니다.
② 판정 및 정비(또는 조치) 사항
 (F) 판정 : 변속 선택 레버 위치와 인히비터 스위치 상태가 일치하지 않으므로 ☑ **불량**에 표시합니다.
 (G) 정비 및 조치할 사항 : 판정이 불량이므로 **선택 레버를 N에 놓은 후 컨트롤 레버를 중립 위치로 세팅하고 인히비터 스위치 조정**을 기록합니다.

실기시험 주요 Point

독립된 자동변속기 내에서 인히비터 스위치를 점검한다. 준비가 되어 있을 경우에는 주어진 차종의 회로도나 접점스위치를 단자 통전표를 보고 인히비터 스위치를 점검한다.

인히비터 스위치 자체 점검

※ 앞의 회로도를 보고 본선 8번 단자를 중심으로 나머지 단자를 찾으며 단선(이상) 유무를 확인한다.
1. 변속 레버를 N 위치로 놓고 링크와 인히비터 스위치가 일치하는지 확인한다.
2. P, R, N, D 상태로 변속하며 나머지 단자의 접촉상태(단선, 이상 유무)를 확인한다.

섀시 5   주어진 자동차에서 감독위원의 지시에 따라 제동력을 측정하여 기록·판정하시오.

5-1   제동력 시험

제동력 테스터

1. 컨트롤박스의 전원을 확인한다.

2. 바탕화면에 오토기기 ABS를 실행(클릭)한다.

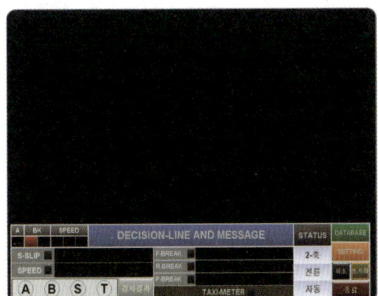

3. 화면에서 초기화 버튼을 클릭한다.

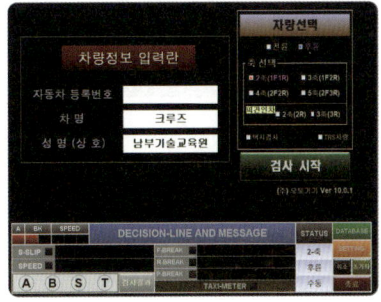

4. 차량정보 입력 후 브레이크 검사 시작을 클릭한다.

5. 측정용 차량을 서서히 진입시킨다(뒷바퀴 측정).

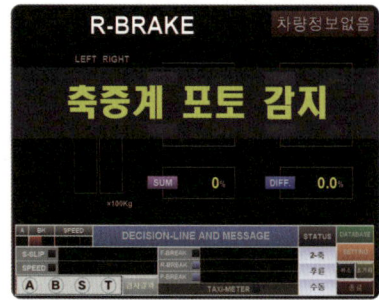
6. 축중계 포토 감지가 출력된다(자동).

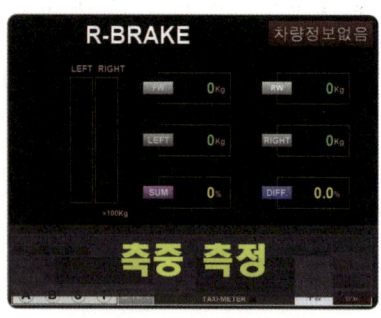
7. 축중 측정이 시작된다.

8. 리프트 하강된다.

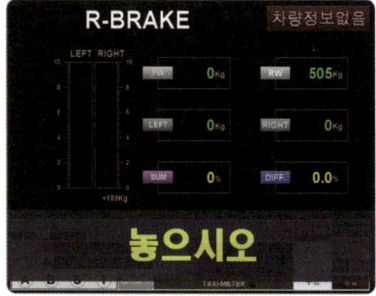
9. 브레이크를 밟지 않는다(대기).

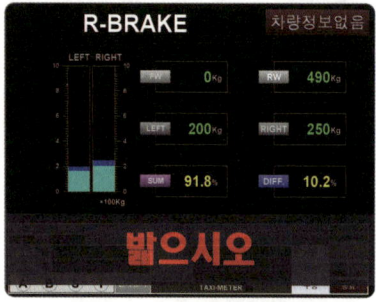
10. 브레이크 페달을 힘껏 밟는다.
 (LEFT : 200 kgf,
 RIGHT : 250 kgf)

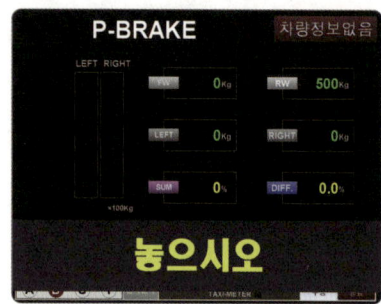
11. 브레이크 페달을 놓는다.
 (뒤 축중 : 500 kgf)

12. 주차(사이드) 브레이크를 당긴다.

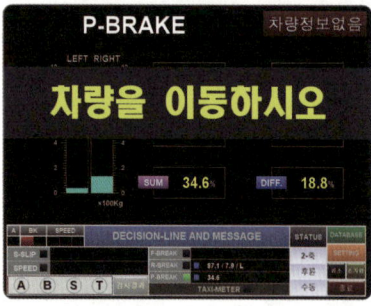
13. 주차 브레이크를 푼 다음 차량을 이동한다(리프트 업).

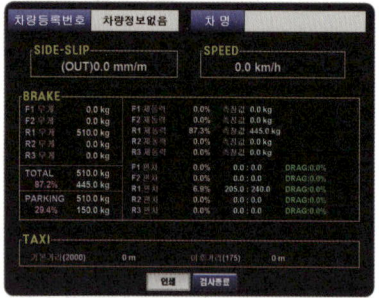
14. 결과지를 출력하고 자동차 검사 기준 및 방법으로 계산한다.

실기시험 주요 Point — 제동력 측정

시험장 여건에 따라 제동력 측정값이 제시된 경우에는 제시된 측정값으로 좌우 편차 및 합을 계산한다.

답안지 작성

섀시 5 제동력 점검

(A) 자동차 번호 :				(B) 비번호		(C) 감독위원 확인	
① 측정(또는 점검)				② 산출 근거 및 판정			(I) 득점
(D) 항목	구분	(E) 측정값(kgf)	(F) 기준값 (□에 'V' 표)	(G) 산출 근거		(H) 판정 (□에 'V' 표)	
제동력 위치 (□에 'V'표) □ 앞 ☑ 뒤	좌	200 kgf	□ 앞 축중의 ☑ 뒤	편차	$\frac{250-200}{500} \times 100 = 10$	□ 양호 ☑ 불량	
	우	250 kgf	제동력 편차 8% 이하				
			제동력 합 20% 이상	합	$\frac{200+250}{500} \times 100 = 90$		

※ 측정 위치는 감독위원이 지정하는 위치의 □에 'V' 표시합니다.
※ 측정값의 단위는 시험장비 기준으로 기록합니다.
※ 자동차 검사 기준 및 방법에 의하여 기록 · 판정합니다.
※ 산출 근거에는 단위를 기록하지 않아도 됩니다.

1. 답안지 공통 사항(감독위원 확인 및 기록 사항)

(C) **감독위원 확인** : 시험 전 또는 시험 후 감독위원이 채점 후 확인합니다(날인).
(I) **득점** : 감독위원이 해당 문항을 채점하고 점수를 기록합니다.

2. 수험자가 기록해야 할 답안 사항

(A) **자동차 번호** : 측정하는 자동차 번호를 기록합니다(측정 차량이 1대인 경우 생략할 수 있습니다).
(B) **비번호** : 책임관리위원(공단 본부)이 배부한 등번호(비번호)를 기록합니다.

① 측정(또는 점검)
  (D) **항목** : 감독위원이 지정하는 축에 표시합니다. ☑ 뒤
  (E) **측정값** : 제동력을 측정한 값을 기록합니다. • 좌 : 200 kgf • 우 : 250 kgf
  (F) **기준값** : 제동력 편차와 합은 검사 기준에 의거하여 측정된 값을 기록합니다.
    • 편차 : **뒤 축중의 8% 이하** • 합 : **뒤 축중의 20% 이상**

② 산출 근거 및 판정
  (G) **산출 근거** : 공식에 대입하여 산출하는 계산식을 기록합니다.
    • 편차 : $\frac{250-200}{500} \times 100 = 10$ • 합 : $\frac{200+250}{500} \times 100 = 90$
  (H) **판정** : 뒷바퀴 제동력의 편차가 기준값 범위를 벗어났으므로 ☑ **불량**에 표시합니다.

■ 제동력 계산
  • 뒷바퀴 제동력의 편차 = $\frac{\text{큰 쪽 제동력} - \text{작은 쪽 제동력}}{\text{해당 축중}} \times 100$ ➡ 뒤 축중의 8% 이하이면 양호
  • 뒷바퀴 제동력의 총합 = $\frac{\text{좌우 제동력의 합}}{\text{해당 축중}} \times 100$ ➡ 뒤 축중의 20% 이상이면 양호
  ※ 측정 차량 크루즈 1.5 DOHC A/T의 공차 중량(1130 kgf)의 뒤(후) 축중(500 kgf)으로 산출하였습니다.

● 자동차관리법 시행규칙 제동장치 제동력 검사기준(별표15)

1. 제동력 (1) 모든 축의 제동력의 합이 공차 중량의 50% 이상이고 축의 제동력은 해당 축중의 50%(뒤축의 제동력은 해당 축중의 20%) 이상일 것 (2) 동일 차축의 좌우 차바퀴 제동력의 차이는 해당 축중의 8% 이내일 것 (3) 주차 제동력의 합은 차량 중량의 20% 이상일 것	주 제동장치 및 주차 제동장치의 제동력을 제동시험기로 측정한다.
2. 제동 계통 장치의 설치상태가 견고하여야 하고, 손상 및 마멸된 부위가 없어야 하며, 오일이 누출되지 아니하고 유량이 적정할 것	제동계통 장치의 설치상태 및 오일 등의 누출 여부 및 브레이크 오일 양이 적정한지의 여부를 확인한다.
3. 제동력 복원상태는 3초 이내에 해당 축중의 20% 이하로 감소될 것	주 제동장치의 복원상태를 제동시험기로 측정한다.
4. 피견인자동차 중 안전기준에서 정하고 있는 자동차는 제동장치 분리 시 자동으로 정지가 되어야 하며, 주차브레이크 및 비상브레이크 작동상태 및 설치상태가 정상일 것	피견인자동차의 제동 공기라인 분리 시 자동 정지 여부, 주차 및 비상브레이크 작동 및 설치상태 등을 확인한다.
5. 드럼과 라이닝(또는 디스크와 패드)의 간격 및 마모상태가 정상일 것	점검구 등을 통하여 확인한다. 단, 점검구 또는 관능으로 드럼과 라이닝(또는 디스크와 패드)의 간격 및 마모상태 확인이 곤란한 차량의 경우에는 제동력 검사로 대신할 수 있다.

● 앞바퀴 제동력을 측정할 경우(예시)

항목	① 측정(또는 점검)			② 산출 근거 및 판정		득점
	구분	측정값	기준값 (□에 'V'표)	산출 근거	판정 (□에 'V'표)	
제동력 위치 (□에 'V'표) ☑ 앞 □ 뒤	좌	240 kgf	☑ 앞 축중의 □ 뒤	편차 $\dfrac{260-240}{630} \times 100 = 3.17$	☑ 양호 □ 불량	
			제동력 편차 8.0% 이하			
	우	260 kgf	제동력 합 50% 이상	합 $\dfrac{260+240}{630} \times 100 = 79$		

■ 제동력 산출방법(앞바퀴 측정)

- 앞바퀴 제동력의 편차 = $\dfrac{\text{큰 쪽 제동력} - \text{작은 쪽 제동력}}{\text{해당 축중}} \times 100 = \dfrac{260-240}{630} \times 100 = 3.17\%$
- 앞바퀴 제동력의 총합 = $\dfrac{\text{좌우 제동력의 합}}{\text{해당 축중}} \times 100 = \dfrac{240+260}{630} \times 100 = 79\%$

※ 편차가 3.17%, 합이 79%로 제동 검사기준에 적합하므로 제동력 측정 검사는 양호입니다.

※ 전 측정 차량은 동일차종으로 차량 중량은 1130 kgf, 앞(전) 축중 630 kgf으로 측정하였으며, 제동장치 검사기준은 앞 축중의 합은 차량 중량(공차 상태)의 50% 이상, 좌우 편차 8% 이하를 적용하여 제동력을 산출하였습니다.

국가기술자격 실기시험문제 1안 (전기)

자격종목	자동차정비기능사	과제명	자동차정비작업

비번호 :   시험시간 : 4시간(엔진 : 100분, 섀시 : 80분, 전기 : 60분)

전기 1

주어진 자동차에서 윈드실드 와이퍼 모터를 탈거(감독위원에게 확인)한 후, 다시 부착하여 와이퍼 블레이드가 작동되는지 확인하시오.

1-1 윈드실드 와이퍼 모터 탈·부착

(1) 윈드실드 와이퍼 장치

윈드실드 와이퍼는 차량 주행 중 비나 눈이 올 때 운전자의 시야를 확보하고 운행 안전을 위해 전면 및 후면 유리를 세정하기 위한 것이다. 전기식 윈드실드 와이퍼는 동력을 발생하는 전동기부, 동력을 전달하는 링크부, 앞면 유리를 닦는 윈드실드 와이퍼 블레이드부로 구성되어 있다.

(2) 윈드실드 와이퍼 모터 탈·부착

1. 와이퍼 모터 커넥터를 탈거한다.

2. 와이퍼 블레이드 암 너트 캡을 탈거한다.

3. 와이퍼 블레이드 암 고정 너트를 탈거한다.

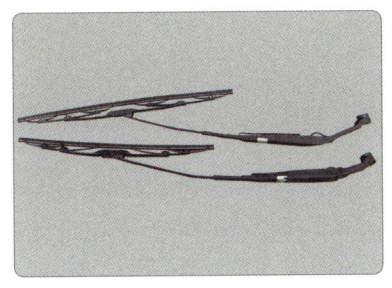

4. 와이퍼 블레이드 암을 탈거한다.

5. 와이퍼 모터 고정 볼트를 탈거한다.

6. 와이퍼 모터 고정 링크를 탈거한다.

7. 와이퍼 모터를 탈거하고 감독위원에게 확인을 받는다.

8. 다시 와이퍼 모터를 링크에 맞춘다.

9. 와이퍼 모터 고정 볼트를 조립한다.

10. 와이퍼 모터와 연결 링크를 체결한다.

11. 와이퍼 모터 링크 그릴을 조립한다.

12. 와이퍼 블레이드 고정 너트를 조립한다.

실기시험 주요 Point

와이퍼 모터 고장 진단

(1) 와이퍼가 작동하지 않는 경우
  ① 와이퍼 퓨즈 불량 → 퓨즈 점검
  ② 와이퍼 스위치 불량 → 스위치 점검
  ③ 와이퍼 모터 접지 불량 → 접지 점검
  ④ 윈드실드 와이퍼 모터 불량 → 모터 점검
  ⑤ 관련 배선 및 조인트 불량 → 배선 접속 점검

(2) 와이퍼 INT 기능이 작동하지 않는 경우
  ① 와이퍼 스위치 불량 → 스위치 점검
  ② 관련 배선 및 조인트 불량 → 배선 접속 점검
  ③ 와이퍼 릴레이 불량 → 와이퍼 릴레이 점검
  ④ 와이퍼 릴레이 관련 배선 불량 → 와이퍼 릴레이 관련 배선 점검

전기 2
주어진 자동차에서 시동 모터의 크랭킹 부하시험을 하여 고장부분을 점검한 후 기록·판정하시오.

2-1 크랭킹 전류 시험

크랭킹 전류, 전압 강하 시험

1. 축전지 전압과 용량을 확인한다.

2. 기동전동기 배선을 확인한다.

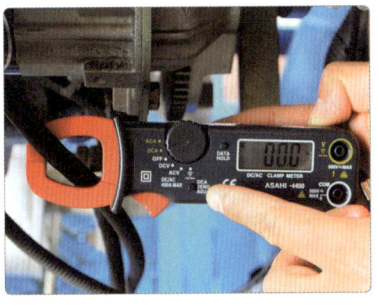

3. 기동전동기 B단자에 전류계를 설치한 후 0점 조정한다(DCA 선택).

4. 인젝터 커넥터를 탈거한다.

5. 엔진을 크랭킹시킨다.
   (300~400 rpm)

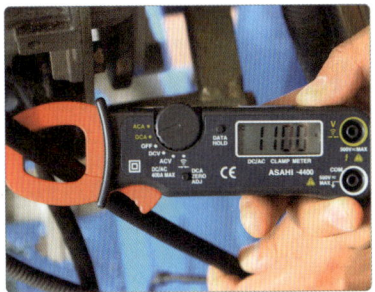

6. 측정값으로 홀드시킨 후 측정값을 확인한다(110 A).

답안지 작성

전기 2 크랭킹 시 전류 소모 점검

항목	① 측정(또는 점검)		② 판정 및 정비(또는 조치) 사항		(H) 득점
(A) 자동차 번호 :		(B) 비번호		(C) 감독위원 확 인	
항목	(D) 측정값	(E) 규정(정비한계)값	(F) 판정(□에 'V' 표)	(G) 정비 및 조치할 사항	(H) 득점
전류 소모	110 A	180 A 이하	☑ 양호 □ 불량	정비 및 조치할 사항 없음	

1. 답안지 공통 사항(감독위원 확인 및 기록 사항)

(C) 감독위원 확인 : 시험 전 또는 시험 후 감독위원이 채점 후 확인합니다(날인).
(H) 득점 : 감독위원이 해당 문항을 채점하고 점수를 기록합니다.

2. 수험자가 기록해야 할 답안 사항

(A) 자동차 번호 : 측정하는 자동차 번호를 기록합니다(측정 차량이 1대인 경우 생략할 수 있습니다).
(B) 비번호 : 책임관리위원(공단 본부)이 배부한 등번호(비번호)를 기록합니다.
① 측정(또는 점검)
  (D) 측정값 : 전류 소모를 측정한 값 **110 A**를 기록합니다.
  (E) 규정(정비한계)값 : 감독위원이 제시한 값이나 축전지에 표시된 값 60 A의 3배인 **180 A 이하**를 기록합니다.
② 판정 및 정비(또는 조치) 사항
  (F) 판정 : 측정값이 규정(정비한계)값 범위 내에 있으므로 ☑ **양호**에 표시합니다.
  (G) 정비 및 조치할 사항 : 판정이 양호이므로 **정비 및 조치할 사항 없음**을 기록합니다.
          판정이 불량일 때는 **기동전동기 교체 후 재점검**을 기록합니다.

3. 기동전동기 크랭킹 전압 강하 및 소모 전류 규정값

① **전압 기준값** : 9.6 V 이상(축전지 전압의 80% 이상)
② **전류 기준값** : 축전지 용량의 3배 이하(예 60 A의 경우 180 A 이하)

실기시험 주요 Point 크랭킹 시 소모 전류를 측정할 때 기동전동기와 축전지 (+), (−) 접촉 저항이 발생하지 않도록 체결상태를 확인한다. 전류계 훅(클램프) 타입으로 측정 시 클램프를 기동전동기로 입력되는 축전지선에 걸고 크랭킹 작동하면서 측정한다.

● 전류 소모가 규정값보다 클 경우

항목	측정(또는 점검)		판정 및 정비(또는 조치) 사항		득점
	측정값	규정(정비한계)값	판정(□에 'V'표)	정비 및 조치할 사항	
전류 소모	190 A	180 A 이하	□ 양호 ☑ 불량	기동전동기 교체 후 재점검	

자동차 번호 :   비번호   감독위원 확　인

※ 판정 및 정비(조치)사항 : 전류 소모가 규정값 범위를 벗어났으므로 ☑ 불량에 표시하고, 기동전동기 교체 후 재점검합니다.

● 기동전동기 크랭킹 전류 소모 규정값

차 종	전압 강하	전류 소모
규정값	축전지 전압의 80% 이상	축전지 용량의 3배 이하
예 12 V 60 A	9.6 V 이상	180 A 이하

※ 전류 소모시험 판정 조건은 축전지가 정상적인 상태에서 점검한 조건입니다.

실기시험 주요 Point

전류 소모가 규정값 범위를 벗어난 경우 정비 및 조치할 사항
❶ 축전지 불량 → 축전지 교체
❷ 기동전동기 불량 → 기동전동기 교체
❸ 전기자 축 휨 → 전기자 코일 교체
❹ 전기자 코일 단락 → 전기자 코일 교체
❺ 계자 코일 단락 → 계자 코일 교체
❻ 전기자 축 베어링 파손 → 베어링 교체

크랭킹 전류 소모 점검 시 유의사항
❶ 전류 소모 측정 시 기동전동기와 축전지 (+), (−)의 접촉 저항이 발생하지 않도록 체결상태를 확인한다.
❷ 전류계 후크 타입으로 측정할 때 기동전동기로 입력되는 축전지 선 또는 축전지 접지선에 후크를 걸고, 엔진 시동이 걸리지 않는 상태에서 크랭킹시킨다.
❸ 엔진을 크랭킹시키고 측정값을 확인하므로 보조원의 도움을 받아 측정한다.
❹ 측정이 끝나면 전류계를 정위치에 놓고 기록표에 측정값을 기록한다.

전기 3. 주어진 자동차에서 미등 및 번호등 회로의 고장부분을 점검한 후 기록·판정하시오.

3-1 미등 회로 점검

(1) 미등 회로 및 번호등 회로도-1

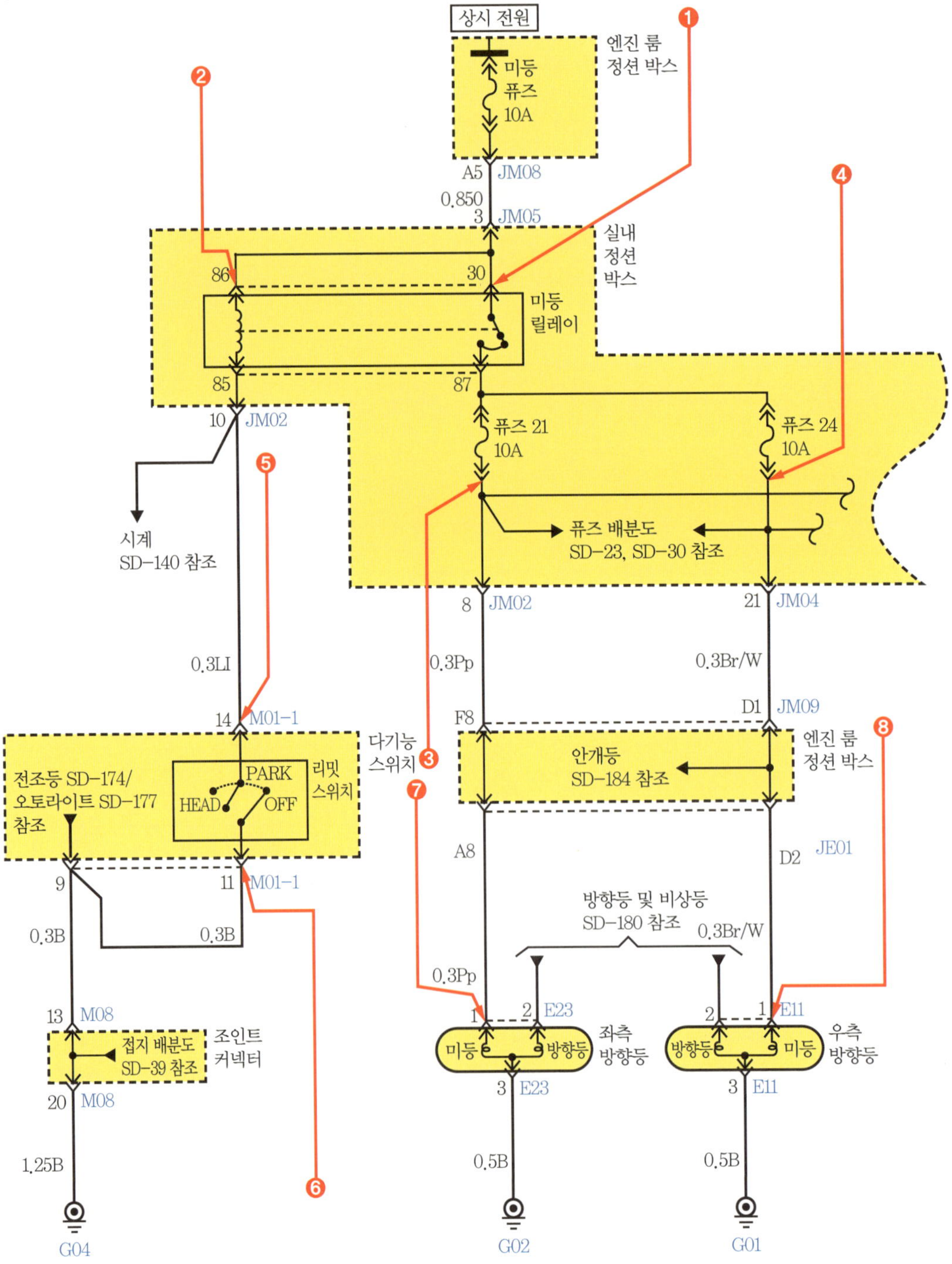

(2) 미등 회로 및 번호등 회로도-2

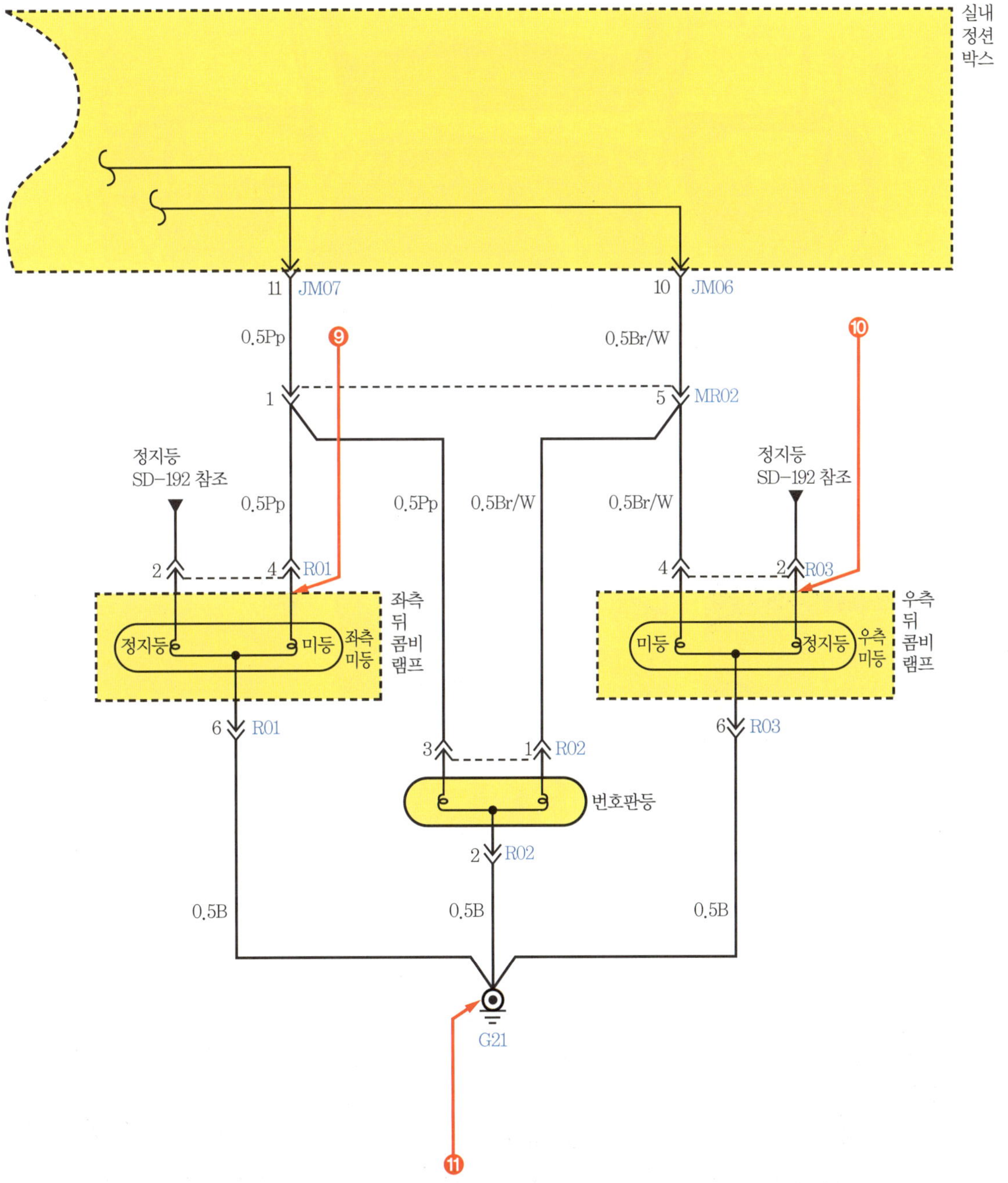

실기시험 주요 Point
1. 축전지 전압 확인(엔진 룸 정션 박스 20 A 퓨즈 확인)
2. 미등 스위치 ON 시 미등 확인(미등, 번호등)
3. 커넥터 축전지 전원 확인(실내 정션 박스 미등 퓨즈)

(3) 미등 및 번호등 회로 점검

미등 및 번호등 회로 점검

1. 축전지 전압을 확인한다.

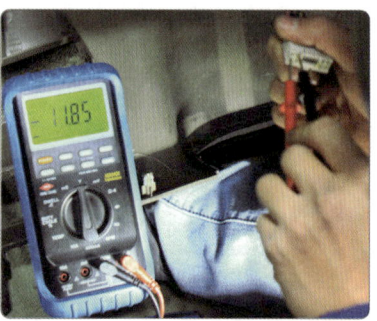

2. 커넥터에 축전지 전압이 인가되는지 확인한다.

3. 번호판 등이 들어오는지 확인한다. (번호등 단선 확인)

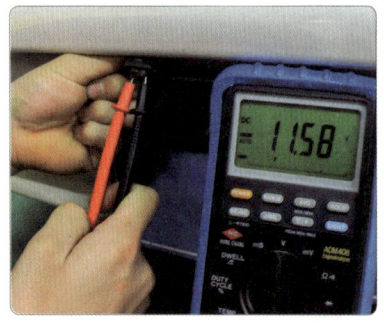

4. 번호판 커넥터에 축전지 전압이 인가되는지 확인한다.

5. 콤비네이션(다기능 스위치) 미등 스위치 이상 유무를 확인한다.

6. 운전석 퓨즈 박스에서 퓨즈 단선과 탈거 상태를 확인한다.

답안지 작성

전기 3 미등 및 번호등 회로 점검

(A) 자동차 번호 :			(B) 비번호		(C) 감독위원 확 인	
항목	① 측정(또는 점검)		② 판정 및 정비(또는 조치) 사항			(H) 득점
	(D) 이상 부위	(E) 내용 및 상태	(F) 판정(□에 'V' 표)	(G) 정비 및 조치할 사항		
미등 및 번호등 회로	우측 미등 전구	커넥터 탈거	□ 양호 ☑ 불량	우측 미등 전구 커넥터 체결 후 재점검		

※ 제시된 전기회로도의 명칭을 사용·기입합니다.

1. 답안지 공통 사항(감독위원 확인 및 기록 사항)

(C) **감독위원 확인** : 시험 전 또는 시험 후 감독위원이 채점 후 확인합니다(날인).
(H) **득점** : 감독위원이 해당 문항을 채점하고 점수를 기록합니다.

2. 수험자가 기록해야 할 답안 사항

(A) **자동차 번호** : 측정하는 자동차 번호를 기록합니다(측정 차량이 1대인 경우 생략할 수 있습니다).
(B) **비번호** : 책임관리위원(공단 본부)이 배부한 등번호(비번호)를 기록합니다.
① 측정(또는 점검)
  (D) **이상 부위** : 이상 부위가 우측 미등 전구이므로 **우측 미등 전구**를 기록합니다.
  (E) **내용 및 상태** : 이상 부위의 내용 및 상태로 **커넥터 탈거**라고 기록합니다.
② 판정 및 정비(또는 조치) 사항
  (F) **판정** : 우측 미등 전구 커넥터가 탈거되었으므로 ☑ **불량**에 표시합니다.
  (G) **정비 및 조치할 사항** : 판정이 불량이므로 **우측 미등 전구 커넥터 체결 후 재점검**을 기록합니다.
    판정이 양호일 때는 **정비 및 조치할 사항 없음**을 기록합니다.

실기시험 주요 Point

미등 및 번호등이 작동하지 않는 고장 원인
❶ 축전지 방전
❷ 미등 퓨즈의 단선(탈거, 접촉 불량)
❸ 미등 릴레이 불량(탈거, 릴레이 코일 불량)
❹ 미등 전구 불량(단선, 탈거)
❺ 축전지 터미널 탈거(탈거, 단선)
❻ 콤비네이션 스위치 불량(접점 소손, 단선)
❼ 콤비네이션 스위치 커넥터 탈거

전기 4. 주어진 자동차에서 좌 또는 우측의 전조등 광도를 측정하고 기록·판정하시오.

4-1 전조등 측정(집광식)

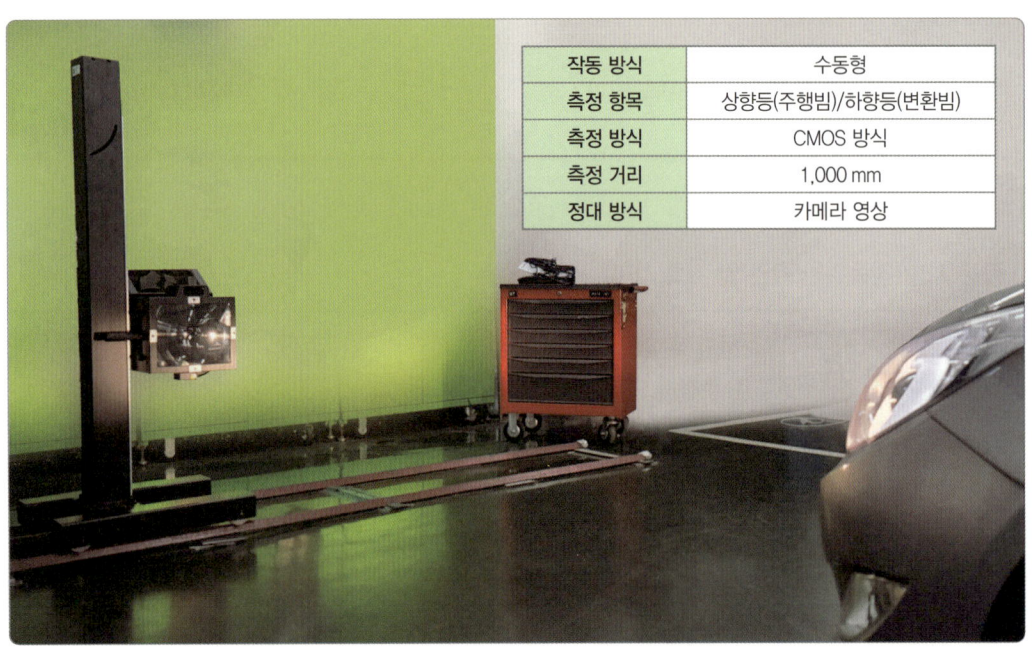

작동 방식	수동형
측정 항목	상향등(주행빔)/하향등(변환빔)
측정 방식	CMOS 방식
측정 거리	1,000 mm
정대 방식	카메라 영상

전조등 시험기와 측정 차량 전조등과의 거리(측정 거리)를 1 m로 유지시킨다.

실기시험 주요 Point

전조등 점검을 위한 확인사항

① 전조등 시험기와 측정 차량 전조등과의 거리(측정 거리)를 1 m로 유지시킨다(시험기와 측정 차량이 직각 유지).
② 전조등 시험기가 수평이 되는지 확인한다.
③ 측정 전조등의 좌 또는 우 상태를 정확하게 확인한다.
④ 엔진 시동 후 전조등을 하향등(변환빔)으로 ON한 후 전조등 작동상태를 확인한다.
⑤ 전조등 시험기를 ON한 후 측정 차량 번호를 입력한다(시험장에 따라 제시된 임의 번호를 입력).
⑥ 전조등 정대 화면에서 "정대"를 클릭한다(화면 가이드라인 중앙에 헤드라이트 검은 점을 확인하고 맞추면 정대 완료).
⑦ 정대 화면의 확대 슬라이더 및 밝기 슬라이더를 조절하여 점검하기 좋은 화면이 되도록 조정한다.

① 측정 : 전조등 검사를 위한 메뉴이며 선택 시 접수 화면으로 이동한다.
② 조회 : 전조등 검사 후 점검 결과를 확인하는 메뉴이다.
③ 교정 : 장비 교정을 위한 메뉴이며, 장비를 교정할 필요가 있을 때만 적용한다.
④ 설정 : 장비 설정을 위한 메뉴이다.
※ 시험장에서 전조등 점검 시 수험자는 측정 모드에서 점검한다.

1. 전조등 시험기를 ON한 후 메인 화면을 확인한다.

2. 전조등 시험기와 측정 차량 전조등과의 거리(측정 거리)를 1 m로 유지한다.

3. 메인 화면에서 측정을 선택한다.

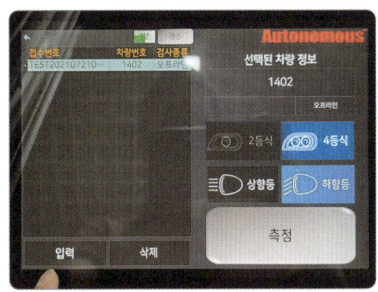

4. 접수 목록에서 측정 차량 번호를 입력한다(예 08다 1234, 점검 시 임의 번호를 입력).

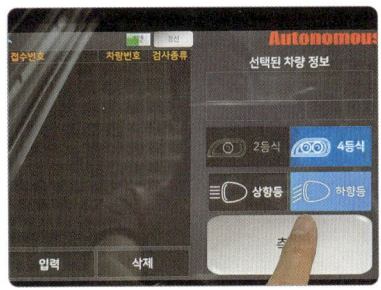

5. 측정하고자 하는 전조등의 등식과 광축을 지정한 뒤 측정한다.

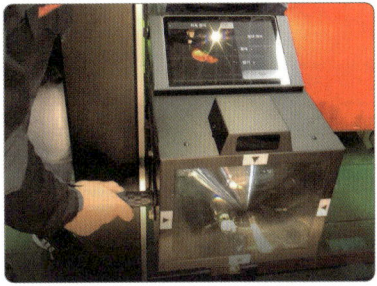

6. 전조등 정대 화면을 확인하고, 전조등 시험기 몸체를 좌우상하로 움직여 정대를 맞춘다.

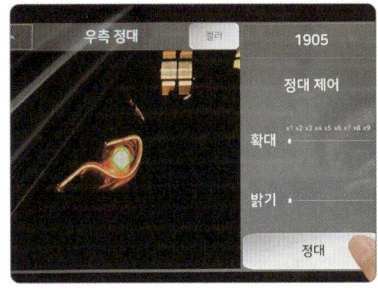

7. 정대 화면에서 정대를 선택한다.

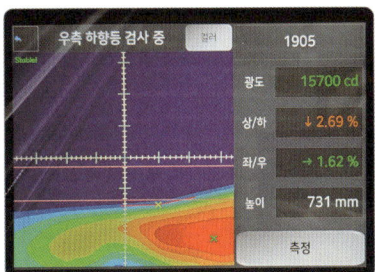

8. 측정값을 확인한다.
   (조회 기록 저장)

9. 메인 화면에서 조회를 선택한 후 측정값을 정리한다.

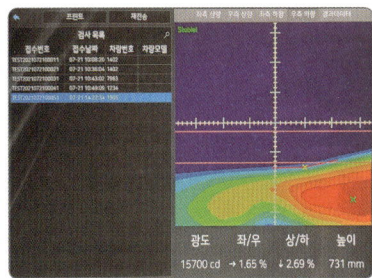

10. 측정 정보를 확인하고, 전조등 시험기를 초기 화면에 놓는다.

답안지 작성

전기 4 **전조등 점검** : 하향등(변환빔) 측정 ← 측정값이 불량일 때

(A) 자동차 번호 :			(B) 비번호		(C) 감독위원 확 인	
① 측정(또는 점검)					② 판정 (□에 'V' 표)	(G) 득점
(D) 구분	측정 항목	(E) 측정값		(F) 기준값		
(□에 'V' 표) 위치: □ 좌 ☑ 우	광도	2500 cd		3000 cd 이상	□ 양호 ☑ 불량	

※ 측정 위치는 감독위원이 지정하는 위치의 □에 'V' 표시합니다.
※ 자동차 검사기준 및 방법에 의하여 기록 · 판정합니다.

1. 답안지 공통 사항(감독위원 확인 및 기록 사항)

(C) 감독위원 확인 : 시험 전 또는 시험 후 감독위원이 채점 후 확인합니다(날인).
(G) 득점 : 감독위원이 해당 문항을 채점하고 점수를 기록합니다.

2. 수험자가 기록해야 할 답안 사항

(A) 자동차 번호 : 측정하는 자동차 번호를 기록합니다(측정 차량이 1대인 경우 생략할 수 있습니다).
(B) 비번호 : 책임관리위원(공단 본부)이 배부한 등번호(비번호)를 기록합니다.
① 측정(또는 점검)
  (D) 구분 : 감독위원이 지정한 위치에 ☑ 표시합니다. ☑ 우
    (전조등 위치 좌 또는 우의 기준은 운전석 착석 상태에서 확인합니다.)
  (E) 측정값 : 수험자가 광도를 측정한 값을 기록합니다.
    • 광도 : **2500cd**
  (F) 기준값 : 검사 기준값을 기록합니다(수험자가 숙지합니다).
    • 광도 : **3000 cd 이상**
② 판정
  측정 광도가 기준값을 벗어났으므로 ☑ **불량**에 표시합니다.

답안지 작성

전기 4 **전조등 점검** : 하향등(변환빔) 측정 ← 측정값이 정상일 때

(A) 자동차 번호 :				(B) 비번호		(C) 감독위원 확인	
① 측정(또는 점검)					② 판정 (□에 'V' 표)	(G) 득점	
(D) 구분	측정 항목	(E) 측정값	(F) 기준값				
(□에 'V' 표) 위치: □ 좌 ☑ 우	광도	15700 cd	3000 cd 이상		☑ 양호 □ 불량		

※ 측정 위치는 감독위원이 지정하는 위치의 □에 'V' 표시합니다.
※ 자동차 검사기준 및 방법에 의하여 기록 · 판정합니다.

1. 답안지 공통 사항(감독위원 확인 및 기록 사항)

(C) **감독위원 확인** : 시험 전 또는 시험 후 감독위원이 채점 후 확인합니다(날인).
(G) **득점** : 감독위원이 해당 문항을 채점하고 점수를 기록합니다.

2. 수험자가 기록해야 할 답안 사항

(A) **자동차 번호** : 측정하는 자동차 번호를 기록합니다(측정 차량이 1대인 경우 생략할 수 있습니다).
(B) **비번호** : 책임관리위원(공단 본부)이 배부한 등번호(비번호)를 기록합니다.
① 측정(또는 점검)
  (D) **구분** : 감독위원이 지정한 위치에 ☑ 표시를 합니다. ☑ **우**
     (전조등 위치 좌 또는 우의 기준은 운전석 착석 상태에서 확인합니다.)
  (E) **측정값** : 수험자가 광도를 측정한 값을 기록합니다.
     • 광도 : **15700 cd**
  (F) **기준값** : 검사 기준값을 기록합니다(수험자가 숙지합니다).
     • 광도 : **3000 cd 이상**
② 판정
  측정 광도가 기준값 이내에 있으므로 ☑ **양호**에 표시합니다.

실기시험 주요 Point

하향등 및 상향등의 기준값(자동차 및 자동차 부품 성능에 관한 규칙)

구분	하향등(변환빔)의 기준값		상향등(주행빔)의 기준값	
광도(2등식)	3000 cd 이상		15000 cd 이상	
광도(4등식)			12000 cd 이상	
전조등 설치 높이	1.0 m 이하	1.0 m 이상	좌·우측등 상향 진폭	10 cm 이하
	−0.5~−2.5%	−1.0~−3.0%	좌·우측등 하향 진폭	30 cm 이하
좌측등 좌진폭	해당사항 없음		15 cm 이하	
좌측등 우진폭	해당사항 없음		30 cm 이하	
우측등 좌·우진폭	해당사항 없음		30 cm 이하	

자동차 검사 기준 및 방법(별표 15호) – 자동차 및 자동차 부품 성능에 관한 규칙

구분	검사 기준	방법
1	하향등(변환빔)의 광도는 3000 cd 이상일 것	좌·우측 전조등(변환빔) 광도와 광도점을 전조등 시험기로 측정하여 광도점의 광도를 확인한다.
2	하향등의 진폭은 10 m 위치에서 다음 수치 이내일 것 • 설치 높이≤1.0 m　　• 설치 높이>1.0 m 　−0.5~−2.5%　　　　−1.0~−3.0%	좌·우측 전조등의 컷오프선 및 꼭짓점의 위치를 전조등 시험기로 측정하여 컷오프선의 적정 여부를 확인한다.
3	컷오프선의 꺾임점(각)이 있는 경우 꺾임점의 연장선은 우측 상향일 것	변환빔의 컷오프선, 꺾임점(각), 설치상태 및 손상 여부 등 안전기준 적합 여부를 확인한다.

카메라 측정화면 – 의사 색채로 표현된 전조등 광분포

❶ 하향등의 경우 빨간색 ✕ 및 라인으로 엘보 포인트(elbow point)를 표시한다. 엘보 포인트가 없으면 좌우는 0으로 고정되고 상하만 표시되며, 빨간색 라인으로 표시된다.

❷ 광축은 초록색 ✕로 표시하고, 그 광도를 측정 결과에 표시한다.

❸ 1분은 작은 눈금으로 표시하고 1도는 큰 눈금으로 표시한다.

❹ 상향등의 경우 검사 기준이 사각형으로 표시되며, 하향등의 경우 상한과 하한만 표시된다. 검사 기준에 적합하면 라인이 초록색으로 표시되고, 부적합하면 빨간색으로 표시된다.

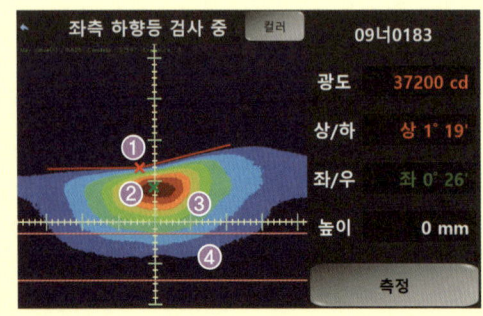

자동차정비기능사 실기시험 2안

파트별	안별 문제	2안
엔진	엔진(부품) 분해 조립	실린더 헤드(가솔린)/밸브 스프링
엔진	측정/답안작성	밸브 스프링 장력
엔진	시스템 점검/엔진 시동	연료계통 회로
엔진	부품 탈거/조립	가솔린 인젝터(1개)
엔진	자기진단(답안작성)	스캐너를 이용한 엔진 전자제어 센서(액추에이터) 점검
엔진	차량 검사 측정	가솔린 배기가스
섀시	부품 탈거/조립	허브와 너클
섀시	점검/답안작성	캐스터, 캠버각
섀시	부품 탈거 작동 상태	브레이크 라이닝(슈)
섀시	점검/답안작성	A/T 자기진단
섀시	안전기준 검사	최소회전반지름
전기	부품 탈거/조립 작동 확인	발전기
전기	측정/답안작성	점화코일 점검(1,2차 저항)
전기	전기회로 점검/고장부위 작성	전조등 회로
전기	차량 검사 측정	경음기 음량

국가기술자격 실기시험문제 2안(엔진)

자격종목	자동차정비기능사	과제명	자동차정비작업

비번호 :　　　　　　　　　시험시간 : 4시간(엔진 : 100분, 섀시 : 80분, 전기 : 60분)

엔진 1

주어진 가솔린 엔진에서 실린더 헤드와 밸브 스프링(1개)을 탈거(감독위원에게 확인)하고 감독위원의 지시에 따라 기록표의 내용대로 기록·판정한 후 다시 조립하시오.

1-1 엔진 분해 조립

 1안 참조 — 22쪽

1-2 밸브 스프링 탈·부착

1. 작업할 실린더 헤드를 확인하고 분해할 밸브를 확인한다.

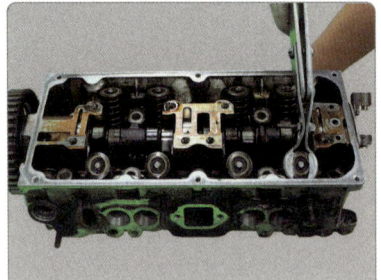
2. 밸브 스프링 탈착기를 실린더 헤드에 설치한다.

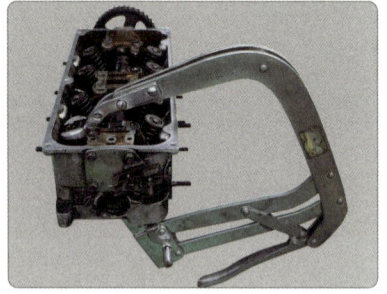
3. 밸브 스프링 탈착기를 압축한다.

4. 밸브 스프링을 압축하여 밸브 고정 키를 분리한다.

5. 밸브 스프링 압축기를 풀고 밸브 스프링 어셈블리를 분해한다.

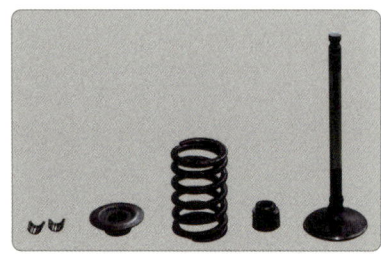
6. 밸브 스프링 어셈블리를 정리한 후 감독위원의 확인을 받는다.

7. 밸브 조립 위치를 확인한다.

8. 밸브를 조립하고 오일 실을 밸브 가이드에 조립한다.

9. 딥 소켓 렌치를 사용하여 오일 실을 삽입한다.

10. 밸브 스프링과 리테이너를 정렬한다.

11. 밸브 스프링을 압축하여 밸브 리테이너 로크를 삽입한다.

12. 고무망치로 밸브 스프링을 가볍게 압축하고 조립된 상태를 감독위원에게 확인받는다.

실기시험 주요 Point

밸브 스프링

밸브가 닫혀있는 동안 기밀 유지 규정의 장력이 유지되어야 하며, 장력이 크면 밀봉 및 냉각이 양호하나 시트가 침하할 수 있다. 반대로 장력이 적으면 밸브의 기밀 및 냉각이 불량하게 된다.

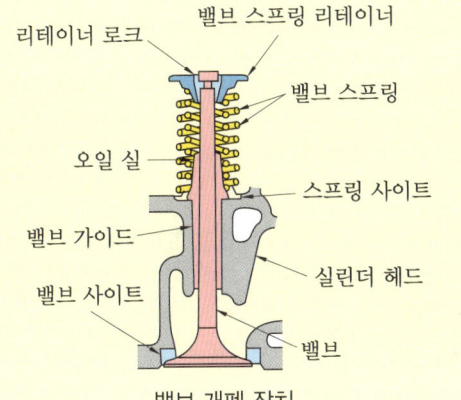

밸브 개폐 장치

밸브 스프링 장력 테스터

❶ 밸브 스프링의 종류
- 등피치형
- 부등피치형
- 원뿔형

❷ 스프링 점검(스프링 장력 시험기 및 정반과 직각자)
- 자유고 : 표준의 3% 이내
- 직각도 : 3% 이내
- 장력 : 15% 이내

1-3 밸브 스프링 장력 점검

1. 스프링 압축 길이(자)의 눈금을 먼저 확인하고 저울을 확인한다.

2. 테스터에 스프링을 설치하고 밸브 스프링을 1~2회 지그시 완충시킨다.

3. 밸브 스프링 장력 테스터를 규정값에 근접시킨다.

4. 밸브 스프링을 규정값 37.0 mm로 압축한다.

5. 밸브 스프링 장력을 측정한다. (23.0 kgf)

실기시험 주요 Point — 밸브 스프링 자유고 점검 및 측정의 예(측정기기 : 버니어 캘리퍼스)

❶ 규정값 : 44.4 mm, 한계값 : 43.1 mm
❷ 측정값 : 43.4 mm
❸ 정비 및 조치 사항 → 정상으로 재사용 가능

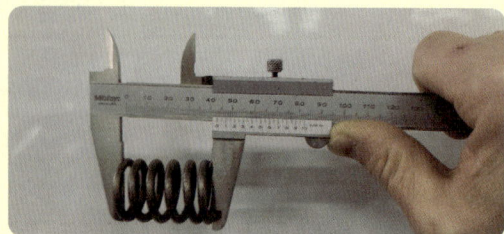

밸브 스프링 점검 및 측정

답안지 작성

엔진 1 - 밸브 스프링 장력 점검

(A) 엔진 번호 :			(B) 비번호		(C) 감독위원 확 인	
항 목	① 측정(또는 점검)		② 판정 및 정비(또는 조치) 사항			(H) 득점
	(D) 측정값	(E) 규정(정비한계)값	(F) 판정(□에 'V' 표)	(G) 정비 및 조치할 사항		
밸브 스프링 장력	23.0 kgf/37.0 mm	23.0 kgf/37.0 mm (한계값 : 20 kgf)	☑ 양호 □ 불량	정비 및 조치할 사항 없음		

※ 출제 안에 따라 밸브 스프링 자유고로 출제될 수 있습니다(규정 자유고의 3% 이내가 한계값이 됩니다).

1. 답안지 공통 사항(감독위원 확인 및 기록 사항)

(C) 감독위원 확인 : 시험 전 또는 시험 후 감독위원이 채점 후 확인합니다(날인).
(H) 득점 : 감독위원이 해당 문항을 채점하고 점수를 기록합니다.

2. 수험자가 기록해야 할 답안 사항

(A) 엔진 번호 : 측정하는 엔진 번호를 기록합니다(측정 엔진이 1대인 경우 생략할 수 있습니다).
(B) 비번호 : 책임관리위원(공단 본부)이 배부한 등번호(비번호)를 기록합니다.
① 측정(또는 점검)
　(D) 측정값 : 밸브 스프링 장력을 측정한 값 23.0 kgf/37.0 mm를 기록합니다.
　(E) 규정(정비한계)값 : 감독위원이 제시한 값 23.0 kgf/37.0 mm(한계값 : 20 kgf) 또는 해당 차량 정비지침서
　　　　　　　　　　　를 보고 기록합니다.
② 판정 및 정비(또는 조치) 사항
　(F) 판정 : 측정한 값이 규정(정비한계)값 내에 있으므로 ☑ 양호를 기록합니다.
　(G) 정비 및 조치할 사항 : 판정이 양호이므로 정비 및 조치할 사항 없음을 기록합니다.
　　　　　　　　　　　판정이 불량일 때는 밸브 스프링 교환 후 재점검을 기록합니다.

3. 밸브 스프링 장력 규정값

차 종	자유 높이(한계값)	장력 규정값	장력 한계값
엑 셀	23.5 mm	23.0 kgf/37.0 mm	규정 장력의 15% 이내
아반떼 XD	44.0 mm	21.6 kgf/35.0 mm	
베르나	42.03 mm	24.7 kgf/34.5 mm	
EF 쏘나타	45.82 mm	25.3 kgf/40.0 mm	

● 밸브 스프링 장력이 규정값보다 클 경우

항목	엔진 번호 :		비번호		감독위원 확 인	
	측정(또는 점검)		판정 및 정비(또는 조치) 사항			득점
	측정값	규정(정비한계)값	판정(□에 'V'표)	정비 및 조치할 사항		
밸브 스프링 장력	24.0 kgf/37.0 mm	23.0 kgf/37.0 mm (한계값 : 20 kgf)	☑ 양호 □ 불량	정비 및 조치할 사항 없음		

■ 한계값
  규정 장력의 15% : 23 kgf × 0.15 = 3 kgf ➡ 한계값 : 23 kgf − 3 kgf = 20 kgf

● 밸브 스프링 장력이 규정값보다 작을 경우

항목	엔진 번호 :		비번호		감독위원 확 인	
	측정(또는 점검)		판정 및 정비(또는 조치) 사항			득점
	측정값	규정(정비한계)값	판정(□에 'V'표)	정비 및 조치할 사항		
밸브 스프링 장력	18 kgf/37.0 mm	23.0 kgf/37.0 mm (한계값 : 20 kgf)	□ 양호 ☑ 불량	밸브 스프링 교체 후 재점검		

※ 판정 및 정비(조치)사항 : 측정값이 규정(정비한계)값보다 작으므로 ☑ 불량에 표시하고, 밸브 스프링 교체 후 재점검합니다.

※ 규정(한계)값은 감독위원이 제시한 값으로 합니다.

실기시험 주요 Point

밸브 스프링 점검사항
❶ 자유고 : 규정 높이의 3% 이상 감소하면 밸브 스프링을 교체한다.
❷ 직각도 : 자유 길이가 10 mm당 3 mm 이상 기울어지면 밸브 스프링을 교체한다.
❸ 장력 : 규정 장력의 15% 이상 감소하면 밸브 스프링을 교체한다.

밸브 스프링 장력 측정 시 유의사항
❶ 차종에 맞는 규정값을 확인하고 한계값을 계산하여 판정한다.
❷ 측정 시 눈높이 상태에서 밸브 장력 테스터의 눈금을 확인한 후 장력(저울)을 확인한다.

엔진 2 주어진 전자제어 가솔린 엔진에서 감독위원의 지시에 따라 시동에 필요한 연료장치 회로의 고장부분 1개소를 점검 및 수리하여 시동하시오.

2-1 엔진 시동(연료계통 점검)

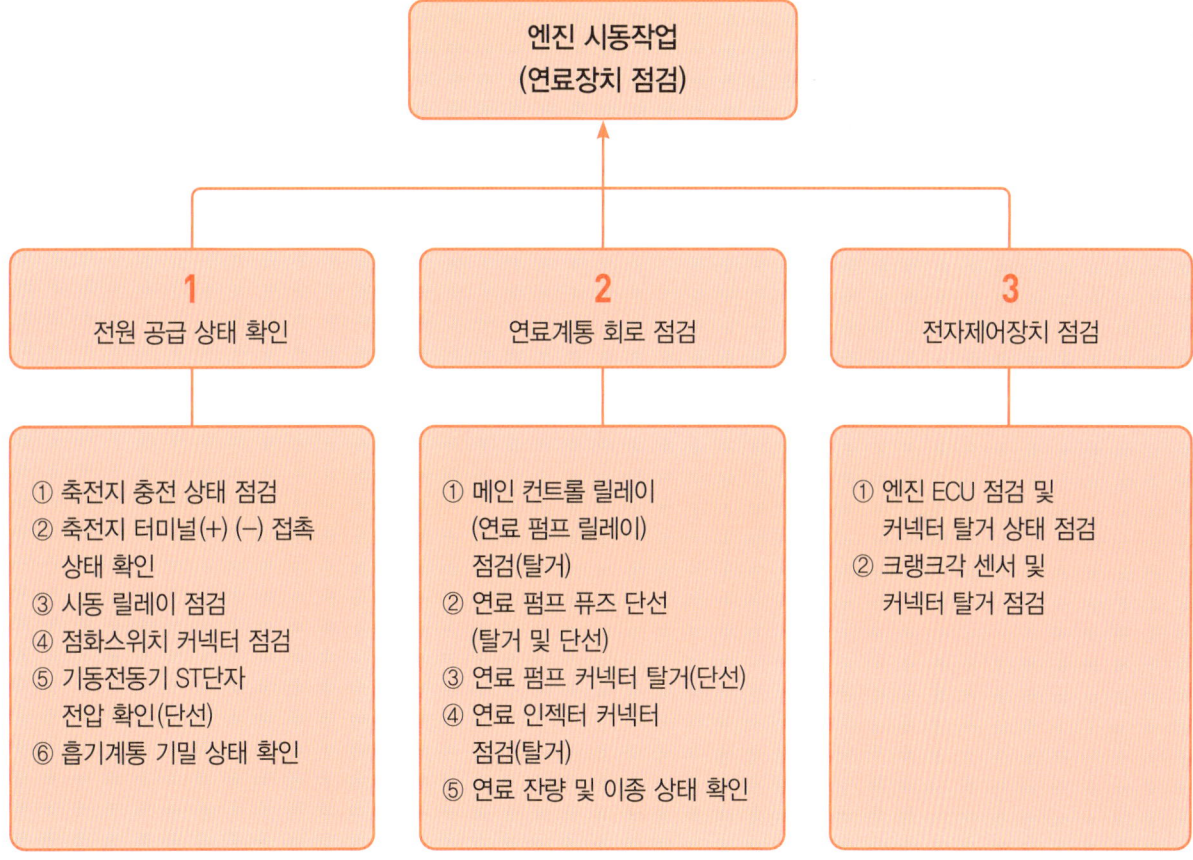

실기시험 주요 Point

연료계통 점검 시 필수 점검사항(육안 점검)
1. 축전지 단자 (+), (−) 탈거
2. 점화스위치 커넥터 탈거
3. 연료 펌프 커넥터 탈거
4. 크랭크각 센서 탈거
5. 캠각 센서 커넥터 탈거

(1) 연료장치 회로도-1

● 주요 부위 회로 점검

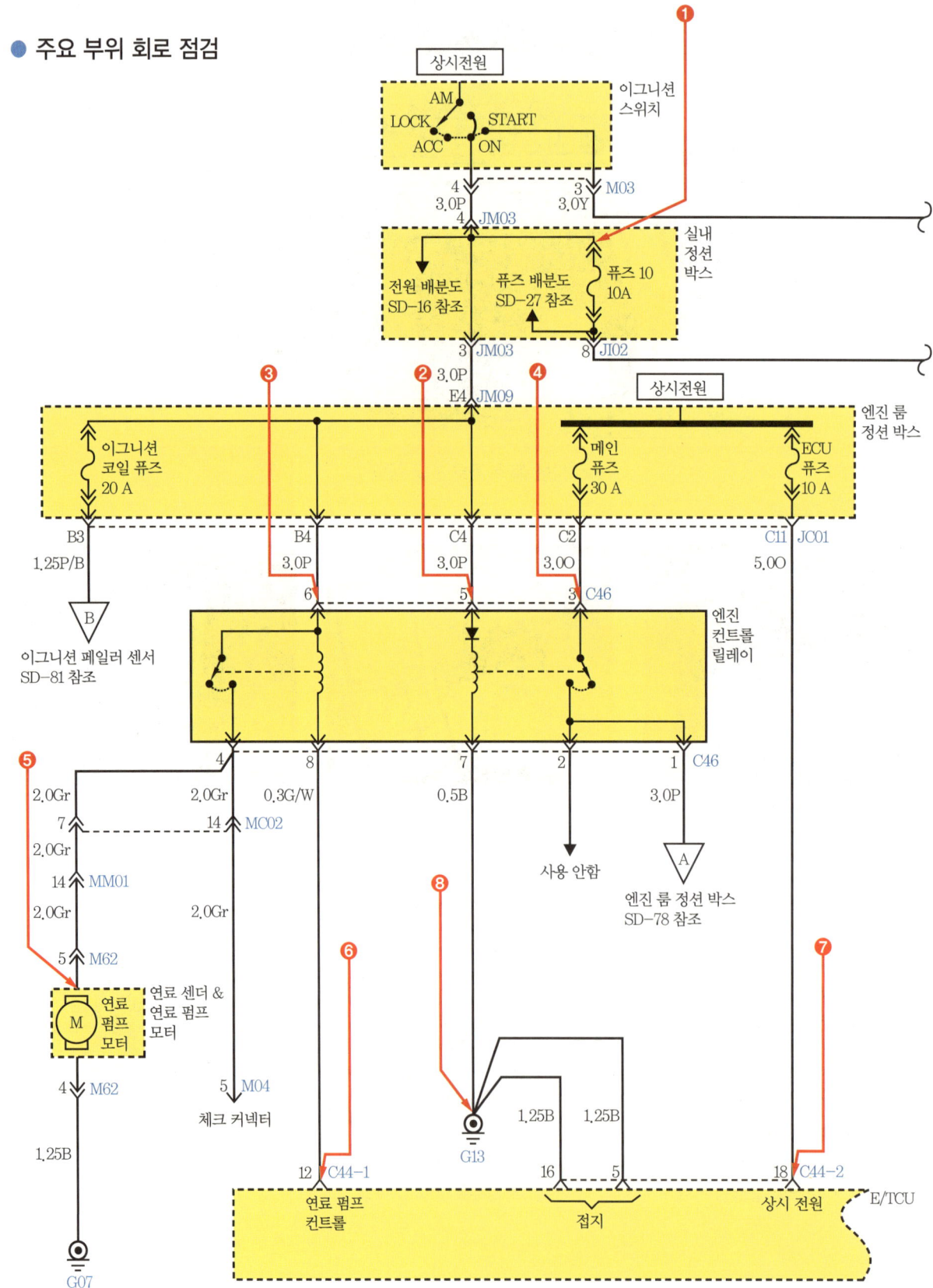

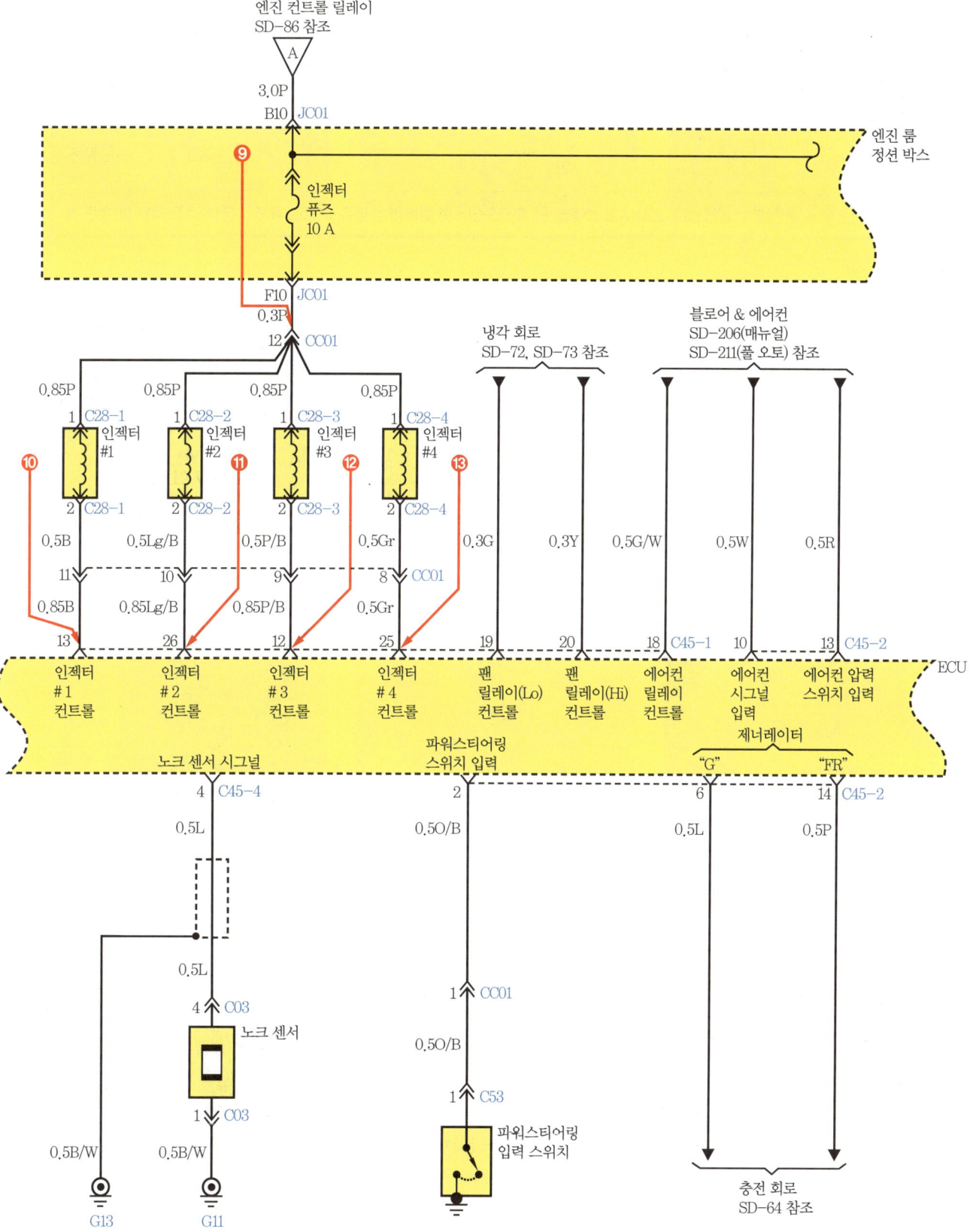

(2) 연료장치 회로도-2

(3) 연료장치 회로 점검

1. 축전지 전원 및 단자 체결 상태를 확인한다.

2. 기동전동기 ST단자 탈거 상태를 확인한다.

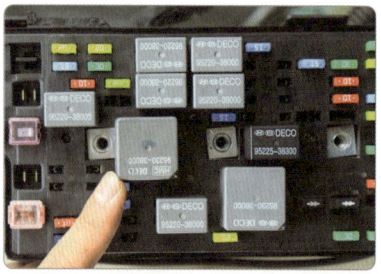
3. 스타터 릴레이 및 메인 퓨즈를 점검한다.

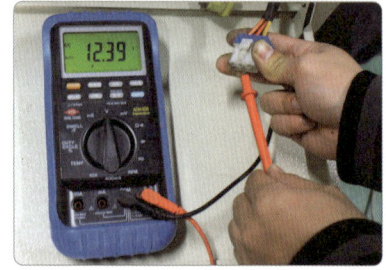
4. 점화스위치 전원 공급 상태를 확인한다.

5. 고압케이블 체결 순서를 확인한다.

6. 엔진 흡기계통 기밀 상태를 확인한다.

7. 연료장치 메인 릴레이 커넥터 체결 상태 및 전원공급 상태를 확인한다.

8. 연료 펌프 커넥터 체결 상태 및 전원 공급 상태를 확인한다.

9. 인젝터 커넥터 체결 상태와 인젝터 저항을 점검한다.

10. 크랭크각 센서 커넥터 체결 및 센서를 점검한다.

11. ECU 커넥터 체결 상태를 확인한다.

12. 연료 펌프 접지 단자와 연료 잔량을 확인한다.

> **엔진 3** 주어진 자동차에서 엔진의 인젝터 1개를 탈거(감독위원에게 확인)한 후 다시 조립하고 감독위원의 지시에 따라 진단기(스캐너)를 사용하여 엔진의 각종 센서(액추에이터) 점검 후 고장 부분을 기록하시오.

3-1 엔진 인젝터 1개 탈·부착

1. 연료펌프 퓨즈를 제거하고 연료 잔압을 제거한다.

2. 연료 인젝터 커넥터를 탈거한다.

3. 인젝터에 연결된 입구 쪽 파이프를 제거한다.

4. 연료라인 공급 및 리턴호스를 탈거한다.

5. 연료 압력 조절기 진공호스를 탈거한다.

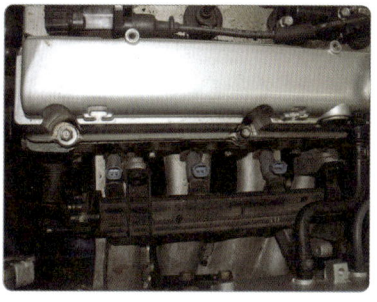

6. 인젝터 딜리버리 파이프 고정 볼트를 탈거하고 인젝터 어셈블리를 분해한다.

7. 탈거한 인젝터를 정렬하고 감독위원에게 확인을 받는다.

8. 연료 인젝터를 정위치한다.

9. 연료라인 공급 및 리턴호스를 조립한다.

10. 연료 압력 조절기 진공호스를 조립한다.

11. 인젝터 배선 커넥터를 체결한다.

12. 주변을 정리하고 감독위원에게 확인을 받는다.

3-2 엔진의 각종 센서 점검

 1안 참조 — 33쪽

엔진 4 주어진 자동차에서 기록표에 제시된 내용을 측정하고 기록·판정하시오.

4-1 배기가스 점검

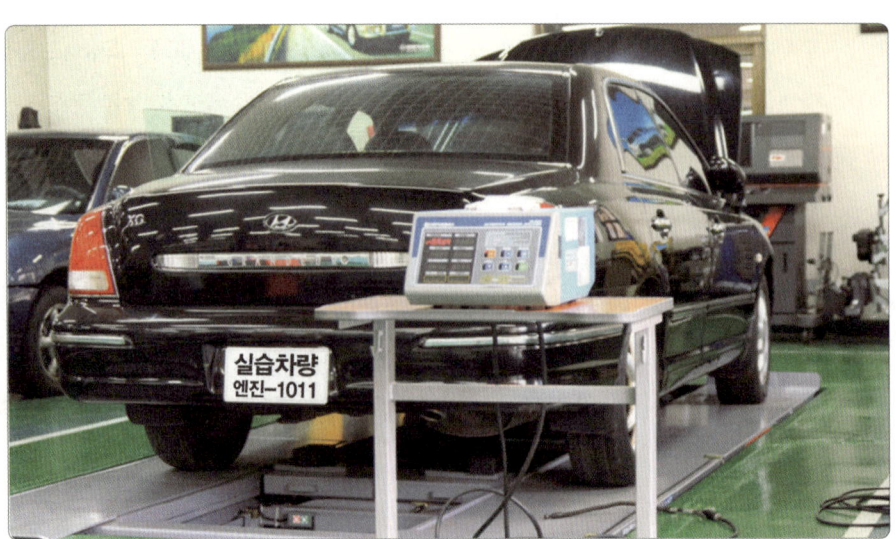

자동차(엔진 시뮬레이터)와 CO 테스터기 준비

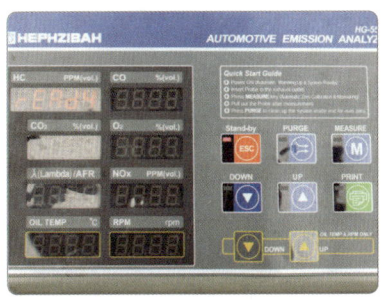
CO 테스터기 전면

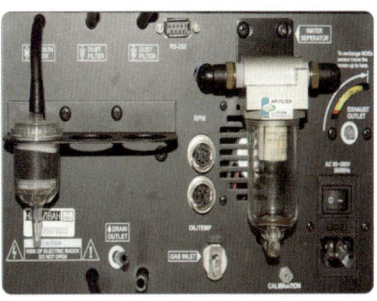
CO 테스터기 후면

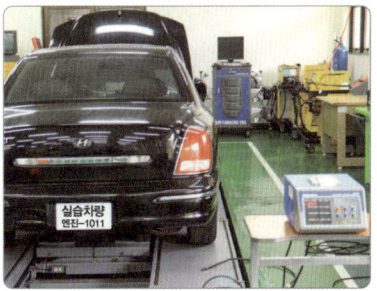
1. 엔진을 정상온도로 충분하게 워밍업한 후 시동된 상태를 유지한다.

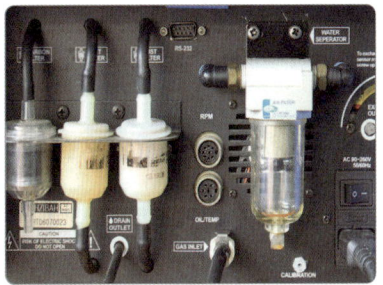
2. 메인 전원 스위치를 ON한 후 뒷면 프로브 연결을 확인한다.

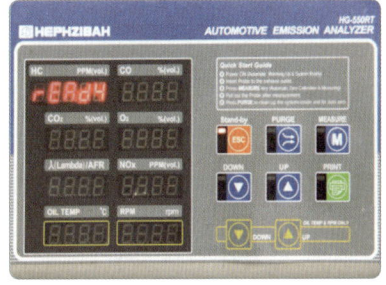
3. 초기화 진행 : 6초간 제품명, PEF 값, 날짜 등이 표시된다.

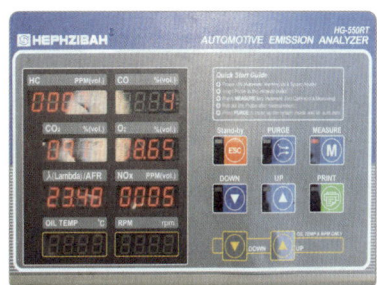
4. 자기진단 : 내부 센서, 펌프 등을 진단 후 디스플레이부에 표시된다.

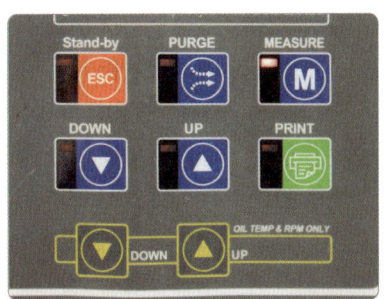
5. 테스터기 워밍업 : CO 테스터기가 정확한 측정을 위해 청정하는 과정이다.

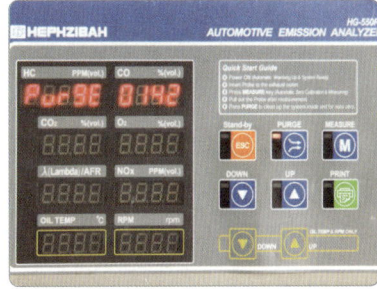
6. PURGE(퍼지) : 퍼지 모드는 180초간 진행된다. 이때 프로브는 머플러에 삽입하지 않는다.

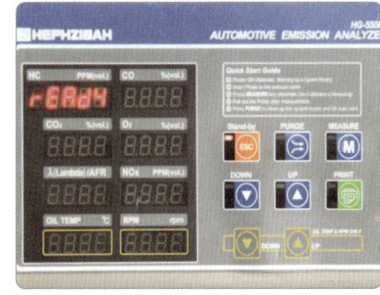
7. PURGE 모드가 끝나면 자동으로 대기 상태가 된다.

8. 프로브를 배기구에 삽입한 후 배기가스를 측정한다.

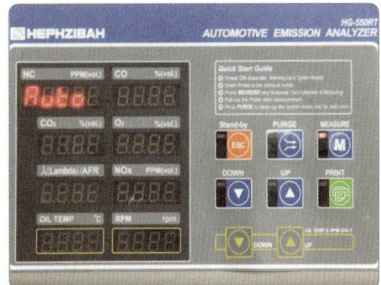
9. MEASURE(측정) : M(측정) 버튼을 누른다.

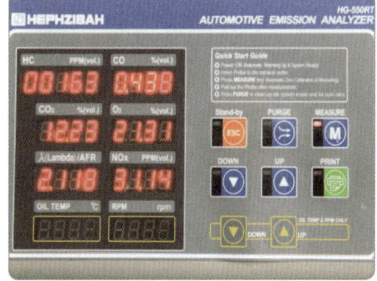
10. 출력된 배기가스를 확인한다.
HC : 163 ppm, CO : 0.43%

자 동 차 등 록 증

제2000 - 3260호 최초등록일 : 2000년 05월 05일

① 자동차 등록번호	08다 1402	② 차종	승용	③ 용도	자가용
④ 차명	그랜저 XG	⑤ 형식 및 연식	2000		
⑥ 차대번호	KMHFV41CPYA068147	⑦ 원동기형식			
⑧ 사용자 본거지	서울특별시 금천구				
소유자 ⑨ 성명(상호)	기동찬	⑩ 주민(사업자)등록번호	******-******		
소유자 ⑪ 주소	서울 특별시 금천구				

자동차관리법 제8조 규정에 의하여 위와 같이 등록하였음을 증명합니다.

2000 년 05 월 05 일

서울특별시장

◆ **차대번호 식별방법**

K	M	H	S	H	8	1	W	P	7	U	1	0	0	1	6	8
①	②	③	④	⑤	⑥	⑦	⑧	⑨	⑩	⑪	⑫					
제작회사군			자동차 특성군								제작 일련번호군					

◆ **차대번호** : 차대번호는 총 17자리로 구성되어 있다.

KMHFV41CPYA068147

① 첫 번째 자리는 제작국가(K=대한민국)
② 두 번째 자리는 제작회사(M=현대, N=기아, P=쌍용, L=GM 대우)
③ 세 번째 자리는 자동차 종별(H=승용차, J=승합차, F=화물트럭)
④ 네 번째 자리는 차종 구분(B=쏘나타, C=베르나, E=EF 쏘나타, V=아반떼, 베르나, F=그랜저)
⑤ 다섯 번째 자리는 세부 차종 및 등급(L=기본, M(V)=고급, N=최고급)
⑥ 여섯 번째 자리는 차체 형상(F=4도어세단, 3=세단3도어, 5=세단5도어)
⑦ 일곱 번째 자리는 안전장치(1=액티브 벨트(운전석+조수석), 2=패시브 벨트(운전석+조수석))
⑧ 여덟 번째 자리는 엔진 형식(D=1769 cc, C=2500 cc, B=1500 cc DOHC, G : 1500 cc SOHC)
⑨ 아홉 번째 자리는 운전석 위치(P=왼쪽, R=오른쪽)
⑩ 열 번째 자리는 제작연도(영문 O, Q, U, Z 제외)~Y(2000), 1(2001)~9(2009), A(2010)~M(2021)~
⑪ 열한 번째 자리는 제작 공장(A=아산, C=전주, M=인도, U=울산, Z=터키)
⑫ 열두 번째~열일곱 번째 자리는 차량제작 일련번호

◆ 차대번호 10번째 자리(제작연도)

연도	부호	연도	부호	연도	부호	연도	부호
1980	A	1991	M	2002	2	2013	D
1981	B	1992	N	2003	3	2014	E
1982	C	1993	P	2004	4	2015	F
1983	D	1994	R	2005	5	2016	G
1984	E	1995	S	2006	6	2017	H
1985	F	1996	T	2007	7	2018	J
1986	G	1997	V	2008	8	2019	K
1987	H	1998	W	2009	9	2020	L
1988	J	1999	X	2010	A	2021	M
1989	K	2000	Y	2011	B	2022	N
1990	L	2001	1	2012	C	2023	P

◆ 제작사 차대번호의 예

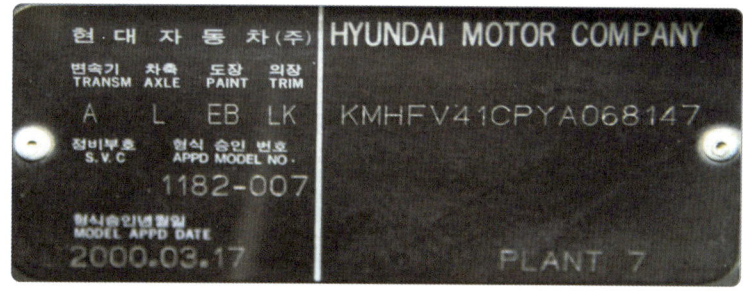

◆ 운행차 배기가스 배출 허용 기준   [개정 2015. 7. 21.]

차 종	차량 제작일	CO	HC	공기 과잉률
승용 자동차	1987년 12월 31일 이전	4.5% 이하	1200 ppm 이하	1±0.1 이내 (기화기식 연료 공급 장치 부착 자동차는 1±0.15 이내, 촉매 미부착 자동차는 1±0.20 이내)
	1988년 1월 1일부터 2000년 12월 31일까지	1.2% 이하	220 ppm 이하(휘발유·알코올 자동차) 400 ppm 이하(가스 자동차)	
	2001년 1월 1일부터 2005년 12월 31일까지	1.2% 이하	220 ppm 이하	
	2006년 1월 1일 이후	1.0% 이하	120 ppm 이하	

답안지 작성

엔진 4 배기가스 점검

측정 항목	① 측정(또는 점검)		② 판정 (□에 'ˇ'표)	(F) 득점
	(D) 측정값	(E) 기준값		
(A) 자동차 번호 :		(B) 비번호	(C) 감독위원 확 인	
CO	0.4%	1.2% 이하	☑ 양호 □ 불량	
HC	163 ppm	220 ppm 이하		

※ 감독위원이 제시한 자동차등록증(또는 차대번호)을 활용하여 차종 및 연식을 적용합니다.
※ 자동차 검사 기준 및 방법에 의하여 기록·판정합니다.
※ CO 측정값은 소수 첫째 자리까지만 기입하고 HC 측정값은 소수점 자리를 기록하지 않습니다.

1. 답안지 공통 사항(감독위원 확인 및 기록 사항)

> **(C) 감독위원 확인** : 시험 전 또는 시험 후 감독위원이 채점 후 확인합니다(날인).
> **(F) 득점** : 감독위원이 해당 문항을 채점하고 점수를 기록합니다.

2. 수험자가 기록해야 할 답안 사항

> **(A) 자동차 번호** : 측정하는 자동차 번호를 기록합니다(측정 차량이 1대인 경우 생략할 수 있습니다).
> **(B) 비번호** : 책임관리위원(공단 본부)이 배부한 등번호(비번호)를 기록합니다.
> ① **측정(또는 점검)**
>   **(D) 측정값** : 배기가스를 측정한 값을 기록합니다.
>   · CO : 0.4%   · HC : 163 ppm
>   **(E) 기준값** : 운행 차량의 배출 허용 기준값을 기록합니다.
>   차대번호 10번째 자리 : KMHFV41CP**Y**A068147 ➡ 2000년식
>   · CO : 1.2% 이하   · HC : 220 ppm 이하
> ② **판정** : 측정값이 기준값의 범위 내에 있으므로 ☑ **양호**에 표시합니다.

실기시험 주요 Point 연속 측정일 때(시험 검정일 때)
M(측정) 버튼을 선택하고 PURGE(퍼지) → 0점 조정 → M(측정) 버튼을 선택하여 측정한다.

● CO와 HC 배출량이 기준값보다 높게 측정될 경우

측정 항목	측정(또는 점검)		판정(□에 'V'표)	득점
	측정값	기준값		
자동차 번호 :		비번호	감독위원 확 인	
CO	2.0%	1.2% 이하	□ 양호 ☑ 불량	
HC	350 ppm	220 ppm 이하		

※ 판정 : CO 배출량과 HC 배출량이 기준값보다 크므로 ☑ 불량에 표시합니다.

● HC 배출량이 기준값보다 높게 측정될 경우

측정 항목	측정(또는 점검)		판정(□에 'V'표)	득점
	측정값	기준값		
자동차 번호 :		비번호	감독위원 확 인	
CO	0.8%	1.0% 이하	□ 양호 ☑ 불량	
HC	280 ppm	120 ppm 이하		

※ 판정 : HC 배출량이 기준값보다 크므로 ☑ 불량에 표시합니다.

● CO 배출량이 기준값보다 높게 측정될 경우

측정 항목	측정(또는 점검)		판정(□에 'V'표)	득점
	측정값	기준값		
자동차 번호 :		비번호	감독위원 확 인	
CO	1.6%	1.2% 이하	□ 양호 ☑ 불량	
HC	200 ppm	220 ppm 이하		

※ 판정 : CO 배출량이 기준값보다 크므로 ☑ 불량에 표시합니다.

※ CO 측정값은 소수 첫째 자리까지만 기입하고 HC 측정값은 소수점 자리를 기록하지 않습니다.

국가기술자격 실기시험문제 2안(섀시)

| 자격종목 | 자동차정비기능사 | 과제명 | 자동차정비작업 |

비번호 :　　　　　　　　　시험시간 : 4시간(엔진 : 100분, 섀시 : 80분, 전기 : 60분)

섀시 1 주어진 자동차에서 감독위원의 지시에 따라(좌 또는 우측) 앞 허브 및 너클을 탈거(감독위원에게 확인)한 후 다시 조립하시오.

1-1 앞 허브 너클 탈·부착

1. 타이어를 탈거한다.

2. 허브를 밖으로 돌리고 허브 너트를 제거한다.

3. 타이로드 엔드 로크 너트 고정 핀을 제거한 후 너트를 1바퀴 푼다.

4. 타이로드 엔드 풀러를 설치하고 나사 힘을 이용하여 너클에서 타이로드 엔드를 분리한다.

5. 로어 암 볼 조인트 고정 볼트를 분리한다.

6. 브레이크 캘리퍼 고정 볼트를 탈거한다.

7. 브레이크 캘리퍼를 분해한다(브레이크 호스 체결 상태).

8. 쇽업소버 고정 볼트를 탈거한다.

9. 엔드 풀러를 장착하고 로어 암 볼 조인트를 탈거한다.

10. 앞 허브 너클을 탈거한다.

11. 분해된 허브 너클 어셈블리를 감독위원에게 확인받는다.

12. 허브 너클 어셈블리를 장착한 후 볼 조인트 고정너트를 체결한다.

13. 쇽업소버 고정 볼트를 체결한다.

14. 브레이크 캘리퍼를 장착한다.

15. 타이로드 엔드를 장착한다.

16. 쇽업소버에 브레이크 호스를 체결한다.

17. 허브 너트를 장착하고 너트 고정 핀을 체결한다.

18. 타이어를 장착하고 감독위원에게 확인받는다.

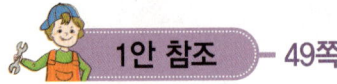 주어진 자동차에서 감독위원의 지시에 따라 휠 얼라인먼트 시험기를 사용하여 캐스터각과 캠버각을 점검하여 기록·판정하시오.

 1안 참조 — 49쪽

 **실기시험 주요 Point**

부동 캘리퍼형

부동 캘리퍼형(1피스톤식)은 한 개의 브레이크 실린더를 설치하여 마스터 실린더에서 유압이 작동하면 피스톤이 패드를 디스크에 압착하고 이때의 반발력으로 캘리퍼가 이동하여 반대쪽의 패드도 디스크를 압착하여 제동하게 되는 형식이다. 이 형식은 냉각작용이 우수하고 주차 브레이크의 조립이 용이하다는 등의 이유로 대부분의 승용차 전륜 또는 전·후륜에 사용되고 있다.

(1) 장점
  ① 베이퍼 로크 발생 우려가 없다.
  ② 오일 누출부가 적다.
  ③ 부품 수가 적어 가볍다.

(2) 단점
  ① 피스톤의 이동량이 커야 한다.
  ② 먼지 등으로 인하여 캘리퍼 이동이 원활하지 못할 수 있다.
  ③ 패드가 편마모되기 쉽다.

샤시 3 주어진 자동차에서 감독위원의 지시에 따라 (좌 또는 우측) 브레이크 라이닝(슈)을 탈거(감독위원에게 확인)하고 다시 조립하여 브레이크의 작동상태를 확인하시오.

3-1 브레이크 라이닝(슈) 탈 · 부착

1. 타이어를 탈거한다.

2. 브레이크 드럼 및 고정 볼트, 허브 너트 캡(더스트 캡)을 탈거한다.

3. 허브 너트를 탈거한다.

4. 허브 어셈블리를 탈거한다.

5. 자동조정 스프링을 탈거한다.

6. 자동조정 레버를 탈거한다.

7. 브레이크 라이닝 연결 스프링을 탈거한다(리턴 스프링도 함께 탈거).

8. 홀더 다운 스프링 핀 우측 라이닝을 탈거한다.

9. 조정 스트럿 바를 탈거한다.

10. 홀더 다운 스프링 핀을 분리한 후 좌측 라이닝을 탈거하면서 핸드 브레이크 레버를 분리한다.

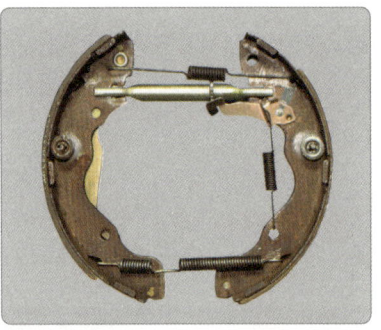
11. 브레이크 라이닝 어셈블리를 정렬하고 감독위원의 확인을 받는다.

12. 좌측 라이닝을 핸드 브레이크 레버에 조립한 후 홀더 다운 스프링과 핀을 조립한다.

13. 조정 스트럿을 조립하고 우측 라이닝 홀더 다운 스프링과 핀을 조립한다.

14. 상단의 슈 리턴 스프링을 조립하고, 하단의 슈 연결 스프링을 조립한다.

15. 자동조정 레버를 조립한다.

16. 자동조정 스프링을 조립한다.

17. 허브 어셈블리를 체결하고 허브 너트를 조립한다.

18. 브레이크 드럼을 조립하고 라이닝 간극 확인 후 허브 너트에 그리스를 주유, 더스트 캡을 체결한다.

> **섀시 4** 주어진 자동차에서 감독위원의 지시에 따라 진단기(스캐너)로 자동변속기를 점검하고 기록·판정하시오.

4-1 자동변속기 자기진단

자동변속기 자기진단 차량을 확인하고 자기진단 커넥터를 연결한다.

1. 점화스위치 ON 상태를 확인한다.

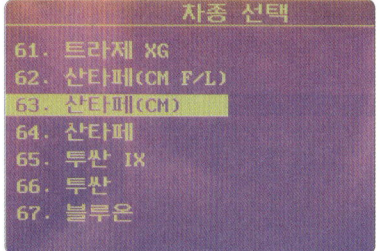

2. 차량통신에서 제조사와 해당 차량을 선택한다.

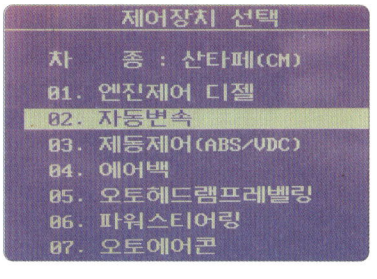

3. 시스템 선택에서 자동변속을 선택한다.

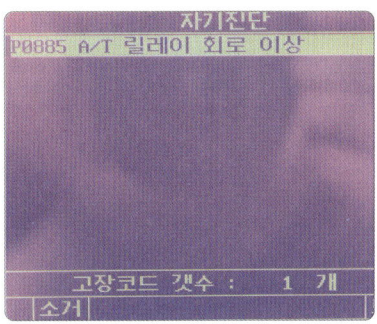

4. 자기진단을 선택한다.

5. 고장 출력을 확인한다(A/T 릴레이 회로 이상).

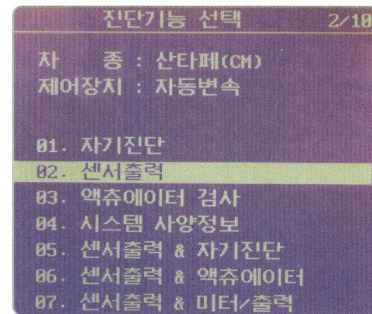

6. 센서 작동을 확인하기 위해 ESC를 선택한 후 센서출력을 선택한다.

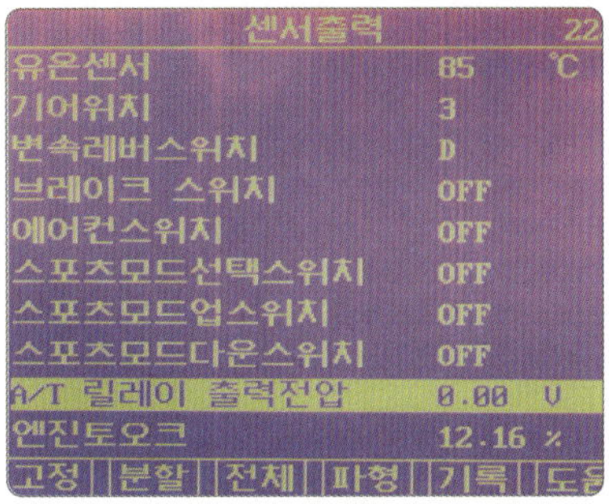

7. A/T 릴레이 출력전압을 확인한다(0 V는 A/T 릴레이 전원공급 안 됨을 확인한다).

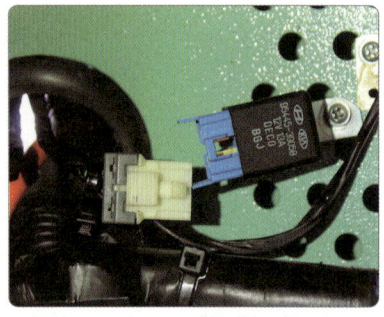

8. ATM 릴레이 커넥터 상태를 확인한다.

9. A/T 릴레이 전원공급 20 A 퓨즈의 단선 및 탈거 상태를 확인한다.

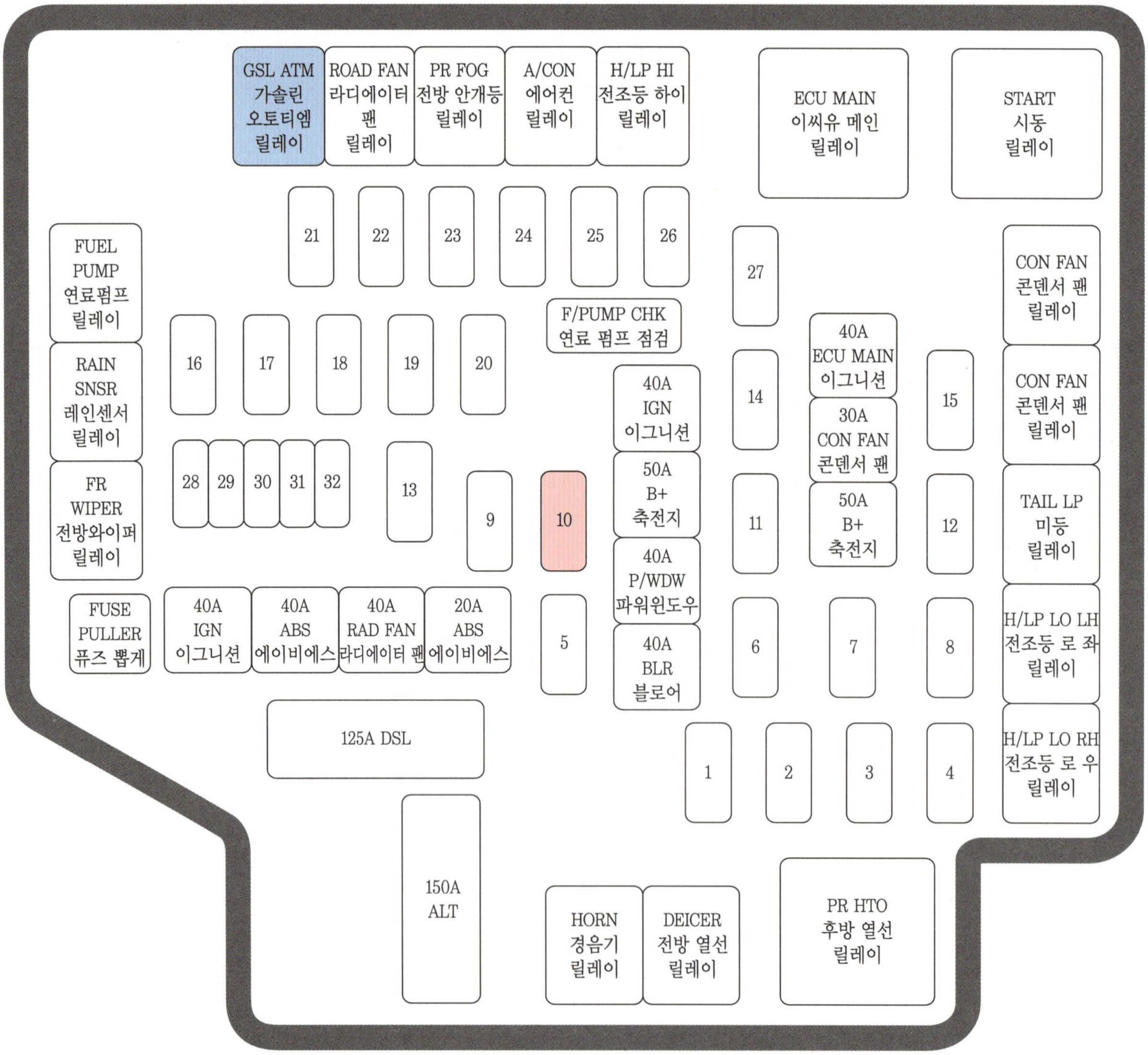

※ A/T 릴레이는 엔진룸 정선박스 외 차종에 따라 TCU 옆에 설치되는 사례도 있다.

답안지 작성

섀시 4 자동변속기 자기진단

(A) 자동차 번호 :			(B) 비번호	(C) 감독위원 확 인	
항목	① 측정(또는 점검)		② 판정 및 정비(또는 조치) 사항		(H) 득점
	(D) 이상 부위	(E) 내용 및 상태	(F) 판정 (□에 'V'표)	(G) 정비 및 조치할 사항	
변속기 자기진단	A/T 릴레이	커넥터 탈거	□ 양호 V 불량	커넥터 체결, A/T ECU 과거기억 소거 후 재점검	

1. 답안지 공통 사항(감독위원 확인 및 기록 사항)

(C) **감독위원 확인** : 시험 전 또는 시험 후 감독위원이 채점 후 확인합니다(날인).
(H) **득점** : 감독위원이 해당 문항을 채점하고 점수를 기록합니다.

2. 수험자가 기록해야 할 답안 사항

(A) **자동차 번호** : 측정하는 자동차 번호를 기록합니다(측정 차량이 1대인 경우 생략할 수 있습니다).
(B) **비번호** : 책임관리위원(공단 본부)이 배부한 등번호(비번호)를 기록합니다.
① **측정(또는 점검)**
 (D) **이상 부위** : 스캐너의 자기진단 화면에 출력된 이상 부위로 A/T 릴레이를 기록합니다.
 (E) **내용 및 상태** : 이상 부위로 확인된 내용 및 상태로 커넥터 탈거를 기록합니다.
② **판정 및 정비(또는 조치) 사항**
 (F) **판정** : 커넥터가 탈거되었으므로 V 불량에 표시합니다.
 (G) **정비 및 조치할 사항** : 커넥터 체결, A/T ECU 과거기억 소거 후 재점검을 기록합니다.

실기시험 주요 Point 자동변속기 입출력과 제어시스템

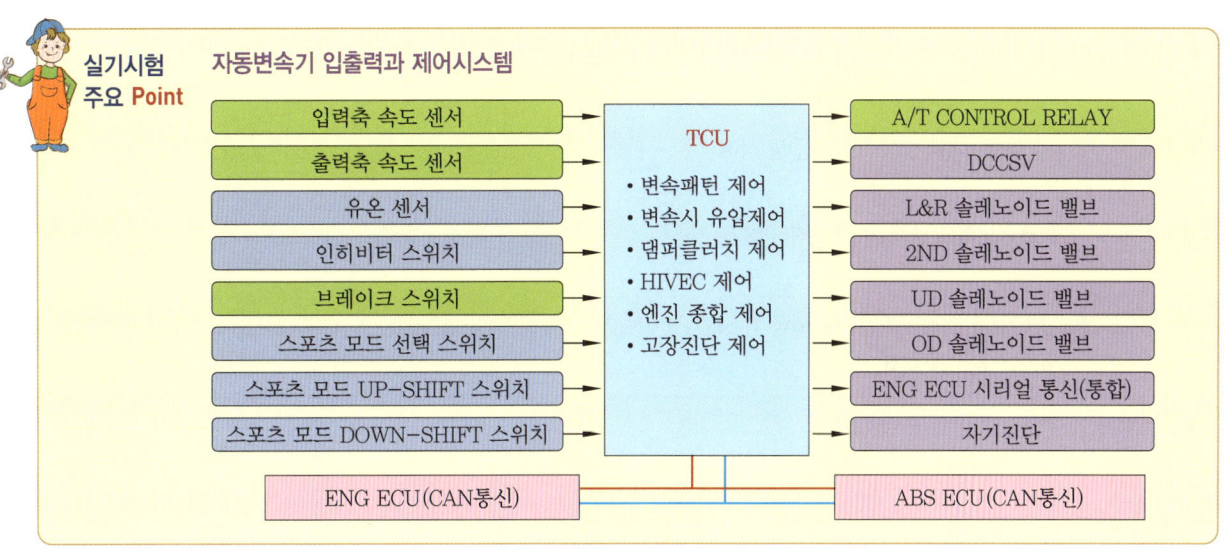

● A/T 퓨즈가 단선된 경우

항목	측정(또는 점검)		판정 및 정비(또는 조치) 사항		득점
	이상 부위	내용 및 상태	판정(□에 'V'표)	정비 및 조치할 사항	
변속기 자기진단	A/T 퓨즈	단선	□ 양호 ☑ 불량	A/T 퓨즈 교체, ECU 과거 기억 소거 후 재점검	

※ 판정 및 정비(조치)사항 : A/T 퓨즈가 단선되었으므로 ☑ 불량에 표시하고 A/T 퓨즈 교체, ECU 과거 기억 소거 후 재점검합니다.

● 입력축 회전속도 센서(PG – A) 커넥터가 탈거된 경우

항목	측정(또는 점검)		판정 및 정비(또는 조치) 사항		득점
	이상 부위	내용 및 상태	판정(□에 'V'표)	정비 및 조치할 사항	
변속기 자기진단	입력축 회전속도 센서 (PG – A)	커넥터 탈거	□ 양호 ☑ 불량	PG – A 커넥터 체결, A/T ECU 과거 기억 소거 후 재점검	

※ 판정 및 정비(조치)사항 : 입력축 회전속도 센서 커넥터가 탈거되었으므로 ☑ 불량에 표시하고 PG-A 커넥터 체결, A/T ECU 과거 기억 소거 후 재점검합니다.

● UD 솔레노이드 밸브 커넥터가 탈거된 경우

항목	측정(또는 점검)		판정 및 정비(또는 조치) 사항		득점
	이상 부위	내용 및 상태	판정(□에 'V'표)	정비 및 조치할 사항	
변속기 자기진단	UD 솔레노이드 밸브	커넥터 탈거	□ 양호 ☑ 불량	UD 솔레노이드 밸브 커넥터 체결, A/T ECU 과거 기억 소거 후 재점검	

※ 판정 및 정비(조치)사항 : UD 솔레노이드 밸브 커넥터가 탈거되었으므로 ☑ 불량에 표시하고 UD 솔레노이드 밸브 커넥터 체결, A/T ECU 과거 기억 소거 후 재점검합니다.

| 섀시 | 5 | 주어진 자동차에서 감독위원의 지시에 따라 좌 또는 우회전 시 최소회전반경을 측정하여 기록 · 판정하시오. |

5-1 최소회전반지름 측정

최소회전반지름 측정(축거)

1. 차량을 턴테이블 위에 설치하고 직진상태를 유지한다.

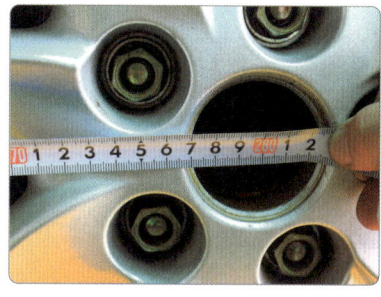

2. 앞바퀴 중심(허브 중심)에서 뒷바퀴 중심(허브 중심)까지의 거리를 측정한다(2.8 m).

3. 우회전 시 안쪽(오른쪽) 바퀴의 조향각도를 측정한다(35°).

4. 우회전 시 바깥쪽(왼쪽) 바퀴의 조향각도를 측정한다(30°).

실기시험 주요 Point

자동차 축거

측정값이 제시된 경우 제시된 값으로 계산하며, 제시되지 않은 경우 보조원의 지원을 받아 측정한다. 이때 측정위치는 바퀴의 허브너트(축) 중앙을 정확하게 측정한다.

답안지 작성

섀시 5 최소회전반지름

(A) 자동차 번호 :				(B) 비번호		(C) 감독위원 확 인	
(D) 항목	① 측정(또는 점검)			② 산출 근거 및 판정			(J) 득점
	(E) 최대조향각도		(F) 기준값 (최소회전 반지름)	(G) 측정값 (최소회전 반지름)	(H) 산출 근거	(I) 판정 (□에 'V' 표)	
	좌측 바퀴	우측 바퀴					
회전 방향 (□에 'V'표) □ 좌 V 우	30°	35°	12 m 이하	5.6 m	$R = \dfrac{2.8}{\sin 30°}$ $= 5.6$	V 양호 □ 불량	

※ 회전방향은 감독위원이 지정하는 위치의 □에 'V'표시합니다.　※ 최대 조향 시 각도 항목은 두 바퀴 모두 기록합니다.
※ 축거는 감독위원이 제시합니다.　※ 자동차 검사 기준 및 방법에 의하여 기록·판정합니다.
※ 산출근거에는 단위를 기록하지 않아도 됩니다.

1. 답안지 공통 사항(감독위원 확인 및 기록 사항)

(C) **감독위원 확인** : 시험 전 또는 시험 후 감독위원이 채점 후 확인합니다(날인).
(J) **득점** : 감독위원이 해당 문항을 채점하고 점수를 기록합니다.

2. 수험자가 기록해야 할 답안 사항

(A) **자동차 번호** : 측정하는 자동차 번호를 기록합니다(측정 차량이 1대인 경우 생략할 수 있습니다).
(B) **비번호** : 책임관리위원(공단 본부)이 배부한 등번호(비번호)를 기록합니다.
① 측정(또는 점검)
　(D) **항목** : 감독위원이 제시하는 회전 방향에 V 표시를 합니다(운전석 착석 시 좌우 기준).　V 우
　(E) **최대조향각도** : 좌측 바퀴 : 30°, 우측 바퀴 : 35°를 기록합니다.
　(F) **기준값** : 최소회전반지름의 기준값 12 m 이하를 기록합니다.
　(G) **측정값** : 최소회전반지름의 측정값 5.6 m를 기록하며, 반드시 단위를 기록합니다.
② 산출 근거 및 판정
　(H) **산출 근거** : 최소회전반지름 공식에서 산출한 계산식을 기록합니다(r값은 무시하고 계산합니다).

$$R = \dfrac{L}{\sin \alpha} + r \qquad \therefore R = \dfrac{2.8}{\sin 30°} = 5.6$$

　　• R : 최소회전반지름(m)　　• $\sin \alpha$: 바깥쪽 바퀴의 조향각도($\sin 30° = 0.5$)
　　• L : 축거(2.8 m)　　• r : 바퀴 접지면 중심과 킹핀과의 거리($r = 0$)
　(I) **판정** : 측정한 값이 기준값 범위 내에 있으므로 V 양호에 표시합니다.

3. 차종별 축거 및 조향각도 규정값

차 종	축거(mm)	조향각도		회전반지름(mm)
		내측	외측	
그랜저	2745	37°	30°30′	5700
EF 쏘나타	2700	39.70°±2°	32.40°±2°	5000
아반떼	2550	39°17′	32°27′	5100
오피러스	2800	37°	30°30′	5700

국가기술자격 실기시험문제 2안 (전기)

자격종목	자동차정비기능사	과제명	자동차정비작업

비번호 :　　　　　　　시험시간 : 4시간(엔진 : 100분, 섀시 : 80분, 전기 : 60분)

전기 1

주어진 자동차에서 발전기를 탈거(감독위원에게 확인)한 후 다시 부착하여 발전기가 정상 작동하는지 충전 전압으로 확인하시오.

1-1 발전기 탈·부착

1. 점화스위치가 OFF 상태인지 확인한다.

2. 축전지 단자(−)를 탈거한다.

3. 발전기 뒤 단자(B, L)를 탈거한다.

4. 발전기 하단부 고정 볼트를 느슨하게 풀어둔다.

5. 발전기 상단부 고정 볼트를 풀어준다.

6. 팬벨트 장력 조정 볼트를 풀어준다.

7. 상단부 고정 볼트를 분해한다.

8. 발전기 몸체를 위로 밀어 팬벨트를 탈거한다.

9. 발전기를 탈거한다.

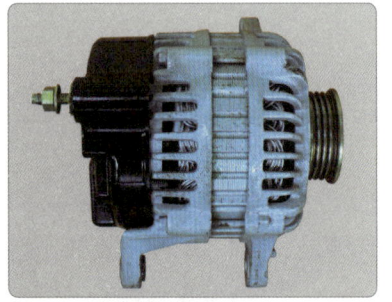
10. 발전기를 탈착하고 감독위원의 확인을 받는다.

11. 발전기를 엔진에 장착한다.

12. 팬벨트를 발전기 풀리에 조립한다.

13. 장력 조정 볼트로 팬벨트 장력을 조정한다.

14. 발전기 상단부 고정 볼트를 조인다.

15. 팬벨트 장력을 확인한다.

16. 발전기 위 배선 B단자와 L단자를 조립한다.

17. 발전기 하단부 고정 볼트를 조립한다.

18. 축전지 단자(-)를 조립한다.

전기 2

주어진 자동차에서 점화코일 1, 2차 저항을 측정하고 코일의 고장 유무를 확인하여 기록·판정하시오.

2-1 점화코일 1, 2차 저항 측정

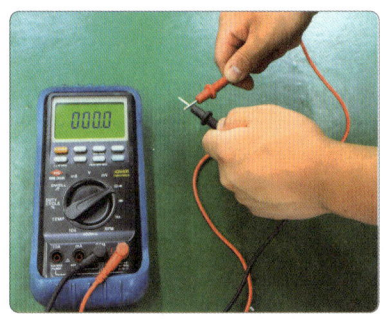

1. 멀티 테스터를 세팅하여 0 Ω을 확인한다.

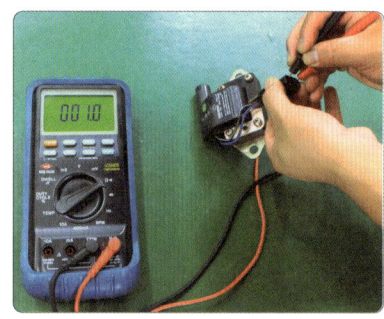

2. 점화 1차 코일 저항을 측정한다. (1.0 Ω)

3. 점화 2차 코일 저항을 측정한다. (12.5 Ω)

실기시험 주요 Point

폐자로형 점화코일

얇은 철판을 가운데 발이 짧은 E자형(영어)으로 가공하여 여러 장을 겹친 2개의 철판을 마주보게 하여 철심으로 하고 에어 간극이 생긴 철심 가운데에 1차 코일과 2차 코일을 감고 표면을 플라스틱 수지로 씌운 형식이다(수지로 몰드하였다고 몰드형 점화코일이라고도 한다).

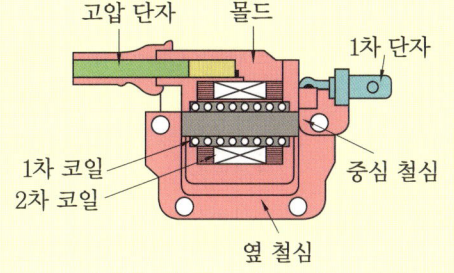
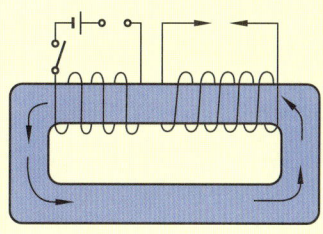

폐자로형 점화코일의 구조 및 작동원리

답안지 작성

전기 2 점화코일 저항 점검

항목	① 측정(또는 점검)		② 판정 및 정비(또는 조치) 사항		(H) 득점
(A) 자동차 번호 :		(B) 비번호		(C) 감독위원 확 인	
	(D) 측정값	(E) 규정(정비한계)값	(F) 판정(□에 'V' 표)	(G) 정비 및 조치할 사항	
1차 저항	1.0 Ω	0.80±0.08 Ω	□ 양호 ☑ 불량	점화코일 교체 후 재점검	
2차 저항	12.5 kΩ	12.1±1.8 kΩ	☑ 양호 □ 불량		

1. 답안지 공통 사항(감독위원 확인 및 기록 사항)

(C) 감독위원 확인 : 시험 전 또는 시험 후 감독위원이 채점 후 확인합니다(날인).
(H) 득점 : 감독위원이 해당 문항을 채점하고 점수를 기록합니다.

2. 수험자가 기록해야 할 답안 사항

(A) 자동차 번호 : 측정하는 자동차 번호를 기록합니다(측정 차량이 1대인 경우 생략할 수 있습니다).
(B) 비번호 : 책임관리위원(공단 본부)이 배부한 등번호(비번호)를 기록합니다.
① 측정(또는 점검)
　(D) 측정값 : 측정한 값을 기록합니다.　• 1차 저항 : 1.0 Ω　• 2차 저항 : 12.5 kΩ
　(E) 규정(정비한계)값 : 감독위원이 제시한 값이나 일반적인 규정값을 기록합니다.
　　　　• 1차 저항 : 0.80±0.08 Ω　• 2차 저항 : 12.1±1.8 kΩ
② 판정 및 정비(또는 조치) 사항
　(F) 판정 : 1차 코일 저항값이 규정값을 벗어났으므로 ☑ 불량에 표시합니다.
　(G) 정비 및 조치할 사항 : 판정이 불량이므로 점화코일 교체 후 재점검을 기록합니다.
　　　　　　판정이 양호일 때는 정비 및 조치할 사항 없음으로 기록합니다.

3. 점화코일 1차, 2차 저항값

차 종	1차 저항(Ω)	2차 저항(kΩ)	비 고
엘란트라	0.80±0.08	12.1±1.8	점화코일 저항값은 온도에 따라 오차가 발생할 수 있다. (20℃ 기준)
아반떼, 베르나	0.5±0.05	12.1±1.8	
아반떼 XD	0.5±0.05	12.1±1.8	
세피아	0.81~0.99	10~16	
EF 쏘나타	0.78	20	

● 2차 저항이 규정값보다 클 경우

자동차 번호 :			비번호		감독위원 확 인	
항목	측정(또는 점검)		판정 및 정비(또는 조치) 사항			득점
	측정값	규정(정비한계)값	판정(□에 'v'표)	정비 및 조치할 사항		
1차 저항	0.83 Ω (20℃)	0.80±0.08 Ω (20℃)	☑ 양호 □ 불량	점화코일 교체 후 재점검		
2차 저항	16 kΩ (20℃)	12.1±1.8 kΩ (20℃)	□ 양호 ☑ 불량			

※ 판정 및 정비(조치)사항 : 2차 저항이 규정값 범위를 벗어났으므로 ☑ 불량에 표시하고, 점화코일 교체 후 재점검합니다.

● 1, 2차 저항이 모두 규정값보다 클 경우

자동차 번호 :			비번호		감독위원 확 인	
항목	측정(또는 점검)		판정 및 정비(또는 조치) 사항			득점
	측정값	규정(정비한계)값	판정(□에 'v'표)	정비 및 조치할 사항		
1차 저항	1.8 Ω (20℃)	0.80±0.08 Ω (20℃)	□ 양호 ☑ 불량	점화코일 교체 후 재점검		
2차 저항	14 kΩ (20℃)	12.1±1.8 kΩ (20℃)	□ 양호 ☑ 불량			

※ 판정 및 정비(조치)사항 : 1, 2차 저항이 모두 규정값 범위를 벗어났으므로 ☑ 불량에 표시하고, 점화코일 교체 후 재점검합니다.

실기시험 주요 Point

점화코일 저항 측정 시 유의사항
❶ 측정 용도에 따라 반드시 멀티 테스터 선택 레인지를 확인한 후 점화코일 저항을 측정한다.
❷ 디지털 멀티 테스터로 측정하는 것이 아날로그 멀티테스터보다 더 정확하며, 반드시 측정 전에 세팅하여 작동 상태를 확인한다.

전기 3. 주어진 자동차에서 전조등 회로의 고장 부분을 점검한 후 기록·판정하시오.

3-1 전조등 회로 점검

점검 차량을 확인하고 전조등 회로 점검을 준비한다.

1. 축전지 단자(+, −) 체결상태 및 접촉상태를 확인한다.

2. 엔진 룸 정션 박스 전조등 릴레이 점검과 공급전원을 확인한다.

3. 실내 퓨즈 박스에서 전조등 퓨즈 단선 및 공급전원을 확인한다.

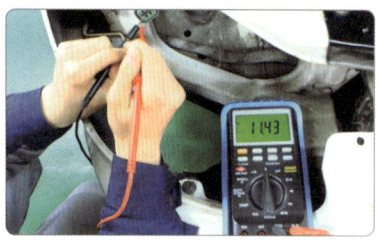

4. 전조등 LOW 공급전원을 확인한다.

5. 전조등 스위치 커넥터 및 통전상태를 점검한다.

6. 전조등의 유리관을 점검한다(유리관을 직접 손으로 잡지 말 것).

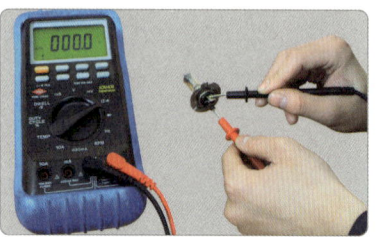

7. 전조등 램프 단선 및 저항을 점검한다.

8. 전조등을 커넥터에 체결하고 작동상태를 확인한다.

(1) 전조등 회로도

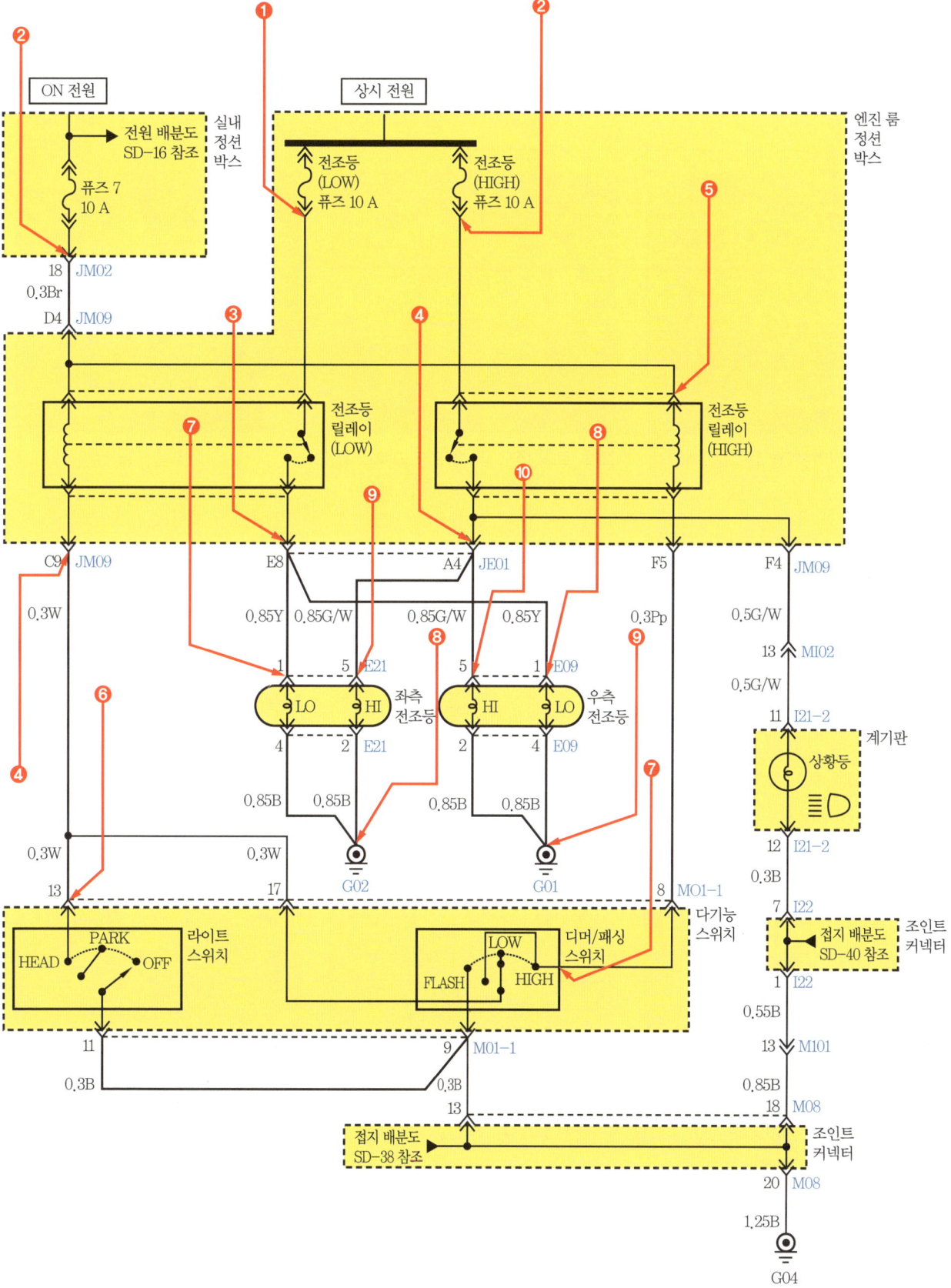

답안지 작성

전기 3 ‖ 전조등 회로 점검

	(A) 자동차 번호 :		(B) 비번호		(C) 감독위원 확 인	
항목	① 측정(또는 점검)		② 판정 및 정비(또는 조치) 사항			(H) 득점
	(D) 이상 부위	(E) 내용 및 상태	(F) 판정(□에 'V' 표)	(G) 정비 및 조치할 사항		
전조등 회로	전조등 LOW 퓨즈	단선	□ 양호 ☑ 불량	전조등 LOW 퓨즈 교체 후 재점검		

※ 제시된 전기회로도의 명칭을 사용·기입합니다.

1. 답안지 공통 사항(감독위원 확인 및 기록 사항)

(C) **감독위원 확인** : 시험 전 또는 시험 후 감독위원이 채점 후 확인합니다(날인).
(H) **득점** : 감독위원이 해당 문항을 채점하고 점수를 기록합니다.

2. 수험자가 기록해야 할 답안 사항

(A) **자동차 번호** : 측정하는 자동차 번호를 기록합니다(측정 차량이 1대인 경우 생략할 수 있습니다).
(B) **비번호** : 책임관리위원(공단 본부)이 배부한 등번호(비번호)를 기록합니다.
① 측정(또는 점검)
  (D) **이상 부위** : 전조등이 작동되지 않는 이상 부위로 **전조등 LOW 퓨즈**를 기록합니다.
  (E) **내용 및 상태** : 이상 부위의 내용 및 상태로 **단선**을 기록합니다.
② 판정 및 정비(또는 조치) 사항
  (F) **판정** : 전조등 LOW 퓨즈가 단선되었으므로 ☑ **불량**에 표시합니다.
  (G) **정비 및 조치할 사항** : 판정이 불량이므로 **전조등 LOW 퓨즈 교체 후 재점검**을 기록합니다.
          판정이 양호하면 **정비 및 조치할 사항 없음**을 기록합니다.

※ 전조등 고장 원인
  • 전조등 퓨즈의 탈거 및 단선   • 전조등 릴레이 불량 또는 탈거
  • 콤비네이션 스위치 커넥터 탈거   • 전조등 전구 탈거 및 단선

실기시험 주요 Point

전조등 회로
❶ 하이 빔과 로 빔이 각각 좌·우로 병렬 접속되어 있으며, 헤드라이트 스위치 조작으로 점등된다.
❷ 성능을 유지하기 위한 방법은 복선 방식(접지 쪽에도 전선을 사용하는 방식)을 사용한다.
❸ 작동되는 회로 구성은 퓨즈, 릴레이, 라이트 스위치, 디머 스위치로 되어 있다.
※ 전조등을 ON하면 엔진 공회전 rpm이 증가하는 이유는 소모 전류가 증대되기 때문에 발전기 출력에 따른 엔진 출력을 높이기 위하여 엔진 ECU 제어에 의해 엔진 회전수를 높이게 된다.

 **4** 주어진 자동차에서 경음기 음량을 측정하여 기록·판정하시오.

4-1 경음기 음량 측정

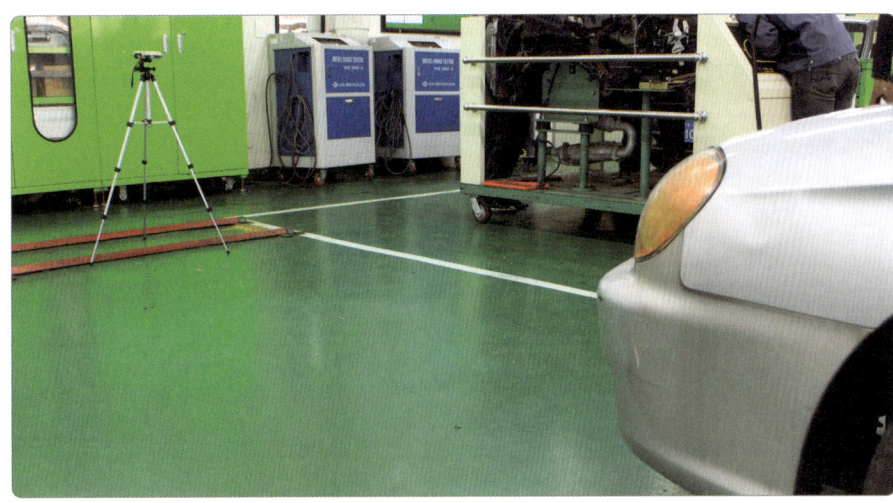

경음기 음량 측정 준비

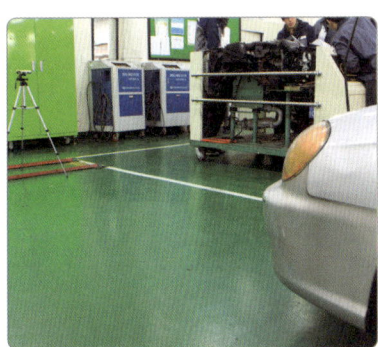

1. 음량계 높이를 1.2±0.05 m로, 자동차 전방 2 m가 되도록 설치한다.

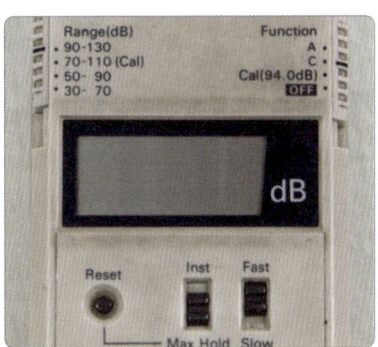

2. 리셋 버튼을 눌러 초기화시킨 후 C특성, Fast 90~130 dB을 선택한다.

3. 경음기를 5초 동안 작동시켜 배출되는 소음의 크기의 최댓값을 측정한다(측정값: 99.0 dB).

실기시험 주요 Point

경음기 음량이 기준값 범위를 벗어난 경우

❶ 축전지 방전
❷ 경음기 불량
❸ 경음기 릴레이 불량
❹ 경음기 커넥터 접촉 불량
❺ 경음기 스위치 접촉 불량
❻ 규격품이 아닌 경음기 사용

답안지 작성

전기 4 　경음기 음량 점검

항목	① 측정(또는 점검)		② 판정 (□에 'V' 표)	(F) 득점
	(D) 측정값	(E) 기준값		
경음기 음량	99.0 dB	90 dB 이상 110 dB 이하	☑ 양호 □ 불량	

상단: (A) 자동차 번호 : 　(B) 비번호 　(C) 감독위원 확인

※ 감독위원이 제시한 자동차등록증(차대번호)을 활용하여 차종 및 연식을 적용합니다.
※ 자동차 검사 기준 및 방법에 의하여 기록·판정합니다.
※ 암소음은 무시합니다.

1. 답안지 공통 사항(감독위원 확인 및 기록 사항)

(C) **감독위원 확인** : 시험 전 또는 시험 후 감독위원이 채점 후 확인합니다(날인).
(F) **득점** : 감독위원이 해당 문항을 채점하고 점수를 기록합니다.

2. 수험자가 기록해야 할 답안 사항

(A) **자동차 번호** : 측정하는 자동차 번호를 기록합니다(측정 차량이 1대인 경우 생략할 수 있습니다).
(B) **비번호** : 책임관리위원(공단 직원)이 배부한 등번호(비번호)를 기록합니다.
① **측정(또는 점검)**
　(D) **측정값** : 측정한 음량 **99.0 dB**을 기록합니다.
　(E) **기준값** : 운행차 검사 기준값 **90 dB 이상~110 dB 이하**를 암기하여 기록합니다.
　　　　　　　(안전기준에 의거 음량의 크기는 최소 90 dB 이상입니다.)

기준값(2006년 1월 1일 이후)

자동차 종류		소음 항목	경적 소음(dB(C))
경자동차			110 이하
승용자동차		소형, 중형	110 이하
		중대형, 대형	112 이하
화물자동차		소형, 중형	110 이하
		대형	112 이하

② **판정 및 정비(또는 조치) 사항**
　(F) **판정** : 측정값이 기준값 범위 내에 있으므로 ☑**양호**에 표시합니다.
　　　　　　측정값이 기준값을 벗어나면 **불량**에 표시합니다.

● 경음기 음량이 기준값보다 높을 경우

항목	자동차 번호 :		비번호		감독위원 확 인	
	측정(또는 점검)			판정 (□에 'V'표)		득점
	측정값	기준값				
경음기 음량	120 dB	90 dB 이상 110 dB 이하		□ 양호 V 불량		
※ 판정 : 경음기 음량이 기준값 범위를 벗어났으므로 V 불량에 표시합니다.						

● 경음기 음량이 기준값보다 낮게 측정될 경우

항목	자동차 번호 :		비번호		감독위원 확 인	
	측정(또는 점검)			판정 (□에 'V'표)		득점
	측정값	기준값				
경음기 음량	76 dB	90 dB 이상 110 dB 이하		□ 양호 V 불량		
※ 판정 : 경음기 음량이 기준값 범위를 벗어났으므로 V 불량에 표시합니다.						

※ 감독위원이 제시한 자동차등록증(차대번호)을 활용하여 차종 및 연식을 적용합니다.
※ 자동차 검사 기준 및 방법에 의하여 기록·판정합니다.
※ 암소음은 무시합니다.

실기시험 주요 Point

경음기 음량이 기준값 범위를 벗어난 경우

❶ 축전지 방전
❷ 경음기 불량
❸ 경음기 릴레이 불량
❹ 경음기 접지 불량
❺ 경음기 음량 조정 불량
❻ 경음기 커넥터 접촉 불량
❼ 경음기 스위치 접촉 불량
❽ 규격품이 아닌 경음기 사용

자동차정비기능사 실기시험 3안

파트별	안별 문제	3안
엔진	엔진(부품) 분해 조립	워터펌프(디젤)/라디에이터 캡
	측정/답안작성	라디에이터 압력식 캡
	시스템 점검/엔진 시동	시동회로
	부품 탈거/조립	흡입공기량 센서(AFS)
	자기진단(답안작성)	스캐너를 이용한 엔진 전자제어 센서(액추에이터) 점검
	차량 검사 측정	디젤 매연
섀시	부품 탈거/조립	타이어
	점검/답안작성	M/T 입력축 엔드 플레이
	부품 탈거 작동 상태	릴리스 실린더/공기빼기
	점검/답안작성	ECS 자기진단
	안전기준 검사	브레이크 제동력
전기	부품 탈거/조립 작동 확인	점화플러그(DOHC) 케이블
	측정/답안작성	충전 전류, 전압 점검
	전기회로 점검/고장부위 작성	와이퍼 회로
	차량 검사 측정	전조등 광도

국가기술자격 실기시험문제 3안 (엔진)

자격종목	자동차정비기능사	과제명	자동차정비작업

비번호 :   시험시간 : 4시간(엔진 : 100분, 섀시 : 80분, 전기 : 60분)

엔진 1 주어진 디젤엔진에서 워터펌프와 라디에이터 압력식 캡을 탈거(감독위원에게 확인)하고 감독위원의 지시에 따라 기록표의 내용대로 기록·판정한 후 다시 조립하시오.

1-1 엔진 분해 조립

 1안 참조 — 22쪽

1-2 라디에이터 압력식 캡 탈거 후 조립

1. 라디에이터에서 압력식 캡을 탈거한다.

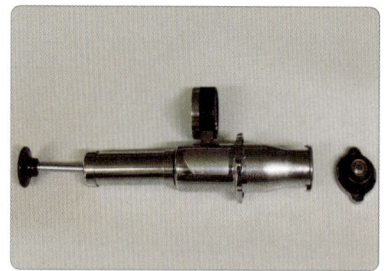

2. 라디에이터 압력식 캡을 시험기에 설치한다.

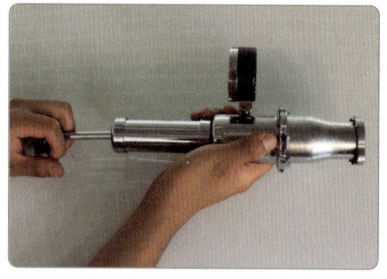

3. 압력식 캡 시험기를 규정값(0.83~1.10 kgf/cm²)까지 압축한다.

4. 압축된 라디에이터 압력식 캡 압력이 10초간 유지되는지 확인한다.

5. 압력식 캡 압력을 측정한다. (0.89 kgf/cm², 10초간 유지함)

6. 라디에이터에서 압력식 캡을 조립한다.

답안지 작성

엔진 1 라디에이터 압력식 캡 점검

항목	① 측정(또는 점검)		② 판정 및 정비(또는 조치) 사항		(H) 득점
	(A) 엔진 번호 :		(B) 비번호	(C) 감독위원 확 인	
	(D) 측정값	(E) 규정(정비한계)값	(F) 판정(□에 'V' 표)	(G) 정비 및 조치할 사항	
압력식 캡 작동압력	0.89 kgf/cm² (10초간 유지함)	0.83~1.10 kgf/cm² (10초간 유지될 것)	☑ 양호 □ 불량	정비 및 조치할 사항 없음	

1. 답안지 공통 사항(감독위원 확인 및 기록 사항)

(C) 감독위원 확인 : 시험 전 또는 시험 후 감독위원이 채점 후 확인합니다(날인).
(H) 득점 : 감독위원이 해당 문항을 채점하고 점수를 기록합니다.

2. 수험자가 기록해야 할 답안 사항

(A) 엔진 번호 : 측정하는 엔진 번호를 기록합니다(측정 엔진이 1대인 경우 생략할 수 있습니다).
(B) 비번호 : 책임관리위원(공단 본부)이 배부한 등번호(비번호)를 기록합니다.
① 측정(또는 점검)
 (D) 측정값 : 라디에이터 캡 압력을 측정한 값 **0.89 kgf/cm²(10초간 유지함)**을 기록합니다.
 (E) 규정(정비한계)값 : 감독위원이 제시한 값이나 정비지침서를 보고 **0.83~1.10 kgf/cm²(10초간 유지될 것)**을 기록합니다.
② 판정 및 정비(또는 조치) 사항
 (F) 판정 : 측정값이 규정(정비한계)값 범위 내에 있으므로 ☑ **양호**에 표시합니다.
 (G) 정비 및 조치할 사항 : 판정이 양호이므로 **정비 및 조치할 사항 없음**을 기록합니다.
  판정이 불량일 때는 **라디에이터 압력식 캡 교체**를 기록합니다.

3. 라디에이터 압력식 캡 및 작동 압력 규정값

라디에이터 압력식 캡	라디에이터	비 고
고압 밸브 개방 압력	압력	
0.83~1.10 kgf/cm² (10초간 유지)	1.53 kgf/cm² (2분간 유지)	아반떼, 쏘나타 Ⅱ, Ⅲ, 그랜저

실기시험 주요 Point
❶ 라디에이터 압력식 캡 시험 시 주어진 시간을 정확하게 확인한다.
❷ 라디에이터 압력과 라디에이터 캡 압력을 혼동하지 않는다.

● **작동압력이 규정값보다 낮을 경우**

항목	엔진 번호 :		비번호		감독위원 확 인	
	측정(또는 점검)		판정 및 정비(또는 조치) 사항			득점
	측정값	규정(정비한계)값	판정(□에 'V'표)	정비 및 조치할 사항		
압력식 캡 작동압력	0.50 kgf/cm² (10초간 유지 안 됨)	0.83~1.10 kgf/cm² (10초간 유지될 것)	□ 양호 Ⅴ 불량	라디에이터 압력식 캡 교체 후 재점검		

※ 판정 및 정비(조치)사항 : 측정값이 규정값 범위를 벗어났으므로 Ⅴ 불량에 표시하고, 라디에이터 압력식 캡 교체 후 재점검합니다.

● **압력이 발생하지 않고 누유되는 경우**

항목	엔진 번호 :		비번호		감독위원 확 인	
	측정(또는 점검)		판정 및 정비(또는 조치) 사항			득점
	측정값	규정(정비한계)값	판정(□에 'V'표)	정비 및 조치할 사항		
압력식 캡 작동압력	0 kgf/cm² (압력 발생이 안 됨)	0.83~1.10 kgf/cm² (10초간 유지될 것)	□ 양호 Ⅴ 불량	라디에이터 압력식 캡 교체 후 재점검		

※ 판정 및 정비(조치)사항 : 압력이 발생하지 않고 누유되었으므로 Ⅴ 불량에 표시하고, 라디에이터 압력식 캡 교체 후 재점검합니다.

실기시험 주요 Point

라디에이터 캡 압력이 유지되지 않는 경우 정비 및 조치할 사항
❶ 라디에이터 캡 실링 불량 → 라디에이터 캡 교체
❷ 라디에이터 캡 손상 및 변형 → 라디에이터 캡 교체
❸ 라디에이터 캡 압력 스프링 불량 → 라디에이터 캡 교체

> **엔진 2** 주어진 전자제어 가솔린 엔진에서 감독위원의 지시에 따라 시동에 필요한 크랭킹 회로의 고장 부분 1개소를 점검 및 수리하여 시동하시오.

2-1 엔진 시동(시동계통 점검)

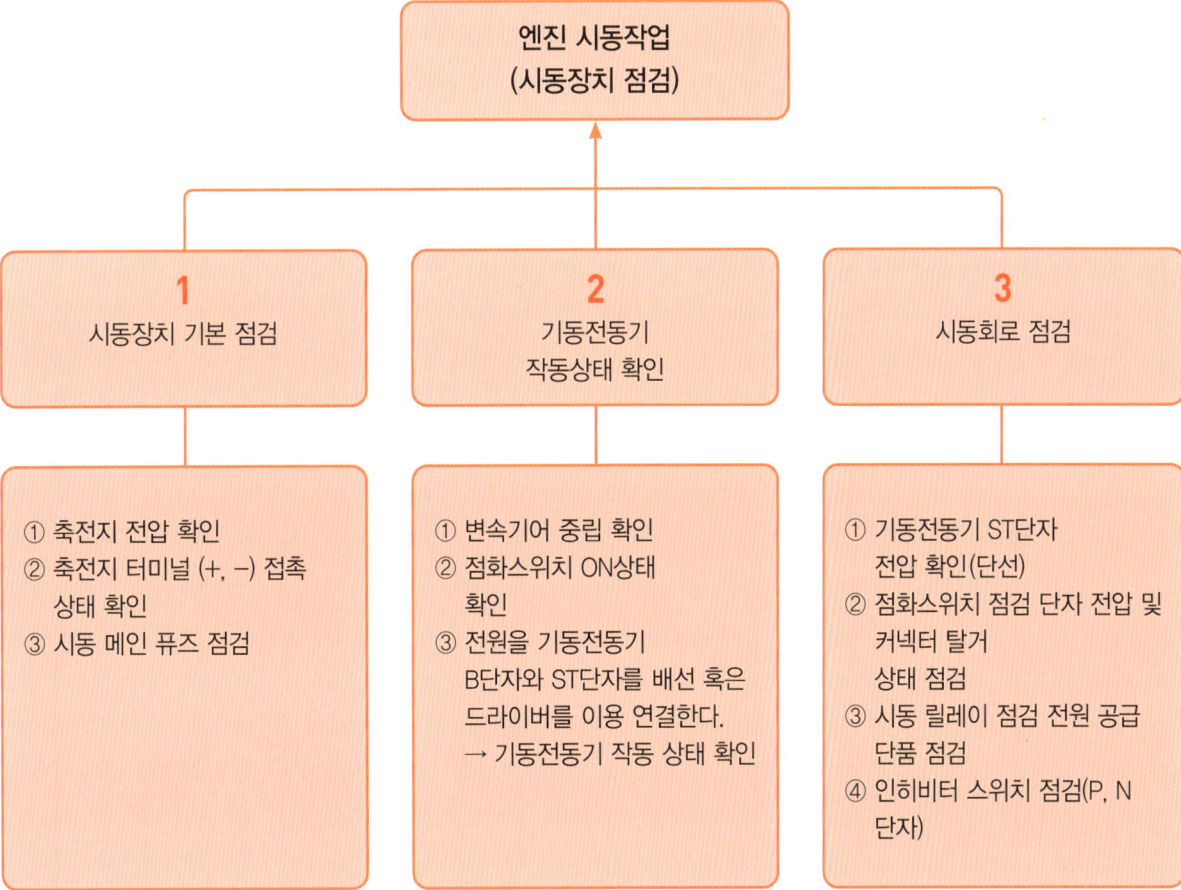

```
                    엔진 시동작업
                   (시동장치 점검)
                         ↑
    ┌────────────────────┼────────────────────┐
    1                    2                    3
시동장치 기본 점검    기동전동기          시동회로 점검
                   작동상태 확인
```

1
① 축전지 전압 확인
② 축전지 터미널 (+, −) 접촉 상태 확인
③ 시동 메인 퓨즈 점검

2
① 변속기어 중립 확인
② 점화스위치 ON상태 확인
③ 전원을 기동전동기 B단자와 ST단자를 배선 혹은 드라이버를 이용 연결한다.
→ 기동전동기 작동 상태 확인

3
① 기동전동기 ST단자 전압 확인(단선)
② 점화스위치 점검 단자 전압 및 커넥터 탈거 상태 점검
③ 시동 릴레이 점검 전원 공급 단품 점검
④ 인히비터 스위치 점검(P, N 단자)

실기시험 주요 Point

기동계통 점검 시 필수 점검사항(육안 점검)
❶ 축전지 단자 (+), (−) 탈거
❷ 시동 릴레이 탈거
❸ 인히비터 스위치 커넥터 탈거
❹ 점화스위치 커넥터 탈거
❺ 기동전동기 ST 단자 탈거

(1) 시동회로

● 주요 부위 회로 점검

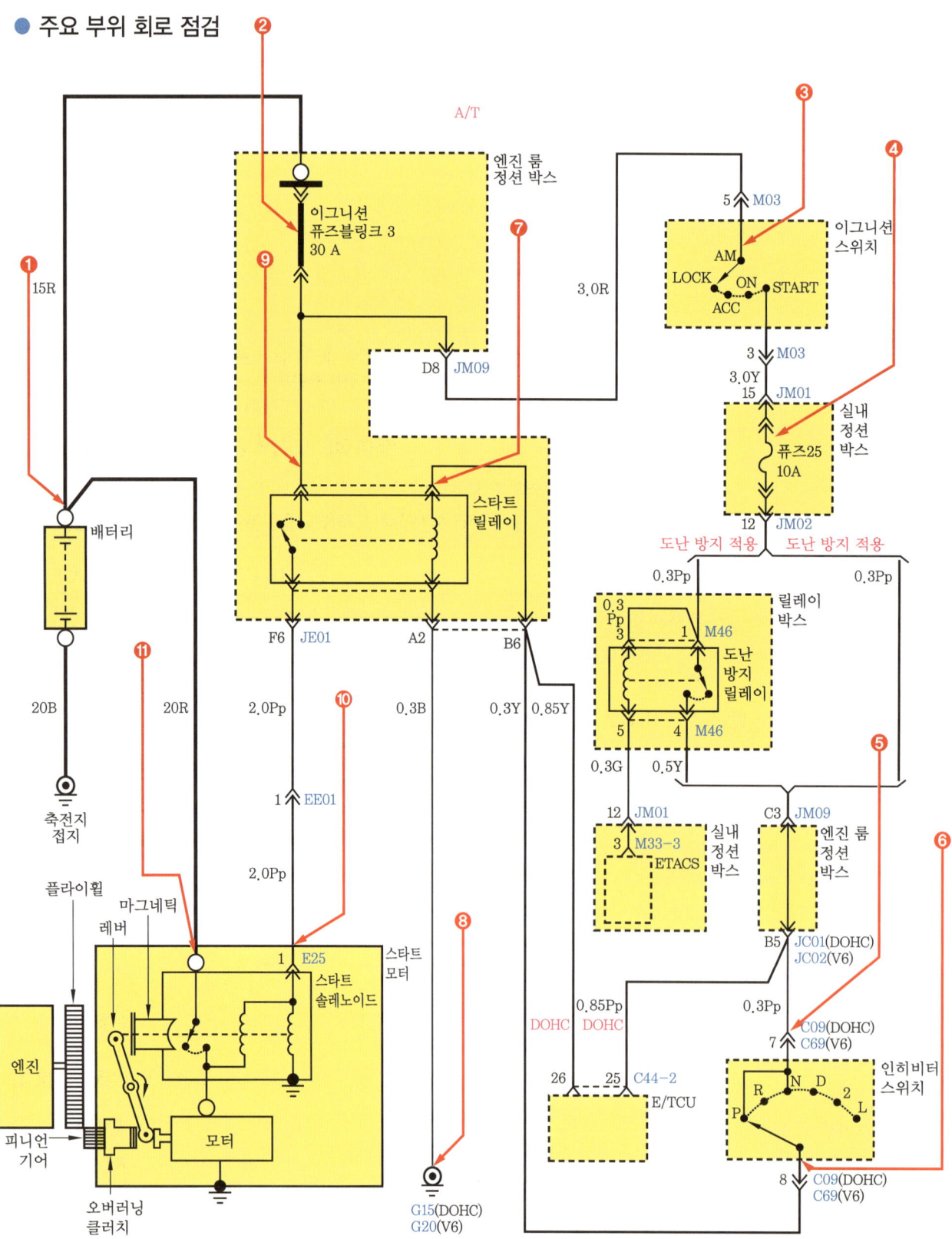

(2) 시동회로 점검

1. 축전지 단자 접촉상태를 확인한다.

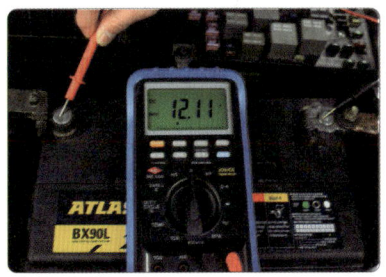
2. 축전지 단자 전압을 확인한다.

3. 이그니션 퓨즈 및 스타트 릴레이 단자 전압을 확인한다.

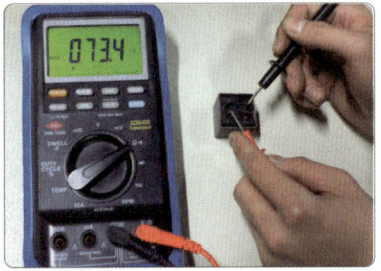
4. 스타트 릴레이 코일저항 및 접점상태를 확인한다.

5. 실내 정션 박스 시동 공급 전원 퓨즈 단선 유무를 확인한다.

6. 기동전동기 ST단자 접촉상태 및 공급 전원을 확인한다.

7. 점화스위치 커넥터 단선(분리)를 확인한다.

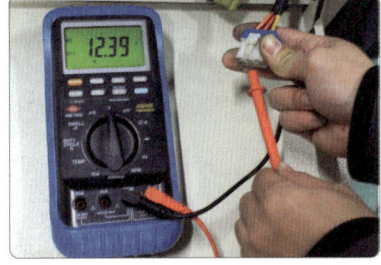
8. 점화스위치 공급 전압을 확인한다.

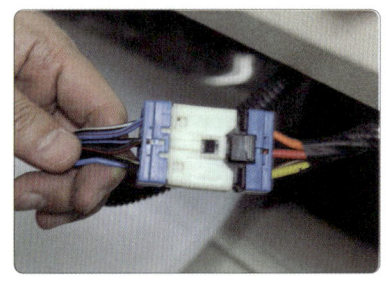
9. 점화스위치 접점상태를 확인한다.

10. 시프트 레버 선택레인지를 P, N 위치에 놓는다.

11. 인히비터 스위치 전원 및 접점상태를 확인한다. (P, N 상태)

12. 크랭크각 센서 커넥터 체결상태를 확인하고 공급 전원 및 센서 접지상태를 확인한다.

 **3** 주어진 자동차에서 흡입공기 유량 센서를 탈거(감독위원에게 확인)한 후 다시 조립하고 감독위원의 지시에 따라 진단기(스캐너)를 사용하여 엔진의 각종 센서(액추에이터) 점검 후 고장 부분을 기록하시오.

3-1 흡입공기량 센서 탈·부착

1. AFS 커넥터를 탈거한다.

2. 흡입덕트(흡입통로)를 분리한다.

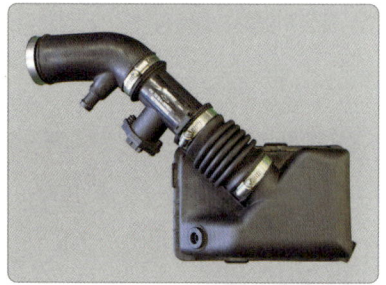

3. 흡입덕트(흡입통로)를 탈거한다.

4. 탈착된 AFS를 감독위원에게 확인 받는다.

5. AFS를 흡입덕트에 조립한다.

6. AFS 커넥터를 연결하고 감독위원에게 확인받는다.

3-2 엔진 자기진단

 — 33쪽

엔진 4 주어진 자동차에서 기록표에 제시된 내용을 측정하고 기록·판정하시오.

 — 38쪽

국가기술자격 실기시험문제 3안 (섀시)

자격종목	자동차정비기능사	과제명	자동차정비작업

비번호 :　　　　　　시험시간 : 4시간(엔진 : 100분, 섀시 : 80분, 전기 : 60분)

섀시 1 주어진 자동차에서 감독위원의 지시에 따라 림(휠)에서 타이어 1개를 탈거(감독위원에게 확인) 한 후 다시 조립하시오.

1-1 타이어 탈·부착

타이어 탈착기

1. 타이어 공기압을 제거한다.

2. 타이어 탈착기에 공기호스를 연결하고 타이어를 압착한다.

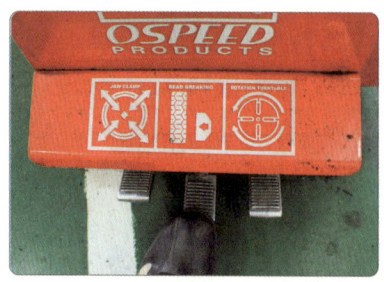

3. 타이어 탈착기 작동페달(가운데)을 밟는다.

4. 바퀴를 돌려 전체가 압력이 가해져 타이어가 림에서 분리되도록 한다.

5. 타이어를 회전테이블에 올려놓고 탈착 레버를 림에 맞춘다.

6. 타이어를 회전테이블에 올려놓고 탈착 레버를 림에 맞춘다(왼쪽).

7. 타이어 탈착 레버를 휠에 밀착시키고 탈착 레버를 휠과 타이어 사이에 끼워 회전판을 돌린다.

8. 타이어 탈착 작동 레버(오른쪽)

9. 타이어를 돌리면서 하단 부분이 위로 오도록 하고 탈착 레버와 작동 레버를 끼워 회전판을 돌린다.

10. 타이어를 림에서 분리하고 감독위원의 확인을 받는다.

11. 타이어를 휠에 밀착시키고 하단부가 휠에 밀착되도록 좌우로 움직여 맞춘다.

12. 타이어와 휠에 지지레버를 맞추고 비드부에 타이어 윤활제를 도포한 후 회전판을 돌린다.

13. 타이어가 휠에 체결되면 비드면을 돌려 자리잡도록 손으로 눌러 준다.

14. 타이어 공기 주입기를 조립한다.

섀시 129

15. 타이어 탈착기 작동페달(왼쪽)을 밟고 타이어를 회전판에서 분리한다.

16. 타이어에 압력을 규정값으로 주입한다.

17. 타이어 압력 규정값 30~40 PSI를 확인한다.

섀시 2
주어진 수동변속기에서 감독위원의 지시에 따라 입력축 엔드 플레이를 점검하여 기록·판정하시오.

2-1 입력축 엔드 플레이 측정

측정용 변속기에 다이얼 게이지를 설치한다.

1. 스핀들이 입력축과 직각이 되도록 설치한다.

2. 다이얼 게이지를 0점으로 세팅한 후 입력축을 축 방향으로 움직인다.

실기시험 주요 Point

입력축 불량 원인
오일 부족 및 윤활 불량과 축 방향 충격으로 인한 스페이서와 볼 베어링 마모가 발생된다.

답안지 작성

섀시 2 입력축 엔드 플레이 점검

	(A) 자동차 번호 :		(B) 비번호		(C) 감독위원 확 인	
항목	① 측정(또는 점검)		② 판정 및 정비(또는 조치) 사항			(H) 득점
	(D) 측정값	(E) 규정(정비한계)값	(F) 판정(□에 'V' 표)	(G) 정비 및 조치할 사항		
엔드 플레이	0.1 mm	0.01~0.12 mm	☑ 양호 □ 불량	정비 및 조치할 사항 없음		

1. 답안지 공통 사항(감독위원 확인 및 기록 사항)

(C) **감독위원 확인** : 시험 전 또는 시험 후 감독위원이 채점 후 확인합니다(날인).
(H) **득점** : 감독위원이 해당 문항을 채점하고 점수를 기록합니다.

2. 수험자가 기록해야 할 답안 사항

(A) **자동차 번호** : 측정하는 자동차 번호를 기록합니다(측정 차량이 1대인 경우 생략할 수 있습니다).
(B) **비번호** : 책임관리위원(공단 본부)이 배부한 등번호(비번호)를 기록합니다.
① **측정(또는 점검)**
(D) **측정값** : 입력축 엔드 플레이를 측정한 값 **0.1 mm**를 기록합니다.
(E) **규정(정비한계)값** : 정비지침서 또는 감독위원이 제시한 값 **0.01~0.12 mm**를 기록합니다.

프런트 베어링 엔드 플레이	리어 베어링 엔드 플레이	비 고
0.01~0.12 mm	0.01~0.09 mm	베르나, 엑셀, 아반떼 XD
0.01~0.12 mm	0.01~0.09 mm	
0.01~0.12 mm	0.01~0.12 mm	엘란트라, 그랜저 XG EF 쏘나타
0.01~0.12 mm	0.01~0.12 mm	
0.01~0.12 mm	0.01~0.12 mm	

② **판정 및 정비(또는 조치) 사항**
(F) **판정** : 측정한 값이 규정(정비한계)값 범위 내에 있으므로 ☑**양호**에 표시합니다.
(G) **정비 및 조치할 사항** : 판정이 양호이므로 **정비 및 조치할 사항 없음**을 기록합니다.
판정이 불량일 때는 **스페이서 교체** 또는 **볼 베어링 교체**를 기록합니다.

● 엔드 플레이 측정값이 규정값보다 클 경우

자동차 번호 :			비번호		감독위원 확인	
항목	측정(또는 점검)		판정 및 정비(또는 조치) 사항			득점
	측정값	규정(정비한계)값	판정(□에 'V'표)	정비 및 조치할 사항		
엔드 플레이	0.7 mm	0.01~0.12 mm	□ 양호 ☑ 불량	규정 스페이서보다 두꺼운 것으로 교체		
※ 판정 및 정비(조치)사항 : 측정값이 규정값 범위를 벗어났으므로 ☑ 불량에 표시하고, 규정 스페이서보다 두꺼운 것으로 교체합니다.						

● 엔드 플레이 측정값이 규정값보다 클 경우

자동차 번호 :			비번호		감독위원 확인	
항목	측정(또는 점검)		판정 및 정비(또는 조치) 사항			득점
	측정값	규정(정비한계)값	판정(□에 'V'표)	정비 및 조치할 사항		
엔드 플레이	0.2 mm	0.01~0.12 mm	□ 양호 ☑ 불량	입력축 베어링 교체 후 재점검		
※ 판정 및 정비(조치)사항 : 측정값이 규정값 범위를 벗어났으므로 ☑ 불량에 표시하고, 입력축 베어링 교체 후 재점검합니다.						

실기시험 주요 Point

입력축 엔드 플레이가 규정값보다 클 경우 정비 및 조치할 사항
① 스페이서 마모 → 스페이서 교체
② 볼 베어링 마모 → 볼 베어링 교체

입력축 엔드 플레이 측정 시 유의사항
① 입력축 엔드 플레이 점검 시 다이얼 게이지 스핀들이 입력축에서 직각 방향으로 1 mm 이상 눌린 상태에서 축 방향 엔드 플레이를 측정한다.
② 입력축 엔드 플레이가 불량일 경우
오일 부족 및 윤활 불량, 축 방향 충격으로 인한 스페이서 볼 베어링 마모가 발생한다.

> 섀시 3 주어진 자동차에서 감독위원의 지시에 클러치 릴리스 실린더를 탈거(감독위원에게 확인)하고 다시 조립하여 공기빼기 작업 후 클러치의 작동상태를 확인하시오.

3-1 릴리스 실린더 탈·부착

자동차를 리프트 업한다.

1. 릴리스 실린더 유압호스를 탈거한다.

2. 릴리스 실린더를 변속기에서 풀고 탈착한다.

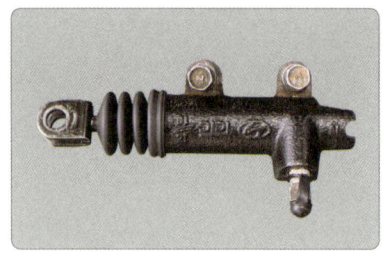

3. 탈거된 릴리스 실린더를 감독위원에게 확인받는다.

4. 릴리스 실린더를 변속기에 장착한다.

5. 릴리스 실린더 유압호스를 체결한다(1).

6. 릴리스 실린더 유압호스를 체결한다(2).

7. 클러치액을 마스터 실린더에 보충한다.

8. 클러치 유압계통에 공기빼기작업을 실시하고 클러치액을 보충한다.

| 섀시 | 4 | 주어진 자동차에서 감독위원의 지시에 따라 진단기(스캐너)로 전자제어 자세제어장치(VDC, ECS, TCS 등)를 점검하고 기록·판정하시오. |

4-1 ECS 자기진단

시험용 차량과 장비를 확인한다.

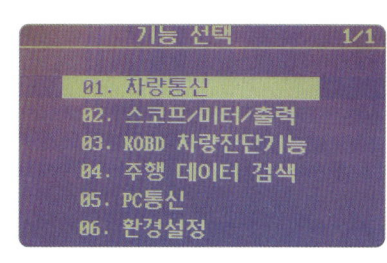

1. 자기진단 커넥터에 스캐너 커넥터를 체결한다.

```
       기능 선택            1/1
   01. 차량통신
   02. 스코프/미터/출력
   03. KOBD 차량진단기능
   04. 주행 데이터 검색
   05. PC통신
   06. 환경설정
```

2. 차량통신을 선택한다.

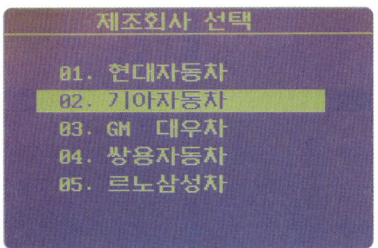

3. 제조회사를 선택한다.

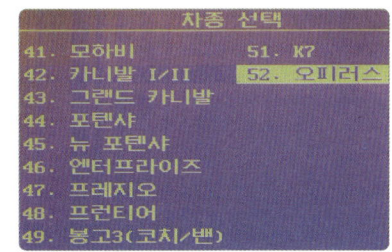

4. 차종을 선택한다.

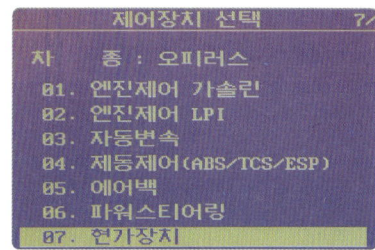

5. 현가장치를 선택한다.

```
       진단기능 선택
   차   종 : 오피러스
   제어장치 : 현가장치

   01. 자기진단
   02. 센서출력
   03. 액츄에이터 검사
   04. 시스템 사양정보
```

6. 자기진단을 선택한다.

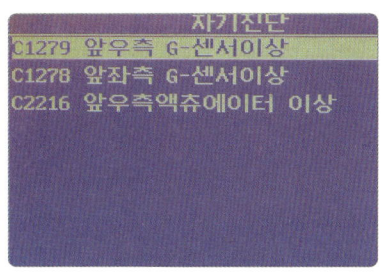

7. ECS 시스템의 이상 부위가 표시된다.

8. 액츄에이터 릴레이 단자 전압을 점검한다.

9. 릴레이 코일 및 접점상태를 점검한다.

10. 앞 우측 G센서 커넥터 접촉상태를 확인한다.

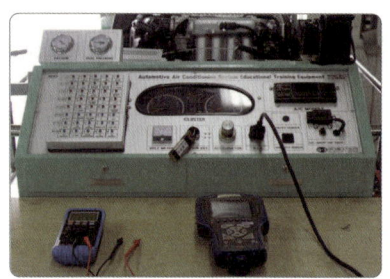
11. 스캐너를 정리한다.

섀시 5
주어진 자동차에서 감독위원의 지시에 따라 제동력을 측정하여 기록·판정하시오.

5-1 제동력 시험

 1안 참조 — 61쪽

실기시험 주요 Point

ECS 시스템 부품 구성

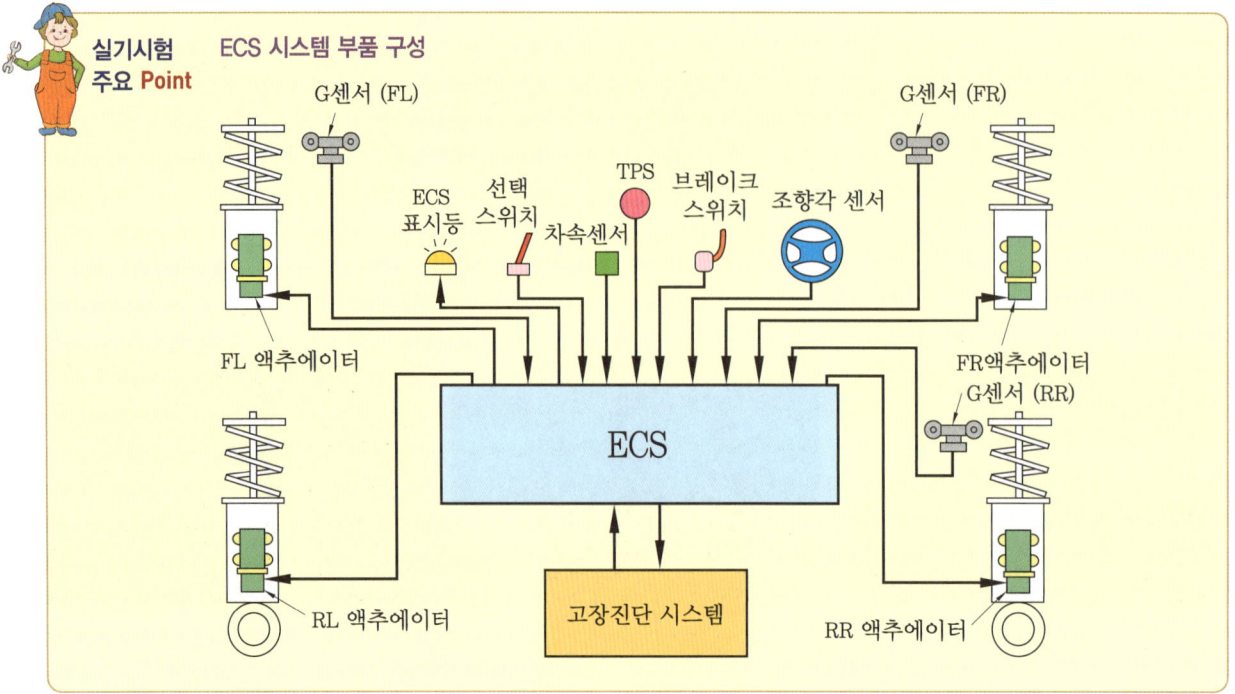

답안지 작성

섀시 4 전자제어 현가장치 점검

	(A) 자동차 번호 :		(B) 비번호		(C) 감독위원 확 인	
항목	① 측정(또는 점검)		② 판정 및 정비(또는 조치) 사항			(H) 득점
	(D) 이상 부위	(E) 내용 및 상태	(F) 판정(□에 'V' 표)	(G) 정비 및 조치할 사항		
전자제어 현가장치 자기진단	앞 우측 G센서	커넥터 탈거	□ 양호 ☑ 불량	커넥터 체결, ECS ECU 과거 기억 소거 후 재점검		

1. 답안지 공통 사항(감독위원 확인 및 기록 사항)

(C) 감독위원 확인 : 시험 전 또는 시험 후 감독위원이 채점 후 확인합니다(날인).
(H) 득점 : 감독위원이 해당 문항을 채점하고 점수를 기록합니다.

2. 수험자가 기록해야 할 답안 사항

(A) 자동차 번호 : 측정하는 자동차 번호를 기록합니다(측정 차량이 1대인 경우 생략할 수 있습니다).
(B) 비번호 : 책임관리위원(공단 본부)이 배부한 등번호(비번호)를 기록합니다.
① 측정(또는 점검)
 (D) 이상 부위 : 스캐너의 자기진단 화면에 출력된 이상 부위로 **앞 우측 G센서**를 기록합니다.
 (E) 내용 및 상태 : 점검한 이상 부위의 내용 및 상태로 **커넥터 탈거**를 기록합니다.
② 판정 및 정비(또는 조치) 사항
 (F) 판정 : 자기진단에서 이상 부위가 확인되었으므로 ☑ **불량**으로 기록합니다.
 (G) 정비 및 조치할 사항 : 판정이 불량이므로 **커넥터 체결, ECS ECU 과거 기억 소거 후 재점검**을 기록합니다.

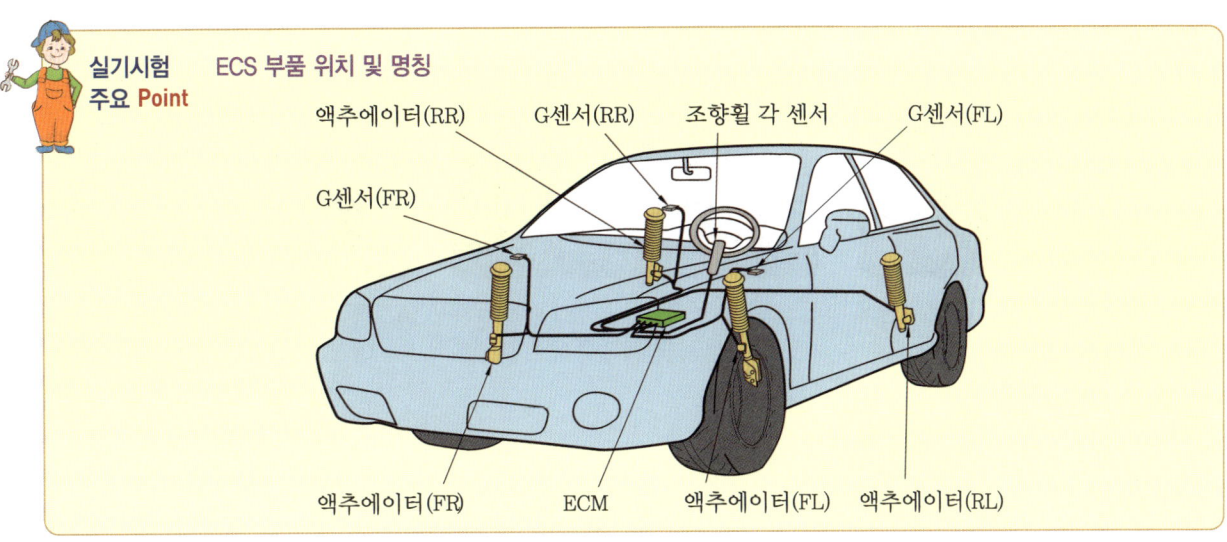

실기시험 주요 Point ECS 부품 위치 및 명칭

국가기술자격 실기시험문제 3안 (전기)

| 자격종목 | 자동차정비기능사 | 과제명 | 자동차정비작업 |

비번호 :　　　　　　　　　시험시간 : 4시간(엔진 : 100분, 섀시 : 80분, 전기 : 60분)

전기 1
DOHC 엔진의 자동차에서 점화플러그 및 고압 케이블을 탈거(감독위원에게 확인)한 후 다시 부착하여 시동이 되는지 확인하시오.

1-1 점화플러그 및 고압 케이블 탈·부착

1. 시동용 엔진을 확인한다.

2. 고압케이블을 탈거하여 정리한다.

3. 플러그 렌치를 사용하여 점화플러그를 탈거한다.

4. 탈거한 점화플러그를 감독위원에게 확인받는다.

5. 스파크 플러그를 플러그 렌치에 체결하고 나사산에 맞추어 천천히 조립한다.

6. 플러그 렌치에 토크 렌치를 사용하여 조립한다.

7. 고압케이블을 점화순서에 맞게 연결한다(1번과 4번, 2번과 3번).

8. 고압케이블 연결을 완료한 후 감독위원에게 확인받는다.

9. 공구세트를 정리한다.

실기시험 주요 Point

점화플러그

중심전극과 접지전극으로 0.8~1.1 mm 간극이 있으며, 간극 조정은 와이어 게이지나 디그니스 게이지로 점검한다. 간극이 크거나 작으면 점화전압의 저하로 엔진 출력이 저하된다.

전기 2

주어진 자동차의 발전기에서 감독위원의 지시에 따라 충전되는 전류와 전압을 점검하여 확인사항을 기록·판정하시오.

2-1 충전 전류 및 전압 점검

발전기 충전 전류 및 전압 점검

1. 엔진 시동 전 축전지 전압을 확인한다(12.11 V).

2. 발전기 뒤(리어 케이스)에 표기된 발전기 출력과 전압을 확인한다(12 V, 80 A).

3. 엔진의 회전수를 2500 rpm으로 가속상태를 유지한다.

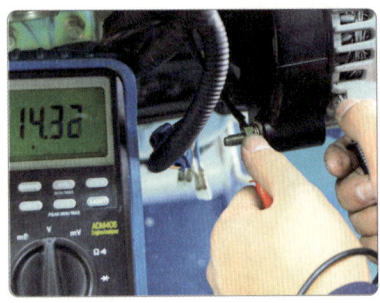

4. 발전기 출력 단자를 측정하여 출력 전압을 확인한다(14.32 V).

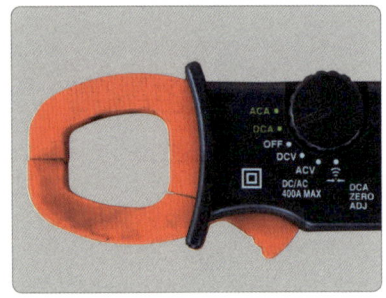

5. 전류계(훅 타입)를 DCA에 선택한다.

6. 전기부하 전조등을 점등(HI), 에어컨 전기부하(블로어 모터 작동)를 작동시킨다.

7. 발전기 출력 단자(B)에 전류계를 설치하고 출력전류를 측정한다(56.7 A). 규정 용량의 70% 이상 시 양호 → 실차 점검 시 전기부하 작동 가능

8. 엔진 시뮬레이터에서 점검 → 전기부하를 작동시킬 수 없으므로 발전기 출력은 규정값을 벗어난다.(14.2 A)

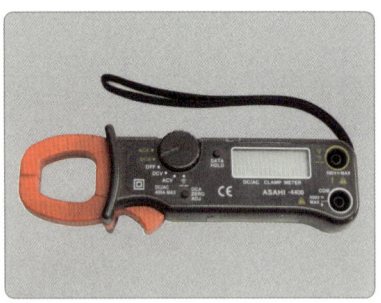

9. 점검이 끝나면 전류계를 정리한다.

실기시험 주요 Point — 충전 전류 및 전압 점검
차종별 정격 전류, 정격 출력 규정값은 정격 전류의 70% 이상이면 정상이다.

답안지 작성

전기 2 발전기 점검

항목	① 측정(또는 점검)		② 판정 및 정비(또는 조치) 사항		(H) 득점
(A) 자동차 번호 :			(B) 비번호	(C) 감독위원 확 인	
	(D) 측정값	(E) 규정(정비한계)값	(F) 판정(□에 'V' 표)	(G) 정비 및 조치할 사항	
충전 전류	56.7 A	✕	☑ 양호 □ 불량	정비 및 조치할 사항 없음	
충전 전압	14.32 V	13.5~14.8 V			

※ 측정(조건)은 감독위원의 지시에 따라 측정합니다.

1. 답안지 공통 사항(감독위원 확인 및 기록 사항)

> (C) **감독위원 확인** : 시험 전 또는 시험 후 감독위원이 채점 후 확인합니다(날인).
> (H) **득점** : 감독위원이 해당 문항을 채점하고 점수를 기록합니다.

2. 수험자가 기록해야 할 답안 사항

> (A) **자동차 번호** : 측정하는 자동차 번호를 기록합니다(측정 차량이 1대인 경우 생략할 수 있습니다).
> (B) **비번호** : 책임관리위원(공단 본부)이 배부한 등번호(비번호)를 기록합니다.
> ① **측정(또는 점검)**
>   (D) **측정값** : 충전 전류와 충전 전압을 측정한 값 56.7 A, 14.32 V를 기록합니다.
>   (E) **규정(정비한계)값** : 감독위원이 제시한 값이나 발전기 뒤(리어 케이스)에 표기된 발전기 규정 출력 규정값
>   13.5~14.8 V를 기록합니다.
>
> | 시험용 차량 | 출력 전압 | 정격 전류 | 출 력 |
> |---|---|---|---|
> | 쏘나타 | 13.5 V | 90 A | 1000~18000 rpm |
> | 아반떼 | 13.5 V | 90 A | 1000~18000 rpm |
> | 엑센트 | 13.5 V | 75 A | 1000~18000 rpm |
> | 엘란트라 | 13.5 V | 85 A | 2500 rpm |
> | 쏘나타 MPI | 13.5 V | A/T 76 A | 2500 rpm |
> | 엑셀 | 13.5 V | 65 A | 2500 rpm |
> | EF 쏘나타 | 13.5 V | 80 A | 2500 rpm |
>
> ② **판정 및 정비(또는 조치) 사항**
>   (F) **판정** : 측정한 값이 규정(정비한계)값 범위 내에 있으므로 ☑ **양호**에 표시합니다.
>   (G) **정비 및 조치할 사항** : 판정이 양호이므로 정비 및 조치할 사항 없음을 기록합니다.
>   판정이 불량일 때는 **발전기 교환 후 재점검**을 기록합니다.
> ※ 규정(한계)값 : 80 A × 0.7 = 56 A ← 규정값의 70% 이상

● **충전 전류와 충전 전압이 없는 경우**(발전기 커넥터가 분리된 경우)

항목	측정(또는 점검)		판정 및 정비(또는 조치) 사항		득점
	측정값	규정(정비한계)값	판정(□에 'V'표)	정비 및 조치할 사항	
충전 전류	0 A (2500 rpm)		□ 양호 ☑ 불량	발전기 커넥터 체결 후 재점검	
충전 전압	0 V (2500 rpm)	13.5~14.8 V (2500 rpm)			

자동차 번호 :   비번호   감독위원 확인

※ 판정 및 정비(조치)사항 : 충전 전류와 충전 전압이 없으므로 ☑ 불량에 표시하고, 발전기 커넥터 체결 후 재점검합니다.

● **충전 전압이 규정값보다 작을 경우**(발전기 벨트 장력이 느슨한 경우)

항목	측정(또는 점검)		판정 및 정비(또는 조치) 사항		득점
	측정값	규정(정비한계)값	판정(□에 'V'표)	정비 및 조치할 사항	
충전 전류	3 A (2500 rpm)		□ 양호 ☑ 불량	팬 벨트 장력 조절 후 재점검	
충전 전압	11 V (2500 rpm)	13.5~14.8 V (2500 rpm)			

자동차 번호 :   비번호   감독위원 확인

※ 판정 및 정비(조치)사항 : 충전 전압이 규정값 범위보다 작으므로 ☑ 불량에 표시하고, 팬 벨트 장력 조절 후 재점검합니다.

※ 측정(조건)은 감독위원의 지시에 따라 측정합니다.

실기시험 주요 Point

충전 전류와 전압이 규정값을 벗어난 경우 정비 및 조치할 사항

❶ 팬 벨트 단선 → 팬 벨트 교체   ❷ 팬 벨트 헐거움 → 팬 벨트 장력 조절
❸ 퓨저블 링크 단선 → 퓨저블 링크 교체   ❹ 로터, 스테이터 코일 단선 → 발전기 교체
❺ 발전기 커넥터 탈거 → 발전기 커넥터 체결   ❻ 슬립링과 브러시 접촉 불량 → 브러시 교체

전기 3 주어진 자동차에서 와이퍼 회로의 고장부분을 점검한 후 기록·판정하시오.

와이퍼 회로 점검

실기시험 주요 Point

윈드실드 와이퍼 배선 점검 항목
❶ 퓨즈의 상태를 점검한다.
❷ 접속 부분에 녹이 슬었는지 점검한다.
❸ 퓨즈가 끊어진 경우에는 윈드실드 와이퍼 회로에 단락된 곳이 있는지 점검한 다음, 규정 용량의 퓨즈로 교환한다.
❹ 윈드실드 와이퍼 회로의 배선이 절단되었거나 커넥터의 연결이 차단되어 회로 자체의 단선 여부를 점검한다.
❺ 윈드실드 와이퍼 회로의 스위치 접점이 녹았거나 단자에 녹 발생에 의한 불량을 점검한다.
❻ 윈드실드 와이퍼 회로의 절연 불량을 점검한다.

3-1 와이퍼 회로도

● 주요 부위 회로 점검

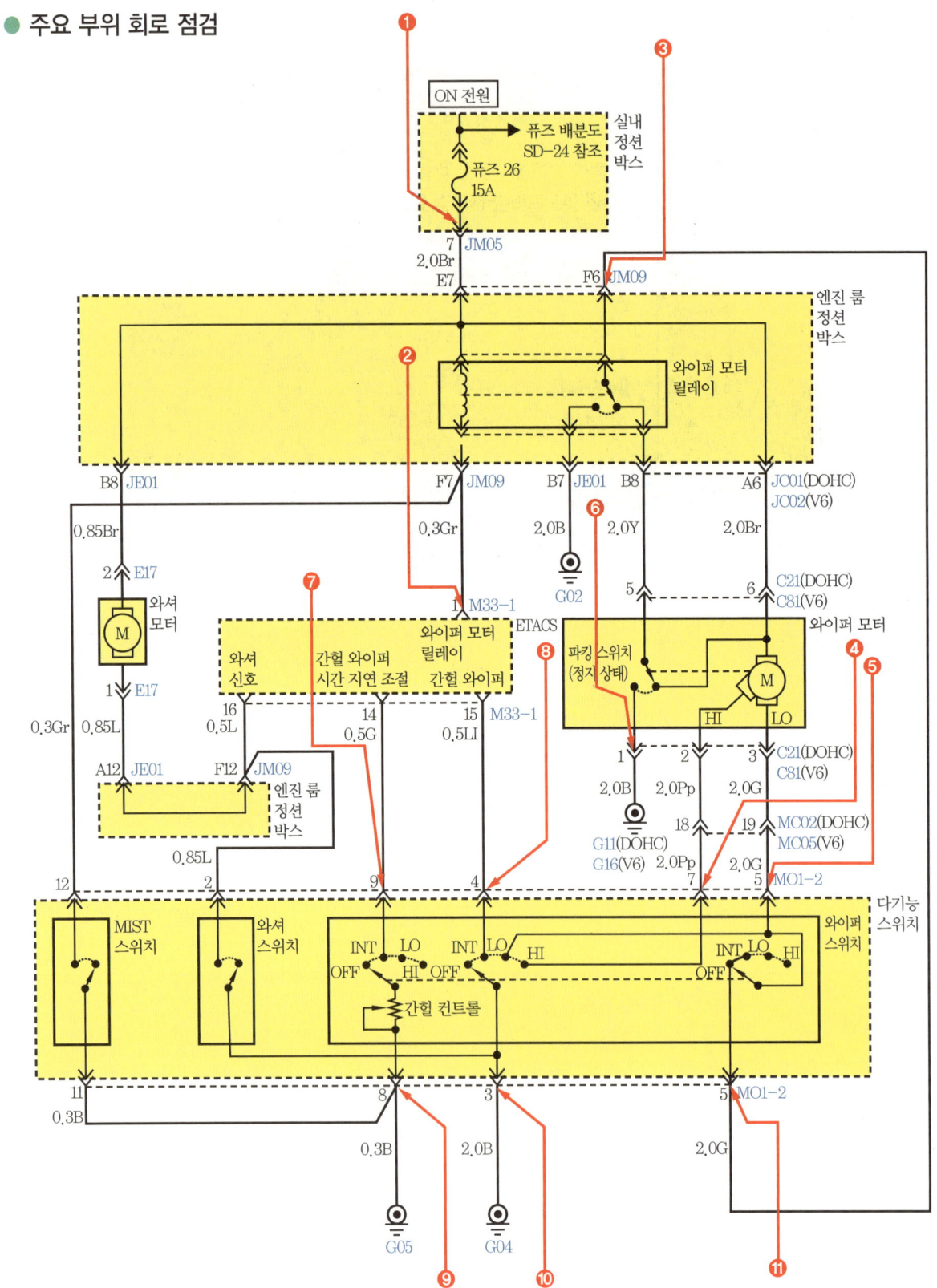

3-2 와이퍼 회로 점검

(1) 윈드실드 와이퍼
차량 주행 중 비나 눈이 올 때 운전자의 시야를 확보하고 운행 안전을 위해 전면 및 후면 유리를 세정하기 위한 것이다.

(2) 와이퍼 모터 고장 점검
❶ 와이퍼가 작동하지 않는 경우(고속 또는 저속 위치)
- 와이퍼 퓨즈 불량 → 퓨즈 점검
- 와이퍼 스위치 불량 → 스위치 점검
- 와이퍼 모터 접지 불량 → 접지 점검
- 관련 배선 및 조인트 불량 → 배선 접속 점검

❷ 와이퍼 INT 기능이 작동하지 않는 경우
- 와이퍼 스위치 불량 → 스위치 점검
- 와이퍼 릴레이 불량 → 와이퍼 릴레이 점검
- 관련 배선 및 조인트 불량 → 배선 접속 점검

(3) 와이퍼 모터 회로 점검

1. 축전지 전압 및 단자 접촉 상태를 확인한다.

2. 엔진 룸 와이퍼 모터 릴레이를 점검한다.

3. 와이퍼 모터 커넥터를 탈거하고 공급 전원을 확인한다.

4. 와이퍼 모터 단품 점검을 한다.

5. 와이퍼 스위치 커넥터 탈거 상태 및 단선 유무를 점검한다.

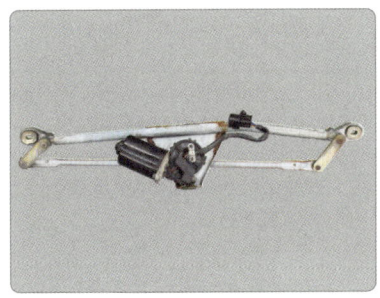

6. 와이퍼 링크 와이퍼 모터 체결 및 배선 상태를 점검한다.

답안지 작성

전기 3 와이퍼 회로 점검

(A) 자동차 번호 :			(B) 비번호		(C) 감독위원 확 인	
항목	① 측정(또는 점검)		② 판정 및 정비(또는 조치) 사항			(H) 득점
	(D) 이상 부위	(E) 내용 및 상태	(F) 판정(□에 'V'표)	(G) 정비 및 조치할 사항		
와이퍼 회로	와이퍼 모터 릴레이	탈거	□ 양호 ☑ 불량	와이퍼 모터 릴레이 체결 후 재점검		

※ 제시된 전기회로도의 명칭을 사용·기입합니다.

1. 답안지 공통 사항(감독위원 확인 및 기록 사항)

> (C) 감독위원 확인 : 시험 전 또는 시험 후 감독위원이 채점 후 확인합니다(날인).
> (H) 득점 : 감독위원이 해당 문항을 채점하고 점수를 기록합니다.

2. 수험자가 기록해야 할 답안 사항

> (A) 자동차 번호 : 측정하는 자동차 번호를 기록합니다(측정 차량이 1대인 경우 생략할 수 있습니다).
> (B) 비번호 : 책임관리위원(공단 본부)이 배부한 등번호(비번호)를 기록합니다.
> ① 측정(또는 점검)
>   (D) 이상 부위 : 이상 부위로 **와이퍼 모터 릴레이**를 기록합니다.
>   (E) 내용 및 상태 : 이상 부위의 내용 및 상태로 **탈거**를 기록합니다.
> ② 판정 및 정비(또는 조치) 사항
>   (F) 판정 : 와이퍼 릴레이가 탈거된 상태이므로 ☑ **불량**에 표시합니다.
>   (G) 정비 및 조치할 사항 : 판정이 불량이므로 **와이퍼 모터 릴레이 체결 후 재점검**을 기록합니다.
>   판정이 양호일 때는 **정비 및 조치할 사항 없음**을 기록합니다.
> ※ 판정이 불량일 경우 와이퍼가 작동하지 않는 원인
>   • 축전지 터미널 연결 상태 불량   • 와이퍼 퓨즈의 탈거, 단선
>   • 와이퍼 스위치 커넥터 탈거   • 와이퍼 릴레이 탈거, 릴레이 불량
>   • 와이퍼 모터 커넥터 탈거   • 와이퍼 모터 불량

실기시험 주요 Point

와이퍼 회로 점검
❶ 전기회로도를 참고하여 주요 부품의 위치를 파악한다(육안 점검으로 부품 및 스위치 커넥터나 릴레이 탈거를 확인한다).
❷ 기본적으로 축전지 충전 상태를 점검하고 단자 터미널 탈거 및 접촉 상태를 확인한다.
❸ 릴레이를 중심으로 입력 전원과 출력 전원을 멀티 테스터(전압계)로 확인한다.

전기 4. 주어진 자동차에서 좌 또는 우측의 전조등 광도를 측정하고 기록·판정하시오.

4-1 전조등 측정

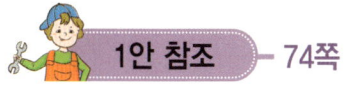 1안 참조 — 74쪽

 실기시험 주요 Point

자동차 고장 진단과 정비 원칙

(1) 고장이란?
  시스템 결함 및 부품 파손으로 인한 작동 불능 및 비정상적인 작동

(2) 고장 시 조치사항
  고장을 바로잡을 정비 능력과 고장을 신속하게 제거할 정비 기능을 갖고 자동차의 기능을 회복시켜 사용자에게 만족감과 신뢰감을 갖게 한다.

(3) 고장 정비의 원칙
  • 고장 상황을 잡기 위해 정보를 모은다.
  • 문진 : 고객으로부터 자동차의 상황을 확인한다.
  • 기본적인 점검에 충실한다.
  • 세부 점검 계획을 세운다.

(4) 정비 순서
  소거법적인 고찰
  예 1. A에 의해 B와 C가 작동하고 있고, 전체에서 이음(異音)이 난다.
    • A만 작동시킨다(B와 C를 작동시킨다).
    • A로 B만을 작동시킨다(C를 소거한다).
    • A로 C만을 작동시킨다(B를 소거한다).
  예 2. A-B-C로 연결해서 D가 작동해야 하는데 D가 전혀 작동하지 않는다.
    • A만 작동 확인(BCD를 소거한다).
    • A와 D를 직결한다(BC를 소거한다).
    • A → B → D를 연결한다(C를 소거한다).

자동차정비기능사 실기시험 4안

파트별	안별 문제	4안
엔진	엔진(부품) 분해 조립	가솔린 엔진(DOHC)/타이밍 벨트/캠축
	측정/답안작성	캠 높이
	시스템 점검/엔진 시동	점화회로
	부품 탈거/조립	CRDI 연료압력 조절밸브
	자기진단(답안작성)	스캐너를 이용한 엔진 전자제어 센서(액추에이터) 점검
	차량 검사 측정	가솔린 배기가스
섀시	부품 탈거/조립	로어 암
	점검/답안작성	캐스터각, 캠버각
	부품 탈거 작동상태	브레이크 캘리퍼
	점검/답안작성	ABS 자기진단
	안전기준 검사	최소회전반지름
전기	부품 탈거/조립 작동 확인	기동모터
	측정/답안작성	메인 컨트롤 릴레이
	전기회로 점검/고장부위 작성	방향지시등 회로
	차량 검사 측정	경음기 음량

국가기술자격 실기시험문제 4안(엔진)

자격종목	자동차정비기능사	과제명	자동차정비작업

비번호 :　　　　　　　　시험시간 : 4시간(엔진 : 100분, 섀시 : 80분, 전기 : 60분)

엔진 1 주어진 DOHC 가솔린 엔진에서 캠축과 타이밍 벨트를 탈거(감독위원에게 확인)하고 감독위원의 지시에 따라 기록표의 내용대로 기록·판정한 후 다시 조립하시오.

1-1 엔진 분해 조립

 1안 참조 — 22쪽

1-2 캠 높이 측정

(1) 캠 높이 측정

캠축 점검

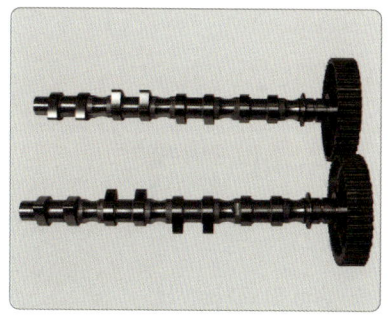
1. 측정할 캠축을 확인한다.

2. 마이크로미터 0점을 확인하고 캠축의 캠 높이를 측정한다.

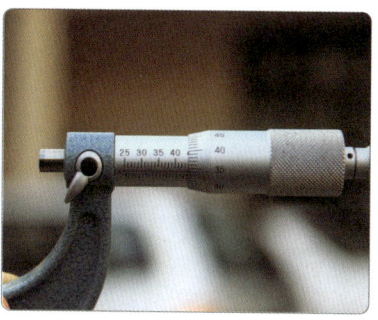
3. 마이크로미터에 측정된 눈금을 읽는다(43.84 mm).

(2) 캠축 양정 측정

캠축 양정 측정

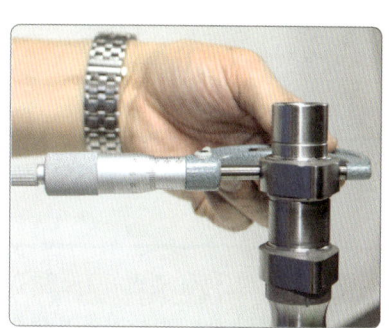
1. 마이크로미터 0점을 확인하고 측정한다.

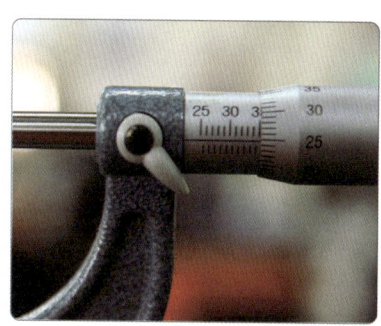
2. 마이크로미터에 측정된 눈금을 읽는다(측정값 35.25 mm).

실기시험 주요 Point

캠의 구성
1. 기초원(base circle) : 기초가 되는 원
2. 노즈(nose) : 밸브가 완전히 열리는 점
3. 양정(lift) : 기초원과 노즈와의 거리
4. 플랭크(flank) : 밸브 리프터가 접촉, 구동되는 옆면
5. 로브(lobe) : 밸브가 열려서 닫힐 때까지의 거리

※ 양정(lift) = 캠 높이 - 기초원

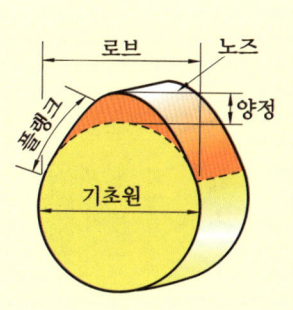

답안지 작성

엔진 1 캠 높이 점검

	(A) 엔진 번호 :		(B) 비번호		(C) 감독위원 확 인	
항 목	① 측정(또는 점검)		② 판정 및 정비(또는 조치) 사항			(H) 득점
	(D) 측정값	(E) 규정(정비한계)값	(F) 판정(□에 'V'표)	(G) 정비 및 조치할 사항		
캠 높이	43.84 mm	43.25~43.85 mm (42.75 mm)	☑ 양호 □ 불량	정비 및 조치할 사항 없음		

※ 출제 안에 따라 캠 양정으로 출제될 수 있습니다(캠 양정 = 캠 높이 − 기초원).

1. 답안지 공통 사항(감독위원 확인 및 기재 사항)

(C) 감독위원 확인 : 시험 전 또는 시험 후 감독위원이 채점 후 확인합니다(날인).
(H) 득점 : 감독위원이 해당 문항을 채점하고 점수를 기록합니다.

2. 수험자가 기재해야 할 답안 사항

(A) 엔진 번호 : 측정하는 엔진 번호를 기록합니다(측정 엔진이 1대인 경우 생략할 수 있습니다).
(B) 비번호 : 책임관리위원(공단 본부)이 시험당일 배부한 등번호(비번호)를 기록합니다.
① 측정(또는 점검)
  (D) 측정값 : 캠 높이의 측정값 43.84 mm를 기록합니다.
  (E) 규정(정비한계)값 : 감독위원이 제시한 값이나 정비지침서를 보고 43.25~43.85 mm(42.75 mm)를 기록합니다.
② 판정 및 정비(또는 조치) 사항
  (F) 판정 : 측정한 값이 규정(정비한계)값 범위 내에 있으므로 ☑ 양호에 표시합니다.
  (G) 정비 및 조치할 사항 : 판정이 양호이므로 정비 및 조치할 사항 없음을 기록합니다.
                            판정이 불량일 때는 캠축 교체를 기록합니다.

3. 차종별 캠의 높이(양정) 규정값

차 종		규정값(mm)	한계값(mm)	차 종		규정값(mm)	한계값(mm)
마티즈	흡기	35.156	35.124	옵티마 2.0D	흡기	35.439	35.993
	배기	34.814	34.789		배기	35.317	34.817
아반떼 1.5D	흡기	43.2484	42.7484	크레도스	흡기	37.9593	−
	배기	43.8489	43.3489		배기	37.9617	−
EF 쏘나타	흡기	35.493±0.1	−	토스카	2.0D	흡기	5.8106	−
	배기	35.317±0.1	−			배기	5.3303	−
쏘나타	흡기	44.525	42.7484		2.5D	흡기	5.931	−
	배기	44.525	43.3489			배기	5.3303	−

● 캠 높이가 규정값보다 클 경우

항목	측정(또는 점검)		판정 및 정비(또는 조치) 사항		득점
	측정값	규정(정비한계)값	판정 (□에 'V'표)	정비 및 조치할 사항	
캠 높이	42.95 mm	35.393~35.593 mm	□ 양호 ☑ 불량	캠축 교체 후 재점검	

※ 판정 및 정비(조치)사항 : 측정값이 규정값 범위를 벗어났으므로 ☑ 불량에 표시하고, 캠축 교체 후 재점검합니다.

● 캠 높이가 규정값 범위 내에 있을 경우

항목	측정(또는 점검)		판정 및 정비(또는 조치) 사항		득점
	측정값	규정(정비한계)값	판정 (□에 'V'표)	정비 및 조치할 사항	
캠 높이	35.5 mm	35.393~35.593 mm	☑ 양호 □ 불량	정비 및 조치할 사항 없음	

※ 판정 및 정비(조치)사항 : 캠 높이 측정값이 규정값 범위 내에 있으므로 ☑ 양호에 표시하고, 정비 및 조치할 사항 없음을 기록합니다.

※ 출제 안에 따라 캠 양정으로 출제될 수 있습니다(캠 양정 = 캠 높이 − 기초원).

실기시험 주요 Point

캠축 양정 측정
캠의 높이 − 기초원 = 양정
➡ 따라서 캠 높이 마모는 양정의 마모 의미로도 측정한다.

엔진 2 주어진 전자제어 가솔린 엔진에서 감독위원의 지시에 따라 시동에 필요한 점화 회로의 이상 개소를 점검 및 수리하여 시동하시오.

 1안 참조 — 30쪽

엔진 3 주어진 자동차에서 CRDI 엔진의 연료 압력 조절밸브를 탈거(감독위원에게 확인)한 후 다시 조립하고, 감독위원의 지시에 따라 진단기(스캐너)를 사용하여 엔진의 각종 센서(액추에이터) 점검 후 고장부분을 기록하시오.

3-1 CRDI 엔진의 연료 압력 조절밸브 탈·부착

커먼 레일 엔진에서 연료 압력 조절밸브 탈·부착

1. 분해할 연료 압력 조절 커넥터를 확인한다.

2. 연료 압력 조절 커넥터를 탈거한다.

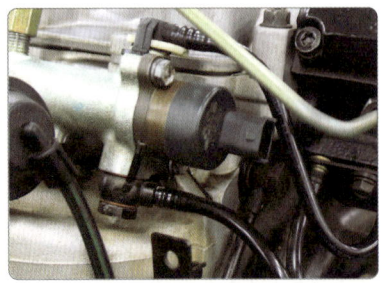

3. 분해할 연료 압력 조절기 주변을 정리한다.

4. 연료 압력 조절밸브를 분해한다.

5. 연료 압력 조절밸브를 탈거한 후 감독위원의 확인을 받는다.

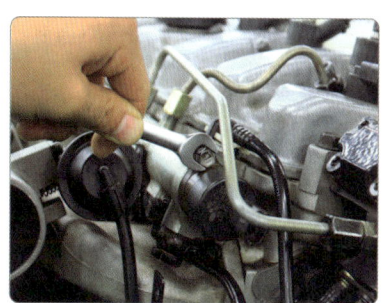
6. 연료 압력 조절밸브를 조립한다.

7. 연료 압력 조절밸브 주변을 정리한다.

8. 연료 압력 조절기 커넥터를 조립한 후 감독위원의 확인을 받는다.

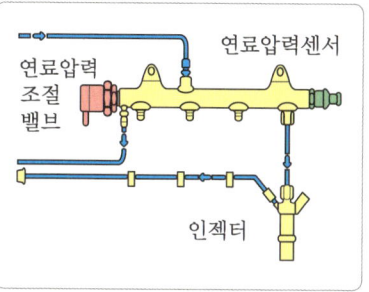
연료 압력 조절기 부품 위치

3-2 엔진 센서(액추에이터) 점검

 1안 참조 — 33쪽

엔진 4 주어진 자동차에서 기록표에 제시된 내용을 측정하고 기록·판정하시오.

 2안 참조 — 90쪽

국가기술자격 실기시험문제 4안 (섀시)

| 자격종목 | 자동차정비기능사 | 과제명 | 자동차정비작업 |

비번호 :   시험시간 : 4시간(엔진 : 100분, 섀시 : 80분, 전기 : 60분)

섀시 1 주어진 자동차에서 감독위원의 지시에 따라 (좌 또는 우측) 로어 암(lower control arm)을 탈거(감독위원에게 확인)한 후 다시 조립하시오.

1-1 로어 암 탈·부착

로어 암 탈거 작업

1. 감독위원이 지정한 바퀴를 탈거한다.

2. 분해할 로어 암을 확인한다.

3. 로어 암 작업의 편의를 위해 바퀴 구동륜을 밖으로 돌린다.

4. 허브 너트를 탈거한다.

5. 너클 고정 볼트를 탈거한다.

6. 탈거한 너클을 드라이버나 너클 고정 볼트로 임시 고정한다.

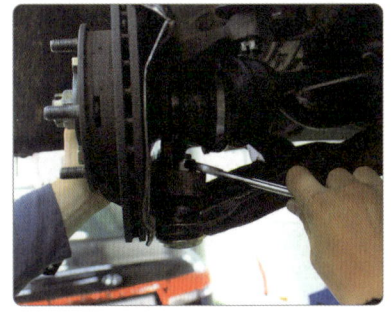

7. 로어 암 볼 조인트 고정 너트를 2~3회 풀어준다.

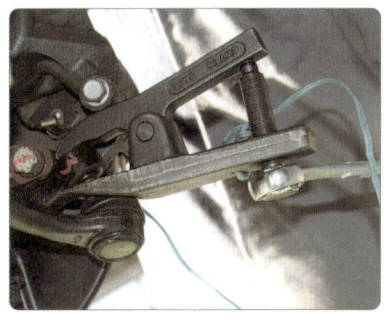

8. 볼 조인트 탈착기를 압축하여 로어 암과 너클을 분리한다.

9. 볼 조인트 너트를 탈거한다.

10. 앞 로어 암 고정 볼트를 탈거한다.

11. 스태빌라이저 조인트를 탈거한다.

12. 뒤 로어 암 고정 볼트를 탈거한다.

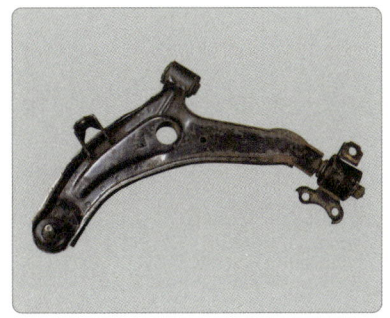

13. 탈거한 로어 암을 감독위원에게 확인받는다.

14. 로어 암을 장착하고 앞, 뒤 고정 볼트를 조립한다.

15. 허브 너클을 장착하고 볼 조인트 너트를 조립한다.

16. 임시 고정한 드라이버나 볼트를 제거하고 등속 조인트를 장착한다.

17. 허브 너트를 조립하고 고정 핀을 체결한다.

18. 스태빌라이저 조인트를 조립한다.

19. 쇽업소버 브레이크 호스를 체결한다.

20. 로어 암 앞, 뒤 볼 조인트 관련 볼트 너트를 조립한다.

21. 바퀴를 조립하고 주변을 정리한다.

섀시 2

주어진 자동차에서 감독위원의 지시에 따라 휠 얼라인먼트 시험기를 사용하여 캐스터각과 캠버각을 점검하여 기록·판정하시오.

 1안 참조 — 49쪽

 실기시험 주요 Point

휠 얼라인먼트 측정

① 4주식 리프트에 측정하고자 하는 차량을 정렬한다.
② 1단 리프트를 측정하기 쉬운 높이만큼 리프트 업(up)시킨다.
③ 2단 리프트는 자동차 하체부의 부품에 파손되지 않도록 고임목을 사용하여 1단 리프트와 자동차의 휠이 10cm 정도 떨어지도록 자동차를 수평으로 올린다.
④ 전·후 각각의 휠 헤드에 장착된 클램프를 사용하여 타이어 휠에 정확히 장착한다.
⑤ 각 헤드에 케이블을 연결한다(유선으로 점검 시).
⑥ 휠이 중심과 일치하도록 전·후륜의 턴테이블을 맞추어 설치한다.
⑦ 각 헤드의 수평을 맞춘다.
⑧ 측정할 메뉴를 선택하여 런 아웃 화면이 나타나면 각각의 휠을 순차적으로 후륜부터 보정한다.

● 조향 휠 유격 점검

조향 휠 유격 점검(바퀴를 직진 상태로 유지한다.)

1. 조향 휠 지름을 줄자로 측정한다. (380 mm)

2. 기준점 설정 후 저항이 느껴지는 곳까지 휠을 좌우로 움직인다.

3. 휠이 움직인 거리를 표시한다.

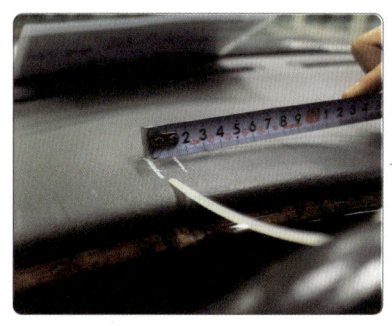

4. 표시한 부분의 길이를 줄자로 측정한다(12 mm).

조향 휠 유격이 커지는 원인
① 조향 기어의 조정 불량 및 마모
② 조향 링키지 이완 및 마모
③ 조향 너클, 볼 조인트 불량
④ 조향 기어 취부 상태 불량
⑤ 휠 베어링이 마모되거나 헐거울 때

답안지 작성

예시 조향 휠 유격 점검

	(A) 자동차 번호 :		(B) 비번호		(C) 감독위원 확 인	
항 목	① 측정(또는 점검)		② 판정			(H) 득점
	(D) 측정값	(E) 기준값	(F) 산출 근거(계산) 기록	(G) 판정(□에 'V' 표)		
조향 휠 유격	12 mm	47.5 mm 이하	$\frac{380 \times 12.5}{100} = 47.5$	☑ 양호 □ 불량		

1. 답안지 공통 사항(감독위원 확인 및 기록 사항)

(C) **감독위원 확인** : 시험 전 또는 시험 후 감독위원이 채점 후 확인합니다(날인).
(H) **득점** : 감독위원이 해당 문항을 채점하고 점수를 기록합니다.

2. 수험자가 기록해야 할 답안 사항

(A) **자동차 번호** : 측정하는 자동차 번호를 기록합니다(측정 차량이 1대인 경우 생략할 수 있습니다).
(B) **비번호** : 책임관리위원(공단 본부)이 배부한 등번호(비번호)를 기록합니다.
① **측정(또는 점검)**
 (D) **측정값** : 조향 휠 유격을 측정한 값 **12 mm**를 기록합니다.
 (E) **기준값** : 안전기준값을 **47.5 mm 이하**로 기록합니다.
※ **정비기준일 때** : 제작사의 정비기준 규정값을 기록합니다.
  검사기준일 때 : 자동차안전에 관한 규칙 제14조의 안전기준값을 기입합니다.

차 종	조향 휠 유격 기준값 (정비기준)	조향 휠 유격 기준값 (검사기준)
쏘나타 II	30 mm	조향 휠 지름의 12.5% 이내
그랜저	10 mm (한계 30 mm)	
아반떼 XD, 엑셀, 엘란트라, 세피아	0~30 mm	
그레이스	384 mm	
브로엄	400 mm	

② **판정**
 (F) **산출 근거(계산) 기록** : $\frac{380 \times 12.5}{100} = 47.5$
 (G) **판정** : 측정값이 기준값 범위 내에 있으므로 ☑ **양호**에 표시합니다.

● 조향 휠 유격이 기준값보다 클 경우

자동차 번호 :			비번호		감독위원 확 인	
항목	측정(또는 점검)		판정			득점
	측정값	기준값	산출 근거(계산) 기록	판정(□에 'V'표)		
조향 휠 유격	50.5 mm	47.5 mm 이하	$\dfrac{380\ mm \times 12.5}{100} = 47.5\ mm$	□ 양호 ☑ 불량		
■ 조향 휠 유격 기준값(검사 기준) 　　조향 휠 유격 = $\dfrac{조향\ 핸들\ 지름 \times 12.5}{100}$ 이내 (조향 핸들 지름의 12.5% 이내)						
※ 판정 : 조향 휠 유격이 기준값보다 크므로 ☑ 불량에 표시합니다.						

실기시험 주요 Point

조향 휠 유격 기준값(검사 기준)

조향 휠 유격 = $\dfrac{조향\ 핸들\ 지름 \times 12.5}{100}$ 이내 (조향 핸들 지름의 12.5% 이내)

조향 휠 유격 점검 시 유의사항

❶ 유격 점검 시 핸들(스티어링 휠)이 중앙에 위치하도록(바퀴는 직진 상태) 조정한 후 자와 핸들을 같은 위치 선상으로 동시에 표시한다.

❷ 핸들을 좌우로 회전시킬 때 저항(토크)이 느껴지지 않는 위치를 표시한 후 핸들이 움직인 양을 합산하여 유격을 측정한다.

섀시 3

주어진 자동차에서 감독위원의 지시에 따라 제동장치의 (좌 또는 우측) 브레이크 캘리퍼를 탈거(감독위원에게 확인)하고 다시 조립하여 공기빼기 작업 후 브레이크의 작동 상태를 확인하시오.

3-1 브레이크 캘리퍼 탈·부착

브레이크 캘리퍼 탈·부착 작업

1. 차량을 리프트에 배치한 후 감독위원이 지시한 바퀴를 탈거한다.

2. 작업의 편의를 위해 바퀴 앞쪽이 바깥쪽을 향하도록 돌린다.

브레이크 호스를 헝겊에 감싼 후 바이스로 물린다.

3. 브레이크 호스를 분리한다.

4. 브레이크 호스를 캘리퍼에서 분리한다.

5. 하단부 고정 볼트를 풀어낸다.

6. 상단부 고정 볼트를 풀어낸다.

7. 캘리퍼 피스톤을 분해한다.

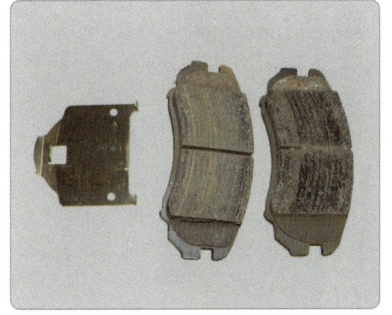
8. 브레이크 패드를 분리한다.

9. 탈착된 캘리퍼를 감독위원에게 확인받는다.

10. 캘리퍼 조립을 위해 피스톤 압축기를 사용하여 피스톤을 압축한다.

11. 캘리퍼 상단부를 조립한다.

12. 캘리퍼 상·하부 볼트를 손으로 조립한다.

13. 공구를 사용하여 마무리 조립을 한다.

14. 브레이크 호스를 캘리퍼에 조립한다.

15. 리저버 탱크에 브레이크액을 보충한다.

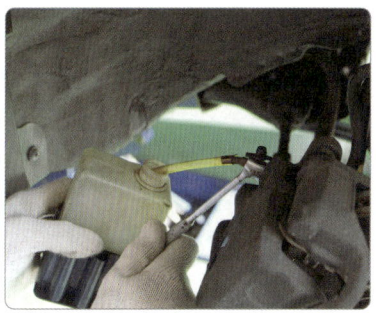
16. 공기빼기 작업을 실시한다.

섀시 4

주어진 자동차에서 감독위원의 지시에 따라 진단기(스캐너)로 전자제어 제동장치(ABS)를 점검하고 기록·판정하시오.

4-1 스캐너 진단

시험용 차량과 스캐너 자기진단 커넥터 체결상태 및 점화스위치 ON 상태를 확인한다.

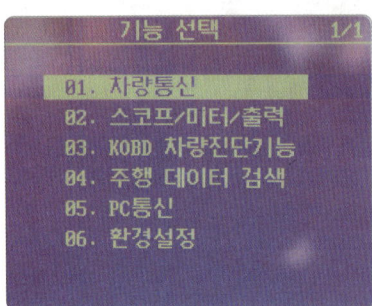

1. 차량통신을 선택한다.

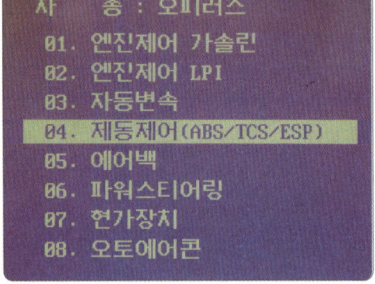

2. 제조회사 및 차종을 선택한다.

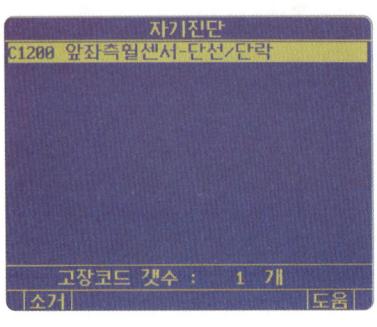

3. 시스템 제동제어를 선택한다.

4. 자기진단을 선택한다.

5. 출력된 고장 센서를 확인한다.

6. 커넥터가 탈거된 상태를 확인한다.

답안지 작성

섀시 4 전자제어 제동장치(ABS) 점검

(A) 자동차 번호 :			(B) 비번호		(C) 감독위원 확 인	
항목	① 측정(또는 점검)		② 판정 및 정비(또는 조치) 사항			(H) 득점
	(D) 이상 부위	(E) 내용 및 상태	(F) 판정(□에 'V' 표)	(G) 정비 및 조치할 사항		
ABS 자기진단	앞 좌측 휠 센서	커넥터 탈거	□ 양호 ☑ 불량	앞 좌측 휠 센서 커넥터 체결, ABS ECU 과거 기억 소거 후 재점검		

1. 답안지 공통 사항(감독위원 확인 및 기록 사항)

(C) 감독위원 확인 : 시험 전 또는 시험 후 감독위원이 채점 후 확인합니다(날인).
(H) 득점 : 감독위원이 해당 문항을 채점하고 점수를 기록합니다.

2. 수험자가 기록해야 할 답안 사항

(A) 자동차 번호 : 측정하는 자동차 번호를 기록합니다(측정 차량이 1대인 경우 생략할 수 있습니다).
(B) 비번호 : 책임관리위원(공단 본부)이 배부한 등번호(비번호)를 기록합니다.
① 측정(또는 점검)
 (D) 이상 부위 : 스캐너의 자기진단 화면에 출력된 앞 좌측 휠 센서를 기록합니다.
 (E) 내용 및 상태 : 이상 부위의 내용 및 상태에 커넥터 탈거를 기록합니다.
② 판정 및 정비(또는 조치) 사항
 (F) 판정 : 자기진단 결과 이상 부위로 앞 좌측 휠 센서가 출력되었으므로 ☑ 불량에 표시합니다.
 (G) 정비 및 조치할 사항 : 판정이 불량이므로 앞 좌측 휠 센서 커넥터 체결, ABS ECU 과거 기억 소거 후 재점검을 기록합니다.

실기시험
주요 Point

휠 스피드 센서

하이드롤릭 컨트롤 유닛(HCU)

● 뒤 좌측 휠 스피드 센서 커넥터가 탈거된 경우

항목	자동차 번호 :		비번호	감독위원 확인	
	측정(또는 점검)		판정 및 정비(또는 조치) 사항		득점
	이상 부위	내용 및 상태	판정(□에 'V'표)	정비 및 조치할 사항	
ABS 자기진단	뒤 좌측 휠 스피드 센서	커넥터 탈거	□ 양호 ☑ 불량	뒤 좌측 휠 스피드 센서 커넥터 체결, ABS ECU 과거 기억 소거 후 재점검	

※ 판정 및 정비(조치)사항 : 뒤 좌측 휠 스피드 센서 커넥터가 탈거되었으므로 ☑ 불량에 표시하고, 뒤 좌측 휠 스피드 센서 커넥터 체결, ABS ECU 과거 기억 소거 후 재점검합니다.

● 앞 우측 휠 스피드 센서 커넥터가 탈거된 경우

항목	자동차 번호 :		비번호	감독위원 확인	
	측정(또는 점검)		판정 및 정비(또는 조치) 사항		득점
	이상 부위	내용 및 상태	판정(□에 'V'표)	정비 및 조치할 사항	
ABS 자기진단	앞 우측 휠 스피드 센서	커넥터 탈거	□ 양호 ☑ 불량	앞 우측 휠 스피드 센서 커넥터 체결, ABS ECU 과거 기억 소거 후 재점검	

※ 판정 및 정비(조치)사항 : 앞 우측 휠 스피드 센서 커넥터가 탈거되었으므로 ☑ 불량에 표시하고, 앞 우측 휠 스피드 센서 커넥터 체결, ABS ECU 과거 기억 소거 후 재점검합니다.

● 뒤 우측 휠 스피드 센서 커넥터가 탈거된 경우

항목	자동차 번호 :		비번호	감독위원 확인	
	측정(또는 점검)		판정 및 정비(또는 조치) 사항		득점
	이상 부위	내용 및 상태	판정(□에 'V'표)	정비 및 조치할 사항	
ABS 자기진단	뒤 우측 휠 스피드 센서	커넥터 탈거	□ 양호 ☑ 불량	뒤 우측 휠 스피드 센서 커넥터 체결, ABS ECU 과거 기억 소거 후 재점검	

섀시 5 주어진 자동차에서 감독위원의 지시에 따라 좌 또는 우회전 시 최소회전반경을 측정하여 기록 · 판정하시오.

5-1 최소회전반지름 측정

 2안 참조 — 105쪽

 **실기시험 주요 Point**

최소회전반지름 측정 방법
1. 변속 기어를 전진 최하단에 두고 최대의 조향각도로 서행하며, 바깥쪽 타이어의 접지면 중심점이 이루는 궤적의 지름을 우회전 및 좌회전시켜 측정한다.
2. 측정 중에 타이어의 노면에 대한 미끄러짐 상태와 조향장치의 상태를 관찰한다.
3. 좌 및 우회전에서 구한 반지름 중 큰 값을 자동차의 최소회전반지름으로 하고, 안전기준에 적합한지 확인한다(이 기준으로 우회전 시 조향각도는 좌측, 좌회전 시 조향각도는 우측이 된다).
4. 우회전 반지름은 좌측 바퀴 조향각도를 측정하고, 좌회전 반지름은 우측 바퀴 조향각도를 측정한다. 캠버 오프셋은 예를 들어 시험관이 30 cm로 제시하면 m로 환산하여 계산하고, 제시하지 않으면 생략한다.
5. 자동차 안전기준상 최소회전반지름은 12 m 이내이어야 한다.

자동차 최소회전반지름 측정 및 적용 범위

사고예방을 위한 자동차의 최소회전반지름 측정 방법에 대하여 규정한다.
1. 측정 자동차는 공차상태이어야 하며, 측정 전에 충분히 길들이기 운전을 해야 한다.
2. 측정 자동차는 측정 전 조향륜 정렬을 점검하여 조정한다.
3. 측정 장소는 수평이고 건조한 포장도로이어야 한다.
4. 차량은 수평인 곳에 주차한다.
5. 타이어 압력이 규정 압력인지 확인한다.
6. 앞바퀴를 리프트로 들어올린 후 턴테이블을 설치하고 리프트를 내린다.

국가기술자격 실기시험문제 4안 (전기)

자격종목	자동차정비기능사	과제명	자동차정비작업

비번호 :　　　　　　　시험시간 : 4시간(엔진 : 100분, 섀시 : 80분, 전기 : 60분)

전기 1 주어진 자동차에서 기동모터를 탈거(감독위원에게 확인)한 후 다시 부착하고 크랭킹하여 기동모터가 작동되는지 확인하시오.

1-1 기동전동기 탈·부착

기동전동기 탈·부착

1. 축전지 (−) 단자를 탈거한다.

2. 기동전동기 ST단자를 탈거한다.

3. 기동전동기 B단자를 탈거한다.

4. 기동전동기 고정 볼트를 탈거한다.

5. 기동전동기를 탈거한 다음 감독위원에게 확인을 받는다.

6. 엔진에 기동전동기를 부착한다.

7. 기동전동기를 부착하고 볼트를 손으로 조립한다.

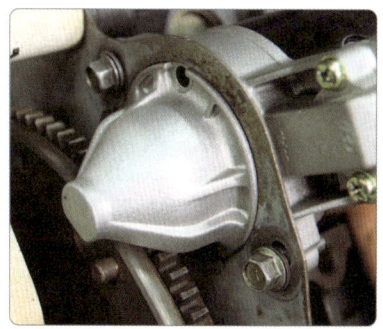
8. 공구를 사용하여 기동전동기를 조립한다.

9. 기동전동기 B단자를 조립한다.

10. 기동전동기 ST단자 조립 후 감독위원에게 확인받는다.

11. 축전지 (−) 단자를 체결한다.

● 기동전동기 분해 조립

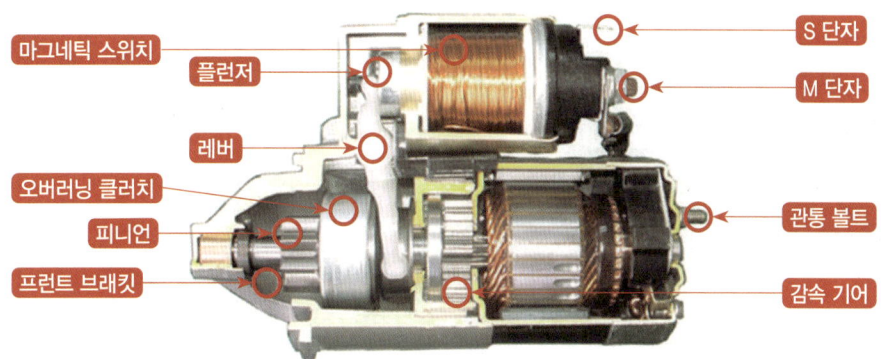

기동전동기의 구조 및 명칭

전기 2

주어진 자동차에서 감독위원의 지시에 따라 메인 컨트롤 릴레이의 고장부분을 점검한 후 기록표에 기록·판정하시오.

2-1 메인 컨트롤 릴레이 점검

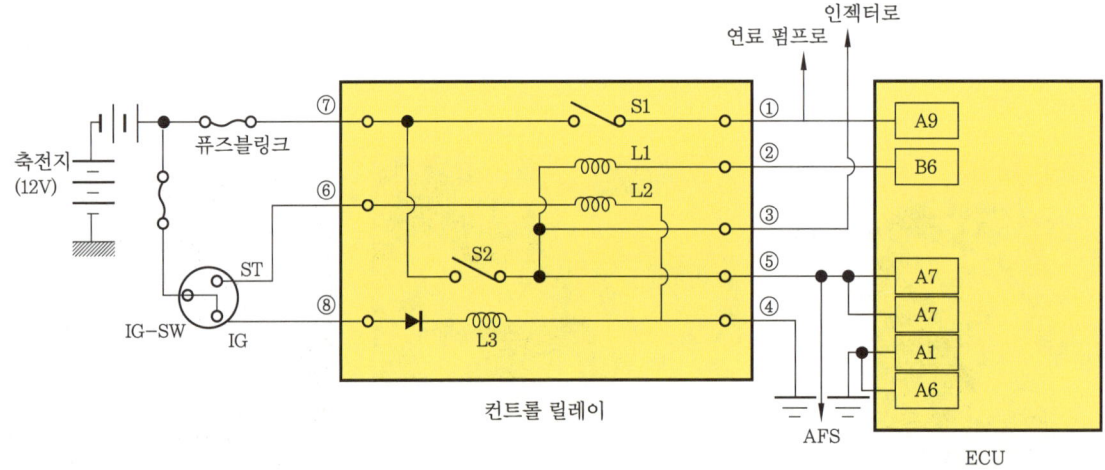

1. 시동 전 IG 전원공급 : 연료펌프 및 ECU, AFS, 인젝터에 전원공급 안 됨
2. 시동 시 (ST) 3단 : 연료펌프 구동, 인젝터 작동 → 크랭크각 신호에 의해 작동됨(엔진 시동)
3. 시동 후 IG 전원공급 : 엔진 시동으로 크랭크각 센서 입력신호로 ECU, AFS, 인젝터에 지속적인 전원공급(시동 유지)

메인 컨트롤 릴레이 전원공급 회로도

1. 메인 컨트롤 릴레이 단자별 위치를 확인한다.

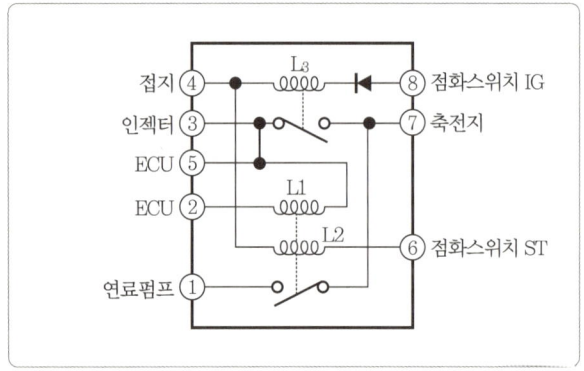

2. 메인 컨트롤 릴레이 코일 및 단자 연결 회로도(A 타입)

  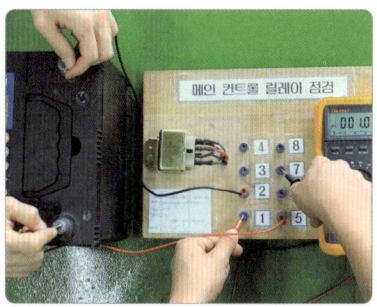

3. 단자 8 → 4(L3) 통전됨(약 140 Ω) 전원 8(+), 4(−) 연결 시 7번과 3번 접점이 통전되어야 양호하다.

4. 단자 6 → 4(L1) 통전됨(약 35 Ω) 전원 6(+), 4(−) 연결 시 7번과 1번 접점이 통전되어야 양호하다.

5. 단자 5 → 2(L2) 통전됨(약 95 Ω) 전원 5(+), 2(−) 연결 시 7번과 1번 접점이 통전되어야 양호하다.

● 메인 컨트롤 릴레이 단자 간 저항 규정값

코일	전원 공급	점검 단자	통전 및 저항값
L_1, L_2	여자 안 됨	1번과 7번	통전 안 됨(∞ Ω)
		2번과 5번 (L_2) 2번과 3번 (L_2)	통전됨(약 95 Ω)
		6번과 4번 (L_1)	통전됨(약 35 Ω)
	여자됨	1번과 7번	통전됨(0 Ω)
L_3	여자 안 됨	3번과 7번	통전 안 됨(∞ Ω)
		4번→8번	통전 안 됨(∞ Ω)
		4번←8번 (L_3)	통전됨(약 140 Ω)
	여자됨	3번과 7번	통전됨(0 Ω)

실기시험 주요 Point

메인 컨트롤 릴레이 점검
❶ 반드시 여자됨(코일 자석됨, 축전지 전원 공급 상태)과 여자 안 됨(자석 안 됨, 축전지 전원 공급 안 됨)의 상태를 파악하고 점검을 한다.
❷ 전원 공급과 접점 상태는 동시에 수행해야 점검할 수 있다.

답안지 작성

전기 2 — 메인 컨트롤 릴레이 점검

(A) 자동차 번호 :		(B) 비번호		(C) 감독위원 확인	
항목	① 측정(또는 점검)	② 판정 및 정비(또는 조치) 사항		(H) 득점	
		(F) 판정(□에 'V' 표)	(G) 정비 및 조치할 사항		
(D) 코일이 여자되었을 때	☑ 양호 □ 불량	☑ 양호 □ 불량	정비 및 조치할 사항 없음		
(E) 코일이 여자 안 되었을 때	☑ 양호 □ 불량				

1. 답안지 공통 사항(감독위원 확인 및 기록 사항)

(C) 감독위원 확인 : 시험 전 또는 시험 후 감독위원이 채점 후 확인합니다(날인).
(H) 득점 : 감독위원이 해당 문항을 채점하고 점수를 기록합니다.

2. 수험자가 기록해야 할 답안 사항

(A) 자동차 번호 : 측정하는 자동차 번호를 기록합니다(측정 차량이 1대인 경우 생략할 수 있습니다).
(B) 비번호 : 책임관리위원(공단 직원)이 배부한 등번호(비번호)를 기록합니다.
① 측정(또는 점검) : 회로도를 보고 컨트롤 릴레이를 작동조건에 의해 측정합니다.
 (D) 코일이 여자되었을 때 : BAT 전원 (+), (−)를 코일 L1, L2, L3에 인가했을 때 이상이 없으면 스위치 접점 S1, S2도 통전되므로 ☑ 양호에 표시합니다.
 (E) 코일이 여자 안 되었을 때 : 코일 L1, L2, L3에 전원이 인가되지 않은 상태에서는 스위치 접점 S1, S2가 통전되지 않으므로 ☑ 양호에 표시합니다.
  (단, 8→4번 단자는 제외합니다.)
② 판정 및 정비(또는 조치) 사항
 (F) 판정 : 측정값이 모두 양호이므로 ☑ 양호에 표시합니다.
 (G) 정비 및 조치할 사항 : 판정이 양호이므로 정비 및 조치할 사항 없음을 기록합니다.
       판정이 불량일 때는 메인 컨트롤 릴레이 교체를 기록합니다.
※ 위의 두 조건(여자, 비여자) 상태의 측정과 판정은 개별로 하며, 두 조건에서 한 가지라도 불량이면 판정은 불량입니다.

전기 3

주어진 자동차에서 방향지시등 회로의 고장부분을 점검한 후 기록표에 기록·판정하시오.

3-1 방향지시등 회로 점검

(1) 방향지시등 회로도-1

● 주요 부위 회로 점검

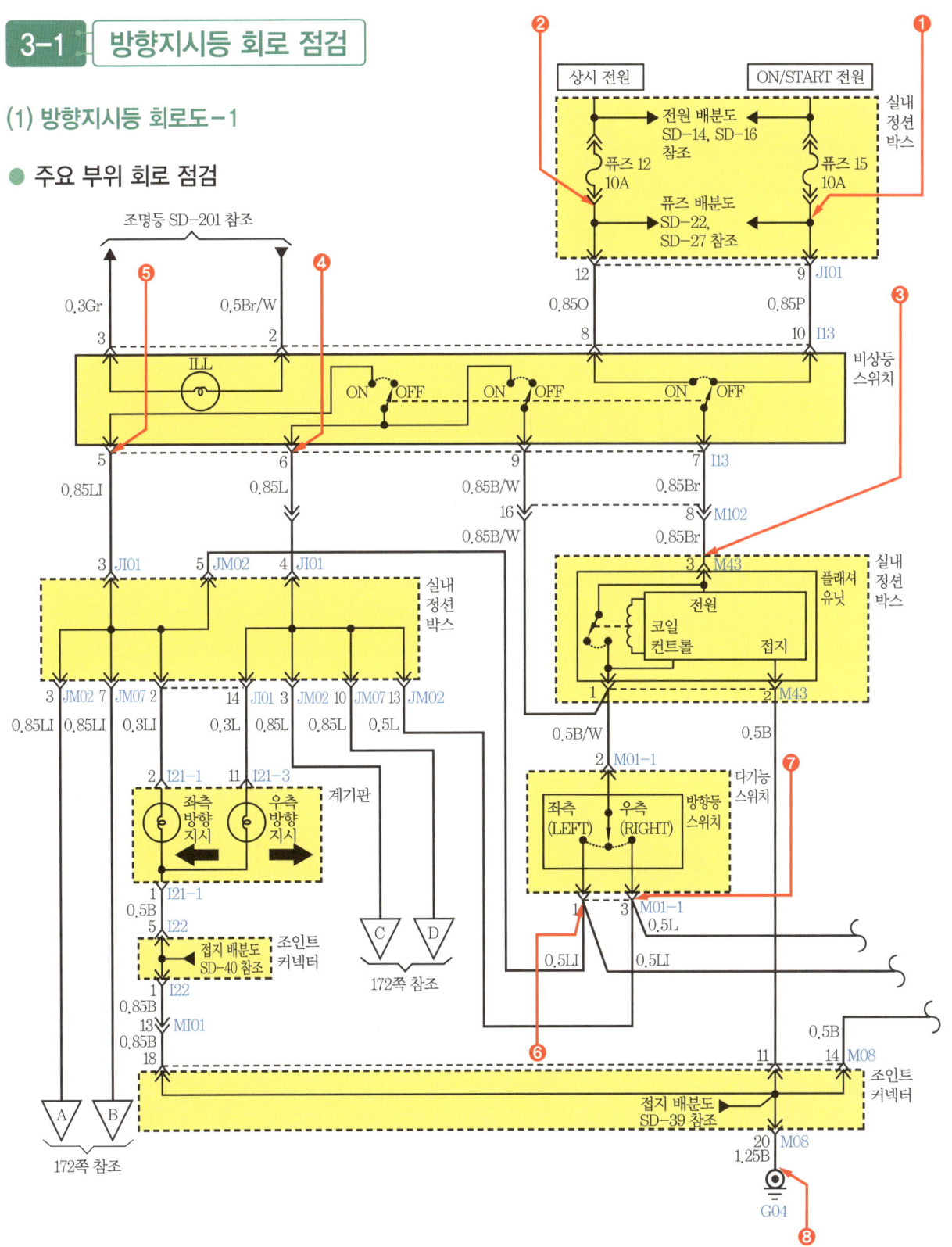

(2) 방향지시등 회로도-2

● 주요 부위 회로 점검

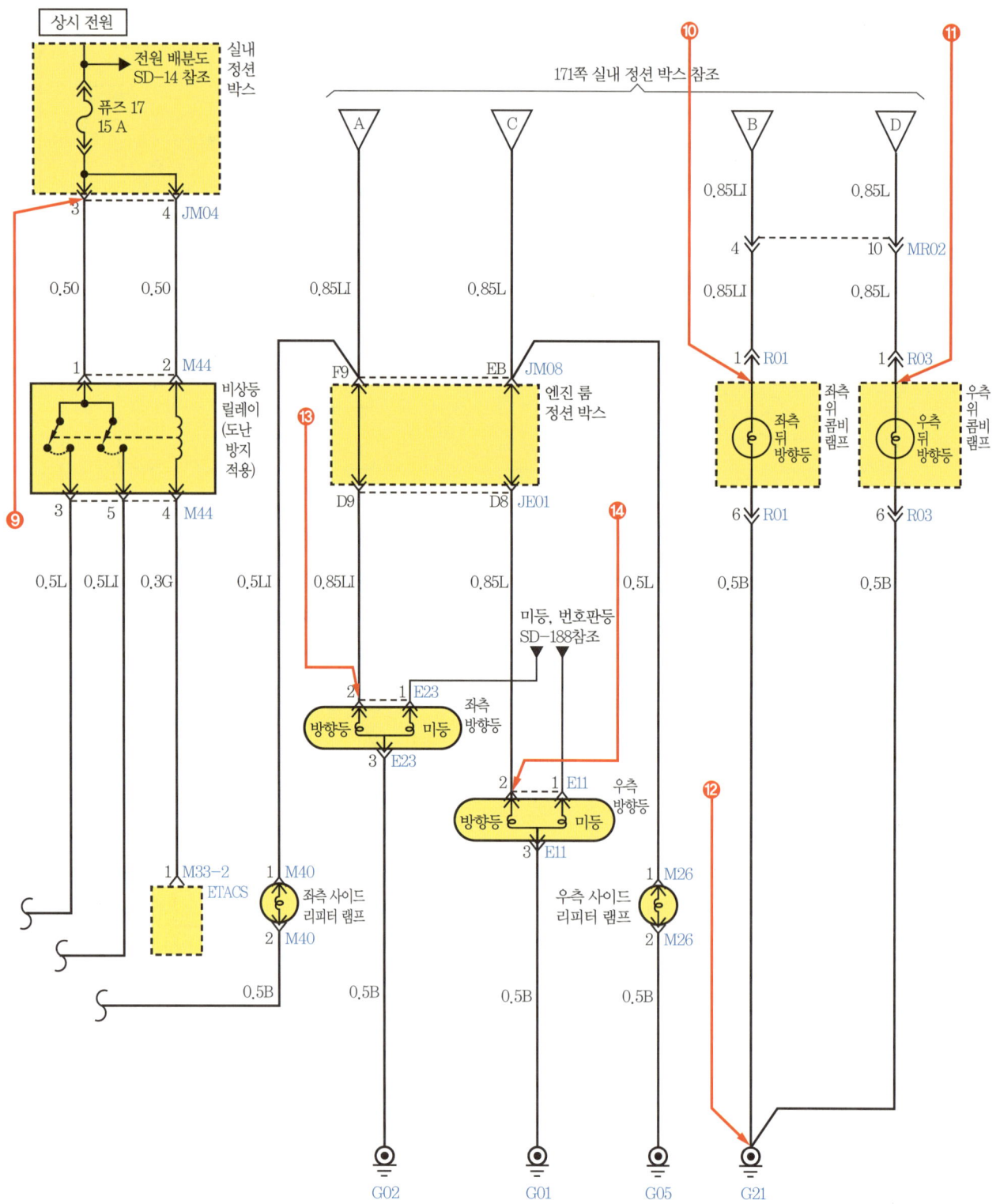

(3) 방향지시등 회로 점검

1. 점검 차량의 앞, 뒤에서 방향지시등 작동상태를 확인한다.

2. 축전지 전압을 점검한다.

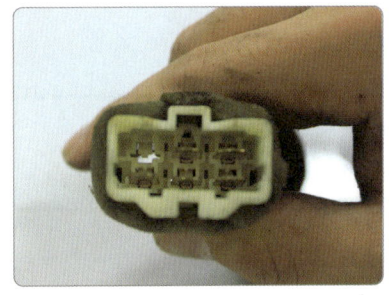

3. 점화스위치 커넥터를 확인한다(탈거 및 전원 공급).

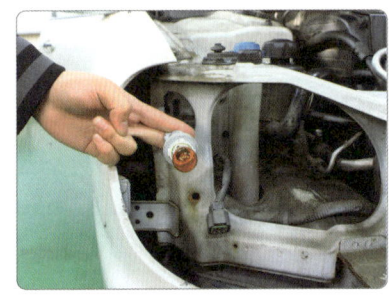

4. 전구가 체결된 상태에서 작동상태를 확인한다(접촉불량, 단선).

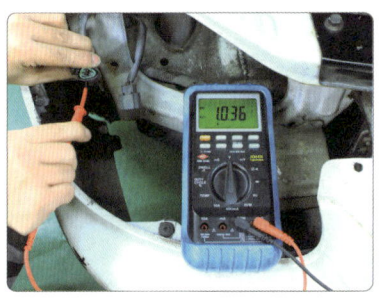

5. 해당 방향지시등 커넥터에 전원이 공급되는지 확인한다.

6. 퓨즈블링크 전압 및 단선 유무를 확인한다.

7. 방향지시등 퓨즈 단선 유무를 확인한다.

8. 방향지시등 스위치 커넥터 탈거 및 전원 공급상태를 확인한다.

9. 방향지시등 릴레이 이상 유무를 확인한다(코일저항 및 점검).

10. 수리가 끝나면 작동상태를 확인한다.

11. 공구세트를 정리한다.

답안지 작성

전기 3 방향지시등 회로 점검

(A) 자동차 번호 :			(B) 비번호		(C) 감독위원 확 인	
항목	① 측정(또는 점검)		② 판정 및 정비(또는 조치) 사항			(H) 득점
	(D) 이상 부위	(E) 내용 및 상태	(F) 판정(□에 'V' 표)	(G) 정비 및 조치할 사항		
방향지시등 회로	방향지시등 릴레이	접점 단선 (접촉 불량)	□ 양호 ☑ 불량	방향지시등 릴레이 교체 후 재점검		

※ 제시된 전기회로도의 명칭을 사용·기입합니다.

1. 답안지 공통 사항(감독위원 확인 및 기록 사항)

(C) **감독위원 확인** : 시험 전 또는 시험 후 감독위원이 채점 후 확인합니다(날인).
(H) **득점** : 감독위원이 해당 문항을 채점하고 점수를 기록합니다.

2. 수험자가 기록해야 할 답안 사항

(A) **자동차 번호** : 측정하는 자동차 번호를 기록합니다(측정 차량이 1대인 경우 생략할 수 있습니다).
(B) **비번호** : 책임관리위원(공단 본부)이 배부한 등번호(비번호)를 기록합니다.
① **측정(또는 점검)**
  (D) **이상 부위** : 방향지시등 회로를 점검하고 이상 부위에 **방향지시등 릴레이**를 기록합니다.
  (E) **내용 및 상태** : 플래셔 유닛이 탈거된 상태이므로 **접점 단선(접촉 불량)**을 기록합니다.
② **판정 및 정비(또는 조치) 사항**
  (F) **판정** : 플래셔 유닛이 탈거된 상태이므로 판정은 ☑ **불량**에 표시합니다.
  (G) **정비 및 조치할 사항** : 판정이 불량이므로 **방향지시등 릴레이 교체 후 재점검**을 기록합니다.
                판정이 양호일 때는 **정비 및 조치할 사항 없음**을 기록합니다.

실기시험 주요 Point

방향지시등이 작동되지 않는 원인
❶ 축전지 터미널 연결 상태 불량
❷ 방향지시등 퓨즈의 단선
❸ 방향지시등 퓨즈의 탈거
❹ 플래셔 유닛 불량 및 탈거
❺ 방향지시등 전구 탈거 및 단선, 커넥터 탈거
❻ 콤비네이션 스위치 커넥터 탈거 등

전기 4. 주어진 자동차에서 경음기 음량을 측정하여 기록표에 기록·판정하시오.

 2안 참조 — 115쪽

● **전기식 혼 회로**

혼 스위치를 누르면 혼 릴레이가 작동하여 접점 P_1이 닫힌다. 축전지 → B 단자 → H 단자 → 혼 코일 → 접점 P_2 → 접지로 전류가 흐르고, 혼 코일이 자화되어 전자력에 의해 가동철판이 흡인된다.

가동 철판과 일체로 되어 있는 가동 볼트 및 다이어프램이 흡인되고, 동시에 조정 너트에 의해 접점 P_2가 열리면서 회로는 차단되며 저항 R을 통해 전류가 흐르게 된다.

저항 R을 통한 전류는 크기가 작기 때문에 코일의 전자력은 소멸되며, 다이어프램은 자체의 탄력에 의해 원 위치로 되돌아오면서 접점 P_2는 다시 닫힌다.

접점이 닫히며 혼 코일에 다시 큰 전류가 흐르므로 다이어프램은 다시 흡인된다.

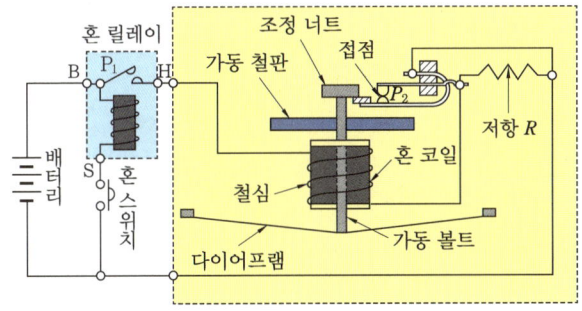 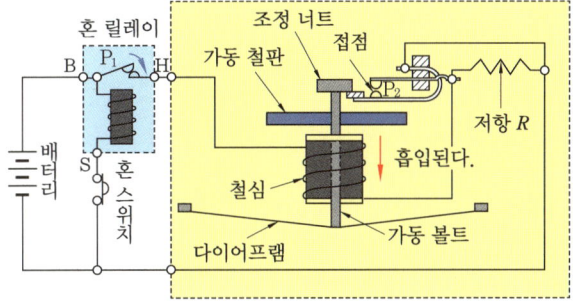

 **실기시험 주요 Point**

경음기음 측정 방법

1. 추가로 장착되어 있는 경음기가 없는지 확인하고 없다면 음량계 높이가 1.2±0.05 m에, 자동차 전방 2 m에 되도록 음량계를 설치한다(설치되었을 경우 그냥 측정한다).
2. 리셋 버튼을 눌러 초기화시킨 후 기능 버튼 스위치를 C특성(음압 레벨)으로 위치한다.
3. 측정·최고 소음 정지 스위치는 INST 위치로 한다(도움 없이 혼자할 때는 HOLD 위치로 측정 후 화면이 멈추면 그 값을 읽고 리셋 버튼을 눌러 초기화시킨다).
4. 동특성 선택 스위치는 FAST 위치로 하고 측정범위는 적당한(90~130 dB) 위치로 한다.
5. 경음기를 5초 동안 작동시켜 그동안 경음기로부터 배출되는 소음 크기의 최댓값을 측정한다.
6. 액정표시기에 초과 범위(over)나 이하 범위(under)가 표시되면 선택 스위치(range)를 재빨리 변환해야 하며, 측정 항목별로 2회 이상 경음기음을 측정하고 측정값(보정한 것을 포함하여) 중 가장 큰 값을 최종 측정값으로 한다.

자동차정비기능사 실기시험 5안

파트별	안별 문제	5안
엔진	엔진(부품) 분해 조립	디젤엔진 크랭크축
엔진	측정/답안작성	크랭크축 휨
엔진	시스템 점검/엔진 시동	연료계통회로
엔진	부품 탈거/조립	CRDI 예열플러그
엔진	자기진단(답안작성)	스캐너를 이용한 엔진 전자제어 센서(액추에이터) 점검
엔진	차량 검사 측정	디젤 매연
섀시	부품 탈거/조립	등속축
섀시	점검/답안작성	타이어 휠 탈거 휠 밸런스
섀시	부품 탈거 작동상태	타이로드 엔드
섀시	점검/답안작성	A/T 자기진단
섀시	안전기준 검사	브레이크 제동력
전기	부품 탈거/조립 작동 확인	에어컨 냉매 충전
전기	측정/답안작성	ISC 밸브 듀티값
전기	전기회로 점검/고장부위 작성	경음기 회로
전기	차량 검사 측정	전조등 광도

국가기술자격 실기시험문제 5안(엔진)

자격종목	자동차정비기능사	과제명	자동차정비작업

비번호 :　　　　　　　　시험시간 : 4시간(엔진 : 100분, 섀시 : 80분, 전기 : 60분)

엔진 1

주어진 디젤엔진에서 크랭크축을 탈거(감독위원에게 확인)하고 감독위원의 지시에 따라 기록표의 내용대로 기록·판정한 후 다시 조립하시오.

1-1 엔진 분해 조립

 1안 참조 — 22쪽

1-2 크랭크축 휨 측정

준비된 크랭크축에 다이얼 게이지를 설치한다.

 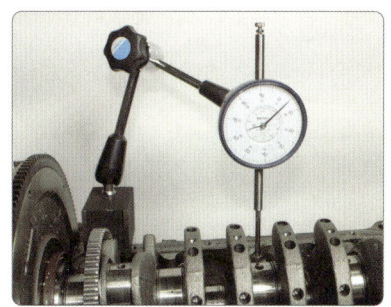 

1. 크랭크축에 다이얼 게이지를 설치한다(스위치 자석 ON).

2. 다이얼 게이지를 크랭크축에 직각으로 설치하고 크랭크축을 1회전 시킨다.

3. 크랭크축 다이얼 게이지값을 확인한다(0.04 mm). 크랭크축 휨은 측정값의 1/2이므로 0.02 mm이다.

(1) 크랭크축의 구조

회전 중심을 형성하는 축 부분을 메인 저널, 커넥팅 로드 대단부와 결합되는 부분을 크랭크 핀, 메인 저널과 크랭크 핀을 연결하는 부분을 크랭크 암, 그리고 회전 평형을 유지하기 위해 크랭크 앞에 둔 평형추 등의 주요부로 구성되어 있다.

앞 끝에는 캠축 구동용의 타이밍 기어 또는 타이밍 체인(벨트) 구동용 스프로킷과 물 펌프 및 발전기 구동을 위한 크랭크축 풀리가 설치되며, 뒤쪽에는 플라이휠의 설치를 위한 플랜지와 클러치축 지지용 파일럿 베어링을 끼우는 구멍이 있다. 내부에는 커넥팅 로드 베어링으로 오일 공급을 하기 위한 구멍 및 오일 통로가 있으며, 크랭크케이스의 오일이 누출되는 것을 방지하기 위해 오일 실을 두고 있다.

(2) 크랭크축의 재질

고탄소강, 크롬-몰리브덴강, 니켈-크롬강 등으로 단조하여 제작한다. 최근에는 엔진의 고속화 경향으로 피스톤 행정과 실린더 안지름의 비가 작아지는 단행정 엔진으로 제작하므로 메인 저널과 크랭크 핀의 중심거리가 짧고 크랭크축의 강성이 높은 것이 요구된다.

실기시험 주요 Point

크랭크축

각 실린더에서 발생된 동력을 커넥팅 로드를 통하여 회전운동으로 바꾸어주며 기통 수에 맞게 규칙적인 동력을 발생하고 전달할 수 있도록 평형을 유지한다.

설계 시 크랭크축 점화순서
❶ 인접한 실린더에 연이어 폭발이 발생하지 않도록 한다.
❷ 동력이 같은 간격으로 발생하도록 한다.
❸ 혼합가스가 각 실린더에 동일하게 분배되도록 한다.
❹ 크랭크축에 비틀림 진동이 발생하지 않도록 한다.

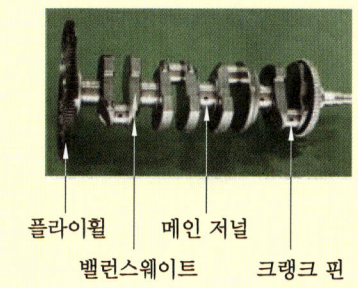

플라이휠 / 밸런스웨이트 / 메인 저널 / 크랭크 핀

답안지 작성

엔진 1 크랭크축 휨 점검

(A) 엔진 번호 :		(B) 비번호		(C) 감독위원 확 인	
항 목	① 측정(또는 점검)		② 판정 및 정비(또는 조치) 사항		(H) 득점
	(D) 측정값	(E) 규정(정비한계)값	(F) 판정(□에 'V' 표)	(G) 정비 및 조치할 사항	
크랭크축 휨	0.02 mm	0.03 mm 이내	☑ 양호 □ 불량	정비 및 조치할 사항 없음	

1. 답안지 공통 사항(감독위원 확인 및 기록 사항)

(C) 감독위원 확인 : 시험 전 또는 시험 후 감독위원이 채점 후 확인합니다(날인).
(H) 득점 : 감독위원이 해당 문항을 채점하고 점수를 기록합니다.

2. 수험자가 기록해야 할 답안 사항

(A) 엔진 번호 : 측정하는 엔진 번호를 기록합니다(측정 엔진이 1대인 경우 생략할 수 있습니다).
(B) 비번호 : 책임관리위원(공단 본부)이 배부한 등번호(비번호)를 기록합니다.
① 측정(또는 점검)
 (D) 측정값 : 크랭크축 휨을 측정한 값 **0.02 mm**를 기록합니다.
 (E) 규정(정비한계)값 : 측정 차량 정비지침서 또는 감독위원이 제시한 값 **0.03 mm 이내**를 기록합니다.
② 판정 및 정비(또는 조치) 사항
 (F) 판정 : 측정한 값이 규정(정비한계)값 범위 내에 있으므로 ☑ **양호**에 표시합니다.
 (G) 정비 및 조치할 사항 : 판정이 양호이므로 **정비 및 조치할 사항 없음**을 기록합니다.
  판정이 불량일 때는 **크랭크축 교체**를 기록합니다.

3. 크랭크축 휨 규정값

차 종	크랭크축 휨 규정값	비 고
쏘나타	0.03 mm 이내	크랭크축 휨 규정값을 측정한 값이 규정값보다 클 경우 크랭크축을 교체합니다.
아반떼	0.03 mm 이내	
엘란트라	0.03 mm 이내	
티뷰론	0.03 mm 이내	
세피아	0.04 mm 이내	
프라이드	0.04 mm 이내	

● 크랭크축 휨 측정값이 규정값보다 클 경우

항목	엔진 번호 :		비번호		감독위원 확 인	
	측정(또는 점검)		판정 및 정비(또는 조치) 사항			득점
	측정값	규정(정비한계)값	판정(□에 'V'표)	정비 및 조치할 사항		
크랭크축 휨	0.06 mm	0.03 mm 이내	□ 양호 ☑ 불량	크랭크축 교체 후 재점검		

※ 판정 및 정비(조치)사항 : 크랭크축 휨을 측정한 값이 규정값 범위를 벗어났으므로 ☑ 불량에 표시하고, 크랭크축 교체 후 재점검합니다.

● 크랭크축 휨 측정값이 규정값 범위 내에 있을 경우

항목	엔진 번호 :		비번호		감독위원 확 인	
	측정(또는 점검)		판정 및 정비(또는 조치) 사항			득점
	측정값	규정(정비한계)값	판정(□에 'V'표)	정비 및 조치할 사항		
크랭크축 휨	0.01 mm	0.03 mm 이내	☑ 양호 □ 불량	정비 및 조치할 사항 없음		

※ 판정 및 정비(조치)사항 : 크랭크축 휨 측정값이 규정값 범위 내에 있으므로 ☑ 양호에 표시하고, 정비 및 조치할 사항 없음을 기록합니다.

실기시험 주요 Point

크랭크축 휨 측정
크랭크 축 휨 측정 시 다이얼 게이지는 오일 구멍을 피해 축의 중앙에 축과 직각이 되도록 설치하고, 총 다이얼 게이지 측정값의 1/2을 측정값으로 기록한다.

크랭크축 휨 측정 시 유의사항
❶ 시험장에는 크랭크축 휨 측정용 엔진이 준비되어 있으며 휨은 다이얼 게이지로 측정한다.
❷ 다이얼 게이지는 측정용 엔진에 반드시 고정시킨 후 설치한다.

| 엔진 2 | 주어진 전자제어 가솔린 엔진에서 감독위원의 지시에 따라 시동에 필요한 연료장치 회로의 고장부분 1개소를 점검 및 수리하여 시동하시오. |

 2안 참조 — 85쪽

| 엔진 3 | 주어진 자동차에서 전자제어 디젤(CRDI) 엔진의 예열플러그(예열장치) 1개를 탈거(감독위원에게 확인)한 후 다시 조립하고 감독위원의 지시에 따라 진단기(스캐너)를 사용하여 엔진의 각종 센서(액추에이터)를 점검 후 고장부분을 기록하시오. |

3-1 예열플러그 탈·부착

예열플러그 탈·부착 작업

1. 예열플러그 커넥터를 탈거한다.

2. 예열플러그 고정 볼트를 풀어낸다.

3. 소켓을 이용하여 너트를 제거하고 예열플러그 브래킷을 제거한다.

 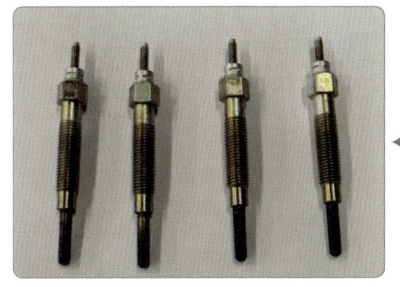 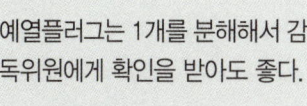

4. 예열플러그를 탈거한다.

5. 예열플러그를 정리하고 감독위원에게 확인을 받는다.

예열플러그는 1개를 분해해서 감독위원에게 확인을 받아도 좋다.

6. 예열플러그를 조립한다.

7. 예열플러그 전원 케이블을 연결하고 조립한다.

8. 조립이 끝나면 예열플러그 전원 커넥터를 체결한다.

3-2 엔진의 각종 센서 점검

1안 참조 — 33쪽

엔진 4 주어진 자동차에서 기록표에 제시된 내용을 측정하고 기록·판정하시오.

1안 참조 — 38쪽

실기시험 주요 Point

예열장치

❶ 흡기 가열식 : 흡입되는 공기를 흡입 다기관에서 가열하는 방식이다.

❷ 예열 플러그식 : 연소실 내의 압축 공기를 직접 예열하는 형식이다. 주로 예연소실식과 와류실식에서 사용하며, 그 종류에는 코일형과 실드형이 있다.

국가기술자격 실기시험문제 5안 (섀시)

| 자격종목 | 자동차정비기능사 | 과제명 | 자동차정비작업 |

비번호 :   시험시간 : 4시간(엔진 : 100분, 섀시 : 80분, 전기 : 60분)

섀시 1
주어진 자동차에서 감독위원의 지시에 따라 (좌 또는 우측) 앞 등속축(drive shaft)을 탈거(감독위원에게 확인) 한 후 다시 조립하시오.

1-1 등속축 탈·부착

1. 바퀴를 탈거한다.

2. 바퀴 허브 고정 핀과 고정 너트를 탈거한다.

3. 쇽업소버와 체결된 너클 고정 볼트를 탈거한다.

4. 허브를 전후 좌우 움직인 후 기울여서 등속 조인트를 탈거한다.

5. 트랜스 액슬(변속기)과 등속 조인트 사이에 레버를 끼워 등속 조인트를 탈거한다.

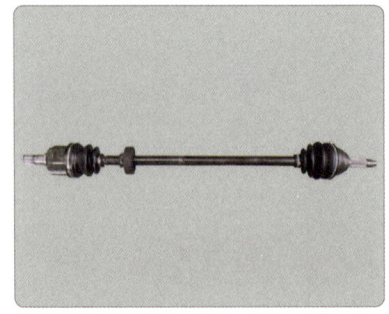

6. 탈거한 등속 조인트를 감독위원에게 확인받는다.

섀시 185

7. 등속 조인트를 트랜스 액슬(변속기)에 체결한다.

8. 등속 조인트를 허브에 체결한다.

9. 바퀴 허브를 기울이고 움직여 등속 조인트를 조립한다.

10. 허브 너트를 조립한다.

11. 바퀴 허브 너클을 쇽업소버에 조립한다.

12. 조립된 등속 조인트를 감독위원에게 확인받는다.

섀시 2

주어진 자동차에서 감독위원의 지시에 따라 1개의 휠을 탈거하여 휠 밸런스 상태를 점검하여 기록·판정하시오.

2-1 휠 밸런스 측정

1. 타이어 휠에 장착되어 있는 추를 모두 제거한 후 밸런스 테스터기에 타이어를 장착하고 전원을 ON 시킨다.

2. 휠 사이드에 표기되어 있는 림의 규격을 확인한다(205/60 R 15).

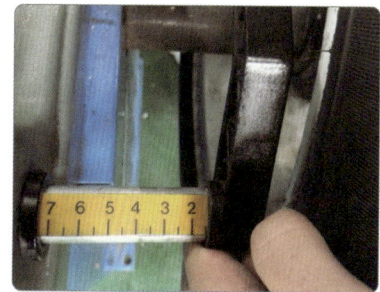

3. 측정기와 타이어의 거리(a)를 측정한다(a = 7.0).

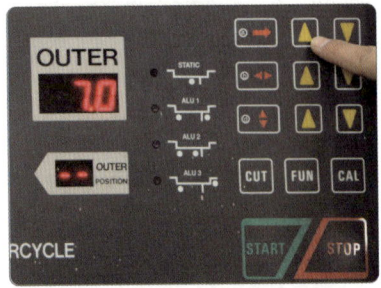

4. 확인된 타이어 수치를 휠 밸런스 입력 버튼을 이용하여 입력한다.

5. 외측 퍼스를 이용하여 림의 폭을 측정한다.

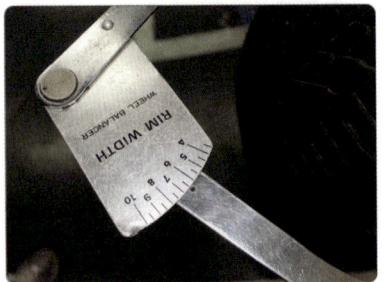

6. 측정된 림의 폭(b)을 확인한다. (b = 6.5)

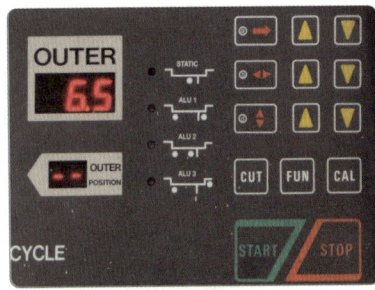

7. 림의 폭을 입력한다.

8. 휠 사이드에 표기되어 있는 림의 규격(205/60 R 15)에서 림의 지름(d)을 확인한다(d = 15).

9. 림의 지름을 입력한다.

10. START 버튼을 누르면 타이어가 5~6초 동안 회전한 후 자동으로 정지된다.

11. INNER 및 OUTER에 측정된 값이 나타난다.

12. INNER값(납 무게)을 확인하고 타이어를 손으로 돌려 IN(왼쪽)의 수정 위치에 적색 불이 모두 켜질 때로 맞춘 후 IN에 나타난 값의 납을 휠 상단 안쪽에 부착한다.

13. OUTER값(납 무게)을 확인하고 타이어를 손으로 돌려 OUT(오른쪽)의 수정 위치에 적색 불이 모두 켜질 때로 맞춘 후 OUT에 나타난 값의 납을 휠 상단의 바깥쪽에 부착한다.

14. IN/OUT 수정값의 납을 모두 부착한 다음 다시 START 버튼을 누르면 회전 후 INNER와 OUTER에 '0'(납의 무게)이 나타나는데, 그때 감독위원의 확인을 받는다.

답안지 작성

섀시 2 — 타이어 휠 밸런스 점검

(A) 자동차 번호 :			(B) 비번호		(C) 감독위원 확 인	
항목	① 측정(또는 점검)		② 판정 및 정비(또는 조치) 사항			(I) 득점
	(D) 측정값	(E) 규정(정비한계)값	(F) 판정(□에 'V' 표)	(G) 정비 및 조치할 사항		
타이어 휠 밸런스	IN : 53 g	IN : 0 g	□ 양호 ☑ 불량	안쪽에 53 g, 바깥쪽에 16 g의 수정납을 장착하고 재점검		
	OUT : 16 g	OUT : 0 g				

1. 답안지 공통 사항(감독위원 확인 및 기록 사항)

(C) 감독위원 확인 : 시험 전 또는 시험 후 감독위원이 채점 후 확인합니다(날인).
(I) 득점 : 감독위원이 해당 문항을 채점하고 점수를 기록합니다.

2. 수험자가 기록해야 할 답안 사항

(A) 자동차 번호 : 측정하는 자동차 번호를 기록합니다(측정 차량이 1대인 경우 생략할 수 있습니다).
(B) 비번호 : 책임관리위원(공단 본부)이 배부한 등번호(비번호)를 기록합니다.
① 측정(또는 점검)
  (D) 측정값 : 수험자가 측정한 밸런스 값을 기록합니다.
      • IN : 53 g   • OUT : 16 g
  (E) 규정값 : 규정값을 기록합니다.
    (감독위원이 규정값을 제시하지 않을 때에도 동일한 규정값으로 채택합니다.)
      • IN : 0 g   • OUT : 0 g
② 판정 및 정비(또는 조치) 사항
  (F) 판정 : 출력된 측정값이 IN, OUT 모두 0 g 이상이므로 ☑ 불량에 표시합니다.
  (G) 정비 및 조치할 사항 : 판정이 불량이므로 안쪽에 53 g, 바깥쪽에 16 g의 수정납을 장착하고 재점검을 기록합니다.
    판정이 양호일 때는 **정비 및 조치할 사항 없음**을 기록합니다.

실기시험 주요 Point

❶ 휠 밸런스를 측정한 OUTER값(납 무게)을 확인하고 타이어를 손으로 돌려 OUT(오른쪽)의 수정 위치에 적색 불이 모두 켜질 때로 맞춘 후 OUT에 나타난 값의 납을 휠 상단의 바깥쪽에 부착한다.
❷ IN/OUT 수정값의 납을 모두 부착한 다음 재점검하고 타이어 측정값으로 INNER와 OUTER가 '0'(납의 무게)인지 확인한 다음 감독위원의 확인을 받는다.

섀시 3
주어진 자동차에서 감독위원의 지시에 따라 타이로드 엔드를 탈거(감독위원에게 확인)하고 다시 조립하여 조향 휠의 직진 상태를 확인하시오.

3-1 타이로드 엔드 탈·부착

1. 감독위원이 지정하는 바퀴의 타이어를 탈거한다.

2. 타이로드 엔드 탈거 전 나사산을 확인한다.

3. 2개의 오픈 렌치를 이용하여 타이로드 고정 너트를 풀어준다(벨로스 클램프를 탈거한 후 작업).

4. 타이로드 엔드 볼 조인트 고정 너트를 여유있게 풀어준다.

5. 엔드 풀러를 이용하여 압축한다. (나사힘 이용)

6. 타이로드 엔드를 탈거한 후 감독위원의 확인을 받는다.

7. 타이로드 엔드를 조립한다.

8. 나사산의 위치를 확인한 후 오픈 렌치를 이용하여 조립한다.

9. 타이로드 엔드 볼 고정 너트를 조립한다.

10. 캘리퍼 디스크를 직진 상태로 유지한다.

11. 바퀴를 조립한다.

12. 공구세트를 정리한다.

 **섀시 4** 주어진 자동차에서 감독위원의 지시에 따라 진단기(스캐너)로 자동변속기를 점검하고 기록·판정하시오.

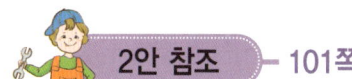 2안 참조 — 101쪽

 **섀시 5** 주어진 자동차에서 감독위원의 지시에 따라 제동력을 측정하여 기록·판정하시오.

 1안 참조 — 61쪽

국가기술자격 실기시험문제 5안 (전기)

자격종목	자동차정비기능사	과제명	자동차정비작업

비번호 :   시험시간 : 4시간(엔진 : 100분, 섀시 : 80분, 전기 : 60분)

전기 1
주어진 자동차의 에어컨 시스템의 에어컨 냉매(R-134a)를 회수(감독위원에게 확인) 후 재충전하여 에어컨이 정상 작동되는지 확인하시오.

1-1 냉매 충전작업

냉방 시스템(에어컨) 냉매가스 압력 점검

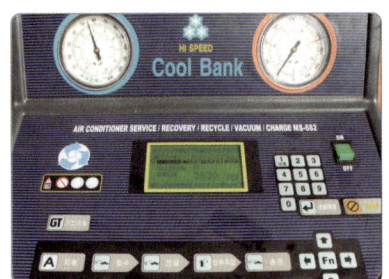

1. 충전기 전면 각 계기 및 스위치 기능을 확인한다.

2. 에어컨 냉방 시스템 라인(저압)에 충전기 저압밸브를 연결한다.

전기 191

3. 냉매 라인에 고압호스를 연결한다.

4. 냉매 충전기 전원코드 연결을 확인한다.

5. 냉매 충전기 메인 전원을 ON시킨다.

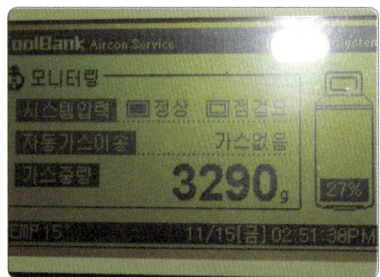
6. 가스 이송작업을 실행한다.

7. 메인 화면에서 회수 버튼을 누른다.

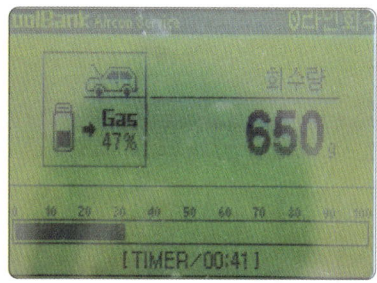
8. 회수 모드가 진행되면서 회수량이 표시되고, 완료되면 부저와 함께 결과 화면이 나온다.

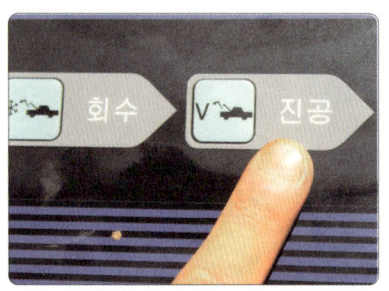
9. 메인 화면에서 진공 버튼을 선택한다.

10. 진공 모드가 설정된 시간대로 라인을 진공하여 진행이 된다.

11. 설정된 시간이 끝나면 진공 모드는 종료된다.

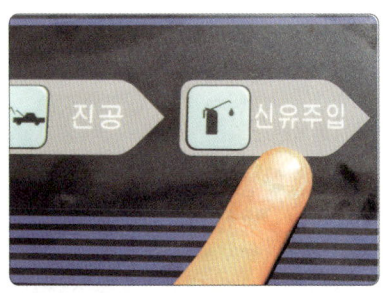
12. 신유 주입 버튼을 선택한다.

13. 신유 주입량을 확인하고 신유를 주입한다. 버튼을 누르고 있는 동안만 신유가 주입된다.

14. 메인 화면에서 충전 버튼을 선택한다.

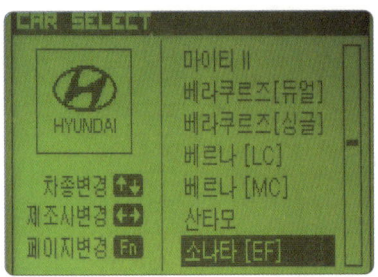
15. 커서를 이용하여 제조사 및 차량을 선택한다.

16. 커서를 상하좌우로 이동하여 설정 및 차종을 선택한다.

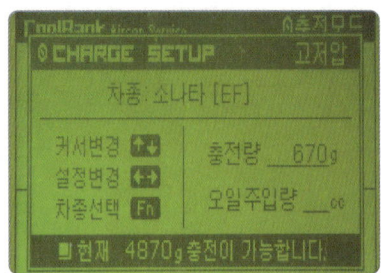
17. 충전 모드 설정화면이 나오면 충전량과 신유 오일 주입량을 임의로 설정한다.

18. 충전량이나 오일 주입량을 키를 이용하여 입력한다(설정값을 확인하고 Enter를 누른다).

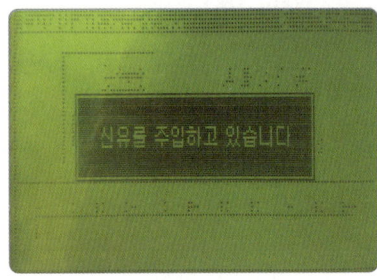
19. 신유 주입이 결과창에 표시된다.

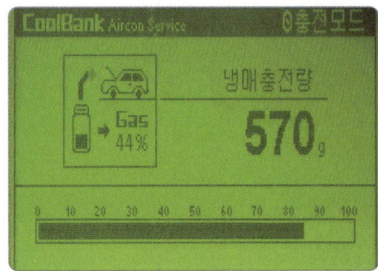
20. 작업이 시작되어 설정된 충전량에 도달하면 충전은 종료가 된다.

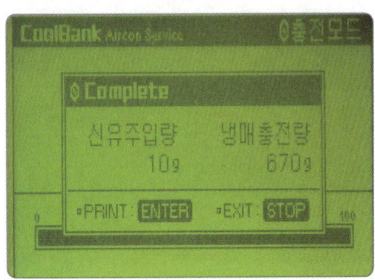
21. 충전작업이 완료되면 결과창에 냉매와 오일의 충전된 양이 표시된다.

22. 저압 라인 압력계에서 저압을 확인한다.

23. 고압 라인 압력계에서 고압을 확인한다.

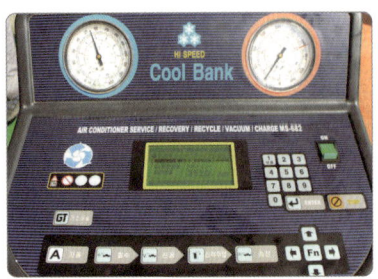
24. 충전이 끝나면 냉매 충전기 메인 스위치를 OFF한다.

25. 충전기 전원공급 콘센트를 탈거한다.

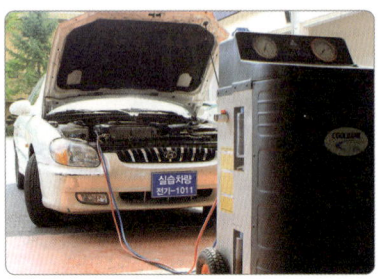
26. 충전이 끝나면 주변을 정리한다.

전기 2
주어진 자동차에서 ISC 밸브 듀티값을 측정하여 ISC 밸브의 이상 유무를 확인하여 기록표에 기록·판정하시오(측정 조건 : 무부하 공회전 시).

2-1 ISC(공전속도 조절장치) 밸브 듀티값 측정

(1) 멀티 테스터로 측정

1. 멀티 테스터 선택레인지를 듀티%에 선택한다.

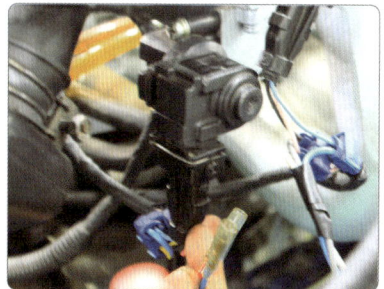
2. ISC 밸브의 위치를 확인한다.

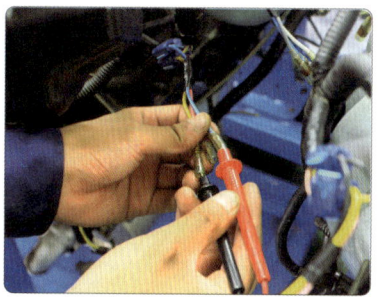
3. 엔진 시동 후 3단자 중 열림 코일 단자는 (+), 접지는 (−)에 연결한다.

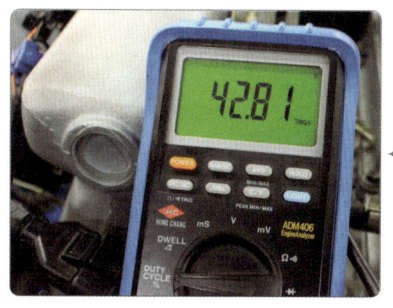
4. 출력된 듀티값을 확인한다. (42.81 %)

ISC 밸브 듀티값 측정
1. 듀티 측정은 엔진 시동이 걸린 상태(엔진 정상온도 80~95℃)에서 점검한다.
2. 측정된 듀티값을 기준으로 판정하므로 엔진 부조 또는 엔진 rpm은 높거나 낮아도 수리하거나 정비할 의미가 없으며, 측정값을 확인한 후 결과에 대한 판정을 한다.

(2) 스캐너를 이용한 점검

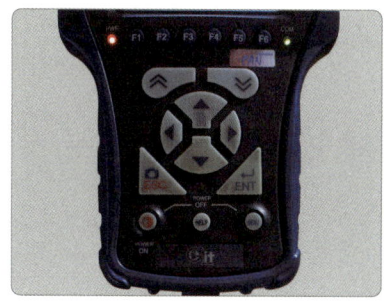
1. 하이 스캔을 준비한다.

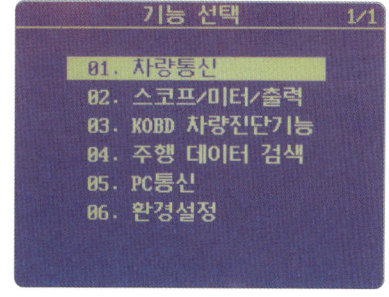
2. 엔진 시동 후 차량통신을 선택한다.

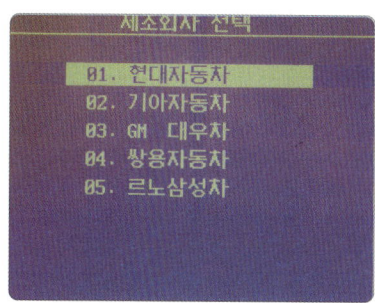
3. 차량 제조사를 선택한다.

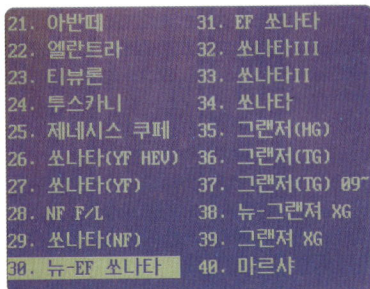
4. 차종을 선택한다.

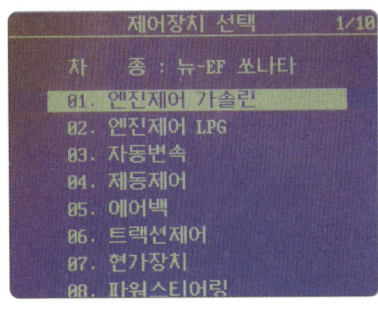
5. 엔진제어를 선택한다.

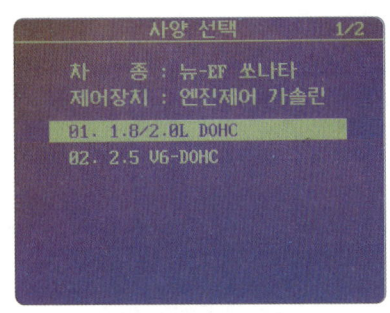
6. 엔진 배기량을 선택한다.

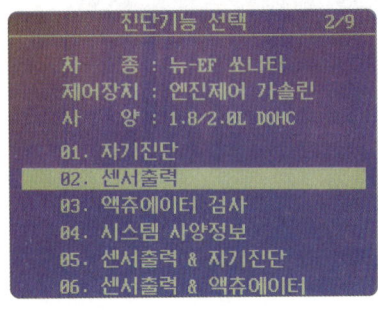
7. 센서출력을 선택한다.

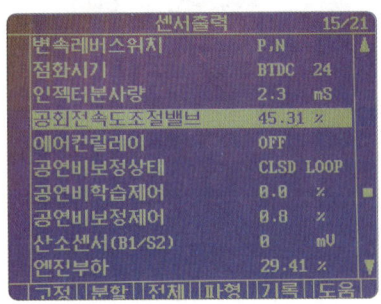
8. 공회전속도 조절밸브 듀티값을 읽는다(45.31 %).

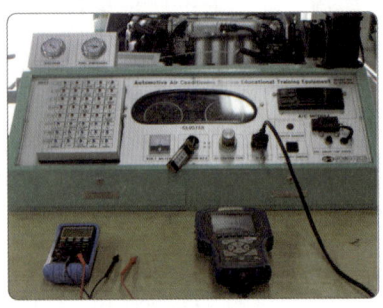
9. 스캐너를 이용한 점검을 마무리하고 첫 화면으로 돌린다.

실기시험 주요 Point

공전속도 조절장치

① ISC-서보 방식 : ISC-서보 모터, 웜 기어, 웜 휠, 모터 위치 센서(MPS), 공전스위치 등으로 구성되어 있다. 작동은 ISC-서보 모터 축에 설치되어 있는 모터가 컴퓨터의 신호에 의해 회전하면 모터의 회전 방향에 따라 웜 휠이 회전하여 플런저를 상하 직선 운동으로 바꾸고 ISC-서보 레버를 작동시켜 스로틀 밸브의 열림 정도를 조절함으로써 공전속도를 조절한다.

② 스텝 모터 방식
- 피드백 제어가 필요 없어 제어 계통이 단순하고 컴퓨터로의 제어가 매우 쉽다.
- 회전 오차 각도가 누적되지 않고, 정지할 때 정지 회전력이 매우 크다.
- 브러시가 없어 신뢰성이 높다.
- 직류 전동기보다 능률이 낮고 출력당 중량이 크다.
- 특정 주파수에서 공진 현상과 진동 현상이 발생한다.

답안지 작성

전기 2 스텝 모터(공회전 속도조절 서보) 듀티 점검

항목	① 측정(또는 점검)		② 판정 및 정비(또는 조치) 사항		(H) 득점
	(D) 측정값	(E) 규정(정비한계)값	(F) 판정(□에 'V' 표)	(G) 정비 및 조치할 사항	
밸브 듀티 (열림 코일)	42.81%	공회전 시 30~35%	□ 양호 ☑ 불량	스텝 모터 교체 후 재점검	

(A) 자동차 번호 : / (B) 비번호 / (C) 감독위원 확인

1. 답안지 공통 사항(감독위원 확인 및 기록 사항)

(C) **감독위원 확인** : 시험 전 또는 시험 후 감독위원이 채점 후 확인합니다(날인).
(H) **득점** : 감독위원이 해당 문항을 채점하고 점수를 기록합니다.

2. 수험자가 기록해야 할 답안 사항

(A) **자동차 번호** : 측정하는 자동차 번호를 기록합니다(측정 차량이 1대인 경우 생략할 수 있습니다).
(B) **비번호** : 책임관리위원(공단 본부)이 배부한 등번호(비번호)를 기록합니다.
① 측정(또는 점검)
  (D) **측정값** : 측정한 공회전 조절 서보 듀티값을 기록합니다.
     • 측정값 : **42.81%**
  (E) **규정(정비한계)값** : 스캐너 기준값이나 감독위원이 제시한 규정값을 기록합니다.
     • 규정값 : **공회전 시 30~35%**
② 판정 및 정비(또는 조치) 사항
  (F) **판정** : 측정한 값이 규정(정비한계)값 범위를 벗어났으므로 ☑ **불량**에 표시합니다.
  (G) **정비 및 조치할 사항** : 판정이 불량이므로 **스텝 모터 교체 후 재점검**을 기록합니다.
     판정이 양호일 때는 **정비 및 조치할 사항 없음**을 기록합니다.

3. ISC 밸브 듀티 규정값

항목 \ 차 종	뉴그랜저 2.0 S	쏘나타 II 2.0 S/D	엑센트
듀티값	• 30~35% / 2000 rpm • 32~35% / 3000 rpm	• 30~35% / 2000 rpm • 32~35% / 3000 rpm	• 30~35% / 공회전 시 • 32~35% / 1000 rpm

전기 3. 주어진 자동차에서 경음기(horn) 회로의 고장부분을 점검한 후 기록표에 기록·판정하시오.

3-1 경음기 회로 점검

1. 축전지를 점검한다.

2. 경음기 혼 퓨즈를 점검한다.

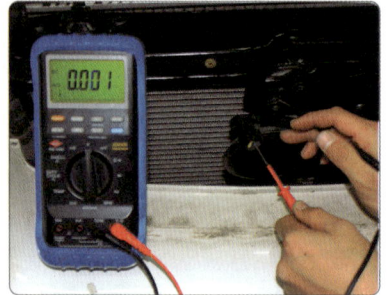

3. 혼 전원공급을 확인한다.

4. 혼 스위치를 점검한다.

5. 혼 자체를 점검한다(축전지 +, −).

6. 혼 릴레이를 점검한다.

실기시험 주요 Point

경음기 회로 점검

경음기 회로 점검은 축전지, 퓨즈, 경음기를 육안으로 점검한 다음 테스터 램프 또는 회로 시험기(멀티 테스터)를 사용하여 점검한다.

경음기 회로 점검 순서

축전지(12 V) 단자 → 메인 퓨즈 점검 → 서브 퓨즈블링크 퓨즈(회로 공통 점검) → 퓨즈 박스 퓨즈 점검 → 경음기 커넥터 점검 → 경음기 스위치 커넥터 → 경음기 릴레이 점검

답안지 작성

전기 3 — 경음기 회로 점검

항목	① 측정(또는 점검)		② 판정 및 정비(또는 조치) 사항		(H) 득점
	(A) 자동차 번호 :	(B) 비번호		(C) 감독위원 확 인	
	(D) 이상 부위	(E) 내용 및 상태	(F) 판정(□에 'V' 표)	(G) 정비 및 조치할 사항	
경음기(혼) 회로	혼	커넥터 탈거	□ 양호 ☑ 불량	혼 커넥터 체결 후 재점검	

※ 제시된 전기회로도의 명칭을 사용·기입합니다.

1. 답안지 공통 사항(감독위원 확인 및 기록 사항)

(C) 감독위원 확인 : 시험 전 또는 시험 후 감독위원이 채점 후 확인합니다(날인).
(H) 득점 : 감독위원이 해당 문항을 채점하고 점수를 기록합니다.

2. 수험자가 기록해야 할 답안 사항

(A) **자동차 번호** : 측정하는 자동차 번호를 기록합니다(측정 차량이 1대인 경우 생략할 수 있습니다).
(B) **비번호** : 책임관리위원(공단 본부)이 배부한 등번호(비번호)를 기록합니다.
① 측정(또는 점검)
  (D) **이상 부위** : 경음기 회로 고장진단에서 발견된 이상 부위로 **혼**을 기록합니다.
  (E) **내용 및 상태** : 혼 커넥터가 탈거된 상태이므로 **커넥터 탈거**를 기록합니다.
② 판정 및 정비(또는 조치) 사항
  (F) **판정** : 혼 커넥터가 탈거되었으므로 ☑ **불량**에 표시합니다.
  (G) **정비 및 조치할 사항** : 판정이 불량이므로 **혼 커넥터 체결 후 재점검**을 기록합니다.
                 판정이 양호일 때는 **정비 및 조치할 사항 없음**을 기록합니다.

실기시험 주요 Point

경음기(혼) 고장 부위
❶ 축전지 터미널 연결 불량, 축전지 자체 불량
❷ 경음기 퓨즈의 단선 및 탈거
❸ 경음기 릴레이 탈거 및 릴레이 불량
❹ 경음기 커넥터 탈거
❺ 콤비네이션 스위치 커넥터 탈거
❻ 경음기 스위치 불량
❼ 콤비네이션 스위치 커넥터 불량

전기 4. 주어진 자동차에서 좌 또는 우측의 전조등 광도를 측정하고 기록표에 기록·판정하시오.

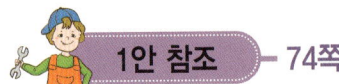

 **실기시험 주요 Point** 열림 코일과 닫힘 코일을 정확히 확인하고 점검할 것!

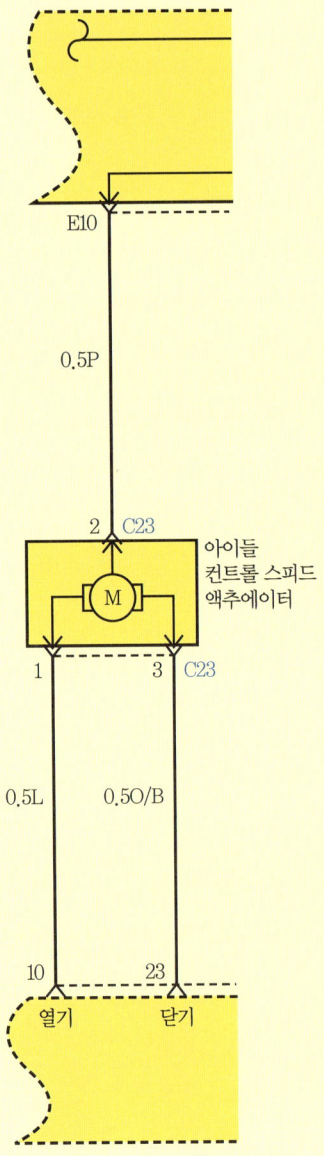

스텝 모터

❶ 공회전속도 조정을 스텝 모터를 사용하여 ECU가 제어한다. 스로틀 밸브를 바이패스하는 공기 통로를 열고 닫음으로써 회전속도를 제어하도록 하고 있다.

❷ 스텝 모터의 스텝 수는 ECU에 의해 0~120STEP까지 제어되나 스텝 수에 비해 행정이 작으므로 규정 스텝을 벗어나게 되면 엔진의 부하에 대응하지 못하고 부조할 수 있으므로 규정 스텝이 되도록 조정한다.

	부하조건	규정값
엔진 난기 운전 후 모든 부하 OFF	공전할 때	4~5STEP
	에어컨 스위치 ON	8~50STEP 증가
	에어컨 스위치 OFF A/T 차량 N → D로 변환	5~40STEP 증가

자동차정비기능사 실기시험 6안

파트별	안별 문제	6안
엔진	엔진(부품) 분해 조립	가솔린 엔진/크랭크축
	측정/답안작성	크랭크축 마모
	시스템 점검/엔진 시동	시동회로
	부품 탈거/조립	스로틀 보디
	자기진단(답안작성)	스캐너를 이용한 엔진 전자제어 센서(액추에이터) 점검
	차량 검사 측정	가솔린 배기가스
섀시	부품 탈거/조립	범퍼(앞 또는 뒤)
	점검/답안작성	주차 레버 클릭수
	부품 탈거 작동 상태	오일펌프(PS)
	점검/답안작성	A/T 자기진단
	안전기준 검사	최소회전반지름
전기	부품 탈거/조립 작동 확인	다기능 스위치
	측정/답안작성	급속 충전 후 축전지 비중 및 전압
	전기회로 점검/고장부위 작성	기동 및 점화회로
	차량 검사 측정	경음기 음량

국가기술자격 실기시험문제 6안 (엔진)

자격종목	자동차정비기능사	과제명	자동차정비작업

비번호 :   시험시간 : 4시간(엔진 : 100분, 섀시 : 80분, 전기 : 60분)

엔진 1

주어진 가솔린 엔진에서 크랭크축을 탈거(감독위원에게 확인)하고 감독위원의 지시에 따라 기록표의 내용대로 기록·판정한 후 다시 조립하시오.

1-1 엔진 분해 조립

 1안 참조 — 22쪽

1-2 크랭크축 점검

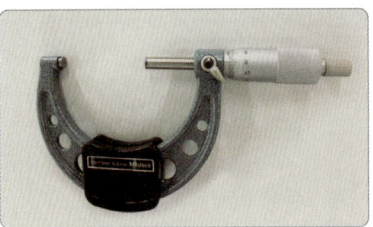

2. 마이크로미터 게이지 0점이 맞는지 확인한다.

4. 마이크로미터 클램프를 앞으로 고정하고 측정값을 읽는다(56.97 mm).

1. 감독위원이 지정한 크랭크축 메인 저널을 확인한다.

3. 크랭크축 메인 저널 바깥지름을 측정한다(4군데 중 최솟값).

답안지 작성

엔진 1 크랭크축 마모량 점검

항목	① 측정(또는 점검)		② 판정 및 정비(또는 조치) 사항		(H) 득점
	(D) 측정값	(E) 규정(정비한계)값	(F) 판정(□에 'V' 표)	(G) 정비 및 조치할 사항	
(1)번 저널 크랭크축 외경	56.97 mm	57.00 mm (0.01 mm 이하)	□ 양호 ☑ 불량	크랭크축 교체 후 재점검	

표 상단: (A) 엔진 번호 : / (B) 비번호 / (C) 감독위원 확인

1. 답안지 공통 사항(감독위원 확인 및 기록 사항)

(C) 감독위원 확인 : 시험 전 또는 시험 후 감독위원이 채점 후 확인합니다(날인).
(H) 득점 : 감독위원이 해당 문항을 채점하고 점수를 기록합니다.

2. 수험자가 기록해야 할 답안 사항

(A) 엔진 번호 : 측정하는 엔진 번호를 기록합니다(측정 엔진이 1대인 경우 생략할 수 있습니다).
(B) 비번호 : 책임관리위원(공단 본부)이 배부한 등번호(비번호)를 기록합니다.
① 측정(또는 점검)
  (D) 측정값 : 크랭크축 바깥지름을 측정한 값 56.97 mm를 기록합니다.
  (E) 규정(정비한계)값 : 정비지침서를 보고 57.00 mm(0.01 mm 이하)를 기록합니다.
        (지침서에 등록되지 않은 차량은 감독위원이 제시한 값으로 적용합니다.)
② 판정 및 정비(또는 조치) 사항
  (F) 판정 : 크랭크축 마모량이 규정(정비한계)값 범위를 벗어났으므로 ☑ 불량에 표시합니다.
  (G) 정비 및 조치할 사항 : 판정이 불량이므로 크랭크축 교체 후 재점검을 기록합니다.

3. 크랭크축 규정값(메인 저널 마모량)

차 종		메인 저널 규정값	마모량 기준값(한계값)	비 고
아반떼	1.5 DOHC	50.0 mm	0.01 mm 이하	한계값을 기준으로 판정합니다.
	1.8 DOHC	57.0 mm	0.01 mm 이하	
엑셀		48.00 mm	0.015 mm 이하	
쏘나타Ⅲ		56.980~57.000 mm	0.015 mm 이하	
엑센트		50 mm	0.01 mm 이하	
그랜저(2.4)		56.980~56.995 mm	0.015 mm 이하	
그레이스	디젤(D4BB)	66.0 mm	0.01 mm 이하	
	LPG(L4CS)	56.980~56.995 mm	0.015 mm 이하	

엔진 2 주어진 전자제어 가솔린 엔진에서 감독위원의 지시에 따라 시동에 필요한 크랭킹 회로의 고장부분 1개소를 점검 및 수리하여 시동하시오.

 3안 참조 — 123쪽

 엔진 3 주어진 자동차에서 엔진의 스로틀 보디를 탈거(감독위원에게 확인)한 후 다시 조립하고 감독위원의 지시에 따라 진단기(스캐너)를 사용하여 엔진의 각종 센서(액추에이터)를 점검 후 고장부분을 기록하시오.

3-1 스로틀 보디 탈·부착

1. 주어진 엔진 스로틀 보디를 확인한다.

2. 스로틀 링크에서 가속 케이블을 제거한다.

3. TPS 커넥터를 탈거한다.

4. 흡기 다기관(흡입덕트)와 바이패스 공기호스 및 냉각수 호스를 분리한다.

5. 스로틀 보디를 탈거한다.

6. 탈거한 스로틀 보디를 감독위원에게 확인받는다.

7. 스로틀 보디를 흡기 다기관에 부착한다.

8. 흡기계통 흡기 다기관을 연결한다.

9. 바이패스 공기 호스 및 냉각수 호스를 연결한다.

10. TPS 커넥터를 체결한다.

11. 가속 케이블을 스로틀 링크에 연결하고 유격을 조정한 후 감독위원의 확인을 받는다.

12. 공구세트를 정리한다.

엔진 4 주어진 자동차에서 기록표에 제시된 내용을 측정하고 기록·판정하시오.

2안 참조 — 90쪽

국가기술자격 실기시험문제 6안 (섀시)

자격종목	자동차정비기능사	과제명	자동차정비작업

비번호 :   시험시간 : 4시간(엔진 : 100분, 섀시 : 80분, 전기 : 60분)

섀시 1
주어진 자동차에서 감독위원의 지시에 따라 앞 또는 뒤 범퍼를 탈거(감독위원에게 확인)한 후 다시 조립하시오.

1-1 자동차 범퍼 탈·부착

분해할 작업용 차량을 정렬하고 작업공구를 확인한다.

1. 범퍼 탈·부착 차량을 리프트에 정렬한다.

2. 좌우 범퍼 고정 볼트를 탈거한다.

3. 라디에이터 상단 플라스틱 리테이너를 탈거한다.

4. 프런트 좌우 휠 라이너 볼트를 탈거한다.

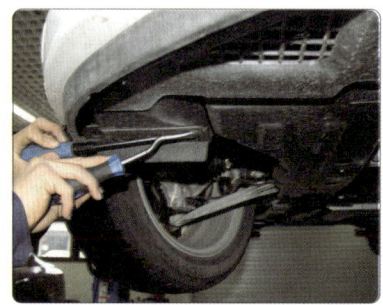
5. 범퍼 하부 리어 커버 고정 리테이너를 분리한다(오른쪽).

6. 범퍼 하부 리어 커버 고정 리테이너를 분리한다(왼쪽).

7. 좌측 범퍼 트림을 아래로 밀어 차체에서 분리한다.

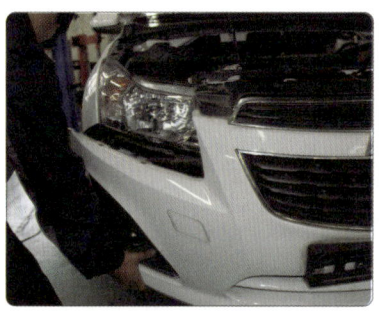
8. 우측 범퍼 트림을 밀어 차체에서 분리한다.

9. 헤드 램프 커넥터를 분리한다.

10. 언더 커버 리테이너를 탈거한다.

11. 프런트 하부 범퍼 고정 볼트를 분해한다.

12. 범퍼를 차체에서 분해한다.

13. 분해된 범퍼를 정렬하고 감독위원의 확인을 받는다.

14. 좌측 범퍼 트림 키를 고정시켜 조립한다.

15. 우측 범퍼 트림 키를 고정시켜 조립한다.

16. 범퍼 고정 볼트 키 구멍을 언더 커버에 맞춘다.

17. 범퍼 하부 고정 볼트를 조립한다.

18. 언더 커버 리테이너를 조립한다.

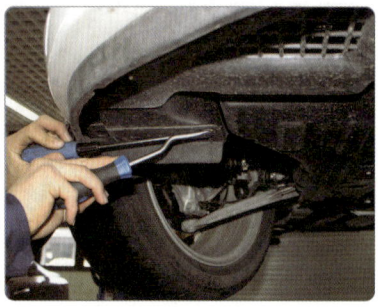
19. 범퍼 하부 리어 커버 고정 리테이너를 조립한다.

20. 프런트 휠 라이너 볼트(좌)를 조립한다.

21. 프런트 휠 라이너 볼트(우)를 조립한다.

22. 범퍼 상부 고정 볼트를 조립한다.

23. 라디에이터 상단 플라스틱 리테이너를 체결한다.

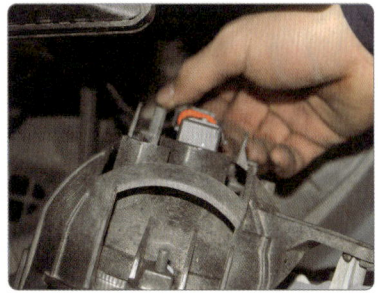
24. 헤드 램프 커넥터를 체결한다.

25. 주변 정리 후 감독위원에게 확인받는다.

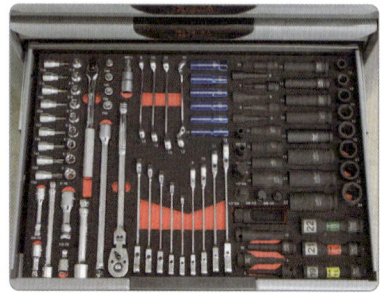
26. 공구세트를 정리한다.

 **2** 주어진 자동차에서 감독위원의 지시에 따라 주차 브레이크 레버의 클릭수(노치)를 점검하여 기록·판정하시오.

2-1 주차 브레이크 클릭수 점검

1. 주차 레버를 잡아당기며 클릭수를 점검한다.
(규정값 : 6~8클릭/20 kgf)

2. 주차 레버의 클릭수를 조정해야 할 경우가 발생하며 케이블 장력 조정 너트로 조정한다.

3. 케이블 장력 조정 너트로 장력을 조정한다.

 **실기시험 주요 Point**

범퍼 탈·부착 작업 시 주의사항
① 스크루 드라이버 또는 리무버를 사용하여 탈거할 때 보호 테이프를 감아서 사용한다.
② 손을 다치지 않도록 장갑을 착용한다.
③ 범퍼 커버와 패널에 손상을 주지 않도록 주의한다.
④ 손상된 클립은 교환한다.

범퍼 체결 볼트 및 스크루 클립 모양과 종류

 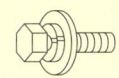  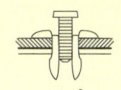
스크루   볼트   스크루   클립

답안지 작성

섀시 2 · 주차 레버 클릭 수 점검

	(A) 자동차 번호 :		(B) 비번호		(C) 감독위원 확 인	
항 목	① 측정(또는 점검)		② 판정 및 정비(또는 조치) 사항			(H) 득점
	(D) 측정값	(E) 규정(정비한계)값	(F) 판정(□에 'V' 표)	(G) 정비 및 조치할 사항		
주차 레버 클릭 수(노치)	8클릭/20 kgf	6~8클릭/20 kgf	☑ 양호 □ 불량	정비 및 조치할 사항 없음		

1. 답안지 공통 사항(감독위원 확인 및 기록 사항)

(C) 감독위원 확인 : 시험 전 또는 시험 후 감독위원이 채점 후 확인합니다(날인).
(H) 득점 : 감독위원이 해당 문항을 채점하고 점수를 기록합니다.

2. 수험자가 기록해야 할 답안 사항

(A) 자동차 번호 : 측정하는 자동차 번호를 기록합니다(측정 차량이 1대인 경우 생략할 수 있습니다).
(B) 비번호 : 책임관리위원(공단 본부)이 배부한 등번호(비번호)를 기록합니다.
① 측정(또는 점검)
  (D) 측정값 : 점검한 클릭 수 8클릭/20 kgf을 기록합니다.
  (E) 규정(정비한계)값 : 시험장에 비치한 정비지침서를 보고 기록하거나 감독위원이 제시한 값으로 합니다.
      6~8클릭/20 kgf
② 판정 및 정비(또는 조치) 사항
  (F) 판정 : 측정한 값이 규정(정비한계)값 범위 내에 있으므로 ☑ 양호에 표시합니다.
  (G) 정비 및 조치할 사항 : 판정이 양호이므로 정비 및 조치할 사항 없음을 기록합니다.
      판정이 불량일 때는 케이블 클릭(장력) 조정 후 재점검을 기록합니다.

실기시험 주요 Point

주차 레버 클릭수 점검
❶ 전·후방에 차량이 없는 상태에서 주차 브레이크 레버를 당겨 가파른 언덕길에서 제동이 되는지 점검한다.
❷ 평탄하고 안전한 장소에 주차시킨 후 주차 브레이크가 완전히 해제된 상태에서 주차 브레이크 레버를 20 kgf의 힘으로 당겼을 때 6~8회 정도 '딸깍'거리는지 확인한다.
※ 조정이 필요할 경우 케이블 장력 조정 너트로 규정값에 맞게 조정한다.

● 주차 레버 클릭 수가 규정값보다 많을 경우

항목	자동차 번호 :		비번호		감독위원 확　인	
	측정(또는 점검)		판정 및 정비(또는 조치)사항			득점
	측정값 (클릭)	규정(정비한계)값 (클릭)	판정(□에 'V'표)	정비 및 조치할 사항		
주차 레버 클릭 수(노치)	11클릭/20 kgf	6~8클릭/20 kgf	□ 양호 ☑ 불량	뒤 라이닝 교체 후 재점검		

※ 판정 및 정비(조치)사항 : 주차 레버 클릭 수가 규정값 범위를 벗어났으므로 ☑ 불량에 표시하고, 뒤 라이닝 교체 후 재점검합니다.

● 주차 레버 클릭 수가 규정값보다 적을 경우

항목	자동차 번호 :		비번호		감독위원 확　인	
	측정(또는 점검)		판정 및 정비(또는 조치) 사항			득점
	측정값 (클릭)	규정(정비한계)값 (클릭)	판정(□에 'V'표)	정비 및 조치할 사항		
주차 레버 클릭 수(노치)	4클릭/20 kgf	6~8클릭/20 kgf	□ 양호 ☑ 불량	주차 브레이크 케이블 장력 조정 나사로 조정 후 재점검한다.		

※ 판정 및 정비(조치)사항 : 주차 레버 클릭 수가 규정값 범위를 벗어났으므로 ☑ 불량에 표시하고, 주차 브레이크 케이블 장력 조정 나사로 조정 후 재점검합니다.

실기시험 주요 Point

클릭 수가 규정값 범위를 벗어난 경우 정비 및 조치할 사항
❶ 뒷 라이닝 마모 → 라이닝 교체
❷ 뒷 브레이크 드럼 마모 → 브레이크 드럼 교체
❸ 뒷 라이닝과 드럼 간극 자동 조정 나사의 불량 → 자동 조정 나사의 교체
❹ 주차 브레이크 케이블 조정 불량 → 주차 브레이크 케이블 장력 조정 나사로 조정

| 섀시 3 | 주어진 자동차에서 감독위원의 지시에 따라 파워스티어링의 오일 펌프를 탈거(감독위원에게 확인)하고 다시 조립하여 오일 양 점검 및 공기빼기 작업 후 스티어링의 작동상태를 확인하시오. |

3-1 파워스티어링 오일펌프 탈·부착

1. 오일펌프 풀리를 회전시켜 상부 고정 볼트가 보이도록 맞춘다.

2. 파워스티어링 오일펌프 출구 파이프를 제거한다.

3. 하부 고정 볼트를 분해한다.

4. 상부 오일펌프 장력 조정 볼트를 분해한다.

5. 파워스티어링 오일펌프 흡입구 호스를 탈거한다.

6. 파워스티어링 오일펌프 하부 고정 볼트를 탈거한다.

7. 파워스티어링 오일펌프 상부 고정 볼트를 제거한다.

8. 파워스티어링 오일펌프 벨트를 탈거한다.

9. 파워스티어링 오일펌프를 탈거한 후 감독위원의 확인을 받는다.

10. 파워스티어링 오일펌프를 엔진에 장착한다.

11. 파워스티어링 오일펌프 벨트를 장착한다.

12. 파워스티어링 오일펌프 하부 고정 볼트를 조립한다.

13. 파워스티어링 오일펌프를 레버에 걸고 밖으로 밀면서 벨트 장력을 조정하고 볼트를 조인다.

14. 파워스티어링 오일펌프 흡입구 호스를 체결한다.

15. 파워스티어링 오일펌프 출구 파이프를 체결한다.

16. 파워스티어링 오일펌프를 회전시켜 조립된 상태를 확인한다.

17. 파워스티어링 오일을 보충하고 엔진시동을 건다.

18. 엔진시동을 건 후 핸들을 좌우로 돌려 유압라인의 공기를 빼준다.

섀시 4 주어진 자동차에서 감독위원의 지시에 따라 진단기(스캐너)로 자동변속기를 점검하고 기록·판정하시오.

2안 참조 — 101쪽

| 섀시 5 | 주어진 자동차에서 감독위원의 지시에 따라 좌 또는 우회전 시 최소회전반경을 측정하여 기록·판정하시오. |

 2안 참조 — 105쪽

 **실기시험 주요 Point**

파워스티어링 오일 교환

① 오일 교환 전 충분히 워밍업을 시킨 후 엔진 시동을 OFF한다.
② 앞바퀴를 리프트나 잭으로 들어올린 후 지지시킨다.
③ 리턴 호스를 탈거한 후 받을 수 있는 통을 준비하여 리저버 탱크에 오일을 보충한다.
④ 엔진을 시동하여 스티어링 휠을 좌·우로 완전히 회전시킨다.
⑤ 규정 오일을 오일 리저버에 보충한다(해당 차종의 오일 제원을 참고하며 파워스티어링 오일은 자동변속기 오일과 호환성이 있다).

※ 오일 수준이 5 mm 이상 차이가 나면 공기빼기 작업을 한다. 엔진을 정지시킨 다음 오일 수준이 갑자기 상승하면 공기빼기가 잘못된 것이며, 공기빼기 작업을 수행하지 않으면 소음이 발생하고 펌프의 성능이 저하된다.

국가기술자격 실기시험문제 6안 (전기)

자격종목	자동차정비기능사	과제명	자동차정비작업

비번호 : 시험시간 : 4시간(엔진 : 100분, 섀시 : 80분, 전기 : 60분)

전기 1
자동차에서 다기능 스위치(콤비네이션 SW)를 탈거(감독위원에게 확인)한 후 다시 부착하여 다기능 스위치가 작동되는지 확인하시오.

1-1 다기능 스위치(콤비네이션 SW) 탈·부착

1. 점화스위치를 OFF한 후 축전지 (−)를 탈거한다.

2. 핸들 에어백 인슐레이터 고정 볼트를 분해한다(별각 렌치 사용).

3. 에어백 인슐레이터 커버를 분리한다.

4. 에어백 인슐레이터 커넥터를 분리한다.

5. 스티어링 휠을 탈거한다.

6. 조향 컬럼 틸티를 최대한 아래로 내린다.

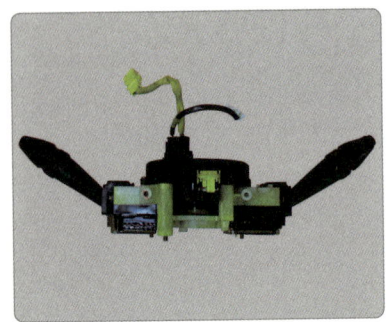  

7. 조향 컬럼을 제거하고 콤비네이션 스위치를 탈거한다.

8. 콤비네이션 커넥터를 정리한 후 감독위원에게 확인을 받는다.

9. 콤비네이션 스위치를 조립한 후 조향축 컬럼을 조립한다.

10. 스티어링 휠 조정 후 에어백 인슐레이터 커넥터를 체결한다.

11. 조향축과 에어백 인슐레이터 고정 볼트를 조립한다.

12. 축전지 (−)를 조립한다.

전기 2

주어진 자동차에서 감독위원의 지시에 따라 축전지의 비중과 축전지 용량시험기를 작동시킨 상태에서의 전압을 측정하여 기록표에 기록·판정하시오.

2-1 축전지 비중 및 용량 시험

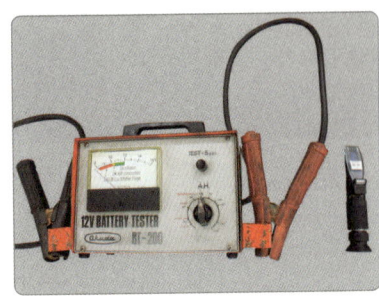  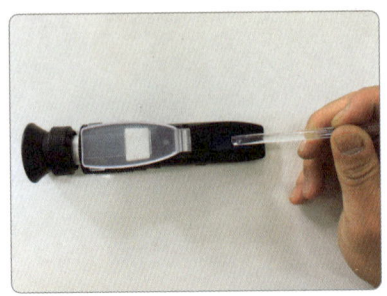

1. 축전지 비중 용량 시험을 위해 용량 시험기를 준비한다.

2. 비중계를 준비한다.

3. 축전지 전해액을 비중계에 1~2방울 떨어뜨리고 비중계 덮개를 덮는다.

4. 비중계를 햇볕이나 불빛이 비치는 방향으로 하여 비중량을 측정한다.

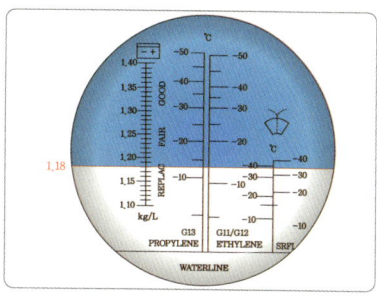

5. 햇볕이나 광도가 밝은 방향으로 비추어 경계면의 비중을 확인한다.

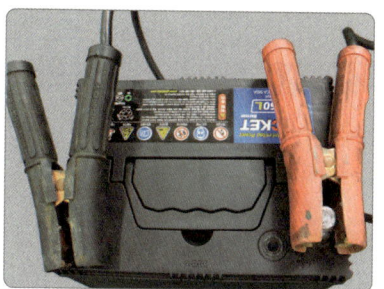

6. 시험 축전지에 축전지 용량 시험기를 연결한다.

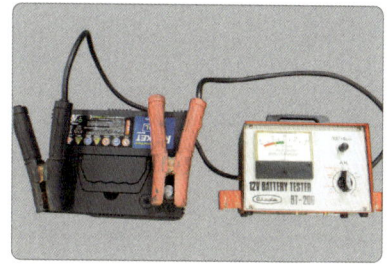

7. 작동 스위치 OFF 상태에서 축전지 전압을 확인한다.

8. 축전지 용량을 확인한다. (12V 60AH)

9. 축전지 용량 시험기 선택 스위치로 60 AH를 선택한다.

10. 부하 스위치(TEST)를 누른다. (5초 이내 11.8 V, 녹색)

11. 용량 시험기를 축전지 (−) 터미널에서 탈거한다.

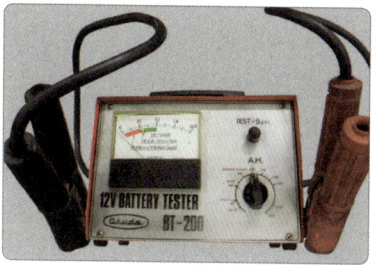

12. 시험이 끝나면 축전지 용량 시험기를 정리한다.

실기시험 주요 Point

축전지 전해액 비중 관리

축전지에 장착되어 있는 비중계는 내부에 초록색 볼이 내장되어 있다. 축전지의 비중이 높아지면 볼이 전해액에 의해 뜨게 되며, 볼의 끝부분이 막대의 끝에 닿게 된다. 또 축전지 내부의 전해액이 부족하여 전해액의 높이가 인디케이터의 로드 바닥보다 낮아지면 맑게 보인다. 이러한 원리로 인해 육안으로 축전지의 충전상태를 확인할 수 있다.

전지 방전 관리

축전지는 완전 방전을 자주하면 수명이 짧아진다. 예를 들어 시동이 걸려있지 않은 상태에서 장시간 실내등, 미등을 켜거나 시가잭에 진공청소기를 연결하여 장시간 사용하는 등 발전기가 작동하지 않는 상태에서 장시간에 걸친 전기 사용은 축전지 수명을 짧게 하는 원인이 될 수 있다.

답안지 작성

전기 2 축전지 비중 및 전압 점검

항목	① 측정(또는 점검)		② 판정 및 정비(또는 조치) 사항		(H) 득점
(A) 자동차 번호 :		(B) 비번호		(C) 감독위원 확인	
항목	(D) 측정값	(E) 규정(정비한계)값	(F) 판정(□에 'V' 표)	(G) 정비 및 조치할 사항	(H) 득점
축전지 전해액 비중	1.180	1.260~1.280	□ 양호 ☑ 불량	축전지 충전 후 재점검	
축전지 전압	11.8 V	12.6 V 이상			

1. 답안지 공통 사항(감독위원 확인 및 기록 사항)

(C) 감독위원 확인 : 시험 전 또는 시험 후 감독위원이 채점 후 확인합니다(날인).
(H) 득점 : 감독위원이 해당 문항을 채점하고 점수를 기록합니다.

2. 수험자가 기록해야 할 답안 사항

(A) 자동차 번호 : 측정하는 자동차 번호를 기록합니다(측정 차량이 1대인 경우 생략할 수 있습니다).
(B) 비번호 : 책임관리위원(공단 본부)이 배부한 등번호(비번호)를 기록합니다.
① 측정(또는 점검)
  (D) 측정값 : 비중계를 사용하여 측정한 값으로 비중 : **1.180**, 축전지 전압 : **11.8 V**를 기록합니다.
  (E) 규정(정비한계)값 : 정비지침서에 표기된 규정값이나 감독위원이 제시한 값을 기록합니다.
    • 비중 : **1.260~1.280**   • 축전지 전압 : **12.6 V 이상**
② 판정 및 정비(또는 조치) 사항
  (F) 판정 : 측정한 값이 규정(정비한계)값 범위를 벗어났으므로 ☑ **불량**에 표시합니다.
  (G) 정비 및 조치할 사항 : 판정이 불량이므로 **축전지 충전 후 재점검**을 기록합니다.
           판정이 양호일 때는 **정비 및 조치할 사항 없음**을 기록합니다.

3. 축전지 비중과 전압의 충전상태

충전상태		20℃		전체(V) 단자전압	셀당(V) 단자전압	판 정	비 고
		A	B				
완전충전	100%	1.260	1.280	12.6 V 이상	2.1 V 이상	정상	사용가
3/4 충전	75%	1.210	1.230	12.0 V	2.0 V	양호	
1/3 충전	50%	1.160	1.180	11.7 V	1.95 V	불량	충전요
1/4 충전	25%	1.110	1.130	11.1 V	1.85 V	불량	
완전방전	0	1.060	1.080	10.5 V	1.75 V	불량	축전지 교체

2-2 축전지 용량 시험기(디지털)

축전지에 시험기를 연결한다(키-OFF 상태).

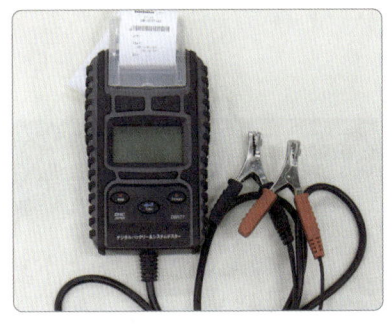

1. 용량 시험기의 구성 부품을 확인한다(인쇄용지 확인).

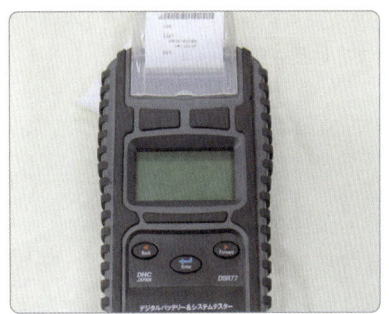

2. 축전지 용량 시험기 시험 버튼을 확인한다.

3. 축전지 용량 시험기를 축전지(+)에 적색클립, 축전지(-)에 흑색클립을 연결한다.

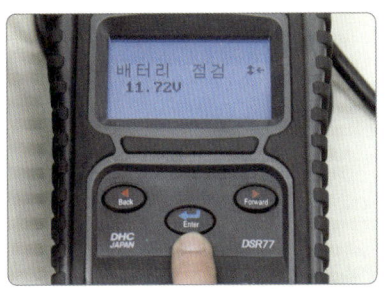

4. 축전지 점검상태 확인 후 Enter 한다.

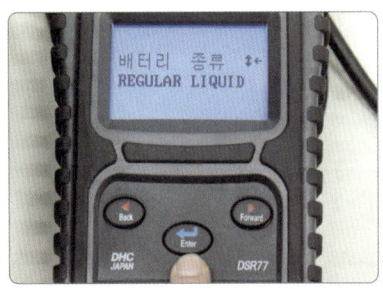

5. 축전지 종류 선택 후 Enter 한다.

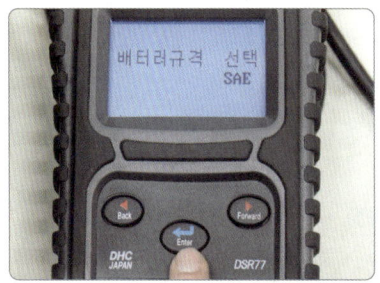

6. 축전지 규격 선택 후 Enter 한다.

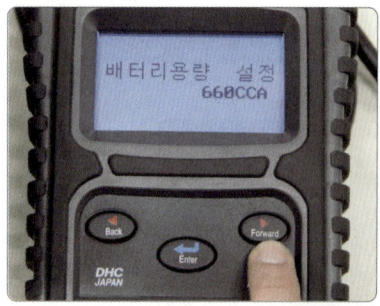
7. 축전지 용량 설정 후 Enter 한다(660 CCA).

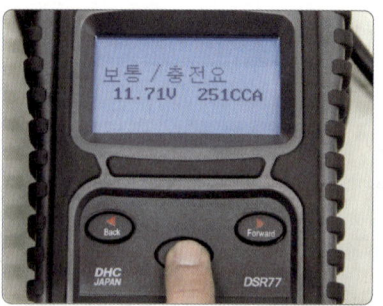
8. 축전지 점검상태 확인 후 Enter 한다(11.71 V/251 CCA).

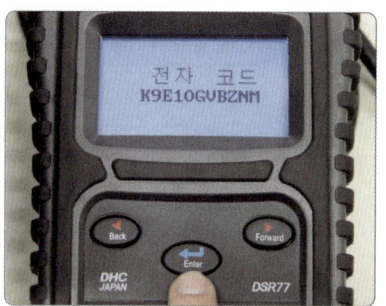
9. 축전지 전자코드 확인 후 Enter 한다.

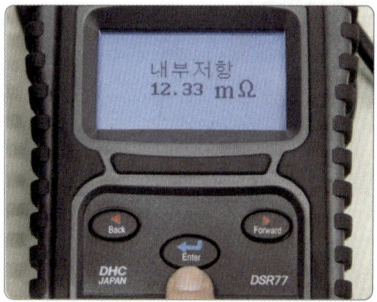
10. 내부저항값 확인 후 Enter 한다(12.33 mΩ).

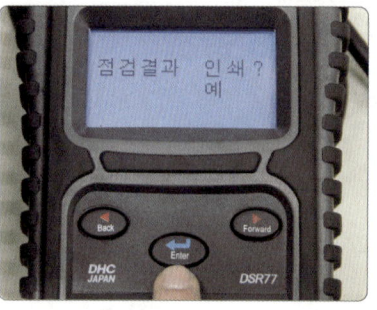
11. 점검결과 인쇄에서 '예' 선택 후 Enter 한다.

12. 점검결과가 인쇄된다.

※ 측정값 및 규정 용량
① 축전지 전압 : 11.71 V   ② 규격용량 : 660 CCA
③ 측정용량 : 251 CCA   ④ 내부저항 : 12.33 mΩ
→ 축전지 상태 : 보통/충전용
   불량 시 : 축전지를 충전하며 방전률이 높은 경우는 축전지를 교체한다.

13. 인쇄된 점검결과를 확인한다.

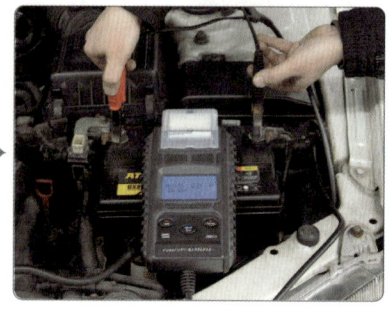
14. 점검이 끝나면 축전지 시험기 클립을 축전지에서 탈거한다.

실기시험 주요 Point

CCA(Cold Cranking Ampare)

CCA는 겨울철 저온 시동성의 기준을 판단하는 축전지 용량으로, −18°C에서 30초 동안 방전하여 7.2 V가 될 때까지 흐를 수 있는 전류의 양을 의미하며, 자동차 축전지에는 CCA값이 대부분 표기되어 있다. CCA값이 높을수록 성능이 좋은 축전지라고 볼 수 있다.

예 12 V 80 AH 자동차인 경우 CCA는 630 정도가 된다.

전기 3
주어진 자동차에서 기동 및 점화회로의 고장부분을 점검한 후 기록표에 기록·판정하시오.

3-1 기동 및 점화회로 점검

(1) 기동 및 점화회로 점검

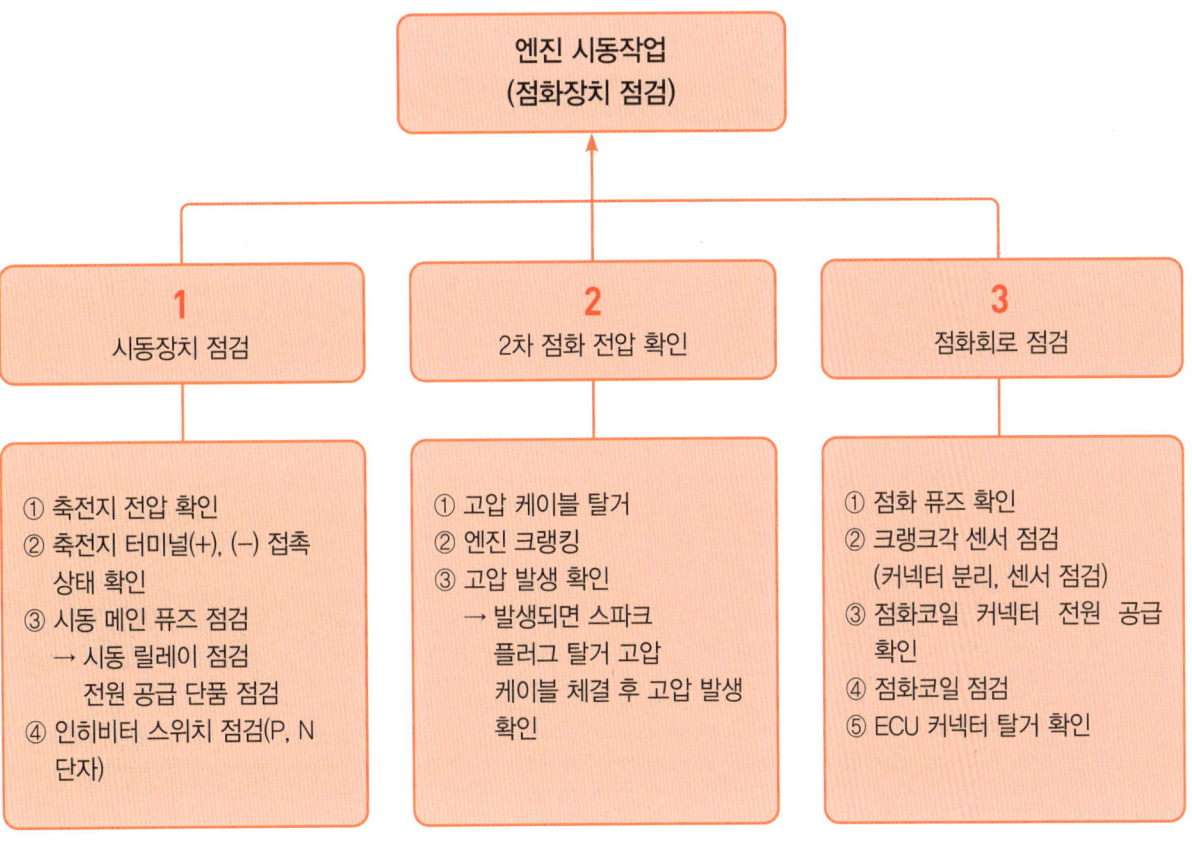

실기시험 주요 Point — 기동 및 점화계통 점검 시 필수 점검사항(육안 점검)

① 축전지 단자 (+), (-) 탈거
② 시동 릴레이 탈거
③ 인히비터 스위치 커넥터 탈거
④ 점화스위치 커넥터 탈거
⑤ 기동전동기 ST 단자 탈거
⑥ 점화코일 커넥터 탈거
⑦ 크랭크각 센서 커넥터 탈거
⑧ 캠각 센서 커넥터 탈거

(2) 시동에 필요한 점화회로 점검 순서

1. 축전지 체결 상태를 확인한다.

2. 정션 박스의 시동 릴레이 장착 상태를 확인한다.

3. 기동전동기 ST단자를 확인 점검한다.

4. 점화코일 및 고압 케이블 상태 체결 상태를 점검한다.

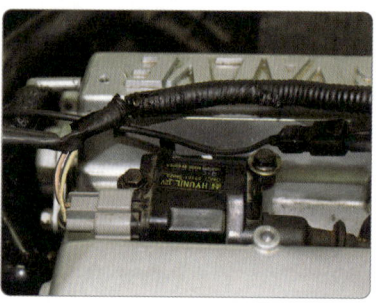
5. 점화코일 커넥터 체결 상태를 확인한다.

6. 점화플러그 중심 전극 및 접지 전극을 확인 점검한다.

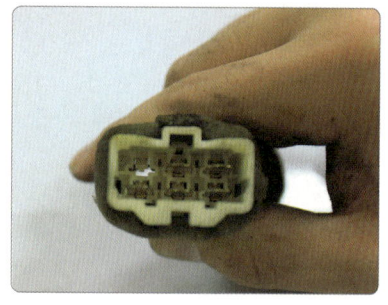
7. 점화스위치 커넥터 및 단자를 확인한다.

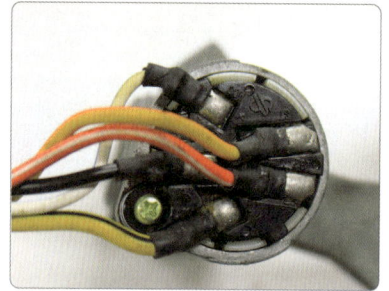
8. 점화스위치 단자별 자체 상태를 점검한다.

9. 스파크 플러그 간극을 규정값으로 맞춘다(0.8~1.0 mm).

10. 점화코일을 점검한다.

기동전동기 고장 진단
① 기동전동기가 회전되지 않는 경우
- 축전지 전압이 낮음
- 배선의 단선
- 축전지 케이블의 조립 불량
- 기동전동기 및 점화스위치 불량

② 기동전동기 회전이 느린 경우
축전지 전압이 낮음, 기동전동기 및 축전지 케이블 조립 불량

(3) 점화장치 전기회로도

● 주요 부위 회로 점검

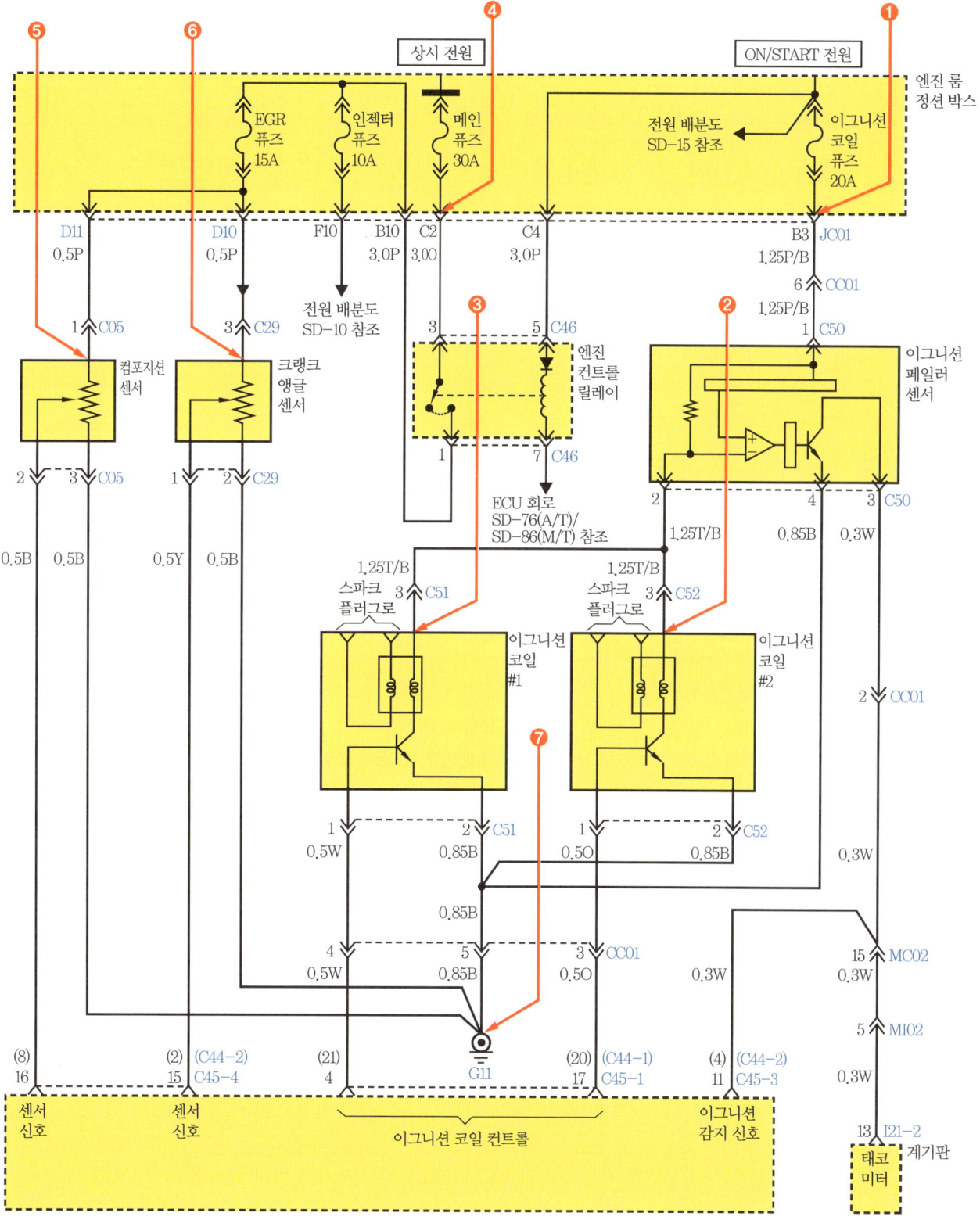

답안지 작성

전기 3 점화 회로 점검

항목	(A) 자동차 번호 :		(B) 비번호		(C) 감독위원 확인	
	① 측정(또는 점검)		② 판정 및 정비(또는 조치) 사항			(I) 득점
	(D) 이상 부위	(E) 내용 및 상태	(F) 판정(□에 'V' 표)	(G) 정비 및 조치할 사항		
점화 회로	이그니션 메인 퓨즈	단선	□ 양호 ☑ 불량	이그니션 메인 퓨즈 교체 후 재점검		

※ 제시된 전기회로도의 명칭을 사용·기입합니다.

1. 답안지 공통 사항(감독위원 확인 및 기록 사항)

(C) 감독위원 확인 : 시험 전 또는 시험 후 감독위원이 채점 후 확인합니다(날인).
(I) 득점 : 감독위원이 해당 문항을 채점하고 점수를 기록합니다.

2. 수험자가 기록해야 할 답안 사항

(A) 자동차 번호 : 측정하는 자동차 번호를 기록합니다(측정 차량이 1대인 경우 생략할 수 있습니다).
(B) 비번호 : 책임관리위원(공단 본부)이 배부한 등번호(비번호)를 기록합니다.
① 측정(또는 점검)
  (D) 이상 부위 : 점화회로를 점검하고 작동되지 않는 이상 부위 **이그니션 메인 퓨즈**를 기록합니다.
  (E) 내용 및 상태 : 이상 부위의 내용 및 상태로 **단선**을 기록합니다.
② 판정 및 정비(또는 조치) 사항
  (F) 판정 : 이그니션 메인 퓨즈가 단선되었으므로 ☑ **불량**에 표시합니다.
  (G) 정비 및 조치할 사항 : 판정이 불량이므로 **이그니션 메인 퓨즈 교체 후 재점검**을 기록합니다.
※ 점화장치 고장 발생 원인
- 점화코일 1차선 커넥터 탈거
- 점화스위치 불량, 커넥터 탈거
- 이그니션 공급 메인 퓨즈 단선
- 점화플러그 간극 불량
- CPS 커넥터 탈거
- CAS 커넥터 탈거
- 점화코일 1차선 커넥터 불량
- 엔진 ECU 커넥터 접촉 불량 및 탈거

실기시험 주요 Point 점화 회로 분석(DLI 점화 방식의 분석)
❶ 각 실린더별 점화를 할 수 있도록 신호가 출력되는지 확인한다.
❷ 엔진 회전 신호가 ECU로 정상적으로 입력되는지 확인한다.
❸ 크랭크축 및 캠축 회전에 따라 ECU 내부에서 해당되는 실린더의 TR을 작동시킨다.
❹ 점화 1차 코일 출력과 2차 코일 출력이 되는지 확인한다.

 **전기 4** 주어진 자동차에서 경음기 음량을 측정하여 기록표에 기록·판정하시오.

 2안 참조 — 115쪽

 **실기시험 주요 Point**

점화플러그

(1) 점화플러그의 구비 조건
  ❶ 내열성이 커야 한다.
  ❷ 방열성이 좋아 급랭·급열 등 온도 변화에 잘 견뎌야 한다.
  ❸ 내식성이 좋아야 한다.
  ❹ 전기 절연성이 좋아야 한다.
  ❺ 기계적 강도가 커야 한다.
  ❻ 기밀 유지가 잘 되어야 한다.
  ❼ 전극 부분의 온도가 자기 청정 온도 범위를 유지해야 한다.
  ❽ 열전도성이 좋아야 한다.
  ❾ 불꽃 방전 성능이 좋아야 한다.
  ❿ 전극 소모가 적어야 한다.

(2) 자기 청정 온도
  ❶ 전극 부분의 온도가 450~600℃ 정도를 유지하도록 하는 온도이다.
  ❷ 전극의 온도가 800℃ 이상이면 조기 점화의 원인이 된다.

(3) 열 값(열 범위) : 점화플러그의 열 발산 능력을 나타내는 값
  ❶ 냉형(cool type) 점화플러그는 길이가 짧고 열 발산이 잘 되는 형식을 말하며, 길이가 길고 열 발산이 늦은 형식은 열형(hot type) 점화플러그라고 한다.
  ❷ 냉형 점화플러그는 고속·고압축비 엔진에서 사용하고, 열형 점화플러그는 저속·저압축비 엔진에서 사용한다.

※ 중심 전극과 접지 전극으로 0.8~1.1 mm 간극이 있으며, 간극 조정은 와이어 게이지나 디그니스 게이지로 점검한다.

자동차정비기능사 실기시험 7안

파트별	안별 문제	7안
엔진	엔진(부품) 분해 조립	가솔린 엔진(DOHC)/실린더 헤드
	측정/답안작성	실린더 헤드 변형
	시스템 점검/엔진 시동	점화회로
	부품 탈거/조립	점화플러그(LPG) 배선
	자기진단(답안작성)	스캐너를 이용한 엔진 전자제어 센서(액추에이터) 점검
	차량 검사 측정	디젤 매연
섀시	부품 탈거/조립	M/T 후진 아이들 기어
	점검/답안작성	디스크(두께, 런 아웃)
	부품 탈거 작동 상태	타이로드 엔드
	점검/답안작성	A/T 오일 압력 점검
	안전기준 검사	브레이크 제동력
전기	부품 탈거/조립 작동 확인	경음기 릴레이
	측정/답안작성	에어컨 압력 점검(저압, 고압)
	전기회로 점검/고장부위 작성	전동 팬 회로
	차량 검사 측정	전조등 광도

국가기술자격 실기시험문제 7안 (엔진)

자격종목	자동차정비기능사	과제명	자동차정비작업

비번호 :　　　　　　　　시험시간 : 4시간(엔진 : 100분, 섀시 : 80분, 전기 : 60분)

엔진 1

주어진 DOHC 가솔린 엔진에서 실린더 헤드를 탈거(감독위원에게 확인)하고 감독위원의 지시에 따라 기록표의 내용대로 기록·판정한 후 다시 조립하시오.

1-1 엔진 분해 조립

 1안 참조 — 22쪽

1-2 실린더 헤드 변형도 측정

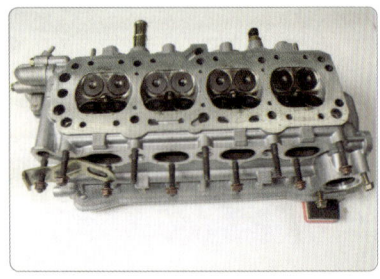

1. 실린더 헤드 개스킷 접촉면을 깨끗이 닦는다.

2. 실린더 헤드면에 평면자를 대각선 방향으로 접촉하고 물 구멍, 오일 구멍을 피해 틈새를 측정한다.

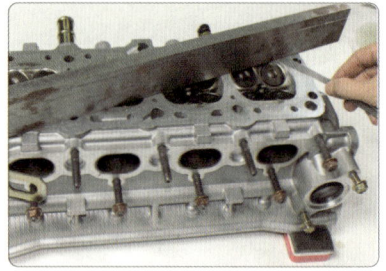

3. 실린더 헤드면 6~7군데를 측정하여 틈새 간극의 최댓값을 측정값으로 한다.

4. 측정값 0.05 mm를 확인한다.

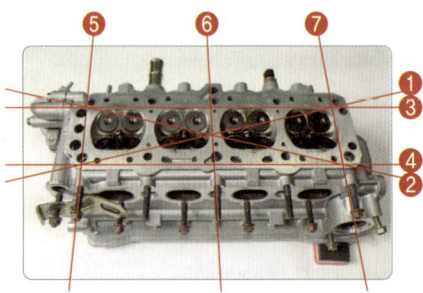

5. 실린더 헤드 측정 부위

6. 측정 후 측정기기를 정돈한다.

답안지 작성

엔진 1   실린더 헤드 변형도 점검

항목	① 측정(또는 점검)		② 판정 및 정비(또는 조치) 사항		(H) 득점
	(D) 측정값	(E) 규정(정비한계)값	(F) 판정(□에 'V' 표)	(G) 정비 및 조치할 사항	
헤드 변형도	0.05 mm	0.05 mm 이하	☑ 양호 □ 불량	정비 및 조치할 사항 없음	

(A) 엔진 번호 :　　　(B) 비번호　　　(C) 감독위원 확인

1. 답안지 공통 사항(감독위원 확인 및 기록 사항)

(C) **감독위원 확인** : 시험 전 또는 시험 후 감독위원이 채점 후 확인합니다(날인).
(H) **득점** : 감독위원이 해당 문항을 채점하고 점수를 기록합니다.

2. 수험자가 기록해야 할 답안 사항

(A) **엔진 번호** : 측정하는 엔진 번호를 기록합니다(측정 엔진이 1대인 경우 생략할 수 있습니다).
(B) **비번호** : 책임관리위원(공단 본부)이 배부한 등번호(비번호)를 기록합니다.
① 측정(또는 점검)
　(D) **측정값** : 실린더 헤드 변형도를 측정한 값 **0.05 mm**를 기록합니다.
　(E) **규정(정비한계)값** : 정비지침서를 보고 **0.05 mm 이하**를 기록합니다.
② 판정 및 정비(또는 조치) 사항
　(F) **판정** : 측정한 값이 규정(정비한계)값 범위 내에 있으므로 ☑ **양호**에 표시합니다.
　(G) **정비 및 조치할 사항** : 판정이 양호이므로 **정비 및 조치할 사항 없음**을 기록합니다.
　　　　　　　　　　　판정이 불량일 때는 **실린더 헤드 교체**를 기록합니다.

3. 실린더 헤드 변형도 규정값

차 종		규정값	한계값
아반떼	1.5 DOHC	0.05 mm 이하	0.1 mm
	1.8 DOHC	0.05 mm 이하	0.1 mm
쏘나타 Ⅱ, Ⅲ	1.8 SOHC	0.05 mm 이하	0.2 mm
	2.0 DOHC	0.05 mm 이하	0.2 mm
카렌스	2.0 LPG	0.03 mm 이하	-
	2.0 CRDi	0.03 mm 이하	-

● 실린더 헤드 변형도가 규정값보다 클 경우

항목	엔진 번호 :		비번호		감독위원 확 인	
	측정(또는 점검)		판정 및 정비(또는 조치) 사항			득점
	측정값	규정(정비한계)값	판정(□에 'V'표)	정비 및 조치할 사항		
헤드 변형도	0.1 mm	0.05 mm 이하	□ 양호 V 불량	실린더 헤드 교체 후 재점검		

※ 판정 및 정비(조치)사항 : 측정값이 규정값 범위를 벗어났으므로 V 불량에 표시하고, 실린더 헤드 교체 후 재점검합니다.

● 실린더 헤드 변형도가 규정값 범위 내에 있을 경우

항목	엔진 번호 :		비번호		감독위원 확 인	
	측정(또는 점검)		판정 및 정비(또는 조치) 사항			득점
	측정값	규정(정비한계)값	판정(□에 'V'표)	정비 및 조치할 사항		
헤드 변형도	0.03 mm	0.05 mm 이하	V 양호 □ 불량	정비 및 조치할 사항 없음		

※ 판정 및 정비(조치)사항 : 측정값이 규정값 범위 내에 있으므로 V 양호에 표시하고, 정비 및 조치할 사항 없음을 기록합니다.

실기시험 주요 Point

실린더 헤드의 고장 원인
❶ 실린더 헤드 개스킷의 소손
❷ 엔진 온도 상승에 의한 과열 손상
❸ 냉각수의 동결로 인한 균열
❹ 실린더 헤드 볼트의 조임 불균형

실린더 헤드 점검 시 유의사항
❶ 측정 전 실린더 헤드를 면 걸레로 깨끗이 닦은 후 실린더 헤드면에 곧은 평면자를 밀착시키고, 디그니스 게이지로 곧은 자와 헤드 사이를 측정하여 간극이 최고가 되는 곳을 측정값으로 한다(6~7군데).
❷ 디그니스 게이지를 실린더 헤드면에 곧은 평면자를 삽입하고 수평 상태에서 앞뒤로 움직였을 때 약간 저항을 느끼는 정도로 선택된 디그니스 게이지값을 측정값으로 한다.
❸ 측정 수치(마모량)가 큰 경우는 디그니스 게이지 2개를 합한 상태에서 측정한다.

엔진 2

주어진 전자제어 가솔린 엔진에서 감독위원의 지시에 따라 시동에 필요한 점화회로의 고장부분 1개소를 점검 및 수리하여 시동하시오.

2-1 시동 점화회로 점검

 1안 참조 — 30쪽

엔진 3

주어진 자동차의 엔진에서 점화 플러그와 배선을 탈거(감독위원에게 확인)한 후 다시 조립하고 감독위원의 지시에 따라 진단기(스캐너)를 사용하여 엔진의 각종 센서(액추에이터)를 점검 후 고장부분을 기록하시오.

3-1 엔진 점화플러그 및 고압케이블 탈·부착

1. 축전지 전원을 확인한다.

2. 지정된 엔진에서 점화코일 배선을 탈거한다.

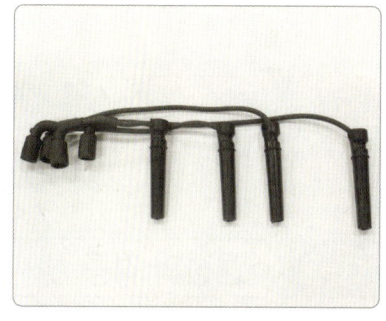

3. 탈거된 고압케이블을 정렬한다.

4. 점화플러그를 탈거한다.

5. 점화플러그를 플러그 렌치에 삽입한 후 돌려서 탈거한다.

6. 스파크 플러그를 탈거하고 정렬한다.

7. 점화코일을 탈거한다.

8. 점화코일, 스파크 플러그, 고압케이블을 정리하고 감독위원에게 확인을 받는다.

9. 점화코일을 조립한다.

10. 스파크 플러그를 조립한다.

11. 고압케이블과 배선 커넥터를 점화코일에 체결한다(1번과 4번, 2번과 3번).

12. 조립된 상태를 확인하고 감독위원에게 확인을 받는다.

3-2 엔진의 각종 센서 점검

 1안 참조 — 33쪽

엔진 4 주어진 자동차에서 기록표에 제시된 내용을 측정하고 기록·판정하시오.

 1안 참조 — 38쪽

국가기술자격 실기시험문제 7안 (섀시)

자격종목	자동차정비기능사	과제명	자동차정비작업

비번호 :　　　　　　　　　　시험시간 : 4시간(엔진 : 100분, 섀시 : 80분, 전기 : 60분)

섀시 1 주어진 수동변속기에서 감독위원의 지시에 따라 후진 아이들 기어(또는 디퍼런셜 기어 어셈블리)를 탈거(감독위원에게 확인)한 후 다시 조립하시오.

1-1 수동변속기 후진 아이들 기어 탈·부착

1. 분해 조립할 변속기를 정렬한다.

2. 변속기 리어 커버를 탈거한다.

3. 변속기 리어 커버를 정렬한다.

4. 후진 기어를 넣는다.

5. 5단 시프트 포크 고정 핀을 탈거한다.

6. 5단 기어 로크 너트를 분해한다.

7. 분해용 베어링 풀러 또는 (−)라이버를 이용하여 5단 기어 어셈블리를 탈거한다.

8. 5단 부축 기어를 탈거한다.

9. 로킹 볼 어셈블리를 제거한다.

10. 트랜스 액슬 케이스 고정 볼트를 제거한다.

11. 트랜스 액슬 케이스를 탈거한다.

12. 후진 아이들 기어를 분해한다.

13. 후진 아이들 링크와 키를 분리한다.

14. 후진 아이들 기어를 정렬한다.

15. 후진 아이들 기어축을 정렬하고 감독위원에게 확인을 받는다.

16. 후진 아이들 기어 세트를 조립한다.

17. 트랜스 액슬 케이스를 조립하고 고정 볼트를 조립한다.

18. 로킹 볼 어셈블리를 조립한다.

19. 1~2단, 3~4단이 들어가는지 확인한다.

20. 5단 기어 및 5단 포크 고정 핀을 조립한다.

21. 변속기 조립 상태를 확인하고 감독위원에게 확인을 받는다.

> **섀시 2** 주어진 자동차에서 감독위원의 지시에 따라 한쪽 브레이크 디스크의 두께 및 흔들림(런 아웃)을 점검하여 기록·판정하시오.

2-1 디스크 두께 및 런 아웃

디스크 런 아웃 측정

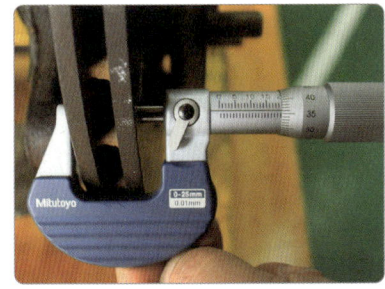
1. 디스크 두께 측정값을 읽는다. (19.89 mm)

2. 다이얼 게이지를 브레이크 디스크에 직각으로 설치하고 0점 조정한다.

3. 디스크를 1회전 돌려 다이얼 게이지 측정값을 읽는다(0.01 mm).

답안지 작성

섀시 2 브레이크 디스크 두께 및 흔들림 점검

항목	① 측정(또는 점검)		② 판정 및 정비(또는 조치) 사항		(H) 득점
(A) 자동차 번호 :		(B) 비번호		(C) 감독위원 확인	
항목	(D) 측정값	(E) 규정(정비한계)값	(F) 판정(□에 'V' 표)	(G) 정비 및 조치할 사항	(H) 득점
디스크 두께	19.89 mm	24 mm (22.4 mm)	□ 양호 ☑ 불량	디스크 교체 후 재점검	
흔들림 (런 아웃)	0.01 mm	0.08 mm 이하			

1. 답안지 공통 사항(감독위원 확인 및 기록 사항)

(C) 감독위원 확인 : 시험 전 또는 시험 후 감독위원이 채점 후 확인합니다(날인).
(H) 득점 : 감독위원이 해당 문항을 채점하고 점수를 기록합니다.

2. 수험자가 기록해야 할 답안 사항

(A) 자동차 번호 : 측정하는 자동차 번호를 기록합니다(측정 차량이 1대인 경우 생략할 수 있습니다).
(B) 비번호 : 책임관리위원(공단 본부)이 배부한 등번호(비번호)를 기록합니다.
① 측정(또는 점검)
  (D) 측정값 : 디스크 두께 및 흔들림을 측정한 값 **19.89 mm, 0.01 mm**를 기록합니다.
  (E) 규정값 : 시험장에 비치된 정비지침서를 보고 차례로 **24 mm(22.4 mm), 0.08 mm 이하**를 기록합니다.
② 판정 및 정비(또는 조치) 사항
  (F) 판정 : 디스크 두께를 측정한 값이 규정(정비한계)값 범위를 벗어났으므로 ☑ **불량**에 표시합니다.
  (G) 정비 및 조치할 사항 : 판정이 불량이므로 **디스크 교체 후 재점검**을 기록합니다.
        판정이 양호이면 **정비 및 조치할 사항 없음**을 기록합니다.

3. 디스크 마모 및 런 아웃 규정(한계)값

차 종	런 아웃 한계값	디스크 마모량	
		기준값	한계값
싼타페	0.04 mm 이하	26 mm	24.4 mm
베르나	0.05 mm 이하	19 mm	17 mm
아반떼 XD	0.18 mm 이하	19 mm	17 mm
쏘나타 Ⅲ	0.10 mm 이하	22 mm	20 mm
EF 쏘나타/그랜저 XG	0.08 mm 이하	24 mm	22.4 mm

섀시 3 주어진 자동차에서 감독위원의 지시에 따라 (좌 또는 우측) 타이로드 엔드를 탈거 (감독위원에게 확인)하고 다시 조립하여 조향 휠의 직진 상태를 확인하시오.

 5안 참조 — 188쪽

섀시 4 주어진 자동차에서 감독위원의 지시에 따라 자동변속기의 오일 압력을 점검하고 기록·판정하시오.

4-1 자동변속기 오일 압력 측정

자동변속기 오일 압력 측정

1. 엔진을 충분히 워밍업한다.
   (A/T 70~80℃)

2. 변속 레버를 P, R, N, D로 움직여 오일 회로에 오일을 공급한다.

3. 변속 레버를 N의 위치로 선택한다.

4. 엔진을 공회전 rpm으로 유지한다.

5. 레벨 게이지에 찍힌 오일 양을 확인한다(열간 시 HOT 범위로 체크되어야 함).

6. 변속 레버를 D위치로 한다.

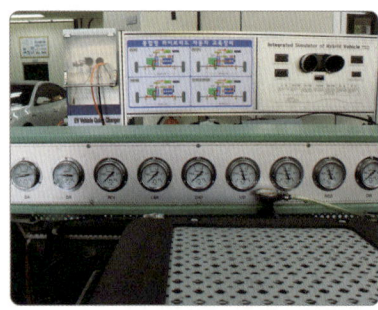
7. 시뮬레이터 압력계를 확인하고 감독위원이 지정한 압력을 측정한다.

8. 해당 오일 압력계에서 압력을 점검한다(OD 압력 8.0 kgf/cm^2).

9. 측정이 끝나면 엔진 시동을 OFF 한다.

실기시험 주요 Point

유압 제어장치

① **오일펌프** : 오일펌프는 엔진 시동과 함께 토크 컨버터에 의해 구동되며, 유압 조절장치의 자동 변속기 유압 회로에 작동부 압력을 제어할 수 있는 유압을 공급한다.

② **밸브 보디** : 밸브 보디는 오일펌프에서 공급된 유압을 작동부(클러치 및 브레이크) 유압 회로의 변속에 필요한 유압을 제어한다. 유압 제어 밸브는 매뉴얼 밸브, 스로틀 밸브, 압력 조정 밸브, 시프트 밸브, 거버너 밸브 등으로 구성되어 있다.

③ **어큐뮬레이터** : 어큐뮬레이터는 브레이크나 클러치가 작동할 때 변속 충격을 흡수한다.

답안지 작성

섀시 4   자동변속기 오일 압력 점검

항목	① 측정(또는 점검)		② 판정 및 정비(또는 조치) 사항		(H) 득점
(A) 자동차 번호 :			(B) 비번호		(C) 감독위원 확 인
항목	(D) 측정값	(E) 규정값	(F) 판정(□에 'V' 표)	(G) 정비 및 조치할 사항	(H) 득점
(OD)의 오일 압력	8.0 kgf/cm²	8.0~9.0 kgf/cm²	☑ 양호 □ 불량	정비 및 조치할 사항 없음	

※ 감독위원의 지시에 따라 공전 시 한 곳의 오일 압력을 측정합니다.

1. 답안지 공통 사항(감독위원 확인 및 기록 사항)

(C) 감독위원 확인 : 시험 전 또는 시험 후 감독위원이 채점 후 확인합니다(날인).
(H) 득점 : 감독위원이 해당 문항을 채점하고 점수를 기록합니다.

2. 수험자가 기록해야 할 답안 사항

(A) 자동차 번호 : 측정하는 자동차 번호를 기록합니다(측정 차량이 1대인 경우 생략할 수 있습니다).
(B) 비번호 : 책임관리위원(공단 본부)이 배부한 등번호(비번호)를 기록합니다.
① 측정(또는 점검)
 (D) 측정값 : (OD)의 오일 압력을 측정한 값 8.0 kgf/cm²를 기록합니다.
 (E) 규정값 : 정비지침서 규정값 또는 감독위원이 제시한 8.0~9.0 kgf/cm²를 기록합니다.
② 판정 및 정비(또는 조치) 사항
 (F) 판정 : 측정한 자동변속기 압력이 정상압력이므로 ☑ 양호에 표시합니다.
 (G) 정비 및 조치할 사항 : 판정이 양호이므로 정비 및 조치할 사항 없음을 기록합니다.

3. 자동변속기 오일 압력 규정값

측정 조건			기준 유압(kgf/cm²)						
변속 선택	변속단 위치	엔진 회전수 (r/min)	언더드라이브 클러치압 (UD)	리버스 클러치압 (REV)	오버드라이브 클러치압 (OD)	로&리버스 브레이크압 (LR)	세컨드 브레이크압 (2ND)	댐퍼 클러치 공급압 (DA)	댐퍼 클러치 해방압 (DR)
P	-	2500	-	-	-	2.7~3.5	-	-	-
R	후진	2500	-	13.0~18.0	-	13.0~18.0	-	-	-
N	-	2500	-	-	-	2.7~3.5	-	-	-
D	1속	2500	10.3~10.7	-	-	10.3~10.7	-	-	-
D	2속	2500	10.3~10.7	-	-	-	10.3~10.7	-	-
D	3속	2500	8.0~9.0	-	8.0~9.0	-	-	7.5 이상	0~0.1
D	4속	2500	-	-	8.0~9.0	-	8.0~9.0	7.5 이상	0~0.1

● 자동변속기 오일 압력이 규정값보다 낮을 경우

자동차 번호 :			비번호		감독위원 확 인	
항목	측정(또는 점검)		판정 및 정비(또는 조치) 사항			득점
	측정값	규정값	판정(□에 'V'표)	정비 및 조치할 사항		
(OD)의 오일 압력	7.8 kgf/cm²	8.0~9.0 kgf/cm²	□ 양호 V 불량	자동변속기 오일 보충 후 재점검		

※ 판정 및 정비(조치)사항 : 오일 압력 측정값이 규정값 범위를 벗어났으므로 V 불량에 표시하고, 자동변속기 오일 보충 후 재점검합니다.

● 자동변속기 오일 압력이 규정값 범위 내에 있을 경우

자동차 번호 :			비번호		감독위원 확 인	
항목	측정(또는 점검)		판정 및 정비(또는 조치) 사항			득점
	측정값	규정값	판정(□에 'V'표)	정비 및 조치할 사항		
(OD)의 오일 압력	8.2 kgf/cm²	8.0~9.0 kgf/cm²	V 양호 □ 불량	정비 및 조치할 사항 없음		

※ 판정 및 정비(조치)사항 : 오일 압력 측정값이 규정값 범위 내에 있으므로 V 양호에 표시하고, 정비 및 조치할 사항 없음을 기록합니다.

※ 감독위원의 지시에 따라 공전 시 한 곳의 오일 압력을 측정합니다.

실기시험 주요 Point

자동변속기 오일 압력 점검 시 유의사항
❶ 엔진 시동 후 반드시 정상온도(70~90℃)에서 점검한다.
❷ 오일 압력 규정값을 확인한 후 변속 선택(P, R, N, D)에 맞는 엔진 회전수(rpm)에서 측정값을 확인한다.

섀시 5 주어진 자동차에서 감독위원의 지시에 따라 제동력을 측정하여 기록·판정하시오.

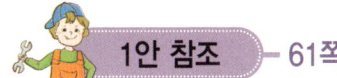 → 61쪽

실기시험 주요 Point

자동변속기 A/T 고장진단 절차

```
                    ┌─────────┐
                    │ 기초점검 │
                    └────┬────┘
                         ▼
  ┌──────────────┐  ┌──────────────┐
  │ • 결함 코드   │→ │ 고장진단(장비)│
  │ • 데이터 확인 │  └──────┬───────┘
  └──────────────┘         ▼
                    ┌─────────┐   ┌──────────────┐
                    │ 성능 점검│ ← │ • 타임 래그 테스트│
                    └────┬────┘   │ • 스톨 테스트 │
                         ▼        │ • 유압 테스트 │
  ┌──────────────┐                └──────────────┘
  │ • 전원 공급/접지│  ┌──────────────┐
  │ • 단선 · 단락  │→ │ TCM 회로 점검 │
  │ • 단품 점검    │  └──────┬───────┘
  └──────────────┘         ▼
                    ┌─────────┐   ┌──────────────┐
                    │ 주행 테스트│ ← │ • 변속시기    │
                    └────┬────┘   │ • 변속충격/이음│
                         ▼        │ • 엔진 브레이크│
                    ┌─────────┐   └──────────────┘
                    │ 결과 종합│
                    └─────────┘
```

<u>스포츠 모드</u>

일반 사양  → 안전 모드

국가기술자격 실기시험문제 7안 (전기)

| 자격종목 | 자동차정비기능사 | 과제명 | 자동차정비작업 |

비번호 : 시험시간 : 4시간(엔진 : 100분, 섀시 : 80분, 전기 : 60분)

전기 1

주어진 자동차에서 경음기와 릴레이를 탈거(감독위원에게 확인)한 후 다시 부착하여 작동을 확인하시오.

1-1 경음기 릴레이 탈·부착

작업 차량의 보닛을 열고 경음기와 릴레이 위치를 확인한다.

실기시험 주요 Point

경음기 회로 점검순서

축전지(12 V) 단자 → 메인 퓨즈 점검 → 서브 퓨즈블링크 퓨즈(회로 공통 점검) → 퓨즈 박스 퓨즈 점검 → 경음기 커넥터 점검 → 경음기 스위치 커넥터 → 경음기 릴레이 점검

1. 라디에이터 상단 그릴을 제거한다.

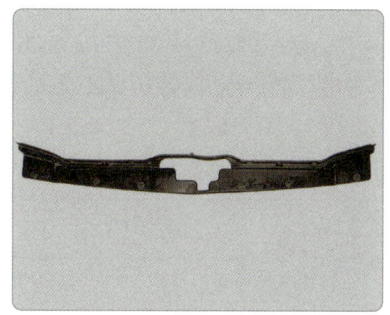
2. 라디에이터 상단 그릴을 정렬한다.

3. 경음기 장착위치를 확인한다.

4. 경음기 커넥터를 제거한다.

5. 경음기 고정 볼트를 풀고 경음기를 분해한다.

6. 경음기를 탈거한다.

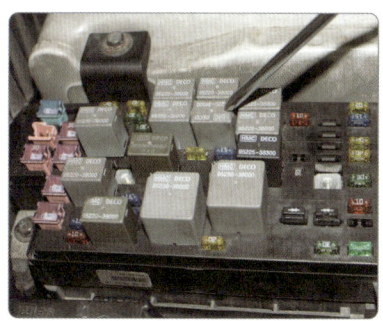
7. 릴레이를 탈거한 후 경음기와 함께 감독위원의 확인을 받는다.

8. 경음기를 조립한다.

9. 경음기 커넥터를 체결한다.

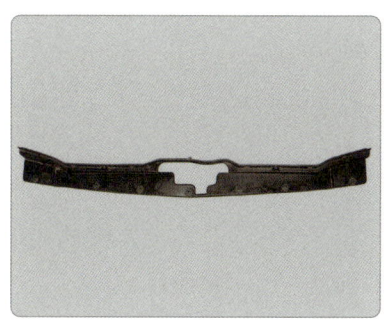
10. 라디에이터(상부)를 조립한다.

11. 경음기 릴레이를 조립한다.

12. 조립된 상태를 감독위원에게 확인을 받는다.

전기 2

주어진 자동차의 에어컨 시스템에서 감독위원의 지시에 따라 에어컨 라인의 압력을 점검하고 에어컨 작동상태의 이상 유무를 확인하여 기록표에 기록·판정하시오.

2-1 에어컨 라인 압력 측정

1. 차량에 에어컨 매니폴드 게이지를 설치한다.

2. 고압과 저압 라인을 확인하고 고압(적색) 호스를 연결한다.

3. 저압(청색) 호스를 연결한다. 엔진 시동 후 공회전상태를 유지한다.

4. 에어컨 온도를 17℃로 설정하고 에어컨을 가동한다.

5. 2500~3000 rpm으로 서서히 가속하면서 압력 변화를 확인한다.

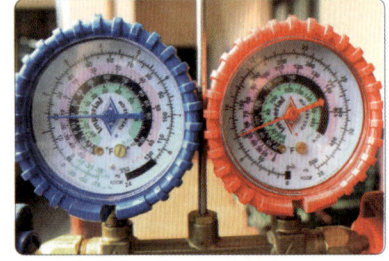

6. 저압과 고압을 측정한다(저압 : 1.4 kgf/cm², 고압 : 7 kgf/cm²).

실기시험 주요 Point

압력계 눈금에 따른 결과 판정(차종별로 조금씩 다를 수 있다.)

❶ 정상 → 저압 : 1.5~2.0 kgf/cm², 고압 : 14.5~15 kgf/cm²
❷ 에이컨 시스템 내부에 공기 혼입
   저압 : 2.5 kgf/cm² 정도, 고압 : 23 kgf/cm² 정도
❸ 에어컨 시스템 내부에 수분 혼입
   저압 : 1.5 kgf/cm² 정도, 고압 : 7~15 kgf/cm² 정도
❹ 냉매량 과다 → 저압 : 2.5 kgf/cm² 정도, 고압 : 20 kgf/cm² 정도
❺ 냉매량 부족 → 저압 : 0.8 kgf/cm² 정도, 고압 : 8~9 kgf/cm² 정도

답안지 작성

전기 2 에어컨 라인 압력 점검

항목	① 측정(또는 점검)		② 판정 및 정비(또는 조치) 사항		(H) 득점
	(D) 측정값	(E) 규정(정비한계)값	(F) 판정(□에 'V' 표)	(G) 정비 및 조치할 사항	
저압	1.4 kgf/cm²	2.0~2.25 kgf/cm²	□ 양호	냉매회수 후 재충전	
고압	7 kgf/cm²	26~32 kgf/cm²	☑ 불량		

(A) 자동차 번호: (B) 비번호   (C) 감독위원 확 인

1. 답안지 공통 사항(감독위원 확인 및 기록 사항)

(C) **감독위원 확인** : 시험 전 또는 시험 후 감독위원이 채점 후 확인합니다(날인).
(H) **득점** : 감독위원이 해당 문항을 채점하고 점수를 기록합니다.

2. 수험자가 기록해야 할 답안 사항

(A) **자동차 번호** : 측정하는 자동차 번호를 기록합니다(측정 차량이 1대인 경우 생략할 수 있습니다).
(B) **비번호** : 책임관리위원(공단 본부)이 배부한 등번호(비번호)를 기록합니다.
① **측정(또는 점검)**
  (D) **측정값** : 에어컨 충전기(또는 매니폴드 게이지)를 이용하여 측정한 값을 기록합니다.
    • 저압 : **1.4 kgf/cm²**   • 고압 : **7 kgf/cm²**
  (E) **규정(정비한계)값** : 감독위원이 제시한 값 또는 일반적인 규정값을 기록합니다.
    • 저압 : **2.0~2.25 kgf/cm²**   • 고압 : **26~32 kgf/cm²**
② **판정 및 정비(또는 조치) 사항**
  (F) **판정** : 측정한 값이 규정(정비한계)값 범위를 벗어났으므로 ☑ **불량**에 표시합니다.
  (G) **정비 및 조치할 사항** : 판정이 불량이므로 **냉매회수 후 재충전**을 기록합니다.

3. 에어컨 라인 압력 규정값

차 종 \ 압력 스위치	고압(kgf/cm²)		중압(kgf/cm²)		저압(kgf/cm²)	
	ON	OFF	ON	OFF	ON	OFF
EF 쏘나타	32.0±2.0		15.5±0.8		2.0±0.2	
그랜저 XG	32.0±2.0	26.0±2.0	15.5±0.8	11.5±1.2	2.0±0.2	2.3±0.25
아반떼 XD	32.0	26.0	14.0	18.0	2.0	2.25
베르나	32.0	26.0	14.0	18.0	2.0	2.25

※ ON-컴프레서 작동상태, OFF-컴프레서 정지상태

전기 3

주어진 자동차에서 라디에이터 전동 팬 회로의 고장부분을 점검한 후 기록표에 기록·판정하시오.

3-1 전동 팬 회로 점검

(1) 전동 팬 회로도-1

● 주요 부위 회로 점검

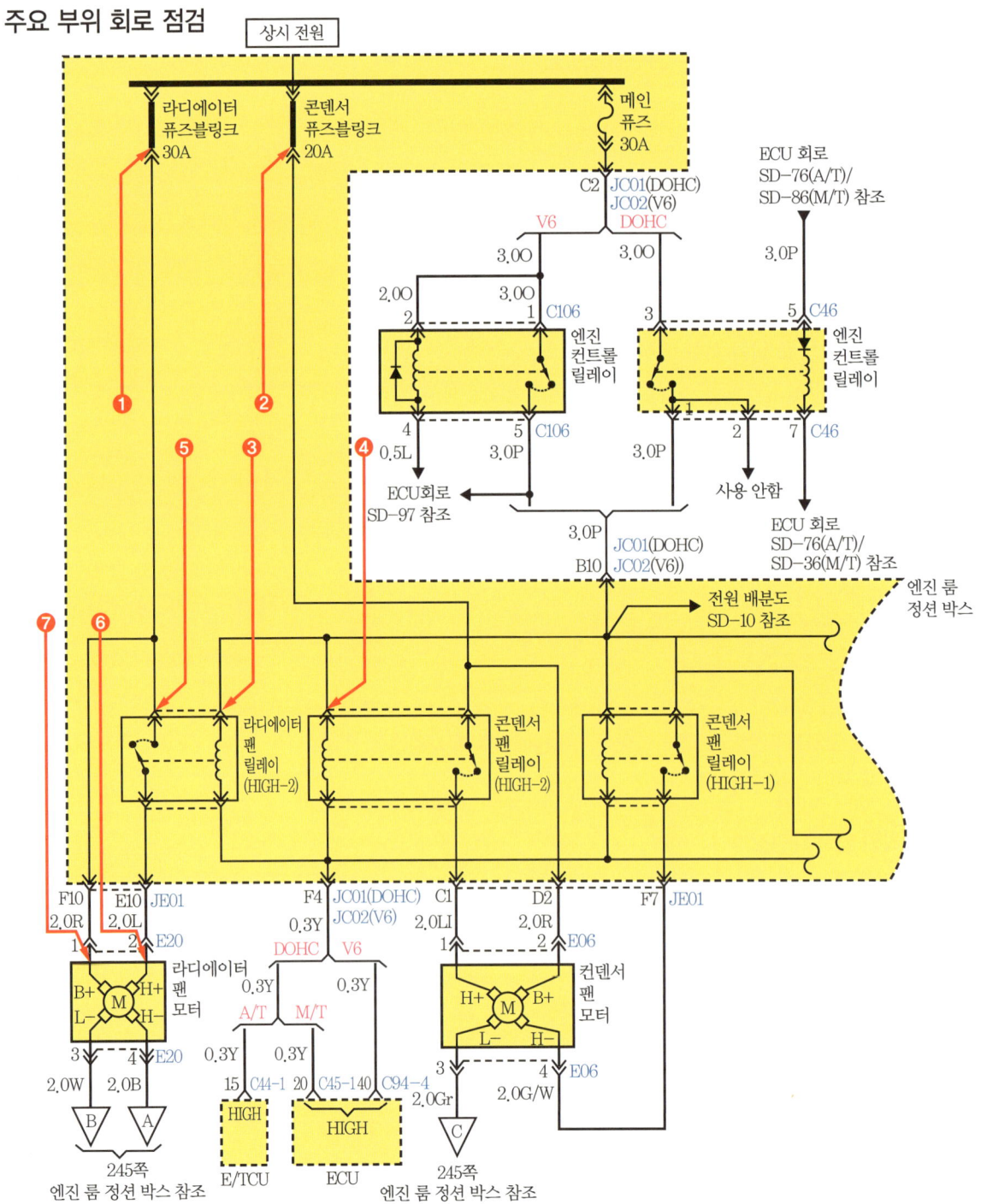

(2) 전동 팬 회로도-2

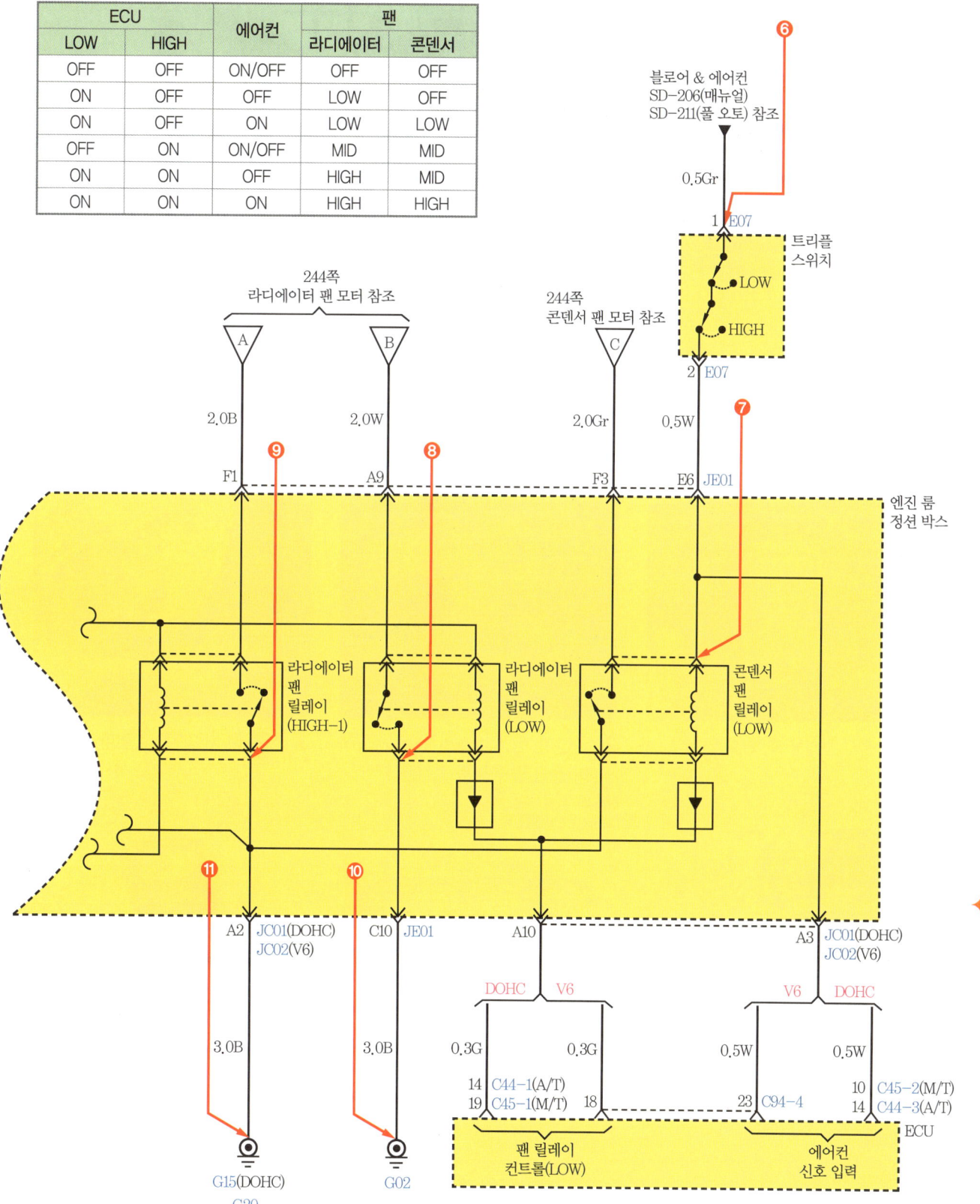

(3) 전동 팬 회로 점검

전동 팬 회로 점검 준비

1. 축전지 전압을 측정·확인한다.

2. 엔진 룸 정션 박스의 전동 팬 릴레이 전원 및 퓨즈를 점검한다.

3. 전동 팬 커넥터를 확인한다.

4. 전동 팬 모터의 작동을 확인한다.

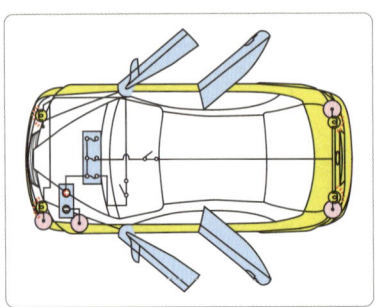

5. 릴레이 전원 접지상태를 점검한다.

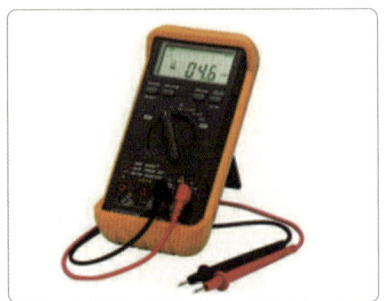

6. 멀티 테스터를 정리한다.

답안지 작성

전기 3 전동 팬 회로 점검

항목	① 측정(또는 점검)		② 판정 및 정비(또는 조치) 사항		(H) 득점
	(A) 자동차 번호 :		(B) 비번호	(C) 감독위원 확 인	
	(D) 이상 부위	(E) 내용 및 상태	(F) 판정(□에 'V' 표)	(G) 정비 및 조치할 사항	
전동 팬 회로	전동 팬 모터	커넥터 탈거	□ 양호 ☑ 불량	전동 팬 모터 커넥터 체결 후 재점검	

※ 제시된 전기회로도의 명칭을 사용·기입합니다.

1. 답안지 공통 사항(감독위원 확인 및 기록 사항)

(C) **감독위원 확인** : 시험 전 또는 시험 후 감독위원이 채점 후 확인합니다(날인).
(H) **득점** : 감독위원이 해당 문항을 채점하고 점수를 기록합니다.

2. 수험자가 기록해야 할 답안 사항

(A) **자동차 번호** : 측정하는 자동차 번호를 기록합니다(측정 차량이 1대인 경우 생략할 수 있습니다).
(B) **비번호** : 책임관리위원(공단 본부)이 배부한 등번호(비번호)를 기록합니다.
① **측정(또는 점검)**
　(D) **이상 부위** : 전동 팬이 작동되지 않는 이상 부위로 **전동 팬 모터**를 기록합니다.
　(E) **내용 및 상태** : 이상 부위의 내용 및 상태로 **커넥터 탈거**를 기록합니다.
② **판정 및 정비(또는 조치) 사항**
　(F) **판정** : 전동 팬 모터 커넥터가 탈거되었으므로 ☑ **불량**에 표시합니다.
　(G) **정비 및 조치할 사항** : 판정이 불량이므로 **전동 팬 모터 커넥터 체결 후 재점검**을 기록합니다.
※ **전동 팬 모터 및 회로 고장 원인**
- 축전지 터미널 연결 상태 불량
- 전동 팬 퓨즈의 탈거 및 단선
- 전동 팬 릴레이 탈거 및 불량
- 전동 팬 모터 커넥터 탈거
- 전동 팬 모터 불량 및 라인 단선
- 서모 스위치 커넥터 탈거 및 불량

실기시험 주요 Point

❶ 회로 내의 이상 여부를 판단하는 가장 빠른 부분은 릴레이이다. 릴레이를 분리시킨 다음 램프 테스터로 B단자와 S1단자에 축전지 (+)전원이 공급되는지를 확인한다(점화 SW가 ON되어야 전원이 공급되는 차량도 있다).
❷ L단자에 (−)전원이 공급되는지 확인한다.
❸ S2단자에는 냉각수 온도가 87~90℃ 정도 되었을 때 (−)전원이 공급되는지 확인한다.
❹ 위의 사항에 모두 이상이 없으면 릴레이를 점검하고 교환한다.

전기 4
주어진 자동차에서 좌 또는 우측의 전조등 광도를 측정하고 기록표에 기록·판정하시오.

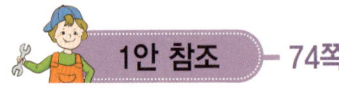 74쪽

 **실기시험 주요 Point**

전동 팬

축전지 전원으로 회전하는 팬으로, 수온 센서가 라디에이터에 설치되어 냉각수 온도를 감지하여 약 90℃ 정도가 되면 전동기에 축전지 전원을 연결하여 회전하게 된다.

전동 팬의 장점
1. 라디에이터 설치 위치가 자유롭다.
2. 히터의 난방이 빨리 된다.
3. 일정한 풍량을 항상 확보할 수 있어 공회전 시나 번잡한 시가지 주행 시에도 충분한 냉각 성능을 갖는다.

전동 팬의 단점

가격이 고가이고 팬을 가동하는 소비전력이 많으며 작동 시 소음이 큰 것 등을 들 수 있다. 전동 팬의 송풍량은 전동기 용량에 따라 결정되며, 전동기의 용량은 일반적으로 35~130 W가 된다.
팬의 지름은 190~280 mm이고 송풍량은 500~1400 m³/h 정도이다. 전동 팬은 흡입형과 압송형이 있으며 일반적으로 흡입형을 많이 사용한다.

구 분	팬 클러치	전동 팬
작동	자동 팬이라고도 하며 팬의 회전을 엔진실 내의 온도에 따라 자동적으로 조절하기 위한 장치이다.	전동 팬은 모터로 냉각팬을 구동하는 형식이다. 앞 엔진 앞바퀴 구동(FF CAR) 자동차에서는 이 형식을 많이 이용한다. 서모 스위치는 냉각수의 온도를 감지하여 어느 온도에 도달하면 팬을 작동한다(90~100℃).
장점	팬의 구동에 소비되는 동력손실을 적게 한다. 엔진의 과랭이나 팬의 소음을 적게 한다.	라디에이터의 설치가 자유롭다. 엔진의 워밍 업이 빠르다. 냉각수의 일정한 온도에서 작동되므로 불필요한 동력 손실을 줄일 수 있다.

자동차정비기능사 실기시험 8안

파트별	안별 문제	8안
엔진	엔진(부품) 분해 조립	공기청정기(가솔린/점화플러그)
	측정/답안작성	압축압력시험
	시스템 점검/엔진 시동	연료계통회로
	부품 탈거/조립	엔진 점화코일
	자기진단(답안작성)	스캐너를 이용한 엔진 전자제어 센서(액추에이터) 점검
	차량 검사 측정	가솔린 배기가스
섀시	부품 탈거/조립	액슬축(후륜)
	점검/답안작성	A/T 오일 점검
	부품 탈거 작동 상태	브레이크 캘리퍼
	점검/답안작성	A/T 인히비터 스위치
	안전기준 검사	최소회전반지름
전기	부품 탈거/조립 작동 확인	윈도 레귤레이터
	측정/답안작성	축전지 점검 급속 충전, 비중 전압
	전기회로 점검/고장부위 작성	충전회로
	차량 검사 측정	경음기 음량

국가기술자격 실기시험문제 8안 (엔진)

자격종목	자동차정비기능사	과제명	자동차정비작업

비번호 :   시험시간 : 4시간(엔진 : 100분, 섀시 : 80분, 전기 : 60분)

엔진 1

주어진 가솔린 엔진에서 에어 클리너(어셈블리)와 점화플러그를 모두 탈거(감독위원에게 확인)하고 감독위원의 지시에 따라 기록표의 내용대로 기록·판정한 후 다시 조립하시오.

1-1 엔진 분해 조립

 1안 참조 — 22쪽

1-2 엔진 압축압력 측정

1. 흡입덕트 고정 클립 볼트를 풀고 흡입덕트를 엔진에서 분리한다.

2. 점화코일 커넥터를 분리하고 점화코일을 실린더 헤드에서 분리한다.

3. 스파크 플러그 렌치를 사용하여 스파크 플러그를 분해한다.

4. 연결대를 사용하여 점화플러그를 탈거한다.

5. 지정된 실린더에 압축압력계를 설치한다.

6. 크랭크각 센서 커넥터를 분리한다.

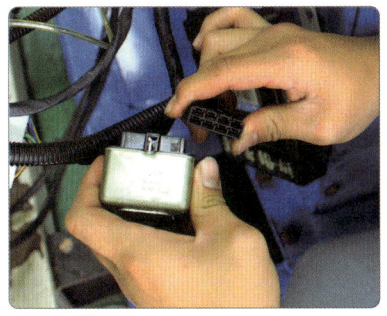  

7. 메인 컨트롤 릴레이 커넥터를 분리한다.

8. 스로틀 밸브를 최대한 오픈한 뒤 크랭킹(300~350 rpm)하면서 압축압력을 측정한다.

9. 측정된 압축압력을 답안지에 기록한다(15.5 kgf/cm^2).

실기시험 주요 Point

압축압력 시험 측정 전 준비사항

① 엔진 오일, 시동 모터 상태 및 축전지를 점검한다(12.6~13.8 V).
② 엔진을 충분히 워밍업시킨다(냉각수 온도가 85~95℃ 정도 될 때까지 엔진을 가동한다).
③ 시동을 OFF한 후 에어클리너 및 스파크 플러그를 탈거한다.
④ 크랭크각 센서 커넥터 및 연료 펌프 퓨즈나 릴레이를 탈거한다(엔진 시동이 걸리지 않도록 한다).
⑤ 스로틀 밸브를 완전히 개방하고 엔진 흡입 저항이 최소가 되도록 한다.
※ 각 기통별 실린더 스파크 플러그 전체를 탈거하여 피스톤 압축 시 압력이 근접한 실린더에 전달되지 않도록 한다.

압축압력 판정

① 압축압력이 규정값보다 낮을 경우 : 실린더 마모, 밸브 시트의 접촉 불량, 실린더 헤드 개스킷 불량
② 압축압력이 규정값보다 높을 경우 : 연소실 카본 퇴적

답안지 작성

엔진 1 가솔린 엔진 압축압력 점검

	(A) 엔진 번호 :		(B) 비번호		(C) 감독위원 확 인	
항목	① 측정(또는 점검)		② 판정 및 정비(또는 조치) 사항			(H) 득점
	(D) 측정값	(E) 규정(정비한계)값	(F) 판정(□에 'V' 표)	(G) 정비 및 조치할 사항		
(3)번 실린더 압축압력	15.5 kgf/cm²	16.5 kgf/cm²	☑ 양호 □ 불량	정비 및 조치할 사항 없음		

1. 답안지 공통 사항(감독위원 확인 및 기록 사항)

(C) 감독위원 확인 : 시험 전 또는 시험 후 감독위원이 채점 후 확인합니다(날인).
(H) 득점 : 감독위원이 해당 문항을 채점하고 점수를 기록합니다.

2. 수험자가 기록해야 할 답안 사항

(A) 엔진 번호 : 측정하는 엔진 번호를 기록합니다(측정 엔진이 1대인 경우 생략할 수 있습니다).
(B) 비번호 : 책임관리위원(공단 본부)이 배부한 등번호(비번호)를 기록합니다.
① 측정(또는 점검)
 (D) 측정값 : 측정한 압축압력 15.5 kgf/cm²를 기록합니다.
 (E) 규정(정비한계)값 : 정비지침서를 확인하고 16.5 kgf/cm²를 기록합니다.
② 판정 및 정비(또는 조치) 사항
 (F) 판정 : 측정한 값이 규정(정비한계)값 범위 내에 있으므로 ☑ 양호에 표시합니다.
 (G) 정비 및 조치할 사항 : 판정이 양호이므로 정비 및 조치할 사항 없음을 기록합니다.
  판정이 불량일 때는 피스톤 간극 및 밸브 접촉상태 점검을 기록합니다.

3. 압축압력 기준값

차 종		규정값	한계값
아반떼	1.5 D	16.5 kgf/cm²	-
	1.8 D	15.0 kgf/cm²	-
EF 쏘나타	1.8 D	12.5 kgf/cm²	11.5 kgf/cm²
	2.0 D	12.5 kgf/cm²	11.5 kgf/cm²

● 압축압력이 규정값보다 낮을 경우

항목	측정(또는 점검)		판정 및 정비(또는 조치)사항		득점
	측정값	규정(정비한계)값	판정(□에 'V'표)	정비 및 조치할 사항	
(3)번 실린더 압축압력	9 kgf/cm²	16.5 kgf/cm²	□ 양호 V 불량	피스톤 간극 및 밸브 접촉상태 점검	

※ 판정 및 정비(조치)사항 : 측정값이 규정값의 90% 이상 110% 미만에 없으므로 V 불량에 표시하고, 피스톤 간극 및 밸브 접촉 상태를 점검합니다.

● 압축압력이 규정값보다 낮을 경우

항목	측정(또는 점검)		판정 및 정비(또는 조치)사항		득점
	측정값	규정(정비한계)값	판정(□에 'V'표)	정비 및 조치할 사항	
(3)번 실린더 압축압력	16 kgf/cm²	16.5 kgf/cm²	V 양호 □ 불량	정비 및 조치할 사항 없음	

※ 판정 및 정비(조치)사항 : 측정값이 규정값의 90% 이상 110% 미만에 있으므로 V 양호에 표시하고, 정비 및 조치할 사항 없음을 기록합니다.

실기시험 주요 Point

압축압력의 판정
❶ 압축압력을 측정한 값이 규정값의 90% 이상 110% 미만이면 양호이다.
❷ 판정이 불량인 원인으로 압축압력이 규정값보다 낮을 때는 실린더 마모, 밸브 시트의 접촉 불량, 실린더 헤드 개스킷 불량으로 볼 수 있으며, 규정값보다 높을 때는 연소실 카본 퇴적으로 볼 수 있다.

엔진 2 주어진 전자제어 가솔린 엔진에서 감독위원의 지시에 따라 시동에 필요한 연료 장치 회로의 이상개소를 점검 및 수리하여 시동하시오.

2안 참조 — 85쪽

엔진 3 주어진 자동차의 엔진에서 점화코일을 탈거(감독위원에게 확인)한 후 다시 조립하고, 감독위원의 지시에 따라 진단기(스캐너)를 사용하여 엔진의 각종 센서(액추에이터)를 점검 후 고장부분을 기록하시오.

3-1 점화코일 탈·부착

1. 작업 차량을 정렬하고 점화코일 보호 커버를 분해한다.

2. 점화스위치를 OFF한다.

3. 점화코일 커넥터를 탈거한다.

4. 고압케이블을 탈거하고 점화코일을 탈거한다.

5. 탈거된 점화코일을 확인하고 감독위원의 확인을 받는다.

6. 점화코일을 실린더 헤드에 조립한다.

7. 고압케이블을 점화코일 접속순서에 맞게 체결한다(1-4, 2-3).
8. 점화코일 배선 커넥터을 체결한다.
9. 점화코일 보호 커버를 조립한다.

3-2 엔진의 각종 센서 점검

1안 참조 — 33쪽

엔진 4 주어진 자동차에서 기록표에 제시된 내용을 측정하고 기록·판정하시오.

2안 참조 — 90쪽

실기시험 주요 Point

점화 스위치

시동 스위치와 겸하고 있으며, 1단 약한 전기부하, 2단 점화 스위치(ON) 시 주요 전원 공급, 3단 시동 스위치(ST)가 작동하며 엔진 시동이 걸리게 된다(자동차 주행에 따른 장치별 전원 공급).

전원 단자	사용 단자	전원 내용	장 치
B+	battery plus	IG/key 전원 공급 없는 (상시 전원)	비상등, 제동등, 실내등, 혼, 안개등 등
ACC	accessory	IG/key 1단 전원 공급	약한 전기부하 오디오 및 미등
IG 1	ignition 1 (ON단자)	IG/key 2단 전원 공급 (accessory 포함)	(엔진 시동 중 전원 ON) 클러스터, 엔진 센서, 에어백, 방향지시등, 후진등 등
IG 2	ignition 2 (ON단자)	IG/key start 시 전원 공급 Off	전조등, 와이퍼, 히터, 파워윈도 등 각종 유닛류 전원 공급
ST	start	IG/key St에 흐르는 전원	기동전동기

국가기술자격 실기시험문제 8안 (섀시)

| 자격종목 | 자동차정비기능사 | 과제명 | 자동차정비작업 |

비번호 :　　　　　　　　　시험시간 : 4시간(엔진 : 100분, 섀시 : 80분, 전기 : 60분)

섀시 1
주어진 후륜구동(FR 형식) 자동차에서 감독위원의 지시에 따라 액슬축을 탈거(감독위원에서 확인)한 후 다시 조립하시오.

1-1 후륜 액슬축 탈·부착

1. 바퀴에 고정된 액슬축을 고정 볼트로 분해한다.

2. 액슬축을 뒤 차축에서 분리한다.

3. 액슬축을 탈거한다.

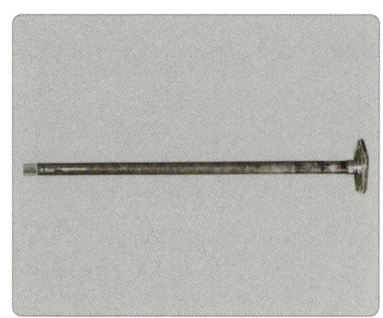

4. 감독위원에게 확인을 받는다.

5. 액슬축을 조립한다.

6. 차축을 정리하고 감독위원에게 확인을 받는다.

섀시 2

주어진 자동차에서 감독위원의 지시에 따라 자동변속기의 오일량을 점검하여 기록·판정하시오.

2-1 자동변속기 오일 점검

1. 엔진을 충분히 워밍업한다. (A/T, 70~80℃)

2. 변속 레버를 P, R, N, D로 움직여 오일 회로에 오일을 공급한다.

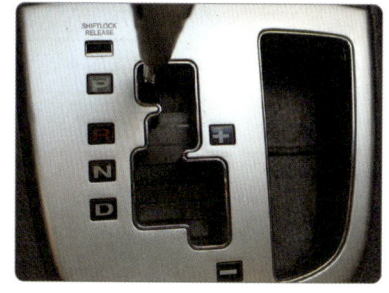

3. 변속 레버를 N의 위치로 선택한다.

4. 엔진을 공회전 rpm으로 유지한다.

5. 레벨 게이지를 뽑아 닦아내고 다시 원위치한다.

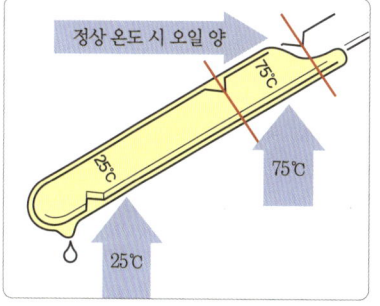

6. 레벨 게이지에 찍힌 오일 양을 확인한다. 열간 시 HOT 라인 범위로 체크되어야 한다.

실기시험 주요 Point

오일 점검 시 정상온도(70~80℃)로 유지하거나 냉각팬이 회전될 때까지 기다린 후 엔진 작동상태에서 오일 양을 점검한다.

자동변속기 오일 상태로 확인한 고장 원인

① 정상인 경우 : 투명하고 붉은 와인색
② 갈색인 경우 : 오일이 장시간 고온에 노출되어 열화를 일으킨 경우
③ 검은색을 띠는 경우 : 변속기 내부 클러치판의 마멸된 분말에 의한 오손, 부싱 및 기어의 마모
④ 니스 모양으로 된 경우 : 오일이 매우 고온에 노출된 경우
⑤ 백색인 경우 : 수분의 혼입인 경우
⑥ 쇳가루나 알루미늄 가루가 나오는 경우 : 스테이터 부싱, 원웨이 클러치, 부품의 마모

답안지 작성

섀시 2 자동변속기 오일 양 점검

항목	① 측정(또는 점검)	② 판정 및 정비(또는 조치) 사항		(F) 득점
(A) 자동차 번호 :		(B) 비번호	(C) 감독위원 확 인	
		(D) 판정(□에 'V' 표)	(E) 정비 및 조치할 사항	
오일 양	COLD　　　HOT 오일 레벨을 게이지에 그리시오.	☑ 양호 □ 불량	**정비 및 조치할 사항 없음**	

1. 답안지 공통사항(감독위원 확인 및 기록 사항)

(C) **감독위원 확인** : 시험 전 또는 시험 후 감독위원이 채점 후 확인합니다(날인).
(F) **득점** : 감독위원이 해당 문항을 채점하고 점수를 기록합니다.

2. 수험자가 기록해야 할 답안 사항

(A) **자동차 번호** : 측정하는 자동차 번호를 기록합니다(측정 차량이 1대인 경우 생략할 수 있습니다).
(B) **비번호** : 책임관리위원(공단 본부)이 배부한 등번호(비번호)를 기록합니다.
① **측정(또는 점검)**
　점검한 오일 양의 위치를 표시합니다(오일 레벨 게이지 표시 부분).
② **판정 및 정비(또는 조치) 사항**
(D) **판정** : 측정한 오일 양이 HOT 범위에 있으므로 ☑ **양호**에 표시합니다.
(E) **정비 및 조치할 사항** : 판정이 양호이므로 **정비 및 조치할 사항 없음**을 기록합니다.
　　　　　　　　　판정이 불량일 때는 오일 양이 많을 경우 오일 양을 덜어 규정량을 맞추고
　　　　　　　　　오일 양이 적을 경우 오일 양을 보충하여 규정량을 맞춥니다.

※ **자동변속기 오일 상태로 확인한 고장 원인**
① 정상인 경우 : 투명하고 붉은 와인색
② 갈색인 경우 : 오일이 장시간 고온에 노출되어 열화를 일으킨 경우
③ 검은색을 띠는 경우 : 변속기 내부 클러치판의 마멸된 분말에 의한 오손, 부싱 및 기어의 마모
④ 니스 모양으로 된 경우 : 오일이 매우 고온에 노출된 경우
⑤ 백색인 경우 : 수분의 혼입인 경우
⑥ 쇳가루나 알루미늄 가루가 나오는 경우 : 스테이터 부싱, 원웨이 클러치, 부품의 마모

● 자동변속기 오일 양이 많을 경우

자동차 번호 :		비번호		감독위원 확 인	
항목	측정(또는 점검)	판정 및 정비(또는 조치) 사항		득점	
		판정(□에 'ˇ'표)	정비 및 조치할 사항		
오일 양	COLD ▍ HOT 오일 레벨을 게이지에 그리시오.	□ 양호 ☑ 불량	자동변속기 오일 드레인 플러그를 풀고 오일을 배출하여 조정한 후 재점검		

※ 판정 및 정비(조치)사항 : 자동변속기 오일 양이 HOT 범위보다 높게 측정되었으므로 ☑ 불량에 표시하며, 자동변속기 오일 드레인 플러그를 풀고 오일을 배출하여 조정 후 재점검합니다.

● 자동변속기 오일 양이 적을 경우

자동차 번호 :		비번호		감독위원 확 인	
항목	측정(또는 점검)	판정 및 정비(또는 조치) 사항		득점	
		판정(□에 'ˇ'표)	정비 및 조치할 사항		
오일 양	COLD ▍ HOT 오일 레벨을 게이지에 그리시오.	□ 양호 ☑ 불량	오일 레벨 게이지 주입구에 오일을 보충하여 조정한 후 재점검		

※ 판정 및 정비(조치)사항 : 자동변속기 오일 양이 HOT 범위보다 낮게 측정되었으므로 ☑ 불량에 표시하고, 오일 레벨 게이지 주입구에 오일을 보충하여 조정 후 재점검합니다.

실기시험 주요 Point 자동변속기 오일 양에 따른 정비 및 조치할 사항
❶ 오일 양이 많을 경우 → 오일 드레인 플러그를 풀고 오일을 배출하여 오일 양을 조정한다.
❷ 오일 양이 적을 경우 → 오일 레벨 게이지 주입구에 오일을 보충하여 오일 양을 조정한다.

| 섀시 3 | 주어진 자동차에서 감독위원의 지시에 따라 브레이크 캘리퍼를 탈거(감독위원에게 확인)하고 다시 조립하여 공기빼기 작업 후 브레이크의 작동상태를 확인하시오. |

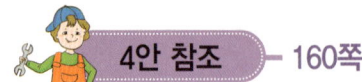 → 160쪽

| 섀시 4 | 주어진 자동차에서 감독위원의 지시에 따라 인히비터 스위치와 변속 선택 레버의 위치를 점검하고 기록 · 판정하시오. |

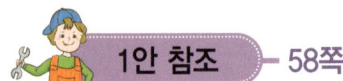 → 58쪽

| 섀시 5 | 주어진 자동차에서 감독위원의 지시에 따라 좌 또는 우회전 시 최소회전반경을 측정하여 기록 · 판정하시오. |

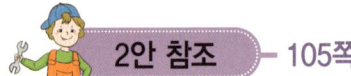 → 105쪽

실기시험 주요 Point

오토 릴레이 점검

자기진단 확인 → 서비스 데이터 → A/T 컨트롤 릴레이 출력 전압 확인, 고장 확인(현재 상태)

❶ TCU에서 A/T 컨트롤 릴레이 단선, 단락 출력 조건 : A/T 컨트롤 릴레이 ON 지시로부터 0.6초 경과 후 7 V 이하로 0.1초 이상 지속된 경우(단, 전원 전압이 9 V 이하일 때는 점검하지 않는다.)

❷ A/T 컨트롤 릴레이 0 V 출력 조건
 • 시스템 고장일 때 : 동기 어긋남, 각 센서 계통 단선 · 단락, 솔레노이드 밸브 계통 단선 · 단락 등
 • A/T 컨트롤 릴레이 계통 불량일 때 : 관련 퓨즈, 관련 배선, A/T 컨트롤 릴레이 단품 불량 등

국가기술자격 실기시험문제 8안 (전기)

| 자격종목 | 자동차정비기능사 | 과제명 | 자동차정비작업 |

비번호 :　　　　　　시험시간 : 4시간(엔진 : 100분, 섀시 : 80분, 전기 : 60분)

전기 1
주어진 자동차에서 감독위원의 지시에 따라 윈도 레귤레이터(또는 파워윈도 모터)를 탈거(감독위원에게 확인)한 후 다시 부착하여 윈도 모터가 원활하게 작동이 되는지 확인하시오.

1-1 윈도 레귤레이터 탈·부착

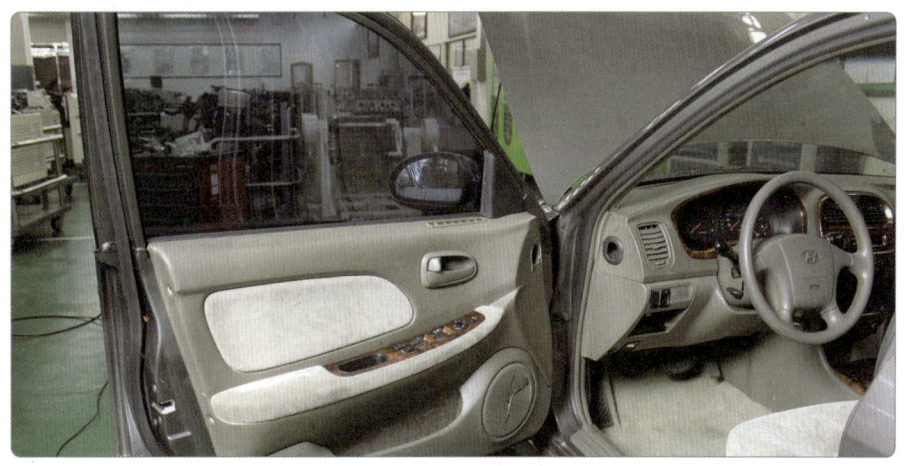

윈도 레귤레이터 탈·부착 차량의 도어를 확인한다.

1. 작업 차량의 도어를 확인한다.

2. 델타 몰딩을 탈거한다.

3. 트림 패널 인사이드 스크루를 탈거한다.

4. 핸들 고정 스크루를 탈거한다.

5. 핸들을 탈거한다.

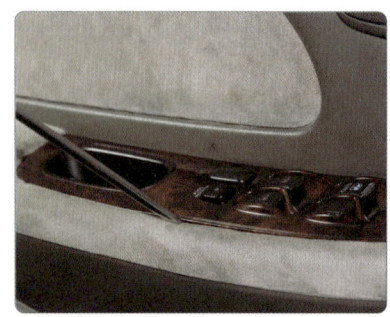
6. 파워윈도 유닛을 탈거한다.

7. 파워윈도 유닛을 탈거한 후 커넥터를 정렬한다.

8. 트림 패널 하단 스크루를 탈거한다.

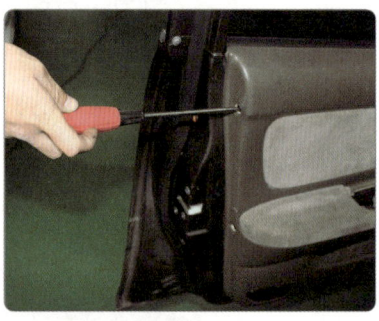
9. 트림 패널 아웃사이드 스크루를 탈거한다.

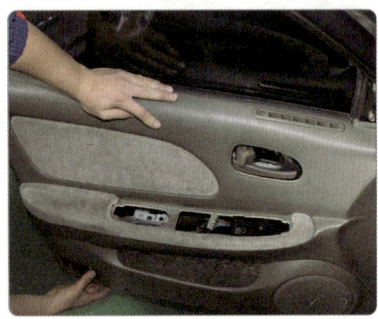
10. 트림 패널을 탈거한다.

11. 도어스위치를 연결하고 도어윈도 글라스를 내린다.

12. 그립을 탈거한다.

13. 도어윈도 글라스를 탈거한다. 글라스가 떨어지지 않게 주의한다.

14. 도어윈도 글라스를 정렬한다.

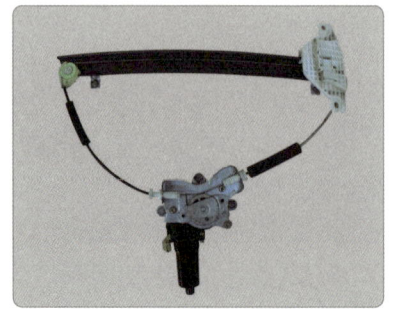
15. 파워윈도 레귤레이터를 정렬한 후 감독위원의 확인을 받는다.

16. 파워윈도 레귤레이터를 도어 패널 안으로 넣는다.

17. 파워윈도 레귤레이터 고정 볼트를 조립한다.

18. 도어윈도 글라스를 들어 올리며 조립한다.

19. 도어윈도 글라스 상단 고정 볼트를 조립한다.

20. 윈도 모터 커넥터를 고정한다.

21. 파워유닛 스위치를 연결하고 도어윈도 글라스를 UP시킨다.

22. 그립을 조립한다.

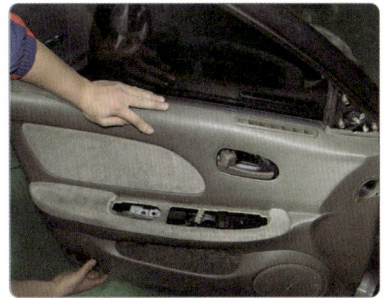

23. 트림 패널을 조립한다.

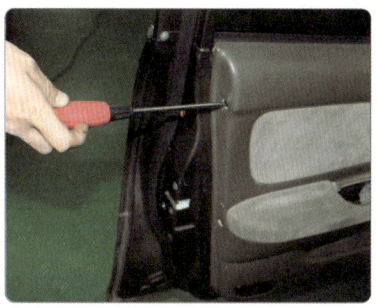

24. 트림 패널 고정 스크루 아웃사이드를 조립한다.

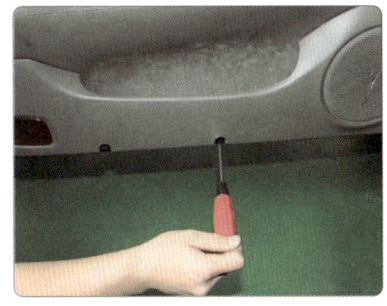

25. 트림 패널 고정 스크루 하단을 조립한다.

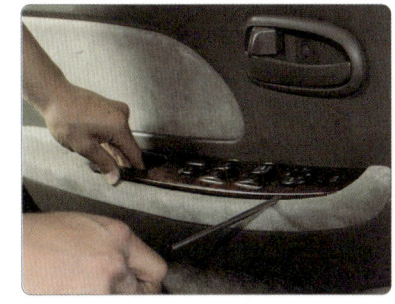

26. 파워유닛 스위치를 조립한다.

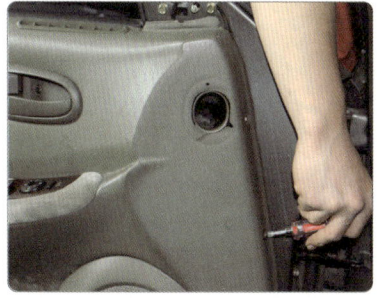

27. 트림 패널 고정 스크루 안쪽을 조립한다.

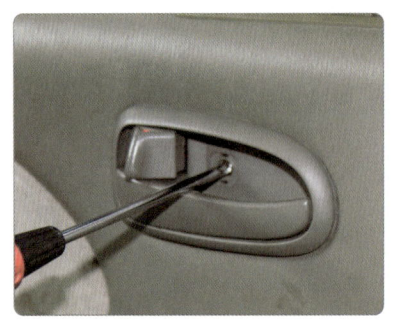
28. 핸들 고정 볼트를 조립한다.

29. 델타 몰딩을 조립한다.

30. 주변 정리 후 감독위원에게 확인을 받는다.

실기시험 주요 Point

파워원도 회로 점검 시 주의사항
① 파워윈도를 교체하거나 수리를 할 경우 축전지 (-)단자를 탈거한 후 진행한다.
② 릴레이에 충격을 가하지 않도록 한다.
③ 배선 커넥터를 분리하여 연결할 경우에는 작동음이 들릴 때까지 힘을 가해 조립한다.
④ 퓨즈 교체 시에는 정격 용량이 맞는 것을 사용한다.

파워원도 배선 점검사항
① 파워윈도 회로의 배선이 단선되었거나 커넥터의 연결이 분리되었는지 점검한다.
② 퓨즈 상태를 점검한다.
③ 파워윈도 회로의 스위치 접점 소손이나 저항의 발생으로 접촉상태가 불량한지 확인한다.
④ 퓨즈의 단선과 회로가 단락되었는지 점검한다(필요시 퓨즈 교체).
⑤ 퓨즈의 단선 유무를 점검한다.

파워원도 레귤레이터 교체작업
① 축전지 (-)단자를 탈거한 후 파워윈도 레귤레이터 교체를 실시한다.
② 커넥터를 분리한다.
③ 교체하고자 하는 도어 트림을 분리한다.
④ 파워윈도 레귤레이터를 탈거한다.

전기 2

주어진 자동차에서 축전지를 감독위원의 지시에 따라 급속 충전한 후 충전된 축전지의 비중과 전압을 측정하여 기록표에 기록·판정하시오.

2-1 축전지 급속 충전

축전지 충전

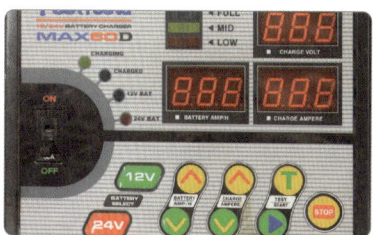

1. 충전기 전원 스위치가 OFF인지 확인한다.

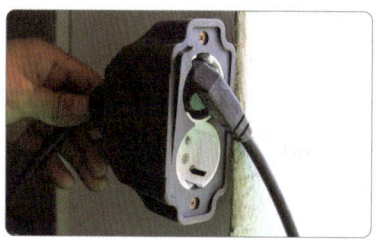

2. 전원플러그를 전용 콘센트에 연결한다.

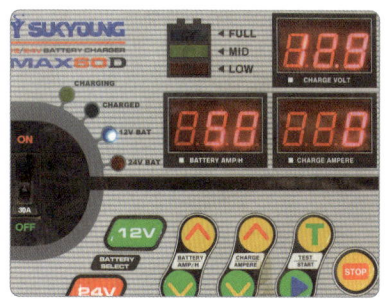

3. 전원스위치를 ON시킨다.

4. 축전지 출력 클립의 적색을 (+)단자에, 흑색을 (−)단자에 연결한다.

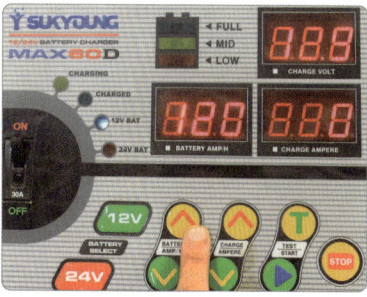

5. 축전지가 연결되면 자동으로 축전지 전압을 선택한다.

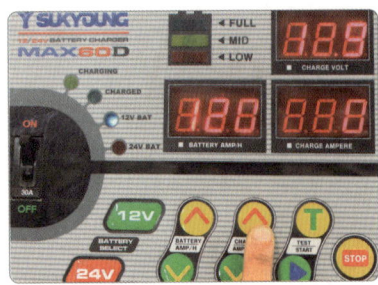

6. 축전지 용량 버튼을 이용하여 충전 용량을 설정한다.

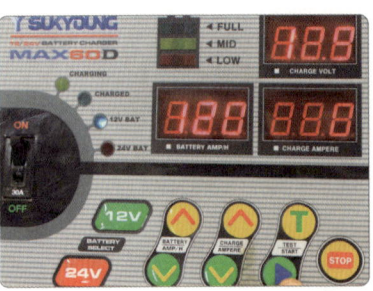

7. 버튼을 눌러 충전 전류를 조정한다.

8. 예 축전지 12 V 60 AH, 2개인 경우 120 A

9. 충전 시작 버튼을 누르면 충전을 시작한다.

10. 충전이 완료되면 멜로디가 나오며 STOP 버튼을 눌러 충전을 정지하고 클립을 분리한다.

11. 충전을 마친 후 충전된 축전지는 별도 분리하여 관리한다.

2-2 축전지 비중 측정

1. 비중계에 전해액을 1~2방울 적신다.

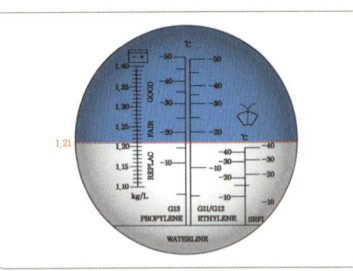

2. 광학식 비중계 눈금을 읽는다. (1.210)

3. 멀티 테스터를 사용하여 충전 전압을 확인한다(12.46 V).

실기시험 주요 Point

충전장치 고장 원인

① 축전지 체결 불량
② 메인 퓨즈블링크 단선
③ 발전기 구동 벨트 장력의 느슨함
④ 발전기 퓨즈의 탈거 및 단선
⑤ 발전기 B 단자 연결 불량
⑥ 발전기 회로 연결 커넥터 분리

답안지 작성

전기 2 축전지 비중 및 전압 점검

	(A) 자동차 번호 :		(B) 비번호		(C) 감독위원 확 인	
항 목	① 측정(또는 점검)		② 판정 및 정비(또는 조치) 사항			(H) 득점
	(D) 측정값	(E) 규정(정비한계)값	(F) 판정(□에 'V' 표)	(G) 정비 및 조치할 사항		
축전지 비중	1.210	1.260~1.280 (1.210~1.230)	☑ 양호 □ 불량	정비 및 조치할 사항 없음		
축전지 전압	12.46 V	12.6 V 이상(12.0 V 이상)				

1. 답안지 공통 사항(감독위원 확인 및 기록 사항)

> (C) 감독위원 확인 : 시험 전 또는 시험 후 감독위원이 채점 후 확인합니다(날인).
> (H) 득점 : 감독위원이 해당 문항을 채점하고 점수를 기록합니다.

2. 수험자가 기록해야 할 답안 사항

> (A) 자동차 번호 : 측정하는 자동차 번호를 기록합니다(측정 차량이 1대인 경우 생략할 수 있습니다).
> (B) 비번호 : 책임관리위원(공단 본부)이 배부한 등번호(비번호)를 기록합니다.
> ① 측정(또는 점검)
>   (D) 측정값 : 비중계 및 용량 시험기를 이용하여 비중과 전압을 측정한 값을 기록합니다.
>   • 축전지 비중 : 1.210   • 축전지 전압 : 12.46 V
>   (E) 규정(정비한계)값 : • 축전지 비중 : 1.260~1.280(1.210~1.230)
>   • 축전지 전압 : 12.6 V 이상(12.0 V 이상)
> ② 판정 및 정비(또는 조치) 사항
>   (F) 판정 : 측정한 값이 규정(정비한계)값 범위 내에 있으므로 ☑ 양호에 표시합니다.
>   (G) 정비 및 조치할 사항 : 판정이 양호이므로 정비 및 조치할 사항 없음을 기록합니다.

실기시험 주요 Point

충전 상태		20℃		전체(V) 단자전압	셀당(V) 단자전압	판 정	비 고
		A	B				
완전 충전	100%	1.260	1.280	12.6 V 이상	2.1 V 이상	정상	사용가
3/4 충전	75%	1.210	1.230	12.0 V	2.0 V	양호	
1/3 충전	50%	1.160	1.180	11.7 V	1.95 V	불량	충전 요망
1/4 충전	25%	1.110	1.130	11.1 V	1.85 V	불량	
완전 방전	0	1.060	1.080	10.5 V	1.75 V	불량	

● 축전지 비중과 전압이 규정값보다 낮을 경우

항목	측정(또는 점검)		판정 및 정비(또는 조치) 사항		득점
	측정값	규정(정비한계)값	판정(□에 'V'표)	정비 및 조치할 사항	
축전지 비중	1.150	1.260~1.280 (1.210~1.230)	□ 양호 ☑ 불량	축전지 충전 후 재점검	
축전지 전압	11.85 V	12.6 V(12.0 V) 이상			

자동차 번호 :   비번호   감독위원 확 인

※ 판정 및 정비(조치)사항 : 축전지 비중과 축전지 전압이 모두 규정값 범위를 벗어났으므로 ☑ 불량에 표시하고, 축전지 충전 후 재점검합니다.

● 축전지 비중과 전압이 규정값 범위 내에 있을 경우

항목	측정(또는 점검)		판정 및 정비(또는 조치) 사항		득점
	측정값	규정(정비한계)값	판정(□에 'V'표)	정비 및 조치할 사항	
축전지 비중	1.230	1.260~1.280 (1.210~1.230)	☑ 양호 □ 불량	정비 및 조치할 사항 없음	
축전지 전압	12.5 V	12.6 V(12.0 V) 이상			

자동차 번호 :   비번호   감독위원 확 인

※ 판정 및 정비(조치)사항 : 축전지 비중과 축전지 전압이 규정값 범위 내에 있으므로 ☑ 양호에 표시하고, 정비 및 조치할 사항 없음을 기록합니다.

실기시험 주요 Point

축전지 2개 이상 충전 시 결정사항
❶ 충전전압 : 12 V 또는 24 V
❷ 충전전류 : 급속충전 또는 보통충전
❸ 직렬연결 또는 병렬연결

전기 3

주어진 자동차에서 충전회로의 고장부분을 점검한 후 기록표에 기록·판정하시오.

3-1 충전회로 점검

(1) 충전회로

● 주요 부위 회로 점검

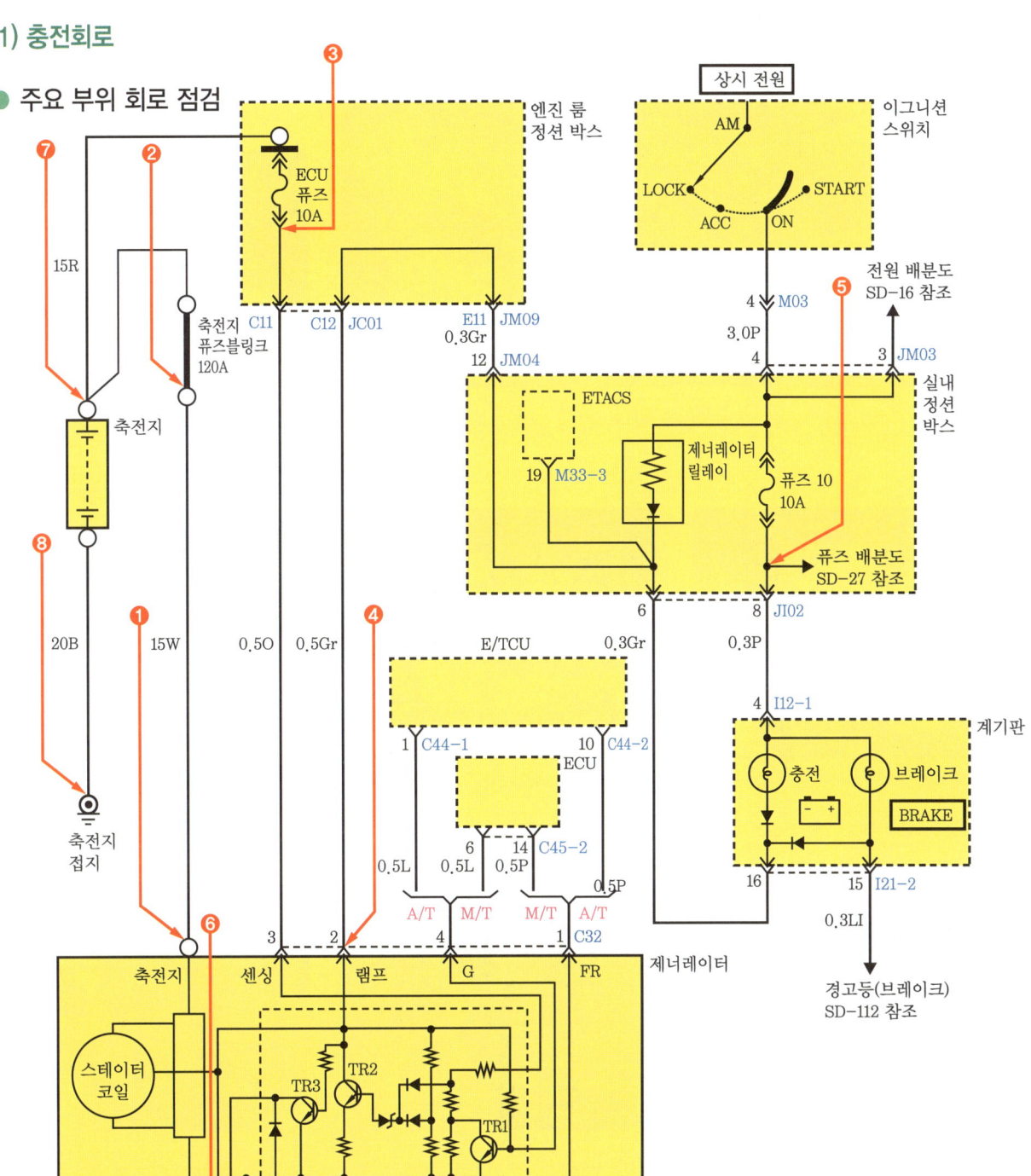

(2) 충전회로 점검

충전회로 점검

1. 발전기 팬벨트 장력을 확인한다.

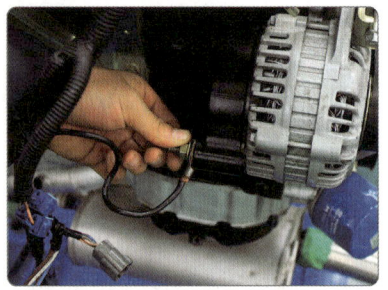

2. 발전기 B단자 및 배선 커넥터 탈거를 확인한다.

3. 축전지 단자 연결상태 및 전압을 확인한다(12.46 V).

4. 엔진 룸 정션 박스 메인 퓨즈블링크를 점검한다.

5. 발전기 B단자 출력 전압을 확인한다(12.25 V).

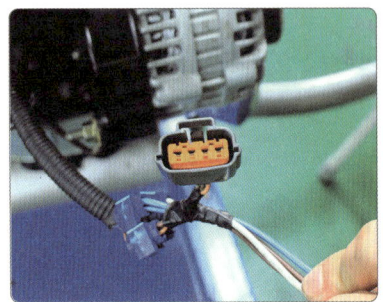

6. 발전기 커넥터 접촉상태를 확인한다.

7. 커넥터 발전기 공급전원(R)을 확인한다(11.57 V).

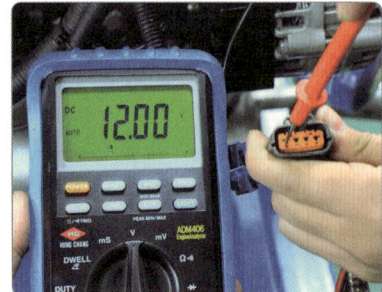

8. 커넥터 발전기 L단자 전원을 확인한다(12 V).

답안지 작성

전기 3 충전회로 점검

항목	① 측정(또는 점검)		② 판정 및 정비(또는 조치) 사항		(H) 득점
	(D) 이상 부위	(E) 내용 및 상태	(F) 판정(□에 'V' 표)	(G) 정비 및 조치할 사항	

(A) 자동차 번호 :   (B) 비번호   (C) 감독위원 확인

항목	(D) 이상 부위	(E) 내용 및 상태	(F) 판정	(G) 정비 및 조치할 사항	(H) 득점
충전회로	메인 퓨즈	단선	□ 양호 V 불량	메인 퓨즈 교체 후 재점검	

※ 제시된 전기회로도의 명칭을 사용하여 기입합니다.

1. 답안지 공통 사항(감독위원 확인 및 기록 사항)

(C) **감독위원 확인** : 시험 전 또는 시험 후 감독위원이 채점 후 확인합니다(날인).
(H) **득점** : 감독위원이 해당 문항을 채점하고 점수를 기록합니다.

2. 수험자가 기록해야 할 답안 사항

(A) **자동차 번호** : 측정하는 자동차 번호를 기록합니다(측정 차량이 1대인 경우 생략할 수 있습니다).
(B) **비번호** : 책임관리위원(공단 본부)이 배부한 등번호(비번호)를 기록합니다.
① **측정(또는 점검)**
　(D) **이상 부위** : 충전회로 점검에서 확인된 이상 부위로 **메인 퓨즈**를 기록합니다.
　(E) **내용 및 상태** : 고장 내용이 메인 퓨즈 단선이므로 **단선**을 기록합니다.
② **판정 및 정비(또는 조치) 사항**
　(F) **판정** : 메인 퓨즈가 단선되었으므로 V **불량**에 표시합니다.
　(G) **정비 및 조치할 사항** : 판정이 불량이므로 **메인 퓨즈 교체 후 재점검**을 기록합니다.
　　　　　　　　　　판정이 양호일 때는 **정비 및 조치할 사항 없음**을 기록합니다.

실기시험 주요 Point

충전계통 기본 고장진단
축전지 단자 접촉상태 및 전압 확인, 팬벨트 장력, 크랭킹 시 축전지 전압(9.6 V 이상), 엔진 정상온도→발전기 출력 전류시험을 실시한다.

전기 4. 주어진 자동차에서 경음기 음량을 측정하여 기록표에 기록·판정하시오.

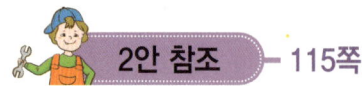

실기시험 주요 Point

발전기 조정기 회로

점화스위치 ON(축전지와 로터 사이 전위차에 의해 여자전류로 흐름)

축전지 → 충전 경고등 릴레이 → 발전기 L단자 → TR1 베이스

브러시, 슬립링, 로터 코일 → TR1 컬렉터 → TR1 이미터 → 접지로 여자전류로 흘러 로터는 자속을 만들고 스테이터 코일은 자속을 끊어 교류 전기를 발생하여 (+) 다이오드, 발전기 B단자, 축전지, 전기부하로 흘러 충전되고, 충전 경고등은 점등된다.

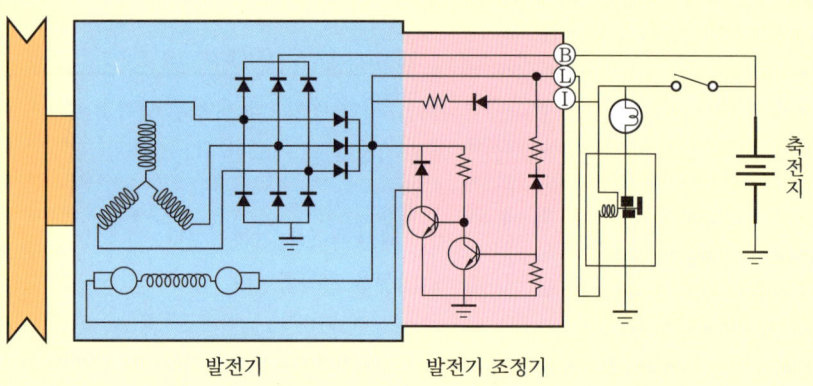

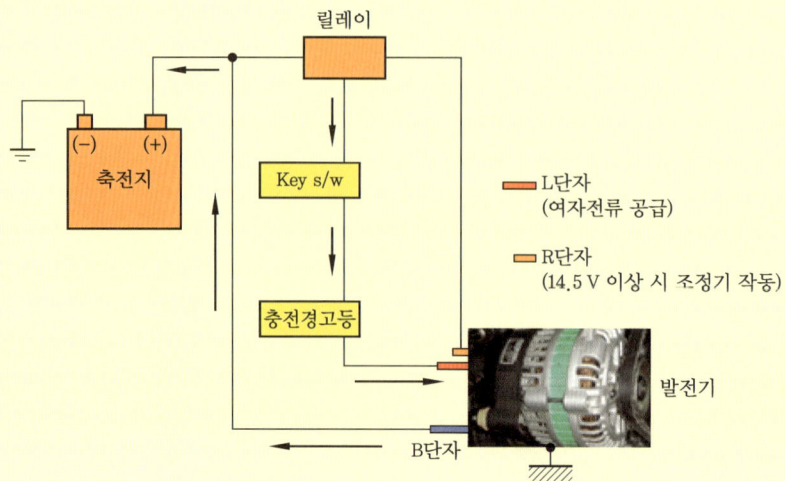

자동차정비기능사 실기시험 9안

파트별	안별 문제	9안
엔진	엔진(부품) 분해 조립	크랭크축(가솔린 엔진)
엔진	측정/답안작성	크랭크축 축 방향 엔드 플레이
엔진	시스템 점검/엔진 시동	시동회로
엔진	부품 탈거/조립	맵 센서
엔진	자기진단(답안작성)	스캐너를 이용한 엔진 전자제어 센서(액추에이터) 점검
엔진	차량 검사 측정	디젤 매연
섀시	부품 탈거/조립	뒤 쇽업소버
섀시	점검/답안작성	종감속 기어/백래시
섀시	부품 탈거 작동상태	휠 실린더/공기빼기
섀시	점검/답안작성	ABS 자기진단
섀시	안전기준 검사	브레이크 제동력
전기	부품 탈거/조립 작동 확인	전조등
전기	측정/답안작성	발전기 충전 전류, 전압
전기	전기회로 점검/고장부위 작성	에어컨 회로
전기	차량 검사 측정	전조등 광도

국가기술자격 실기시험문제 9안 (엔진)

자격종목	자동차정비기능사	과제명	자동차정비작업

비번호 :　　　　　시험시간 : 4시간(엔진 : 100분, 섀시 : 80분, 전기 : 60분)

엔진 1 주어진 가솔린 엔진에서 크랭크축을 탈거(감독위원에게 확인)하고 감독위원의 지시에 따라 기록표의 내용대로 기록·판정한 후 다시 조립하시오.

1-1 엔진 분해 조립

 1안 참조 — 22쪽

1-2 크랭크축 축 방향 유격 측정

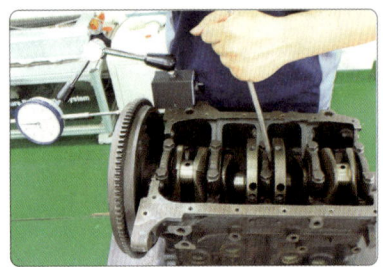  

1. 다이얼 게이지를 크랭크축에 설치한다. 크랭크축을 엔진 뒤쪽으로 최대한 민다.
2. 다이얼 게이지를 0점 조정하고 앞쪽으로 최대한 밀어 다이얼 게이지 눈금을 확인한다.
3. 다이얼 게이지 측정값 : 0.04 mm

실기시험 주요 Point

크랭크축 고장 진단 및 원인 분석

크랭크축 메인 저널과 핀 저널은 주행 중 지속적인 하중을 받으면서 회전하며, 엔진 오일 속의 이물질에 의해 축 저널이 마모된다. 실금과 같이 홈이 생기거나, 타원이나 테이퍼로 마모되거나 또는 평균적으로 마모되어 베어링과의 간극이 커지게 된다.

크랭크축 메인 저널과 핀 저널이 타원 마모(편마모)가 생기는 것은 폭발 행정과 압축 행정의 순간에는 흡기나 배기 행정을 할 때보다 과도한 큰 하중을 받기 때문이며, 이것은 주기적이고 반복적인 기계적 운동이지만 핀 저널의 경우 메인 저널보다 지름이 작고 베어링 접촉면도 좁기 때문에 편마모가 발생한다.

답안지 작성

엔진 1   크랭크축 방향 유격 점검

	(A) 엔진 번호:		(B) 비번호		(C) 감독위원 확 인	
항목	① 측정(또는 점검)		② 판정 및 정비(또는 조치) 사항			(H) 득점
	(D) 측정값	(E) 규정(정비한계)값	(F) 판정(□에 'V' 표)	(G) 정비 및 조치할 사항		
크랭크축 방향 유격 점검	0.04 mm	0.05~0.18 mm (한계값 : 0.25 mm)	□ 양호 ☑ 불량	스러스트 베어링 교체 후 재점검		

1. 답안지 공통 사항(감독위원 확인 및 기록 사항)

(C) 감독위원 확인 : 시험 전 또는 시험 후 감독위원이 채점 후 확인합니다(날인).
(H) 득점 : 감독위원이 해당 문항을 채점하고 점수를 기록합니다.

2. 수험자가 기록해야 할 답안 사항

(A) 엔진 번호 : 측정하는 엔진 번호를 기록합니다(측정 엔진이 1대인 경우 생략할 수 있습니다).
(B) 비번호 : 책임관리위원(공단 본부)이 배부한 등번호(비번호)를 기록합니다.
① 측정(또는 점검)
   (D) 측정값 : 크랭크축 방향 유격을 측정한 값 0.04 mm를 기록합니다.
   (E) 규정(정비한계)값 : 정비지침서 또는 감독위원이 제시한 규정값 0.05~0.18 mm(0.25 mm)를 기록합니다.
② 판정 및 정비(또는 조치) 사항
   (F) 판정 : 측정한 값이 규정(정비한계)값 범위를 벗어났으므로 ☑ 불량에 표시합니다.
   (G) 정비 및 조치할 사항 : 판정이 불량이므로 스러스트 베어링 교체 후 재점검을 기록합니다.

3. 축 방향 유격 기준값

차 종		규정값	한계값
EF 쏘나타		0.05~0.25 mm	-
포텐샤		0.08~0.18 mm	0.30 mm
쏘나타, 엑셀		0.05~0.18 mm	0.25 mm
세피아		0.08~0.28 mm	0.3 mm
아반떼	1.5 DOHC	0.05~0.175 mm	-
	1.8 DOHC	0.06~0.260 mm	-
그레이스	디젤(D4BB)	0.05~0.18 mm	0.25 mm
	LPG(L4CS)	0.05~0.18 mm	0.4 mm

 **엔진 2** 주어진 전자제어 가솔린 엔진에서 감독위원의 지시에 따라 시동에 필요한 크랭킹 회로의 이상 개소를 점검 및 수리하여 시동하시오.

 3안 참조 — 123쪽

 **엔진 3** 주어진 자동차에서 엔진의 맵 센서(공기 유량 센서)를 탈거(감독위원에게 확인)한 후 다시 조립하고, 감독위원의 지시에 따라 진단기(스캐너)를 사용하여 엔진의 각종 센서(액추에이터)를 점검 후 고장부분을 기록하시오.

3-1 맵 센서 탈·부착

맵 센서 탈·부착

1. 해당 엔진에서 탈·부착할 맵 센서를 확인한다.

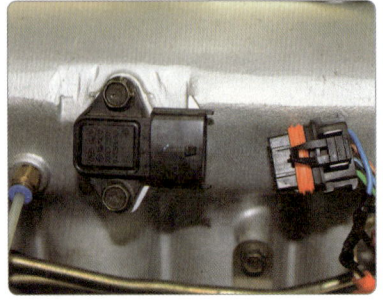

2. 맵 센서 커넥터를 탈거한다.

3. 맵 센서를 탈거한다.

  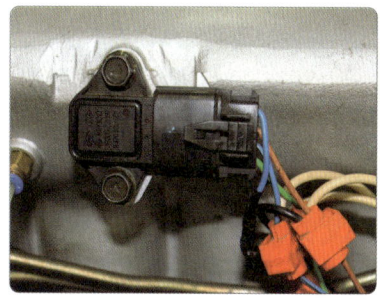

4. 탈거한 맵 센서를 감독위원에게 확인받는다.

5. 맵 센서를 서지 탱크에 조립한다.

6. 커넥터를 체결하고 감독위원에게 확인받는다.

3-2 엔진의 각종 센서 점검

 1안 참조 — 33쪽

엔진 4

주어진 자동차에서 기록표에 제시된 내용을 측정하고 기록·판정하시오.

 1안 참조 — 38쪽

국가기술자격 실기시험문제 9안 (섀시)

자격종목	자동차정비기능사	과제명	자동차정비작업

비번호 :　　　　　시험시간 : 4시간(엔진 : 100분, 섀시 : 80분, 전기 : 60분)

섀시 1. 주어진 자동차에서 감독위원의 지시에 따라 뒤 쇽업소버(shock absorber) 및 현가 스프링 1개를 탈거(감독위원에게 확인)한 후 다시 조립하시오.

1-1 뒤 쇽업소버 탈·부착

쇽업소버 탈·부착 작업

1. 측정 차량에서 타이어를 탈거한다.

2. 뒷좌석 시트를 분해한다.

3. 뒤 쇽업소버에 고정된 클립을 분리하고 브레이크 파이프를 탈거한다.

4. 쇽업소버에 체결된 스태빌라이저 아이들 링크 고정 볼트를 분해한다.

5. 쇽업소버와 뒷바퀴 허브 너클 고정 너트를 분해한다(볼트는 너클에 체결한다).

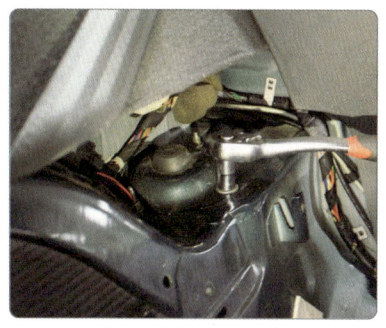

6. 뒤 쇽업소버 상단부 고정 볼트를 분해한다.

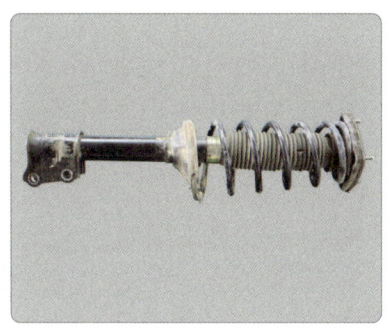

7. 쇽업소버 허브 너클 볼트를 분해하고 쇽업소버를 탈거한 후 감독위원의 확인을 받는다.

8. 쇽업소버 뒤 시트 상단 부분에 너트를 손으로 조인다.

9. 쇽업소버 허브 너클 고정 볼트를 체결한다.

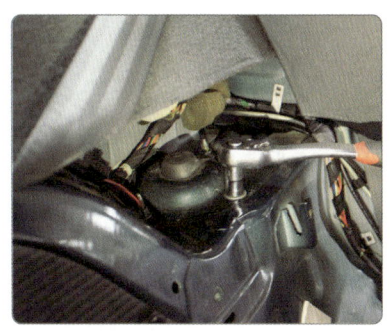

10. 쇽업소버 뒤 시트 상단 부분에 너트를 규정 토크로 조립한다.

11. 브레이크 호스 고정 클립을 조립하고 스태빌라이저 아이들 링크 고정 볼트를 조립한다.

12. 바퀴를 조립하고 감독위원의 확인을 받는다.

섀시 2

주어진 자동차에서 감독위원의 지시에 따라 종감속 기어의 백래시를 점검하여 기록·판정하시오.

2-1 종감속 기어 백래시 측정

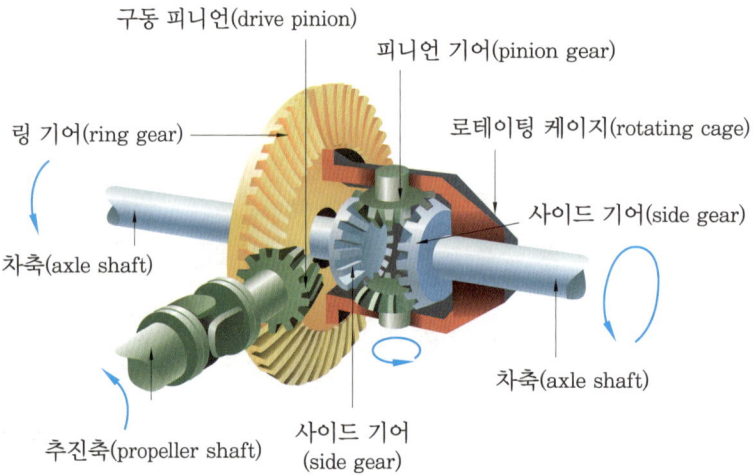

종감속장치 구성부품과 명칭

1. 링 기어에 다이얼 게이지 스핀들을 링 기어와 직각이 되도록 설치한 뒤 다이얼 게이지를 0점 조정한다.

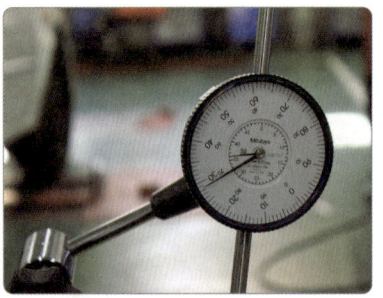

2. 구동 피니언 기어를 고정하고 링 기어를 앞뒤로 움직여 백래시를 측정한다(0.28 mm).

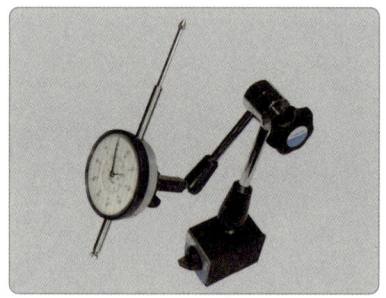

3. 측정이 끝나면 다이얼 게이지를 정렬한다.

답안지 작성

섀시 2 종감속 기어 백래시 점검

항목	(A) 자동차 번호 :		(B) 비번호		(C) 감독위원 확 인	
	① 측정(또는 점검)		② 판정 및 정비(또는 조치) 사항			(H) 득점
	(D) 측정값	(E) 규정(정비한계)값	(F) 판정(□에 'V'표)	(G) 정비 및 조치할 사항		
백래시	0.28 mm	0.11~0.16 mm	□ 양호 ☑ 불량	조정 어저스트 스크루로 조정 후 재점검		

1. 답안지 공통 사항(감독위원 확인 및 기록 사항)

(C) 감독위원 확인 : 시험 전 또는 시험 후 감독위원이 채점 후 확인합니다(날인).
(H) 득점 : 감독위원이 해당 문항을 채점하고 점수를 기록합니다.

2. 수험자가 기록해야 할 답안 사항

(A) 자동차 번호 : 측정하는 자동차 번호를 기록합니다(측정 차량이 1대인 경우 생략할 수 있습니다).
(B) 비번호 : 책임관리위원(공단 본부)이 배부한 등번호(비번호)를 기록합니다.
① 측정(또는 점검)
　(D) 측정값 : 종감속 기어 백래시를 측정한 값 **0.28 mm**를 기록합니다.
　(E) 규정값 : 정비지침서를 보고 기록하거나 감독위원이 제시한 값 **0.11~0.16 mm**를 기록합니다.
② 판정 및 정비(또는 조치) 사항
　(F) 판정 : 측정한 값이 규정(정비한계)값을 벗어났으므로 ☑ **불량**에 표시합니다.
　(G) 정비 및 조치할 사항 : 판정이 불량이므로 **조정 어저스트 스크루로 조정 후 재점검**을 기록합니다.

3. 백래시 규정값

차 종	링 기어	
	백래시	런 아웃
스타렉스	0.11~0.16 mm	0.05 mm 이하
싼타페	0.08~0.13 mm	–
마이티	0.20~0.28 mm	0.05 mm 이하
그레이스	0.11~0.16 mm	0.05 mm 이하

실기시험 주요 Point
❶ 링 기어에 다이얼 게이지 설치 시 링 기어와 직각이 되도록 설치한다.
❷ 백래시는 심으로 조정하는 심 조정식과 조정 어저스트 스크루로 조정하는 방식 2가지가 있다.

> **섀시 3** 주어진 자동차에서 감독위원의 지시에 따라 브레이크 휠 실린더를 탈거(감독위원에게 확인)하고 다시 조립하여 공기빼기 작업 후 브레이크의 작동 상태를 확인하시오.

3-1 휠 실린더 탈·부착

브레이크 휠 실린더 탈거 작업

1. 지정된 바퀴를 탈거하고 드럼 고정 볼트를 탈거한다.

2. 허브 너트를 탈거하고 드럼을 분해한다.

3. 자동조정 스프링과 자동조정 레버를 탈거한다.

4. 브레이크 라이닝(슈) 연결 스프링을 탈거한다.

5. 브레이크 라이닝(슈) 리턴 스프링을 탈거한다.

6. 홀더다운 스프링과 핀을 탈거하고 브레이크 슈를 탈거한다.

7. 자동조정 스트럿을 탈거한다.

8. 홀더다운 스프링을 탈거하고 브레이크 라이닝(슈)를 탈거한다.

9. 주차 브레이크 케이블에서 라이닝(슈)를 분리한다.

10. 백킹 플레이트 휠 실린더 브레이크 파이프 에어브리더 고정 볼트를 분해한다.

11. 휠 실린더를 탈거하고 정렬한 후 감독위원의 확인을 받는다.

12. 휠 실린더 고정 브레이크 파이프와 공기 브리더 고정 볼트를 조립한다.

13. 좌측 라이닝을 조립하고 자동조정 스트럿을 설치한다(사이드 브레이크 케이블 연결).

14. 리턴 스프링과 우측 라이닝을 조립한다.

15. 브레이크 라이닝 연결 스프링을 조립한다.

16. 자동조정 레버와 자동조정 스프링을 조립한다.

17. 허브 어셈블리를 조립한다.

18. 드럼을 조립하고 허브 너트와 허브 캡을 조립하고 드럼 고정 볼트를 조립한다.

19. 바퀴 드럼을 돌려 라이닝 간극 확인 후 감독위원 확인을 받는다.

 **섀시 4** 주어진 자동차에서 감독위원의 지시에 따라 진단기(스캐너)로 ABS 장치를 점검하고 기록·판정하시오.

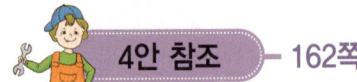 4안 참조 — 162쪽

 **섀시 5** 주어진 자동차에서 감독위원의 지시에 따라 제동력을 측정하여 기록·판정하시오.

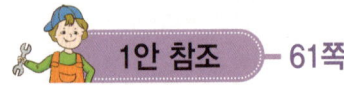 1안 참조 — 61쪽

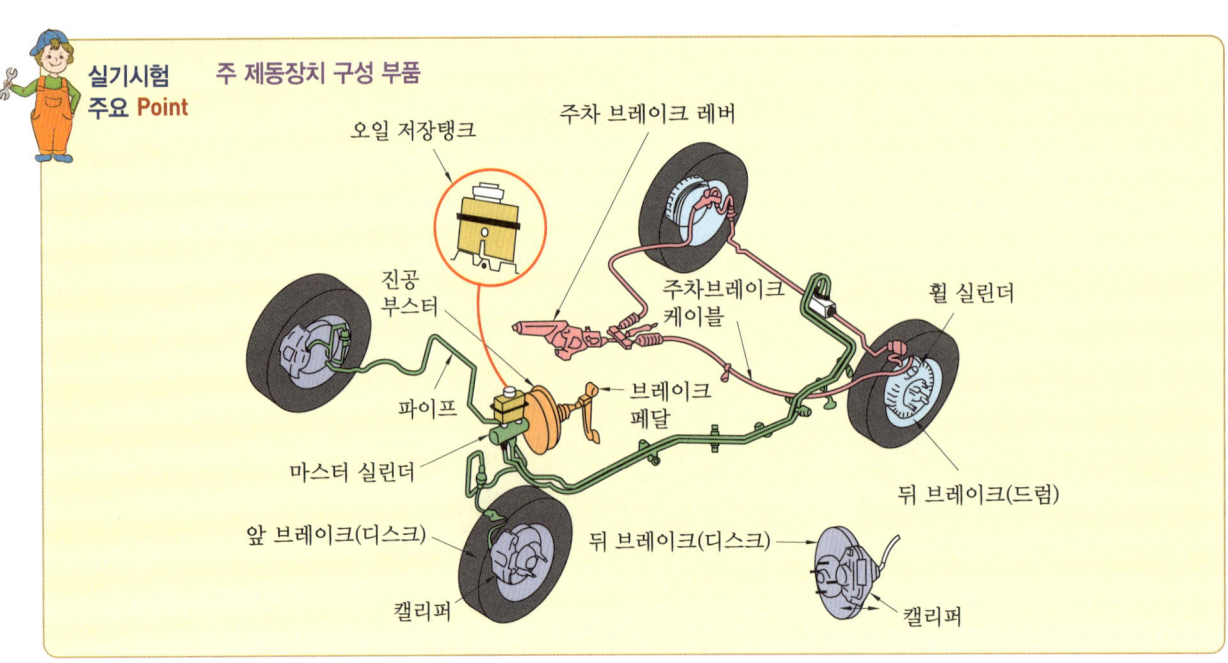

실기시험 주요 Point — 주 제동장치 구성 부품

국가기술자격 실기시험문제 9안 (전기)

자격종목	자동차정비기능사	과제명	자동차정비작업

비번호 :　　　　　　　　시험시간 : 4시간(엔진 : 100분, 섀시 : 80분, 전기 : 60분)

전기 1

주어진 자동차에서 감독위원의 지시에 따라 전조등(헤드라이트) 어셈블리를 탈거(감독위원에게 확인)한 후, 다시 부착하여 전조등 작동 여부를 확인하시오.

전조등을 작동시켜 조사 방향을 확인한다.

1. 전조등을 ON시킨다.

2. 전조등을 켜서 조사 방향(육안검사) 및 작동 여부를 확인한다.

3. 보닛을 열고 전조등 조정나사를 확인한다.

1-1 전조등 탈·부착

1. 축전지 (−)를 탈거한다.

2. 전조등 커넥터를 탈거한다.

3. 라디에이터 그릴 상부 커버 리테이너 고정 볼트를 탈거한다.

4. 라디에이터 그릴 상부 커버를 탈거한다.

5. 전조등 상부 및 우측 고정 볼트를 탈거한다.

6. 탈거한 전조등을 감독위원에게 확인받는다.

7. 전조등을 상부, 우측 고정 볼트를 조립한다.

8. 라디에이터 그릴 상부 커버를 조립한다.

9. 전조등을 켜서 조사 방향(육안검사) 및 작동 여부를 확인한다.

전기 **2** 주어진 자동차의 발전기에서 충전되는 전류와 전압을 점검한 후 기록표에 기록·판정하시오.

 3안 참조 → 137쪽

전기 3 주어진 자동차에서 에어컨 회로의 고장 부분을 점검한 후 기록표에 기록·판정하시오.

3-1 에어컨 회로 점검

(1) 에어컨 회로 – 에어컨 회로 점검(컴프레서가 작동되지 않을 때)

● 주요 부위 회로 점검

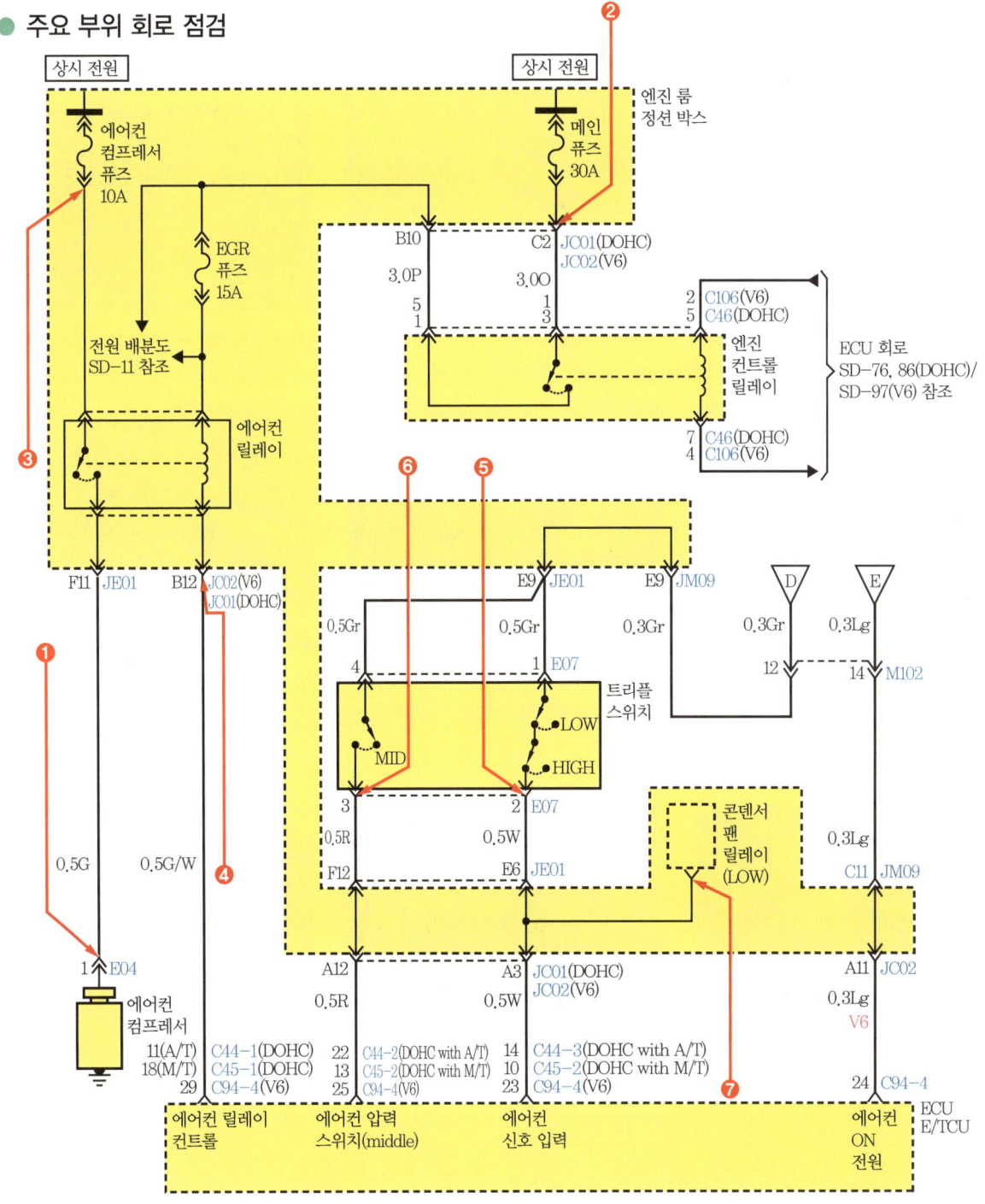

(2) 에어컨 전기회로 점검

에어컨 시스템 전기회로 점검

1. 컴프레서 커넥터 단선(탈거) 상태를 점검한다.

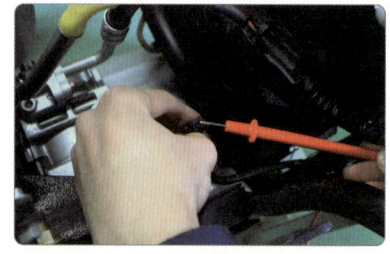

2. 컴프레서 공급전원을 점검한다.

3. 에어컨 릴레이 및 공급전원(30 A), A/C 컴프레서 전원(10 A)을 점검한다.

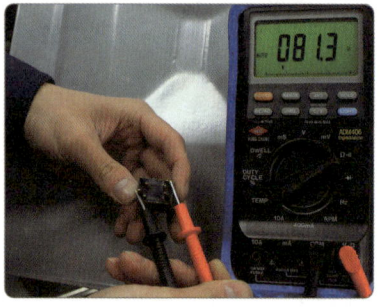

4. 에어컨 릴레이를 점검(코일저항 및 접점상태)한다(81.3 Ω).

5. 트리플 스위치를 점검(공급전압 및 냉매압력)한다.

6. 블로어 모터 커넥터 탈거상태를 점검한다.

7. 블로어 모터 공급전압을 점검한다(12.18 V).

8. 블로어 모터 릴레이를 점검한다.

 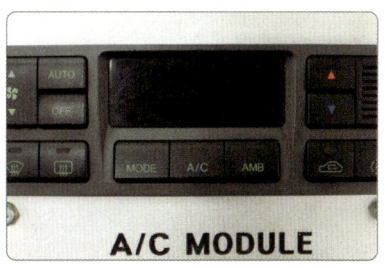 

9. 콘덴서 팬 커넥터 탈거 상태를 점검한다.　　**10.** A/C 스위치를 점검한다.　　**11.** 점화스위치를 OFF시킨다.

실기시험 주요 Point

에어컨 작동시험

❶ 에어컨 스위치를 작동시켰을 때 에어컨 컴프레서가 작동되는지 확인한다.
❷ 에어컨을 작동시킬 때 차가운 바람이 나오는지 확인한다.
❸ 온도계로 송풍기가 각 단별로 작동이 잘 되는지 확인한다.
❹ 에어컨 가스가 누출되는지 비눗물 혹은 탐지기로 검사한다.

에어컨 관련 실차 부품 장착위치

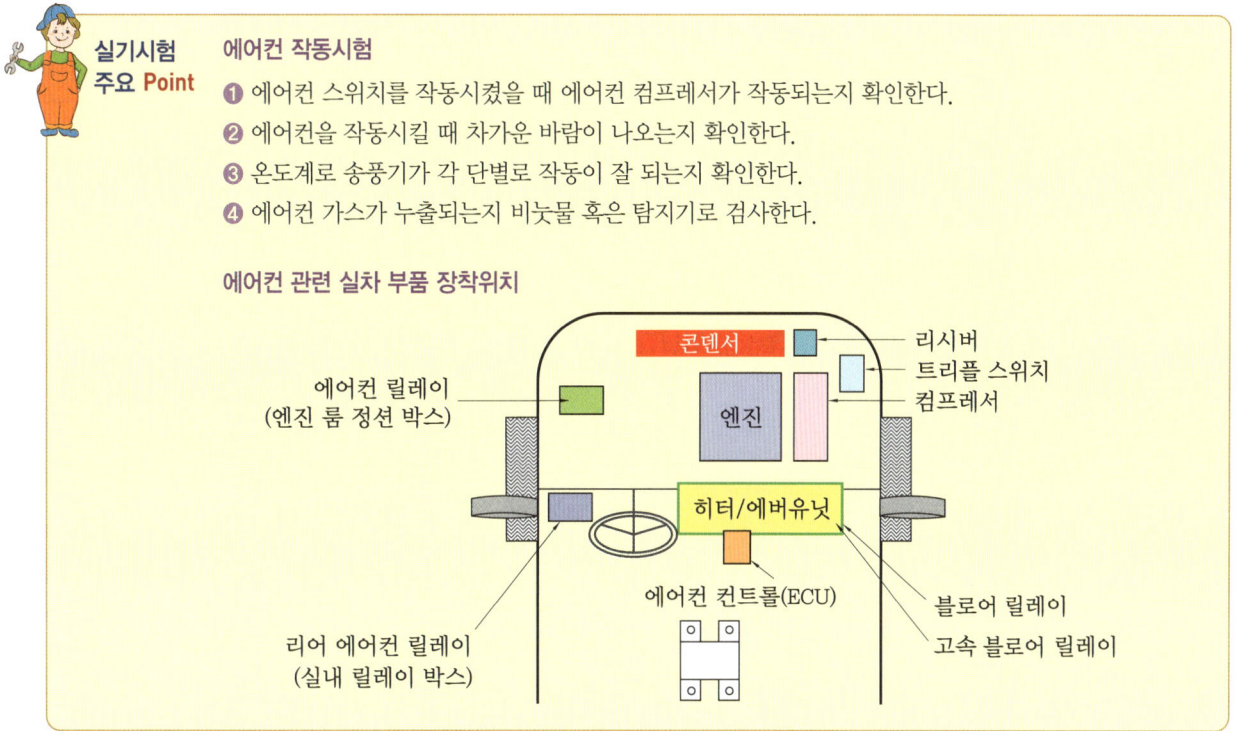

전기 4

주어진 자동차에서 경음기 음량을 측정하여 기록표에 기록·판정하시오.

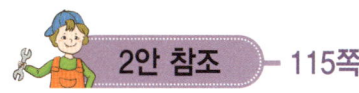 ― 115쪽

답안지 작성

전기 3 에어컨 회로 점검

항목	① 측정(또는 점검)		② 판정 및 정비(또는 조치) 사항		(H) 득점
	(D) 이상 부위	(E) 내용 및 상태	(F) 판정(□에 'V' 표)	(G) 정비 및 조치할 사항	
에어컨 회로	에어컨 컴프레서	커넥터 탈거	□ 양호 ☑ 불량	에어컨 컴프레서 커넥터 체결 후 재점검	

표 위쪽에는 (A) 자동차 번호 :, (B) 비번호, (C) 감독위원 확 인 란이 있습니다.

※ 제시된 전기회로도의 명칭을 사용·기입합니다.

1. 답안지 공통 사항(감독위원 확인 및 기록 사항)

(C) 감독위원 확인 : 시험 전 또는 시험 후 감독위원이 채점 후 확인합니다(날인).
(H) 득점 : 감독위원이 해당 문항을 채점하고 점수를 기록합니다.

2. 수험자가 기록해야 할 답안 사항

(A) 자동차 번호 : 측정하는 자동차 번호를 기록합니다(측정 차량이 1대인 경우 생략할 수 있습니다).
(B) 비번호 : 책임관리위원(공단 본부)이 배부한 등번호(비번호)를 기록합니다.
① 측정(또는 점검)
 (D) 이상 부위 : 에어컨 전기 회로 점검에서 확인된 이상 부위로 **에어컨 컴프레서**를 기록합니다.
 (E) 내용 및 상태 : 이상 부위의 내용 및 상태로 **커넥터 탈거**를 기록합니다.
② 판정 및 정비(또는 조치) 사항
 (F) 판정 : 에어컨 전기 회로 시스템에 고장이 발견되었으므로 ☑ **불량**에 표시합니다.
 (G) 정비 및 조치할 사항 : 판정이 불량이므로 **에어컨 컴프레서 커넥터 체결 후 재점검**을 기록합니다.
  판정이 양호일 때는 **정비 및 조치할 사항 없음**을 기록합니다.

실기시험 주요 Point

에어컨 시스템 내에 냉매가스가 없으면 트리플 스위치가 OFF되어 전원공급이 차단되므로 컴프레서가 작동되지 않는다.

에어컨 컴프레서가 작동되지 않을 때 점검할 사항
❶ 컴프레서 커넥터 체결상태 확인(탈거, 분리 단선)
❷ 에어컨 릴레이 점검(엔진 룸 정션 박스) : 공급 전원 확인, 엔진 ECU 커넥터 체결 확인
 메인 퓨즈 30 A 단선 확인, 에어컨 컴프레서 퓨즈(10 A) 단선 확인 점검
❸ 트리플 스위치 점검(공급 전압 점검, 냉방 시스템 냉매압력 확인)
❹ 에어컨 스위치 점검(스위치 전압 확인, ECU 접지)
❺ 블로어 모터 작동상태(블로어 퓨즈(엔진 룸 정션 박스 30 A) 단선 점검, 블로어 모터 릴레이 점검, 블로어 스위치 점검)

자동차정비기능사 실기시험 10안

파트별	안별 문제	10안
엔진	엔진(부품) 분해 조립	크랭크축(가솔린 엔진) 메인 베어링
	측정/답안작성	크랭크축 메인 베어링 오일 간극
	시스템 점검/엔진 시동	점화회로
	부품 탈거/조립	연료 펌프
	자기진단(답안작성)	스캐너를 이용한 엔진 전자제어 센서(액추에이터) 점검
	차량 검사 측정	가솔린 배기가스
섀시	부품 탈거/조립	A/T 오일 필터/유온 센서
	점검/답안작성	브레이크 페달 유격/작동거리
	부품 탈거 작동 상태	파워스티어링 오일 펌프
	점검/답안작성	ECS 자기진단
	안전기준 검사	최소회전반지름
전기	부품 탈거/조립 작동 확인	에어컨 필터/블로어 모터
	측정/답안작성	인젝터 코일저항
	전기회로 점검/고장부위 작성	점화회로
	차량 검사 측정	경음기 음량

국가기술자격 실기시험문제 10안(엔진)

자격종목	자동차정비기능사	과제명	자동차정비작업

비번호 :   시험시간 : 4시간(엔진 : 100분, 섀시 : 80분, 전기 : 60분)

엔진 1

주어진 가솔린 엔진에서 크랭크축과 메인 베어링을 탈거(감독위원에게 확인)하고 감독위원의 지시에 따라 기록표의 내용대로 기록·판정한 후 다시 조립하시오.

1-1 엔진 분해 조립

 1안 참조 — 22쪽

1-2 크랭크축 오일 간극 측정(텔레스코핑 게이지 측정)

  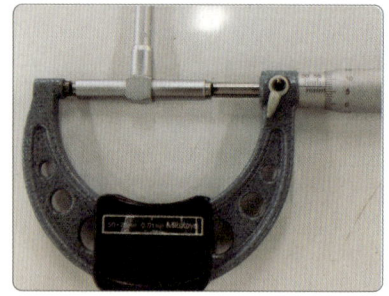

1. 측정용 엔진에서 크랭크축을 탈거하고 메인 저널 캡을 규정토크로 조립한다.

2. 텔레스코핑 게이지로 오일 구멍을 피하여 90° 방향으로 크랭크축 메인 저널 안지름을 측정한다.

3. 측정된 텔레스코핑 게이지를 바깥지름 마이크로미터로 측정한다.

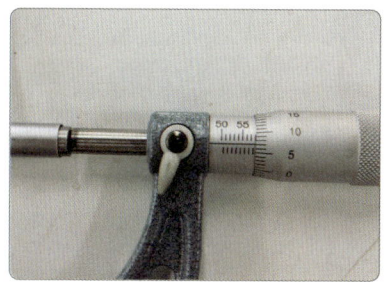

4. 크랭크축 메인 저널 안지름 측정값을 확인한다(58.08 mm).

5. 크랭크축 바깥지름을 측정한다(핀 저널 방향과 직각 방향으로 바깥지름 최댓값 측정).

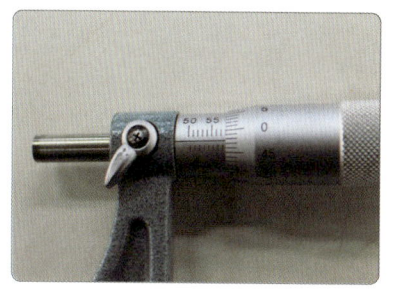

6. 측정된 마이크로미터 값을 읽는다. (57.98 mm)

※ 크랭크축 저널 안지름 최솟값
 − 크랭크축 저널 바깥지름 최댓값
 = 58.08 mm − 57.98 mm
 = 0.1 mm(측정값)

1-3 크랭크축 오일 간극 측정(플라스틱 게이지 측정)

1. 크랭크축을 깨끗이 닦고 크랭크축을 놓는다.

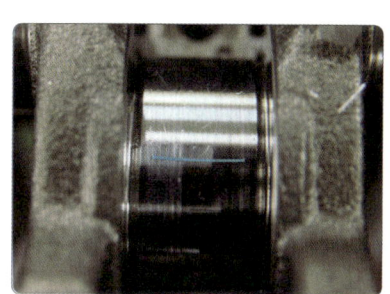

2. 크랭크축 메인저널 위에 측정용 플라스틱 게이지를 저널 방향으로 올려놓는다.

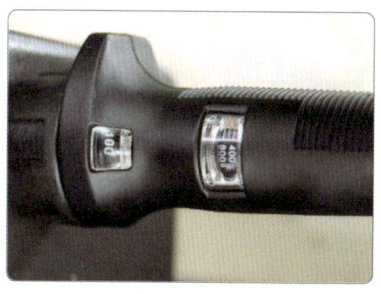

3. 토크 렌치를 규정 토크로 세팅한다. (4.5∼5.5 kgf · m)

4. 메인저널 캡 1∼5번을 조립한다. (스피드 핸들 사용)

5. 토크 렌치를 이용하여 안에서 밖으로 대각선 방향으로 조인다. (4.5∼5.5 kgf · m)

6. 다시 조여진 메인저널 캡 볼트를 밖에서 안으로 풀어준다.

7. 스피드 핸들을 이용하여 메인저널 캡을 분해한다.

8. 메인저널 캡을 탈거한다.

9. 메인저널 캡을 정렬한다(메인저널 캡 탈거).

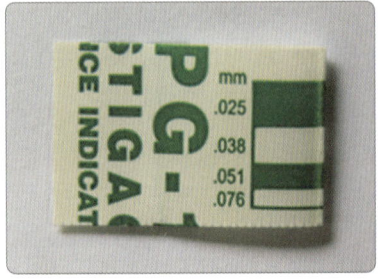 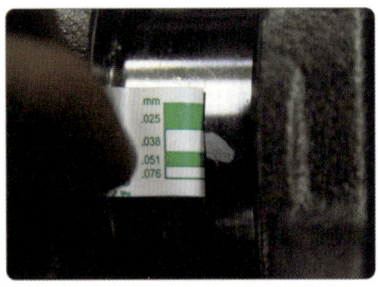 

10. 플라스틱 게이지(1회 측정)를 준비한다.

11. 크랭크축에 압착된 플라스틱 게이지를 가장 근접한 눈금에 맞춰 측정한다(측정값 : 0.038 mm).

12. 크랭크축 저널을 헝겊으로 깨끗이 닦는다.

※ 크랭크축 저널 오일(유막)간극 측정 시 플라스틱 게이지는 반드시 저널 상단에 직각 방향으로 놓고 저널 캡을 조립한다.

실기시험 주요 Point

크랭크축 오일 간극의 영향

(1) 유압이 높아지는 이유
   ❶ 윤활 회로의 일부가 막혔다(유압 상승).
   ❷ 유압 조절 밸브 스프링의 장력이 과다하다.
   ❸ 엔진의 온도가 낮아 오일의 점도가 높다.

(2) 유압이 낮아지는 이유
   ❶ 오일펌프 마모나 윤활계통 오일이 누출된다.
   ❷ 유압 조절 밸브 스프링 장력이 약해졌다.
   ❸ 크랭크축 베어링의 과다 마멸로 오일 간극이 커졌다.
   ❹ 오일 양이 규정보다 현저하게 부족하다.

답안지 작성

엔진 1   크랭크축 오일 간극 점검

항목	① 측정(또는 점검)		② 판정 및 정비(또는 조치) 사항		(H) 득점
(A) 엔진 번호 : (B) 비번호 (C) 감독위원 확인					
	(D) 측정값	(E) 규정(정비한계)값	(F) 판정(□에 'V' 표)	(G) 정비 및 조치할 사항	
크랭크축 오일 간극	0.038 mm	0.028~0.046 mm	☑ 양호 □ 불량	정비 및 조치할 사항 없음	

1. 답안지 공통 사항(감독위원 확인 및 기록 사항)

(C) 감독위원 확인 : 시험 전 또는 시험 후 감독위원이 채점 후 확인합니다(날인).
(H) 득점 : 감독위원이 해당 문항을 채점하고 점수를 기록합니다.

2. 수험자가 기록해야 할 답안 사항

(A) 엔진 번호 : 측정하는 엔진 번호를 기록합니다(측정 엔진이 1대인 경우 생략할 수 있습니다).
(B) 비번호 : 책임관리위원(공단 본부)이 배부한 등번호(비번호)를 기록합니다.
① 측정(또는 점검)
   (D) 측정값 : 크랭크축 오일 간극을 측정한 값 0.038 mm를 기록합니다.
   (E) 규정(정비한계)값 : 정비지침서를 보고 0.028~0.046 mm를 기록합니다.
② 판정 및 정비(또는 조치) 사항
   (F) 판정 : 측정한 값이 규정(정비한계)값 범위 내에 있으므로 ☑ 양호에 표시합니다.
   (G) 정비 및 조치할 사항 : 판정이 양호이므로 정비 및 조치할 사항 없음을 기록합니다.

3. 오일 간극 규정값

차 종		규정값	한계값
아반떼 XD(1.5D)	3번	0.028~0.046 mm	-
	그 외	0.022~0.040 mm	-
베르나(1.5)	3번	0.34~0.52 mm	-
	그 외	0.28~0.46 mm	-
EF 쏘나타(2.0)	3번	0.024~0.042 mm	-
쏘나타 Ⅱ · Ⅲ		0.020~0.050 mm	-
레간자		0.015~0.040 mm	-
아반떼 1.5D		0.028~0.046 mm	-

● 크랭크축 오일 간극이 규정값보다 클 경우

항목	엔진 번호 :		비번호		감독위원 확 인	
	측정(또는 점검)		판정 및 정비(또는 조치) 사항			득점
	측정값	규정(정비한계)값	판정(□에 'V'표)	정비 및 조치할 사항		
크랭크축 오일 간극	0.076 mm	0.028~0.046 mm	□ 양호 ☑ 불량	메인 저널 메인 베어링 교체 후 재점검		

※ 판정 및 정비(조치)사항 : 크랭크축 오일 간극이 규정값 범위를 벗어났으므로 ☑ 불량에 표시하고, 메인 저널 메인 베어링 교체 후 재점검합니다.

● 크랭크축 오일 간극이 규정값 범위 내에 있을 경우

항목	엔진 번호 :		비번호		감독위원 확 인	
	측정(또는 점검)		판정 및 정비(또는 조치) 사항			득점
	측정값	규정(정비한계)값	판정(□에 'V'표)	정비 및 조치할 사항		
크랭크축 오일 간극	0.042 mm	0.028~0.046 mm	☑ 양호 □ 불량	정비 및 조치할 사항 없음		

※ 판정 및 정비(조치)사항 : 크랭크축 오일 간극이 규정값 범위 내에 있으므로 ☑ 양호에 표시하고, 정비 및 조치할 사항 없음을 기록합니다.

실기시험 주요 Point

크랭크축 오일 간극 측정 시 유의사항

❶ 일회용 소모성 측정 게이지인 플라스틱 게이지로 측정하며, 수검자 한 사람씩 측정하도록 게이지가 주어진다.

❷ 플라스틱 게이지는 크랭크축 위에 놓고 저널 베어링 캡을 규정 토크로 조립한 후, 다시 분해하여 압착된 게이지 폭이 외관 게이지 수치에 가장 근접한 것을 측정값으로 한다.

❸ 시험장에 따라 실납으로 측정하는 경우도 있으며, 실납으로 측정 시 압착된 실납 두께를 마이크로미터로 측정한다.

엔진 2   주어진 전자제어 가솔린 엔진에서 감독위원의 지시에 따라 시동에 필요한 점화장치 회로의 이상개소를 점검 및 수리하여 시동하시오.

 1안 참조 — 30쪽

엔진 3   주어진 자동차에서 가솔린 엔진의 연료펌프를 탈거(감독위원에게 확인)한 후 다시 조립하고 감독위원의 지시에 따라 진단기(스캐너)를 사용하여 엔진의 각종 센서(액추에이터)를 점검 후 고장 부분을 기록하시오.

3-1   가솔린 엔진 연료펌프 탈·부착

1. 작업 차량 뒷자석 시트를 탈거한다.

2. 연료펌프 커넥터를 탈거한다.

3. 연료라인 잔압을 제거하고 연료공급 파이프 및 리턴 파이프를 분리한다.

4. 연료펌프 고정 브래킷을 탈거한다.

5. 연료펌프 고정 브래킷을 왼쪽으로 돌려 풀어낸다.

6. 연료탱크 내 펌프 고정 볼트를 분해한다.

7. 연료탱크에서 연료펌프 어셈블리를 들어낸다.

8. 연료펌프 어셈블리를 정리한다.

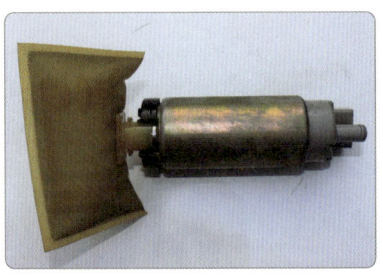
9. 연료펌프를 어셈블리에서 분해·정렬 후 감독위원의 확인을 받는다.

10. 연료펌프를 어셈블리에 조립한 후 연료탱크 안으로 넣는다.

11. 연료펌프 고정 볼트를 조립한다.

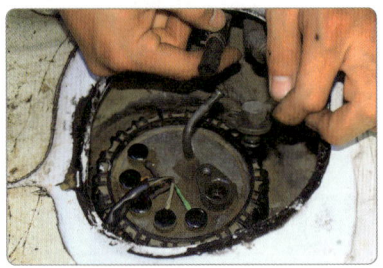
12. 연료공급펌프 및 리턴호스를 연결한다.

13. 연료펌프 커넥터를 체결한다.

14. 연료펌프 보호커버를 조립한 후 감독위원에게 확인을 받는다.

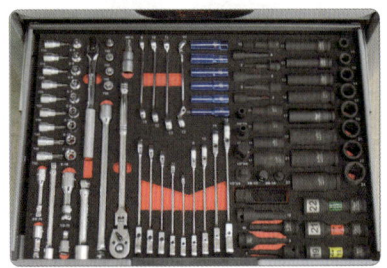
15. 공구세트를 정리한다.

3-2 엔진의 각종 센서(액추에이터) 점검

 1안 참조 — 33쪽

엔진 4
주어진 자동차에서 기록표에 제시된 내용을 측정하고 기록·판정하시오.

 2안 참조 — 90쪽

국가기술자격 실기시험문제 10안 (섀시)

자격종목	자동차정비기능사	과제명	자동차정비작업

비번호 :   시험시간 : 4시간(엔진 : 100분, 섀시 : 80분, 전기 : 60분)

섀시 1 주어진 자동변속기에서 감독위원의 지시에 따라 오일 필터 및 유온 센서를 탈거(감독위원에게 확인)한 후 다시 조립하시오.

1-1 자동변속기 오일 필터 및 유온 센서 탈·부착

1. 분해할 자동변속기를 확인한다.

2. 오일 팬을 탈거한다.

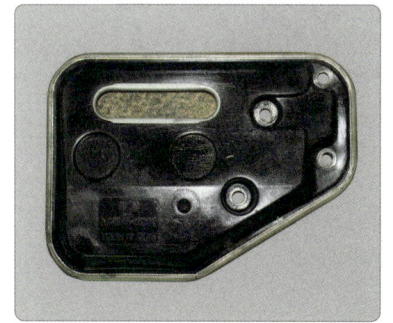

3. 오일 필터를 탈거한다.

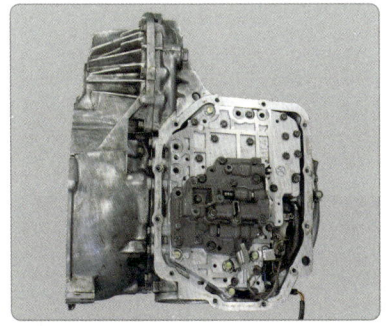

4. 밸브 보디 고정 볼트를 분해한다.

5. 밸브 보디를 탈거한다.

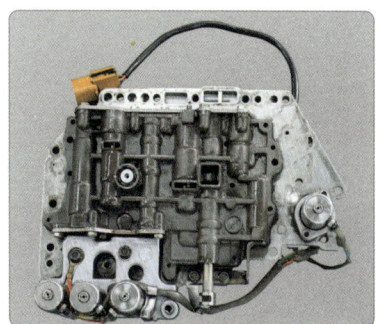

6. 분해된 밸브 보디를 정렬한다.

7. 유온 센서를 탈거한다.

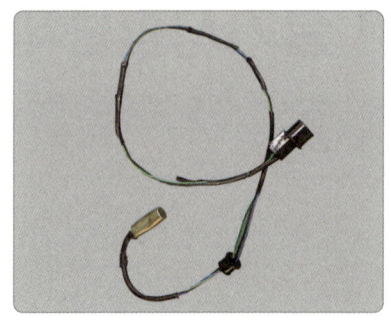

8. 유온 센서를 정렬한 후 감독위원에게 확인받는다.

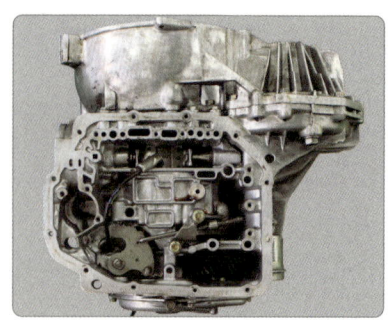

9. 유온 센서를 조립한다.

10. 밸브 보디를 조립한다.

11. 오일 필터를 조립한다.

12. 오일 팬을 장착하고 감독위원의 확인을 받는다.

섀시 2

주어진 자동차에서 감독위원의 지시에 따라 브레이크 페달의 작동 상태를 점검하여 기록·판정하시오.

2-1 브레이크 페달 높이 및 유격 측정

1. 점검 차량의 브레이크 페달 위치를 확인한 후 운전석 매트를 제거한다.

2. 브레이크 페달 측면에 철자를 대고 브레이크 페달 높이를 측정한다(176 mm).

3. 브레이크 페달을 저항이 느껴지지 않는 위치까지 지그시 눌러 페달 유격을 측정한다(12 mm).

답안지 작성

섀시 2 브레이크 페달 점검

항목	① 측정(또는 점검)		② 판정 및 정비(또는 조치) 사항		(H) 득점
(A) 자동차 번호 :			(B) 비번호	(C) 감독위원 확 인	
	(D) 측정값	(E) 규정(정비한계)값	(F) 판정(□에 'V' 표)	(G) 정비 및 조치할 사항	
브레이크 페달 높이	176 mm	173~179 mm	□ 양호 ☑ 불량	마스터 실린더 푸시로드 길이로 페달 유격 조정	
브레이크 페달 유격	12 mm	3~8 mm			

1. 답안지 공통 사항(감독위원 확인 및 기록 사항)

(C) **감독위원 확인** : 시험 전 또는 시험 후 감독위원이 채점 후 확인합니다(날인).
(H) **득점** : 감독위원이 해당 문항을 채점하고 점수를 기록합니다.

2. 수험자가 기록해야 할 답안 사항

(A) **자동차 번호** : 측정하는 자동차 번호를 기록합니다(측정 차량이 1대인 경우 생략할 수 있습니다).
(B) **비번호** : 책임관리위원(공단 본부)이 배부한 등번호(비번호)를 기록합니다.
① **측정(또는 점검)**
  (D) **측정값** : 브레이크 페달 높이 및 페달 유격을 측정한 값을 기록합니다.
    • 브레이크 페달 높이 : 176 mm   • 브레이크 페달 유격 : 12 mm
  (E) **규정값** : 측정 차량의 정비지침서를 보고 기록하거나 감독위원이 제시한 규정값을 기록합니다.
    • 브레이크 페달 높이 : 173~179 mm   • 브레이크 페달 유격 : 3~8 mm
② **판정 및 정비(또는 조치) 사항**
  (F) **판정** : 측정한 값이 규정(정비한계)값 범위를 벗어났으므로 ☑ **불량**에 표시합니다.
  (G) **정비 및 조치할 사항** : 판정이 불량이므로 마스터 실린더 푸시로드 길이로 페달 유격 조정을 기록합니다.
    판정이 양호일 때는 **정비 및 조치할 사항 없음**을 기록합니다.

3. 브레이크 페달 높이와 페달 유격 규정값

차 종	페달 높이	페달 유격	여유 간극	작동 거리
그랜저 XG	176±3 mm	3~8 mm	44 mm 이상	132±3 mm
EF 쏘나타	176 mm	3~8 mm	44 mm 이상	132 mm
쏘나타Ⅲ	177 mm	4~10 mm	44 mm 이상	133 mm
아반떼 XD	170 mm	3~8 mm	61 mm 이상	128 mm
베르나	163.5 mm	3~8 mm	50 mm 이상	135 mm

섀시 3
주어진 자동차에서 감독위원의 지시에 따라 파워스티어링에서 오일 펌프를 탈거(감독위원에게 확인)하고, 다시 조립하여 오일량 점검 및 공기빼기 작업 후 스티어링의 작동상태를 확인하시오.

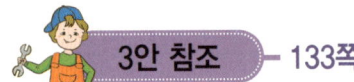 6안 참조 — 210쪽

섀시 4
주어진 자동차에서 감독위원의 지시에 따라 진단기(스캐너)로 전자제어 자세제어장치(VDC, ECS, TCS 등)를 점검하고 기록·판정하시오.

3안 참조 — 133쪽

섀시 5
주어진 자동차에서 감독위원의 지시에 따라 좌 또는 우회전 시 최소회전반경을 측정하여 기록·판정하시오.

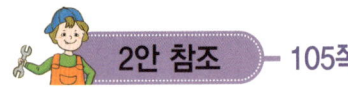 2안 참조 — 105쪽

실기시험 주요 Point

나사의 호칭

자동차는 수많은 부품이 나사로 조립되어 있다. 이 나사들은 굵기(호칭경)도 다르고, 같은 굵기라도 나사의 강도 등급이 다르다. 일반적으로 나사의 머리에 강도 등급이 표시되어 있으며, 등급 표시 없이 제조사 영문 이니셜만 있는 것은 일반 볼트로 강도 5.6에 해당된다(8.8 혹은 10.9 혹은 12.9라고 표기되어 있다). 점 앞에 있는 숫자 5, 8, 10, 12는 나사가 갖고 있는 인장강도를 의미한다.

※ 강도의 단위는 N/mm^2, 즉 $500\,N/mm^2$, $800\,N/mm^2$, $1000\,N/mm^2$, $1200\,N/mm^2$를 나타낸다. 점 뒤의 숫자는 항복점의 위치를 말하며, 6은 파단강도의 60%, 8은 파단강도의 80%, 9는 파단강도의 90%에 항복점이 있음을 의미한다.

국가기술자격 실기시험문제 10안 (전기)

자격종목	자동차정비기능사	과제명	자동차정비작업

비번호 :   시험시간 : 4시간(엔진 : 100분, 섀시 : 80분, 전기 : 60분)

전기 1
주어진 자동차에서 에어컨 필터(실내 필터)를 탈거(감독위원에게 확인)한 후 다시 부착하여 블로어 모터 작동 상태를 확인하시오.

1-1 에어컨 필터(실내 필터) 탈·부착

에어컨(실내 필터) 탈·부착 작업

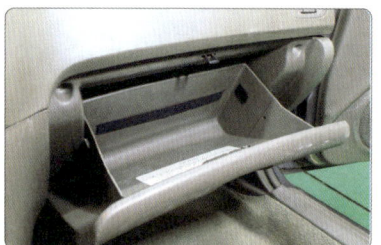

1. 조수석 콘솔 박스를 연다.

2. 콘솔 슬라이딩 키를 제거한다.

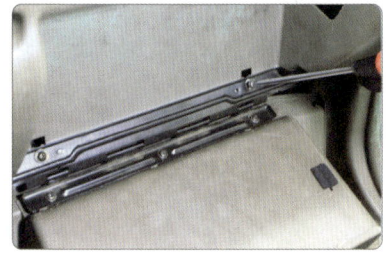

3. 콘솔 인사이드 고정 볼트를 분해한다.

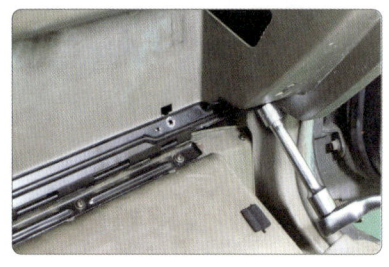

4. 콘솔 아웃사이드 고정 볼트를 제거한다.

5. 콘솔을 들어낸다.

6. 에어컨 필터 커버를 제거한다.

7. 에어컨 필터를 제거한다.

8. 에어컨 필터를 정렬하고 감독위원의 확인을 받는다.

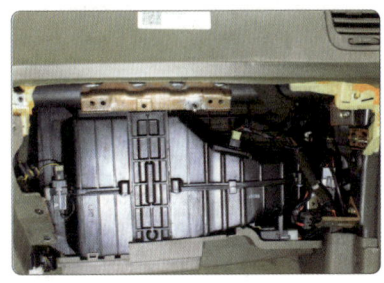

9. 에어컨 필터를 조립하고 커버를 체결한다.

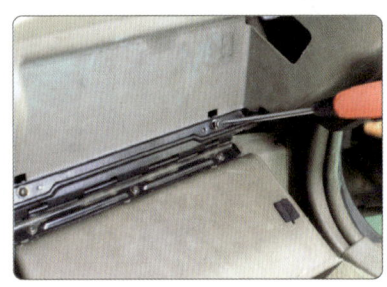

10. 콘솔 박스 인사이드 아웃사이드 볼트를 체결한다.

11. 콘솔 슬라이딩 키를 끼우고 콘솔 박스를 닫는다.

전기 2

주어진 자동차에서 엔진의 인젝터 코일 저항(1개)을 점검하여 솔레노이드 코일의 이상 유무를 확인한 후 기록표에 기록·판정하시오.

2-1 인젝터 저항 측정

1. 측정할 인젝터 커넥터를 탈거한다(리드선 연결).

2. 멀티 테스터 작동 상태 및 0점을 확인한다.

3. 멀티 테스터를 인젝터 단자에서 측정한다(13 Ω).

답안지 작성

전기 2 인젝터 코일 저항 점검

항목	① 측정(또는 점검)		② 판정 및 정비(또는 조치) 사항		(H) 득점
	(D) 측정값	(E) 규정(정비한계)값	(F) 판정(□에 'V' 표)	(G) 정비 및 조치할 사항	
인젝터 저항	13 Ω	13~16 Ω	☑ 양호 □ 불량	정비 및 조치할 사항 없음	

(A) 자동차 번호 :   (B) 비번호   (C) 감독위원 확인

1. 답안지 공통 사항(감독위원 확인 및 기록 사항)

(C) 감독위원 확인 : 시험 전 또는 시험 후 감독위원이 채점 후 확인합니다(날인).
(H) 득점 : 감독위원이 해당 문항을 채점하고 점수를 기록합니다.

2. 수험자가 기록해야 할 답안 사항

(A) 자동차 번호 : 측정하는 자동차 번호를 기록합니다(측정 차량이 1대인 경우 생략할 수 있습니다).
(B) 비번호 : 책임관리위원(공단 본부)이 배부한 등번호(비번호)를 기록합니다.
① 측정(또는 점검)
  (D) 측정값 : 인젝터 코일의 저항을 측정한 값 **13 Ω**을 기록합니다.
  (E) 규정(정비한계)값 : 측정 차량 정비지침서 규정값 **13~16 Ω**을 기록합니다.
② 판정 및 정비(또는 조치) 사항
  (F) 판정 : 측정한 값이 규정(정비한계)값 범위 내에 있으므로 ☑ **양호**에 표시합니다.
  (G) 정비 및 조치할 사항 : 판정이 양호이므로 **정비 및 조치할 사항 없음**을 기록합니다.

실기시험 주요 Point

인젝터 코일 저항 점검
인젝터 측정 시 1~4번 인젝터 중 감독위원이 지정한 인젝터 저항을 측정하도록 한다(선택레인지를 확인한다(Ω)).

● 인젝터 코일 저항이 규정값보다 낮을 경우

자동차 번호 :			비번호		감독위원 확 인	
항목	측정(또는 점검)		판정 및 정비(또는 조치) 사항			득점
	측정값	규정(정비한계)값	판정(□에 'V'표)	정비 및 조치할 사항		
인젝터 저항	5 Ω (20℃)	13~16 Ω (20℃)	□ 양호 V 불량	인젝터 교체 후 재점검		
※ 판정 및 정비(조치)사항 : 인젝터 코일 저항 측정값이 규정값 범위를 벗어났으므로 V 불량에 표시하고, 인젝터 교체 후 재점검 합니다.						

● 인젝터 코일 저항이 규정값 범위 내에 있을 경우

자동차 번호 :			비번호		감독위원 확 인	
항목	측정(또는 점검)		판정 및 정비(또는 조치) 사항			득점
	측정값	규정(정비한계)값	판정(□에 'V'표)	정비 및 조치할 사항		
인젝터 저항	14 Ω (20℃)	13~16 Ω (20℃)	V 양호 □ 불량	정비 및 조치할 사항 없음		
※ 판정 및 정비(조치)사항 : 인젝터 코일 저항 측정값이 규정값 범위 내에 있으므로 V 양호에 표시하고, 정비 및 조치할 사항 없음을 기록합니다.						

실기시험 주요 Point

인젝터 코일 저항이 규정값 범위를 벗어난 경우 정비 및 조치할 사항
① 코일 내부 저항 증가 → 인젝터 교체
② 코일 내부 단락 → 인젝터 교체
③ 코일과 단자 간 단락 → 인젝터 교체
④ 코일과 단자 간 접촉 불량 → 인젝터 교체

인젝터 코일 저항 측정 시 유의사항
① 1~4번 인젝터 중 감독위원이 지정한 인젝터 코일 저항을 측정한다.
② 온도에 따라 인젝터 저항 규정값이 변하므로 반드시 제시된 온도를 확인하고 기록한다.
③ 인젝터 저항 측정 시 멀티 테스터 팁을 인젝터 단자에 정확하게 접속시켜 저항값이 정확하게 측정되도록 한다.

 **전기 3** 주어진 자동차에서 점화회로의 고장부분을 점검한 후 기록표에 기록·판정하시오.

 **6안 참조** — 219쪽

 전기 4 주어진 자동차에서 좌 또는 우측의 전조등 광도를 측정하고 기록표에 기록·판정하시오.

 **1안 참조** — 74쪽

 **실기시험 주요 Point**

전조등 시험기

자동차(피견인자동차를 제외한다.)의 앞면에는 다음 각호의 기준에 적합한 전조등을 좌우에 각각 1개(4등식의 경우에는 2개를 1개로 본다.)씩 설치해야 한다.

❶ 등광색은 흰색으로 한다.
❷ 1등당 광도(최대 광도점의 광도를 말한다.)는 주행 빔은 15000 cd(4등식 중 주행 빔과 변환 빔이 동시에 점등되는 형식은 12000 cd) 이상 112500 cd 이하이고, 변환 빔은 3000 cd 이상 45000 cd 이하이어야 한다.
❸ 주행 빔의 비추는 방향은 자동차의 진행 방향 또는 진행하려는 방향과 같아야 하고, 전방 10 m 거리에서 주광축의 좌우측 진폭은 300 mm 이내, 상향진폭은 100 mm 이내, 하향진폭은 등화 설치높이의 3/10 이내이어야 한다. 다만, 좌측 전조등의 경우 좌측 방향의 진폭은 150 mm 이내이어야 하며, 운행 자동차의 하향진폭은 300 mm 이내로 할 수 있으며, 조명 가변형 전조등은 자동차가 앞으로 움직일 때에만 작동되어야 한다.
❹ 등화의 중심점은 차량중심선을 기준으로 좌우가 대칭이 되고, 공차상태에서 지상 500 mm 이상 1200 mm 이내가 되도록 설치한다.
❺ 주행 빔의 최고 광도의 합(자동차에 설치된 각각의 전조등에 대한 주행 빔의 최고 광도의 총합을 말한다.)은 225000 cd 이하이어야 한다.

자동차정비기능사 실기시험 11안

파트별	안별 문제	11안
엔진	엔진(부품) 분해 조립	실린더 헤드 캠축
	측정/답안작성	캠축 휨
	시스템 점검/엔진 시동	연료계통 회로
	부품 탈거/조립	연료 펌프
	자기진단(답안작성)	스캐너를 이용한 엔진 전자제어 센서(액추에이터) 점검
	차량 검사 측정	디젤 매연
섀시	부품 탈거/조립	추진축
	점검/답안작성	토(toe)
	부품 탈거 작동 상태	ABS 브레이크 패드
	점검/답안작성	ABS 자기진단
	안전기준 검사	브레이크 제동력
전기	부품 탈거/조립 작동 확인	전동 팬
	측정/답안작성	크랭킹 전압
	전기회로 점검/고장부위 작성	제동 및 미등 회로
	차량 검사 측정	전조등 광도

국가기술자격 실기시험문제 11안 (엔진)

자격종목	자동차정비기능사	과제명	자동차정비작업

비번호 : 시험시간 : 4시간(엔진 : 100분, 섀시 : 80분, 전기 : 60분)

엔진 1

주어진 DOHC 가솔린 엔진에서 실린더 헤드와 캠축을 탈거(감독위원에게 확인)하고 감독위원의 지시에 따라 기록표의 내용대로 기록·판정한 후 다시 조립하시오.

1-1 엔진 분해 조립

 1안 참조 — 22쪽

1-2 캠축 휨 측정

캠축의 휨 측정(흡기 캠축과 배기 캠축)

1. 다이얼 게이지를 직각으로 설치하고 0점 조정 후 캠축을 1회전한다.

2. 측정 게이지값 0.06 mm의 1/2이 측정값이 된다(0.03 mm).

답안지 작성

엔진 1 캠축 휨 점검

항목	① 측정(또는 점검)		② 판정 및 정비(또는 조치) 사항		(H) 득점
	(A) 엔진 번호 :	(B) 비번호		(C) 감독위원 확인	
	(D) 측정값	(E) 규정(정비한계)값	(F) 판정(□에 'V' 표)	(G) 정비 및 조치할 사항	
캠축 휨	0.03 mm	0.02 mm 이하	□ 양호 ☑ 불량	캠축 교체 후 재점검	

1. 답안지 공통 사항(감독위원 확인 및 기록 사항)

(C) 감독위원 확인 : 시험 전 또는 시험 후 감독위원이 채점 후 확인합니다(날인).
(H) 득점 : 감독위원이 해당 문항을 채점하고 점수를 기록합니다.

2. 수험자가 기록해야 할 답안 사항

(A) 엔진 번호 : 측정하는 엔진 번호를 기록합니다(측정 엔진이 1대인 경우 생략할 수 있습니다).
(B) 비번호 : 책임관리위원(공단 본부)이 배부한 등번호(비번호)를 기록합니다.
① 측정(또는 점검)
  (D) 측정값 : 캠축 휨을 측정한 값 **0.03 mm**를 기록합니다.
  (E) 규정(정비한계)값 : 정비지침서를 보고 기록하거나 감독위원이 제시한 규정값을 기록합니다.
    0.02 mm 이하
② 판정 및 정비(또는 조치) 사항
  (F) 판정 : 측정한 값이 규정(정비한계)값 범위를 벗어났으므로 ☑ **불량**에 표시합니다.
  (G) 정비 및 조치할 사항 : 판정이 불량이므로 **캠축 교체 후 재점검**을 기록합니다.

실기시험 주요 Point

밸브기구의 구성 부품과 그 기능

❶ 캠축과 캠 : 캠축은 4행정 사이클 엔진에서 엔진의 밸브 수와 같은 수의 캠이 배열된 축이다.
❷ 캠축의 구동방식
 • 기어 구동방식 : 크랭크축 기어와 캠축 기어의 물림에 의한 방식이며, 4행정 사이클 엔진에서는 크랭크축 2회전에 캠축이 1회전하는 구조로 되어 있다.
 • 체인 구동방식 : 타이밍 체인을 통하여 캠축을 구동하는 것으로 양쪽 체인의 스프로킷 비율은 4행정 사이클 엔진의 경우 2 : 1이며 스프로킷의 재질은 강철이다.
 • 벨트 구동방식 : 타이밍 벨트로 캠축을 구동하는 방식이며, 벨트에도 스프로킷 돌기 형상과 동일한 돌기가 파져 있다.

엔진 2 주어진 전자제어 가솔린 엔진에서 감독위원의 지시에 따라 시동에 필요한 연료 장치 회로의 이상개소를 점검 및 수리하여 시동하시오.

 2안 참조 — 85쪽

 **엔진 3** 주어진 자동차에서 엔진의 연료 펌프를 탈거(감독위원에게 확인)한 후 다시 조립하고 감독위원의 지시에 따라 진단기(스캐너)를 사용하여 엔진의 각종 센서(액추에이터)를 점검 후 고장부분을 기록하시오.

 10안 참조 — 297쪽

 **엔진 4** 주어진 자동차에서 기록표에 제시된 내용을 측정하고 기록·판정하시오.

 1안 참조 — 38쪽

 **실기시험 주요 Point**

타이로드 엔드 탈·부착 작업
① 시뮬레이션 차량인 경우 타이어(또는 휠)를 한쪽으로 완전히 돌려 놓는다.
② 타이로드 엔드 로크 너트를 푼 다음 볼 조인트 로크 핀을 제거하고 타이로드 엔드 너트를 푼다.
③ 더스트 커버를 벗기고 특수 공구(볼 조인트 리무버)를 사용하여 너클 암에서 타이로드 엔드 볼 조인트를 분리한다.
④ 타이로드에서 타이로드 엔드를 풀어낸다.

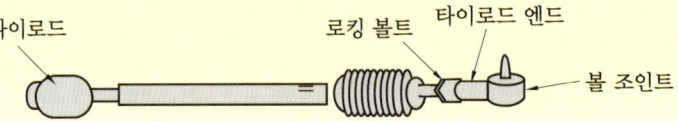

국가기술자격 실기시험문제 11안 (섀시)

자격종목	자동차정비기능사	과제명	자동차정비작업

비번호 :　　　　　　　　　시험시간 : 4시간(엔진 : 100분, 섀시 : 80분, 전기 : 60분)

섀시 1 주어진 후륜 구동(FR형식) 자동차에서 감독위원의 지시에 따라 추진축(또는 propeller shaft)을 탈거(감독위원에게 확인)한 후 다시 조립하시오.

1-1 추진축 탈·부착

1. 작업 대상 차량을 확인한다.

2. 차량 추진축 뒤 요크 볼트를 분해한다.

3. 추진축을 종감속 기어에서 분리한다.

4. 추진축을 뒤 요크를 잡고 뒤로 빼면서 변속기에서 분해한다.

5. 변속기 뒤 유니버설 조인트를 분해한다.

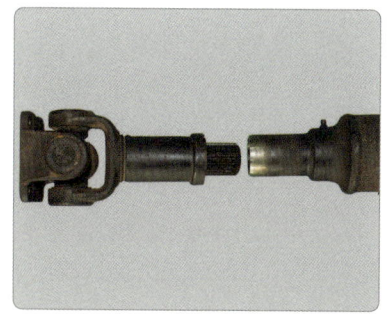
6. 분해된 유니버설 조인트를 정렬한다.

7. 추진축을 정렬하고 감독위원의 확인을 받는다.

8. 변속기 출력축 고정 볼트를 정위치시킨다.

9. 유니버설 조인트를 변속기 출력축에 조립한다.

10. 유니버설 조인트에 추진축을 조립한다.

11. 추진축과 종감속 기어에 고정 볼트를 체결한다.

12. 조립된 추진축을 감독위원에게 확인받는다.

실기시험 주요 Point

추진축의 고장발생 원인 및 진단

(1) 주행 중 소음이 발생하는 원인
  ① U 볼트, 조인트 볼트 등이 헐거울 때
  ② 급유가 불량할 때
  ③ U 조인트 베어링이 손상되었을 때
  ④ 센터 베어링이 손상되었을 때

(2) 주행 중 진동이 발생하는 원인
  ① U 볼트의 취부가 헐거울 때
  ② U 조인트 베어링이 마모되었을 때
  ③ 축의 밸런스가 불량일 때
  ④ 트러니언 조인트 볼에 그리스가 불량일 때
  ⑤ 슬립 조인트의 급유 불량일 때
  ⑥ 축의 요크 방향이 틀릴 때
  ⑦ 추진축의 설치 각도가 과대할 때
  ⑧ 슬립 조인트가 마모되었을 때

추진축의 점검 및 수정

① 추진축의 휨 측정 : 0.5 mm 이상이면 수정하거나 교체
② 슬립 조인트의 슬립부 마모 측정 : 0.5 mm 이상이면 숫돌로 연마하거나 교체
③ 추진축의 비틀림, 용접부의 균열 점검
④ U 조인트 베어링의 마모 측정 : 약 0.05 mm 이상이면 교환 스파이더의 균열이나 베어링이 절손된 것이므로 교체
⑤ 센터 베어링의 회전 불량이나 소음 점검, 고무의 노화 점검 : 교체
⑥ 슬리브 요크의 방향이 일치하도록 끼워져 있는지 점검
⑦ U 조인트가 조립되었을 때 스파이더와 베어링의 축방향 유격 : 0.05 mm 이내

섀시 2

주어진 자동차에서 감독위원의 지시에 따라 토(toe)를 점검하여 기록·판정하시오.

2-1 토(toe) 측정

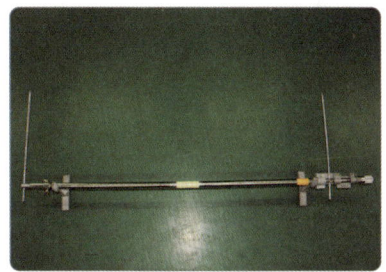

1. 측정할 차량에 토(toe) 게이지를 확인한다.

2. 토 게이지를 0점 조절한다(슬리브 및 심블).

3. 앞바퀴의 뒤쪽 중심선에 토(toe) 게이지를 맞춘다(좌, 우바퀴 중심).

4. 토(toe) 게이지를 바퀴 앞쪽으로 이동하여 측정 게이지가 없는 포스트를 바퀴 중심에 맞춘다.

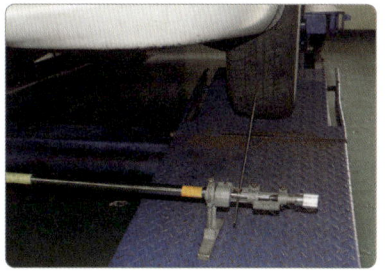

5. 토(toe) 게이지를 심블 바퀴 중심을 기준으로 심블을 움직여 측정값을 확인한다.

6. 측정값을 확인한다(토 out 1.9 mm).

● **토 게이지 측정 방법**

① 심블을 돌려 토 게이지를 0으로 맞춘다.
② 토 게이지를 앞바퀴의 뒷부분으로 이동한다.
③ 지시 바를 양쪽 타이어 중심부에 맞춘다(토 게이지 중심 바를 이동하여 조정한다).
④ 토 게이지를 타이어 앞으로 이동한다.
⑤ 지시 바 한쪽을 타이어 중심선에 위치한다.
⑥ 반대 토 게이지 심블을 돌려 지시 바가 중심부에 오도록 맞춘다.
⑦ 토인, 토아웃 값을 확인한다.

● 토(toe) 게이지 측정(슬리브 및 심블 눈금)

눈금기준 : 슬리브(바) : 1눈금 1 mm
심블(회전나사) : 1눈금 0.1 mm, 1회전 시 2 mm 움직임

※ 토(toe) 게이지 바 눈금은 0을 기점으로 in, out 15 mm로 설정된다.

보기 1

슬리브(바) 눈금 10 mm - 심블 눈금 0.4 mm = 토 in 9.6 mm

보기 2

슬리브(바) 눈금 0 mm + 심블 눈금 0 mm = 토 0 mm

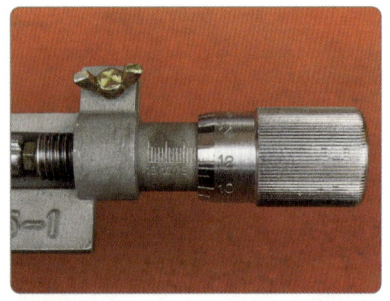

보기 3

슬리브(바) 눈금 2 mm - 심블 눈금 1.2 mm = 토 in 0.8 mm

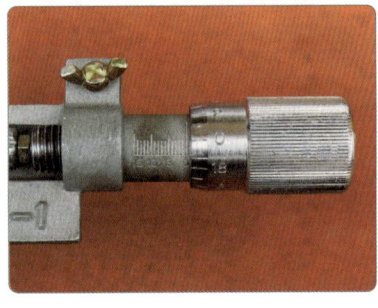

보기 4

슬리브(바) 눈금 0 mm + 심블 눈금 1.9 mm = 토 out 1.9 mm

❶ 슬리브(바) 눈금과 심블 눈금이 0으로 맞았을 때가 0 mm이다.
❷ 0 mm를 중심으로 심블을 시계 방향(오른쪽)으로 돌리면 심블 눈금 19는 토 in 0.1 mm가 된다.
❸ 0 mm를 중심으로 심블을 시계 반대 방향(왼쪽)으로 돌리면 심블 눈금 1은 토 out 0.1 mm가 된다(토 out인 경우 측정값이 2 mm 이내일 때 심블 눈금으로만 측정한다).

실기시험 주요 Point

토 인과 토 아웃(toe-in, toe-out)

자동차에서 발생하는 구동력을 최대한 지면에 전달하기 위해 타이어 배열은 고속도로나 평탄한 도로에서 가능하지만 여러 가지 상황의 도로 여건에 알맞게 주행하기 위해, 즉 타이어 구동력과 접지상태 등 자동차의 주행 특성과 효율성을 높이기 위해 토 인과 토 아웃이 필요하다.

❶ 토아웃 : 자동차의 중심에서 밖으로 벌어진 상태가 (-)값이 된다.
❷ 토인 : 자동차의 중심에서 안으로 좁아진 상태가 (+)값이 된다.

답안지 작성

섀시 2 - 토(toe) 점검

항목	① 측정(또는 점검)		② 판정 및 정비(또는 조치) 사항		(H) 득점
	(D) 측정값	(E) 규정(정비한계)값	(F) 판정(□에 'V' 표)	(G) 정비 및 조치할 사항	
토(toe)	토 아웃 1.9 mm	0±3 mm	☑ 양호 □ 불량	정비 및 조치할 사항 없음	

(A) 자동차 번호 :   (B) 비번호   (C) 감독위원 확 인

1. 답안지 공통 사항(감독위원 확인 및 기록 사항)

(C) 감독위원 확인 : 시험 전 또는 시험 후 감독위원이 채점 후 확인합니다(날인).
(H) 득점 : 감독위원이 해당 문항을 채점하고 점수를 기록합니다.

2. 수험자가 기록해야 할 답안 사항

(A) 자동차 번호 : 측정하는 자동차 번호를 기록합니다(측정 차량이 1대인 경우 생략할 수 있습니다).
(B) 비번호 : 책임관리위원(공단 본부)이 배부한 등번호(비번호)를 기록합니다.
① 측정(또는 점검)
  (D) 측정값 : 토(toe)를 측정한 값 **토 아웃 1.9 mm**를 기록합니다.
  (E) 규정(정비한계)값 : 정비지침서를 보고 기록하거나 감독위원이 제시한 값 **0±3 mm**를 기록합니다.
② 판정 및 정비(또는 조치) 사항
  (F) 판정 : 측정한 값이 규정(정비한계)값 범위 내에 있으므로 ☑ **양호**에 표시합니다.
  (G) 정비 및 조치할 사항 : 판정이 양호이므로 **정비 및 조치할 사항 없음**을 기록합니다.

실기시험 주요 Point

사이드슬립의 조정

타이로드 고정 너트를 풀고 타이로드를 시계 방향으로 회전시키면(타이로드가 엔드에 조립된 상태에서 본다.) 볼트가 들어가는 방향이므로 타이로드 길이가 작아져 바퀴 앞쪽이 벌어지므로 토 아웃이 된다. 차량마다 규정 토값이 다르지만 타이로드 1회전은 12 mm 정도 조정되므로 양쪽으로 나누어 조정한다. 예를 들어 12 mm 토 아웃으로 조정해야 한다면 왼쪽 바퀴 6 mm, 오른쪽 바퀴 6 mm로 나누어 타이로드를 시계 방향으로 반 바퀴씩 조여준다.

※ 승용차는 독립현가 방식으로 타이로드가 좌, 우(각 1개씩) 2개의 타이로드가 있으므로 토 인, 토 아웃을 조정할 때 조정값을 1/2로 나누어 균형 있게 조정한다.

토 인, 토 아웃 조정 결과

타이로드 길이가 길어지면 : 토 인, 타이로드 길이가 짧아지면 : 토 아웃

● 토 측정값이 규정값보다 클 경우 (토 인)

항목	자동차 번호 :		비번호		감독위원 확 인	
	측정(또는 점검)		판정 및 정비(또는 조치) 사항			득점
	측정값	규정(정비한계)값	판정(□에 'V'표)	정비 및 조치할 사항		
토(toe)	토 인 9 mm	토 아웃 3 mm ~토 인 3 mm	□ 양호 ☑ 불량	타이로드 고정 너트를 풀고 타이로드를 바퀴 진행 반대 방향 (후진)으로 돌려 조정 후 재점검		

※ 판정 및 정비(조치)사항 : 토 측정값이 규정값 범위를 벗어났으므로 ☑ 불량에 표시하고, 타이로드 고정 너트를 풀고 타이로드 바퀴 진행 반대 방향(후진)으로 돌려 조정한 후 재점검합니다.

● 토 측정값이 규정값보다 작을 경우 (토 아웃)

항목	자동차 번호 :		비번호		감독위원 확 인	
	측정(또는 점검)		판정 및 정비(또는 조치) 사항			득점
	측정값	규정(정비한계)값	판정(□에 'V'표)	정비 및 조치할 사항		
토(toe)	토 아웃 12 mm	토 아웃 3 mm ~토 인 3 mm	□ 양호 ☑ 불량	타이로드 고정 너트를 풀고 타이로드를 바퀴 진행 방향 (전진)으로 돌려 조정 후 재점검		

※ 판정 및 정비(조치)사항 : 토 측정값이 규정값 범위를 벗어났으므로 ☑ 불량에 표시하고, 타이로드 고정 너트를 풀고 타이로드 바퀴 진행 방향(전진)으로 돌려 조정한 후 재점검합니다.

실기시험 주요 Point

토 인 또는 토 아웃 조정 방법

❶ 타이로드 고정 너트를 풀고 타이로드를 시계 방향으로 회전시키면(타이로드가 엔드에 조립된 상태에서 본다) 볼트가 들어가는 방향이므로 타이로드의 길이가 작아져 바퀴의 앞쪽이 벌어지므로 토 아웃이 된다.

❷ 차종마다 토 규정값이 다르지만 타이로드 1회전은 약 12 mm 정도 조정되므로 양쪽으로 나누어 조정한다. 예를 들어 12 mm 토 아웃으로 조정해야 한다면 왼쪽 바퀴 6 mm, 오른쪽 바퀴 6 mm로 나누어 타이로드를 시계 방향으로 반 바퀴씩 조어준다.

❸ 승용차는 독립 현가방식으로 좌, 우 1개씩 2개의 타이로드가 있으므로 토 인, 토 아웃을 조정할 때 조정값을 1/2로 나누어 균형 있게 조정한다.

❹ 타이로드 길이가 길어지면 토 인으로 조정하고, 타이로드 길이가 짧아지면 토 아웃으로 조정한다.

섀시 3
주어진 자동차에서 감독위원의 지시에 따라 브레이크 마스터 실린더를 탈거(감독위원에게 확인)하고 다시 조립하여 공기빼기 작업 후 브레이크의 작동상태를 확인하시오.

3-1 마스터 실린더 탈·부착

브레이크 마스터 실린더 위치를 확인하고 탈·부착 작업을 준비한다.

1. 브레이크액 경고등 커넥터를 탈거하고 마스터 실린더 전, 후륜 브레이크 파이프를 분리한다.

2. 마스터 백에 조립된 마스터 실린더 고정 볼트를 분해한다.

3. 마스터 실린더를 탈거한다.

4. 마스터 실린더를 정렬하고 감독위원에게 확인받는다.

5. 마스터 실린더를 마스터 백에 조립한다.

6. 마스터 실린더 전, 후륜 브레이크 파이프를 조립한다.

7. 브레이크액 경고등 커넥터를 체결한다.

8. 브레이크액을 마스터 실린더에 보충한다.

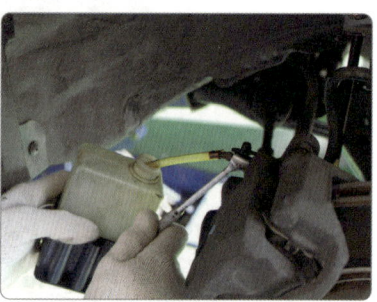
9. 브레이크 공기빼기 작업을 실시한 후(4바퀴) 감독위원의 확인을 받는다.

10. 마스터 실린더 리저버 탱크에 오일을 보충한다.

11. 주변 브레이크액을 닦아낸다.

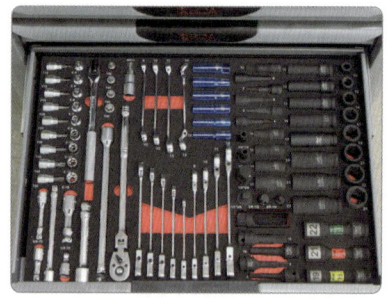
12. 공구세트를 정리한다.

섀시 4

주어진 자동차에서 감독위원의 지시에 따라 진단기(스캐너)로 자동변속기를 점검하고 기록·판정하시오.

2안 참조 — 101쪽

섀시 5 주어진 자동차에서 감독위원의 지시에 따라 제동력을 측정하여 기록·판정하시오.

 1안 참조 — 61쪽

 **실기시험 주요 Point**

탠덤 마스터 실린더

2개의 싱글 마스터 실린더를 직렬로 배치한 것과 같으며, 1개의 실린더 내에 앞바퀴용과 뒷바퀴용의 피스톤이 각각 설치되어 있다. 즉, 유압 브레이크에서 안전성을 높이기 위해 앞·뒷바퀴에 대하여 독립적으로 작동하는 2계통의 회로를 두는 형식이다.

탠덤 마스터 실린더의 구조

상부에는 앞·뒤 제동용 오일저장탱크가 분리되어 있으며, 아래쪽에는 실린더가 있다. 실린더 내에는 피스톤, 피스톤 컵, 리턴 스프링 등이 내장되어 있으며, 실린더 내 2개의 피스톤 중 2차 피스톤의 양단은 스프링에 의해 지지되어 있다. 또 스프링이 들어 있는 공간 자체가 각각 압력실이며 2차실은 전륜측, 1차실은 후륜측 활용이다. 각각의 피스톤은 리턴 스프링과 스토퍼에 의해 그 위치가 정해져 있고, 앞·뒤 피스톤에는 리턴 스프링이 각각 설치되어 있으며, 각각의 피스톤에 대응하는 보상 구멍과 블리더 구멍 및 체크 밸브가 설치되어 있다.

국가기술자격 실기시험문제 11안 (전기)

| 자격종목 | 자동차정비기능사 | 과제명 | 자동차정비작업 |

비번호 :   시험시간 : 4시간(엔진 : 100분, 섀시 : 80분, 전기 : 60분)

전기 1
주어진 자동차에서 라디에이터 전동 팬을 탈거(감독위원에게 확인)한 후 다시 부착하여 전동 팬이 작동하는지 확인하시오.

1-1 라디에이터 전동 팬 탈·부착

1. 작업 차량 냉각장치를 확인한다.

2. 라디에이터 전동 팬 배선을 분리한다.

3. 라디에이터 상(하)부 호스를 탈거한다.

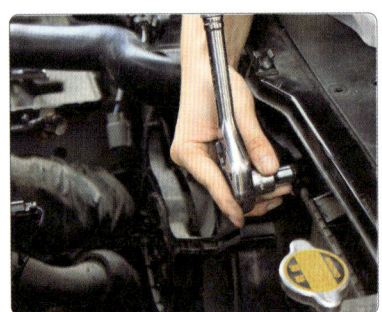

4. 라디에이터 전동 팬 고정 볼트를 탈거한다.

5. 라디에이터에서 전동 팬을 분해한다.

6. 라디에이터 전동 팬을 정렬한 후 감독위원의 확인을 받는다.

7. 라디에이터 전동 팬을 장착하고 고정 볼트를 조립한다.

8. 라디에이터 하부 호스를 체결한다.

9. 라디에이터 상부 호스를 체결한다.

10. 라디에이터 전동 팬 커넥터를 장착한 후 감독위원의 확인을 받는다.

> **전동 팬 탈·부착**
> 완성 차량에서 진행되는 것이 원칙이지만 시험장 여건에 따라 전동 팬이 라디에이터와 함께 탈거된 상태에서 작업이 진행될 경우 라디에이터 탈·부착 작업에서 좀 더 세밀하게 작업에 임해야 한다.
> 볼트나 너트 커넥터를 빠짐없이 체결하며 필요한 경우 전동 팬 작동 상태를 확인하고, 작업을 마치면 주변 정리까지 확실하게 마무리한다.

전기 2
주어진 자동차에서 시동 모터의 크랭킹 전압 강하 시험을 하여 고장부분을 점검한 후 기록표에 기록·판정하시오.

2-1 시동 모터 크랭킹 전압 강하 시험

1. 작업 차량 엔진을 확인한다.

2. 축전지 전압과 용량을 확인한다. (12 V 60 AH)

3. 축전지 전압을 측정한다(12.6 V). 시동 모터를 크랭킹(3~6회전)시키면서 전압을 확인한다.

답안지 작성

전기 2 — 크랭킹 시 전압 강하 점검

(A) 자동차 번호 :		(B) 비번호		(C) 감독위원 확인	
항목	① 측정(또는 점검)		② 판정 및 정비(또는 조치) 사항		(H) 득점
	(D) 측정값	(E) 규정(정비한계)값	(F) 판정(□에 'V' 표)	(G) 정비 및 조치할 사항	
전압 강하	8.5 V	9.6 V 이상	□ 양호 ☑ 불량	축전지 교체 후 재점검	

1. 답안지 공통 사항(감독위원 확인 및 기록 사항)

(C) **감독위원 확인** : 시험 전 또는 시험 후 감독위원이 채점 후 확인합니다(날인).

(H) **득점** : 감독위원이 해당 문항을 채점하고 점수를 기록합니다.

2. 수험자가 기록해야 할 답안 사항

(A) **자동차 번호** : 측정하는 자동차 번호를 기록합니다(측정 차량이 1대인 경우 생략할 수 있습니다).

(B) **비번호** : 책임관리위원(공단 본부)이 배부한 등번호(비번호)를 기록합니다.

① 측정(또는 점검)

(D) **측정값** : 전압 강하를 측정한 값 **8.5 V**를 기록합니다.

(E) **규정(정비한계)값** : 감독위원이 제시한 값 **9.6 V 이상**을 기록합니다.

② 판정 및 정비(또는 조치) 사항

(F) **판정** : 측정한 값이 규정(정비한계)값 범위를 벗어났으므로 ☑ **불량**에 표시합니다.

(G) **정비 및 조치할 사항** : 판정이 불량이므로 **축전지 교체 후 재점검**을 기록합니다.

3. 크랭킹 전압 강하 및 전류 소모 규정값

항목	전압 강하(V)	소모 전류(A)
규정값(축전지 규정 용량)	축전지 전압의 20%까지	축전지 용량의 3배 이하
예 12 V − 80 AH	9.6 V 이상	240 A 이하

실기시험 주요 Point

기동전동기 탈·부착 작업
1. 축전지(−) 탈거
2. 솔레노이드 스위치 ST(3단) 연결 배선 분리
3. 기동전동기 솔레노이드 B단자 탈거
4. 엔진과 트랜스 액슬에 고정된 기동전동기 고정 볼트 탈거
5. 기동전동기 분리

전기 3
주어진 자동차에서 제동등 및 미등 회로의 고장 부분을 점검한 후 기록표에 기록 · 판정하시오.

3-1 제동등 및 미등 회로 점검

(1) 제동등 회로도

● 주요 부위 회로 점검

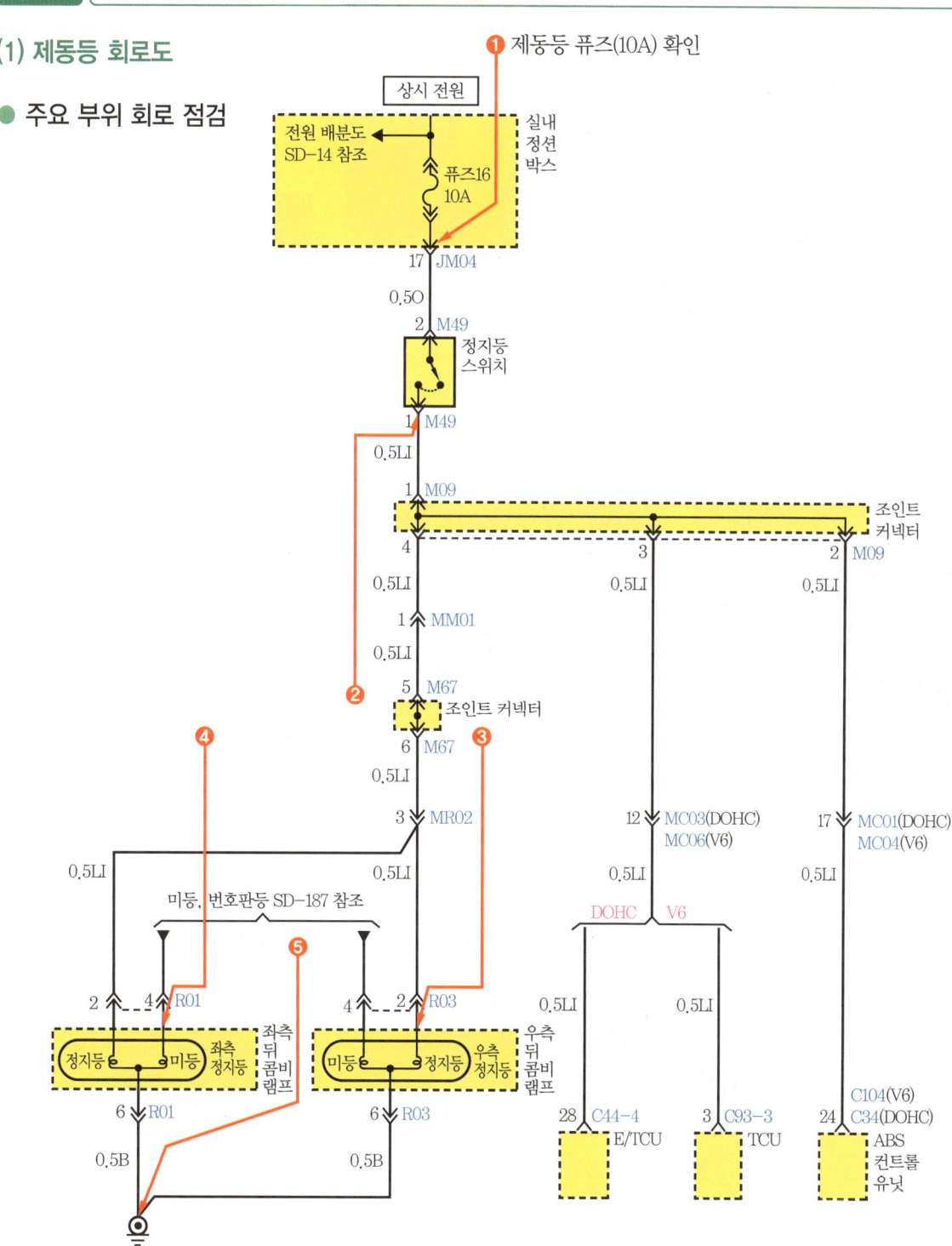

(2) 제동등 회로 점검

준비된 시험 차량을 확인한다.

1. 축전지 전압과 단자 체결상태를 확인한다.

2. 제동등 및 미등 퓨즈를 점검한다.

3. 미등 스위치 커넥터 연결 상태를 확인한다.

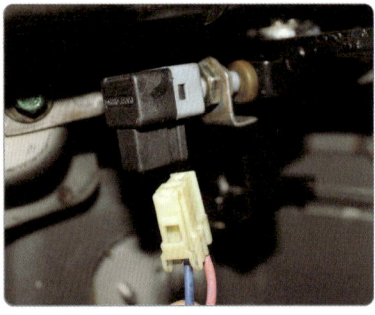
4. 제동등 스위치 연결 상태를 확인한다.

5. 제동등 스위치 커넥터 본선 전압 공급 상태를 확인한다.

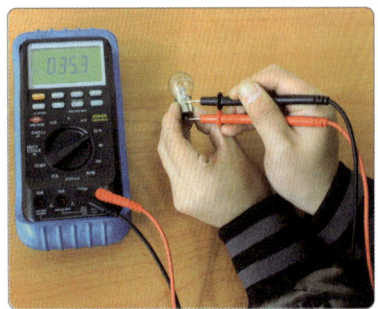
6. 제동등 및 미등 전구 단선 유무를 점검한다.

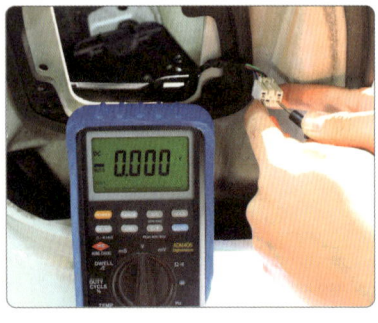
7. 미등 및 제동등 전원 공급 전원을 확인한다.

8. 미등을 탈거하고 작동상태를 직접 확인한다(접촉 상태 확인).

답안지 작성

전기 3 제동 및 미등 회로 점검

항목	(A) 자동차 번호 :		(B) 비번호		(C) 감독위원 확 인	
	① 측정(또는 점검)		② 판정 및 정비(또는 조치) 사항			(H) 득점
	(D) 이상 부위	(E) 내용 및 상태	(F) 판정(□에 'V' 표)	(G) 정비 및 조치할 사항		
제동 및 미등 회로	제동등 퓨즈	단선	□ 양호 ☑ 불량	퓨즈 교체 후 재점검		

※ 제시된 전기회로도의 명칭을 사용·기입합니다.

1. 답안지 공통 사항(감독위원 확인 및 기록 사항)

(C) **감독위원 확인** : 시험 전 또는 시험 후 감독위원이 채점 후 확인합니다(날인).
(H) **득점** : 감독위원이 해당 문항을 채점하고 점수를 기록합니다.

2. 수험자가 기록해야 할 답안 사항

(A) **자동차 번호** : 측정하는 자동차 번호를 기록합니다(측정 차량이 1대인 경우 생략할 수 있습니다).
(B) **비번호** : 책임관리위원(공단 본부)이 배부한 등번호(비번호)를 기록합니다.
① **측정(또는 점검)**
  (D) **이상 부위** : 미등이 작동되지 않는 이상 부위로 **제동등 퓨즈**를 기록합니다.
  (E) **내용 및 상태** : 이상 부위의 내용 및 상태로 **단선**을 기록합니다(퓨즈가 없는 경우 **없음**을 기록합니다).
② **판정 및 정비(또는 조치) 사항**
  (F) **판정** : 퓨즈가 단선되었으므로 ☑ **불량**에 표시합니다.
  (G) **정비 및 조치할 사항** : 판정이 불량이므로 **퓨즈 교체 후 재점검**을 기록합니다.
  　　　　　　　　　　　　판정이 양호일 때는 **정비 및 조치할 사항 없음**을 기록합니다.

※ **미등 및 제동등 고장 발생 원인**
  • 축전지 불량 및 연결 상태 불량　　　　• 제동등 퓨즈의 탈거 및 단선
  • 제동등 전구 탈거 및 단선　　　　　　• 제동등 스위치 커넥터 탈거

실기시험 주요 Point

미등 회로 점검
❶ 축전지, 퓨즈, 미등 전구를 육안으로 먼저 점검한 다음 테스트 램프 또는 미등 회로(멀티 테스터 사용)를 점검한다.
❷ 배선 커넥터를 분리하여 연결할 경우 '딸깍' 소리가 나도록 조립한다.

전기 4. 주어진 자동차에서 좌 또는 우측의 전조등 광도를 측정하고 기록표에 기록·판정하시오.

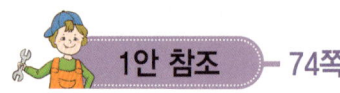 — 74쪽

실기시험 주요 Point

전선 피복의 색 분류
전선을 구분하기 위한 전선의 색은 전선 피복의 주색과 보조띠 색의 순서로 표시한다.

AVX-0.5GR(Y)

AVX : 내열 자동차용 전선　　0.5 : 전선 내심 단면적이 $0.5mm^2$　　Y : 튜브색 노랑색
G : 주색 녹색　　R : 보조색 빨간색

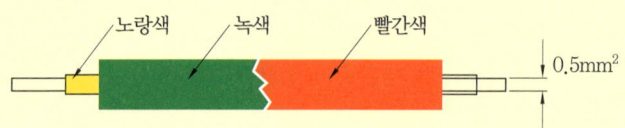

전선 표시 예

전선 종류(온도에 따른 분류)
AV(automotive vinylon) : 80℃(자동차용 비닐)
AVX(automotive vinyl extra) : 90℃(내열 자동차 비닐)
AEX(automotive polyethylene extra) : 110℃(고압선)

기호	영문	색	기호	영문	색
B	Black	검정색	O	Orange	오렌지
Be	Beige	베이지색	P	Pink	분홍색
Br	Brown	갈색	Pp	Purple	자주색
G	Green	녹색	R	Red	빨간색
Gr	Gray	회색	T	Tawniness	황갈색
L	Blue	청색	W	White	흰색
Lg	Light green	연두색	Y	Yellow	노란색
Ll	Light blue	연청색			

자동차 배선 적용 표기

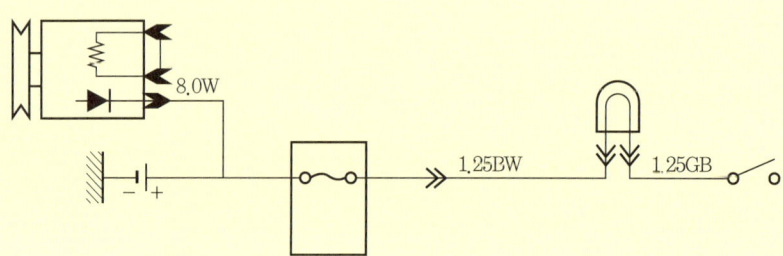

자동차정비기능사 실기시험 12안

파트별	안별 문제	12안
엔진	엔진(부품) 분해 조립	크랭크축(디젤)
	측정/답안작성	플라이휠 런 아웃
	시스템 점검/엔진 시동	시동회로
	부품 탈거/조립	연료 펌프
	자기진단(답안작성)	스캐너를 이용한 엔진 전자제어 센서(액추에이터) 점검
	차량 검사 측정	가솔린 배기가스
섀시	부품 탈거/조립	차동기어(FR형식)
	점검/답안작성	클러치 페달 유격
	부품 탈거 작동 상태	브레이크 라이닝(슈) 교환
	점검/답안작성	ABS 자기진단
	안전기준 검사	최소회전반지름
전기	부품 탈거/조립 작동 확인	발전기
	측정/답안작성	스텝 모터 저항
	전기회로 점검/고장부위 작성	실내등 및 열선 회로
	차량 검사 측정	경음기 음량

국가기술자격 실기시험문제 12안 (엔진)

자격종목	자동차정비기능사	과제명	자동차정비작업

비번호 :   시험시간 : 4시간(엔진 : 100분, 섀시 : 80분, 전기 : 60분)

엔진 1

주어진 디젤엔진에서 크랭크축을 탈거(감독위원에게 확인)하고 감독위원의 지시에 따라 기록표의 내용대로 기록·판정한 후 다시 조립하시오.

1-1 엔진 분해 조립

 1안 참조 — 22쪽

1-2 플라이휠 런 아웃 측정

측정할 플라이휠이 장착된 작업대 번호를 확인한다.

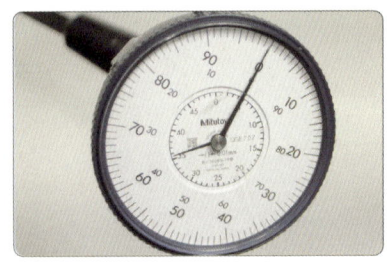

1. 다이얼 게이지 스핀들을 플라이휠에 설치하고 0점 조정한다.

2. 플라이휠을 1회전시켜 0을 기점으로 움직인 값을 측정값으로 한다. (0.04 mm)

엔진 2 주어진 전자제어 가솔린 엔진에서 감독위원의 지시에 따라 시동에 필요한 크랭킹 회로의 이상 개소를 점검 및 수리하여 시동하시오.

 3안 참조 — 123쪽

 **엔진 3** 주어진 자동차에서 엔진의 연료 펌프를 탈거(감독위원에게 확인)한 후 다시 조립하고 감독위원의 지시에 따라 진단기(스캐너)를 사용하여 엔진의 각종 센서(액추에이터)를 점검 후 고장부분을 기록하시오.

 10안 참조 — 297쪽

 **엔진 4** 주어진 자동차에서 기록표에 제시된 내용을 측정하고 기록 · 판정하시오.

 2안 참조 — 90쪽

답안지 작성

엔진 1 플라이휠 점검

항목	① 측정(또는 점검)		② 판정 및 정비(또는 조치) 사항		(H) 득점
(A) 엔진 번호 :			(B) 비번호		(C) 감독위원 확인
	(D) 측정값	(E) 규정(정비한계)값	(F) 판정(□에 'V' 표)	(G) 정비 및 조치할 사항	
플라이휠 런 아웃	0.35 mm	0.13 mm 이하	□ 양호 ☑ 불량	플라이휠 교체 후 재점검	

1. 답안지 공통 사항(감독위원 확인 및 기록 사항)

(C) 감독위원 확인 : 시험 전 또는 시험 후 감독위원이 채점 후 확인합니다(날인).
(H) 득점 : 감독위원이 해당 문항을 채점하고 점수를 기록합니다.

2. 수험자가 기록해야 할 답안 사항

(A) 엔진 번호 : 측정하는 엔진 번호를 기록합니다(측정 엔진이 1대인 경우 생략할 수 있습니다).
(B) 비번호 : 책임관리위원(공단 본부)이 배부한 등번호(비번호)를 기록합니다.
① 측정(또는 점검)
　(D) 측정값 : 플라이휠 런 아웃을 측정한 값 **0.35 mm**를 기록합니다.
　(E) 규정(정비한계)값 : 감독위원이 제시한 값이나 정비지침서를 보고 **0.13 mm 이하**를 기록합니다.
② 판정 및 정비(또는 조치) 사항
　(F) 판정 : 측정한 값이 규정(정비한계)값 범위를 벗어났으므로 ☑ **불량**에 표시합니다.
　(G) 정비 및 조치할 사항 : 판정이 불량이므로 **플라이휠 교체 후 재점검**을 기록합니다.
　　　　　　　　　판정이 양호일 때는 **정비 및 조치할 사항 없음**을 기록합니다.

실기시험 주요 Point

밸브 리프터(밸브 태핏 : valve lifter, valve tappet)
캠축의 회전운동을 상하운동으로 변환시켜 푸시로드로 전달하는 기구이다. 최근에는 유압식 밸브 리프터를 주로 사용하며, 그 특징은 다음과 같다.
❶ 오일의 비압축성과 윤활장치의 순환압력을 이용하여 작용하게 한 것이다.
❷ 엔진의 작동온도 변화에 관계없이 밸브 간극을 0으로 유지시키도록 한 방식이다.
❸ 밸브 간극을 점검·조정하지 않아도 된다.
❹ 밸브 개폐 시기가 정확하고 작동이 조용하다.
❺ 오일이 완충작용을 하므로 밸브기구의 내구성이 향상된다.
❻ 밸브기구의 구조가 복잡해지고 윤활장치가 고장이 나면 엔진작동이 정지된다.

국가기술자격 실기시험문제 12안 (섀시)

자격종목	자동차정비기능사	과제명	자동차정비작업

비번호 :　　　　　　　　시험시간 : 4시간(엔진 : 100분, 섀시 : 80분, 전기 : 60분)

섀시 1

주어진 자동차에서 감독위원의 지시에 따라 후륜구동(FR형식) 종감속장치에서 차동 기어를 탈거(감독위원에게 확인)한 후 다시 조립하시오.

1-1 종감속 기어 탈·부착

1. 액슬축 고정 볼트를 탈거한다(좌, 우 바퀴).

2. 액슬축을 바퀴에서 분리한다(좌, 우 바퀴).

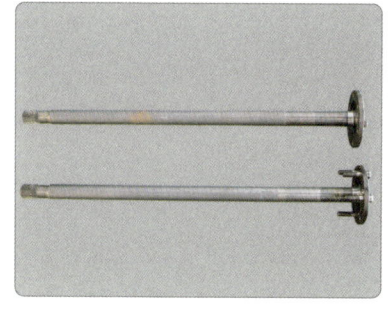

3. 좌, 우 액슬축을 탈거한다.

4. 액슬축 허브 베어링과 급유 상태를 확인한다.

5. 종감속 기어에서 추진축 요크를 탈거한다.

6. 액슬 하우징에서 차동 기어 고정 볼트를 탈거한다.

7. 종감속 기어를 액슬 하우징에서 탈거한다.

8. 탈거한 종감속 기어를 감독위원에게 확인받는다.

9. 종감속 기어를 액슬 하우징에 조립한다.

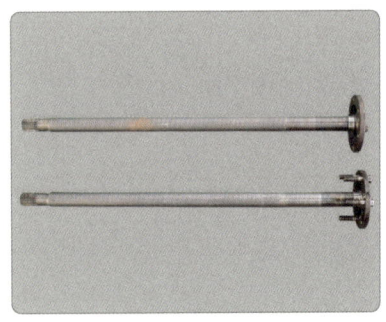

10. 좌, 우 바퀴 액슬축을 종감속 기어에 조립한다.

11. 액슬축 고정 볼트를 조립한다.

12. 추진축 요크를 종감속 기어에 조립한 뒤 감독위원에게 확인받는다.

1-2 차동 기어 탈·부착

1. 차동 기어 캐리어 캡을 분해한다.

2. 캐리어 캡을 정렬한다. 좌우가 바뀌지 않도록 주의한다.

3. 차동 기어 케이스를 분리한다.

4. 링 기어 고정 볼트를 분해한다.

5. 링 기어를 분해하여 정렬한다.

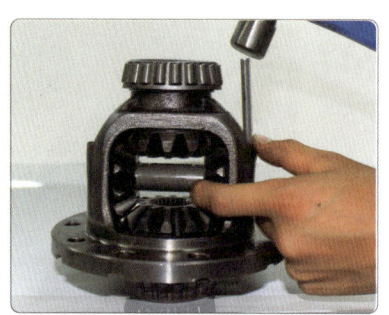
6. 차동장치 고정핀을 분해한다.

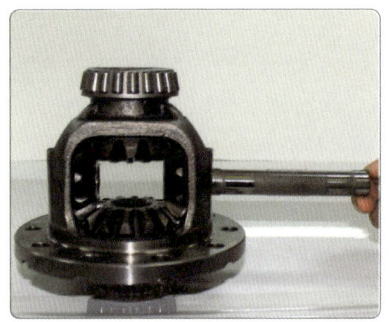
7. 차동 기어 피니언 축을 빼낸다.

8. 피니언 기어 및 사이드 기어를 분해한다.

9. 종감속 기어 하우징을 바이스에 물린다.

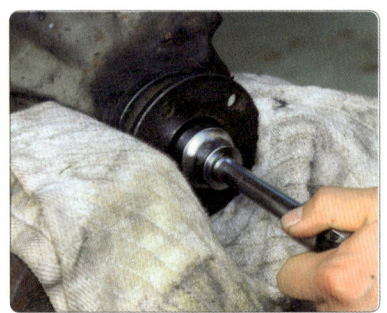
10. 구동 피니언 플랜지 고정 너트를 분해한다.

11. 구동 피니언 기어를 분해하고 정렬한다.

12. 플랜지를 정렬하고 감독위원의 확인을 받는다.

13. 차동 기어 케이스를 정렬한다.

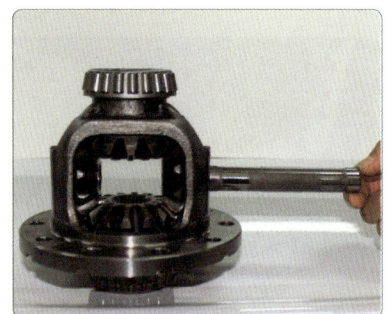
14. 사이드 기어와 피니언 기어를 조립하고 차동 피니언 축을 조립한다.

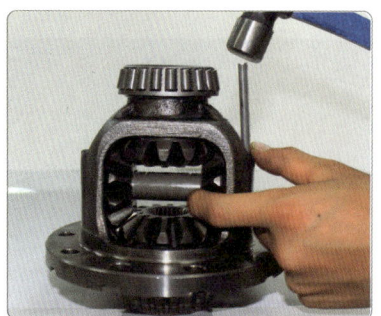
15. 차동 피니언 축 고정핀을 조립한다.

16. 링 기어를 조립한다.

17. 구동 피니언 하우징에 구동 피니언과 플랜지를 조립한다.

18. 차동 기어 캐리어 캡과 링 기어 백래시 조정 볼트를 조립한다.

섀시 2
주어진 자동차에서 감독위원의 지시에 따라 클러치 페달의 유격을 점검하여 기록·판정하시오.

2-1 클러치 페달 유격 점검

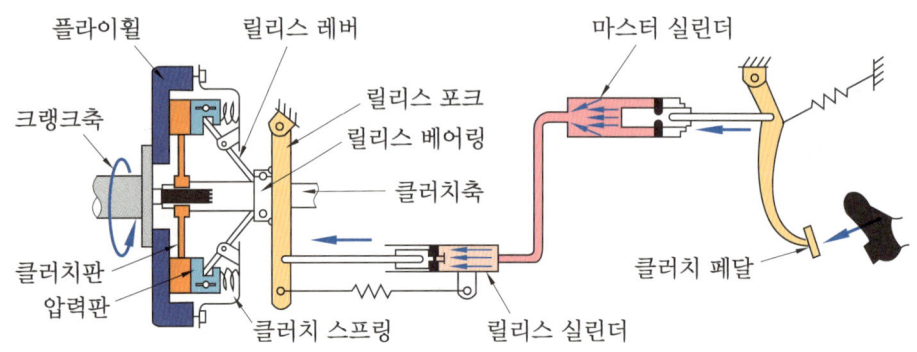

클러치 구성 부품

1. 점검할 수동변속기 차량을 확인한다.

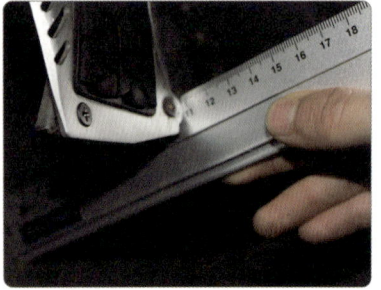
2. 클러치 페달 높이를 측정한다.
(페달 높이 : 110 mm)

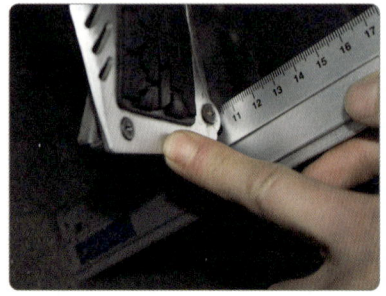
3. 클러치 페달에 자를 대고 지그시 눌러 유격을 측정한다(유격 : 7 mm).

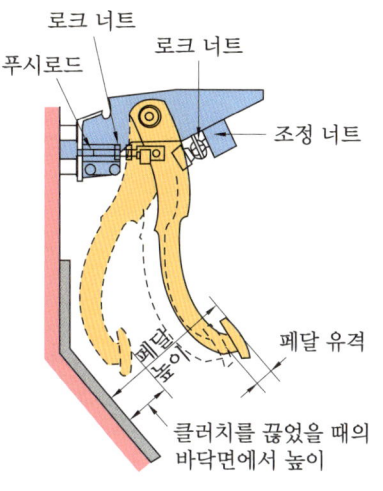

클러치 페달 작동 및 유격

 **실기시험 주요 Point**

마찰 클러치의 고장원인과 수리

(1) 클러치 슬립
  ① 디스크 페이싱 재질이 불량일 경우
  ② 디스크 페이싱이 과도하게 마모되었거나 유지(oil 또는 grease)가 부착되었을 경우
  ③ 압력 스프링(코일 스프링 또는 다이어프램 스프링)이 파손되거나 소손되었을 경우
  ④ 클러치 페달의 유격이 적거나 없을 경우
  ⑤ 클러치 페달의 작동 상태가 원활하지 못할 경우

(2) 발차 시 클러치의 떨림 : 이 경우 변속 조작이 어렵고 변속 조작 시 소음을 동반한다.
  ① 디스크 페이싱의 마모가 불균일할 경우
  ② 페이싱에 유지 부착, 비틀림 코일 스프링이 절손, 디스크가 휘었을 경우
  ③ 클러치 설치 상태에서 릴리스 레버(또는 다이어프램 핑거)의 높이가 불균일할 경우
  ④ 릴리스 베어링의 파손 또는 접촉면이 경사졌을 경우
  ⑤ 엔진 마운트의 설치 볼트 이완, 마운트 고무의 파손 또는 불량(지나치게 연할 경우)

답안지 작성

새시 2 클러치 페달 유격 점검

항목	① 측정(또는 점검)		② 판정 및 정비(또는 조치) 사항		(H) 득점
(A) 자동차 번호 :		(B) 비번호		(C) 감독위원 확 인	
항목	(D) 측정값	(E) 규정(정비한계)값	(F) 판정(□에 'v' 표)	(G) 정비 및 조치할 사항	(H) 득점
클러치 페달 유격	25 mm	6~13 mm	□ 양호 ☑ 불량	클러치 디스크 교체	

1. 답안지 공통 사항(감독위원 확인 및 기록 사항)

(C) 감독위원 확인 : 시험 전 또는 시험 후 감독위원이 채점 후 확인합니다(날인).
(H) 득점 : 감독위원이 해당 문항을 채점하고 점수를 기록합니다.

2. 수험자가 기록해야 할 답안 사항

(A) 자동차 번호 : 측정하는 자동차 번호를 기록합니다(측정 차량이 1대인 경우 생략할 수 있습니다).
(B) 비번호 : 책임관리위원(공단 본부)이 배부한 등번호(비번호)를 기록합니다.
① 측정(또는 점검)
  (D) 측정값 : 클러치 페달 유격을 측정한 값 **25 mm**를 기록합니다.
  (E) 규정값 : 해당 차량 정비지침서를 보고 기록하거나 감독위원이 제시한 값 **6~13 mm**를 기록합니다.
② 판정 및 정비(또는 조치) 사항
  (F) 판정 : 측정한 값이 규정(정비한계)값 범위를 벗어났으므로 ☑ **불량**에 표시합니다.
  (G) 정비 및 조치할 사항 : 판정이 불량이므로 **클러치 디스크 교체**를 기록합니다.

3. 클러치 페달 자유 간극 규정값

차 종	페달 높이	자유 간극	여유 간극	작동거리
EF 쏘나타	180.5 mm	6~13 mm	40 mm	150 mm
싼타페	218.9 mm	6~13 mm	–	140 mm
베르나	173 mm	6~13 mm	40 mm	145 mm
쏘나타	177~182 mm	6~13 mm	55 mm	–
아반떼 XD	166.9 mm	6~13 mm	40 mm	145 mm

실기시험 주요 Point

클러치 자유 간극
릴리스 베어링이 릴리스 레버(다이어프램 핑거)에 닿을 때까지 페달이 움직인 거리이며, 클러치 페달을 서너 번 밟은 다음 철자를 페달과 직각이 되도록 설치하고 페달의 윗면과 일치되는 눈금을 측정한다.

섀시 3 주어진 자동차에서 감독위원의 지시에 따라 브레이크 라이닝(슈)을 탈거(감독위원에게 확인)하고 다시 조립하여 브레이크의 작동상태를 확인하시오.

 99쪽

섀시 4 주어진 자동차에서 감독위원의 지시에 따라 진단기(스캐너)로 ABS 장치를 점검하고 기록·판정하시오.

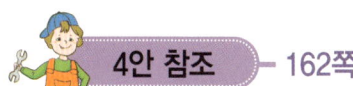 162쪽

섀시 5 주어진 자동차에서 감독위원의 지시에 따라 좌 또는 우회전 시 최소회전반경을 측정하여 기록·판정하시오.

12안 섀시

2안 참조 — 105쪽

실기시험 주요 Point

클러치 용량

클러치가 전달할 수 있는 회전력(torque)을 말한다. 일반적으로 클러치 용량은 승용차의 경우 엔진 최대 토크의 1.2~1.4배로, 트럭이나 버스의 경우 엔진 최대 토크의 1.5~2.5배로 한다. 클러치 용량이 너무 크면 클러치 조작이 어렵고 접속 시 쇼크(shock)가 일어나며, 접속이 급히 이루어져 엔진 스톨(운전자의 의도와 관계없이 엔진이 정지하는 현상)이 일어나기 쉽다. 반대로 클러치 용량이 너무 적으면 클러치가 미끄러지기 때문에 발열량이 크게 되어 동력을 충분히 전달할 수 없으며, 페이싱이 잘 마모된다.

회전력(토크)

$T_c = \mu F r$ 여기서, T_c : 전달회전력

F : 전압력(클러치 스프링의 총장력)

μ : 마찰계수(페이싱과 압력판, 압력판과 플라이휠 사이의 마찰계수)

r : 평균 유효 반지름(페이싱의 크기, 형상에 따라 결정)

국가기술자격 실기시험문제 12안 (전기)

자격종목	자동차정비기능사	과제명	자동차정비작업

비번호 :　　　　　　　　　시험시간 : 4시간(엔진 : 100분, 섀시 : 80분, 전기 : 60분)

전기 1
주어진 자동차에서 발전기를 탈거(감독위원에게 확인)한 후 다시 부착하여 발전기가 정상 작동하는지 충전 전압으로 확인하시오.

 2안 참조 — 107쪽

전기 2
주어진 자동차에서 감독위원의 지시에 따라 스텝 모터(공회전 속도조절 서보)의 저항을 점검하여 스텝 모터의 고장부분을 점검한 후 기록표에 기록·판정하시오.

2-1 ISC 저항 측정

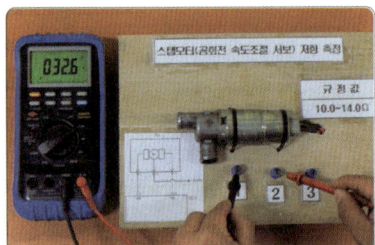

1. ISC 단자 1-2번 닫힘코일 저항을 측정한다.

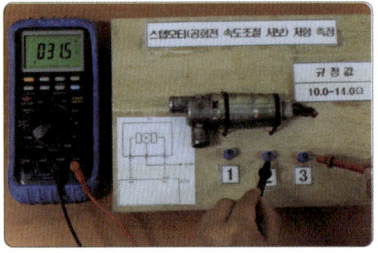

2. ISC 단자 2-3번 열림코일 저항을 측정한다.

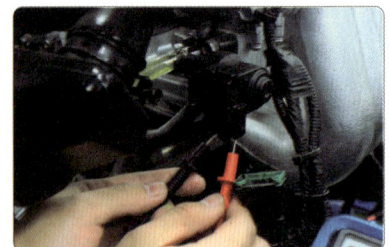

3. 스텝 모터 커넥터를 탈거한다.

4. 멀티 테스터 작동 상태 및 0점을 확인한다.

5. 스텝 모터 코일 저항을 측정한다. (30.6 Ω)

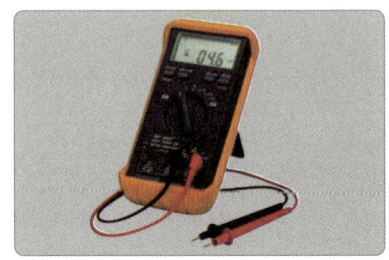

6. 멀티 테스터를 정리한다.

답안지 작성

전기 2 스텝 모터(공회전 속도 조절 서보) 저항 점검

항 목	① 측정(또는 점검)		② 판정 및 정비(또는 조치) 사항		(H) 득점
	(A) 자동차 번호 :	(B) 비번호		(C) 감독위원 확 인	
	(D) 측정값	(E) 규정(정비한계)값	(F) 판정(□에 'V' 표)	(G) 정비 및 조치할 사항	
저 항	30.6 Ω	50~55 Ω	□ 양호 ☑ 불량	스텝 모터 교체	

1. 답안지 공통 사항(감독위원 확인 및 기록 사항)

(C) **감독위원 확인** : 시험 전 또는 시험 후 감독위원이 채점 후 확인합니다(날인).
(H) **득점** : 감독위원이 해당 문항을 채점하고 점수를 기록합니다.

2. 수험자가 기록해야 할 답안 사항

(A) **자동차 번호** : 측정하는 자동차 번호를 기록합니다(측정 차량이 1대인 경우 생략할 수 있습니다).
(B) **비번호** : 책임관리위원(공단 본부)이 배부한 등번호(비번호)를 기록합니다.
① **측정(또는 점검)**
  (D) **측정값** : 공회전 속도 조절 서보 저항을 측정한 값 **30.6 Ω**을 기록합니다.
  (E) **규정(정비한계)값** : 해당 차량 정비지침서를 보고 기록하거나 감독위원이 제시한 규정값을 기록합니다.
                    50~55 Ω
② **판정 및 정비(또는 조치) 사항**
  (F) **판정** : 측정한 값이 규정(정비한계)값 범위를 벗어났으므로 ☑ **불량**에 표시합니다.
  (G) **정비 및 조치할 사항** : 판정이 불량이므로 **스텝 모터 교체**를 기록합니다.
            판정이 양호일 때는 **정비 및 조치할 사항 없음**을 기록합니다.

실기시험 주요 Point

아이들 스피드 액추에이터(ISA)
ISA는 내부에 2개의 코일로 구성되어 있다. ECU에서는 이 2개의 코일에 전원을 공급하는데, 이때 코일의 회전 방향에 따라 바이패스되는 공기량이 결정된다. 이렇게 제어한 후 목표 회전수와 같지 않으면 코일의 듀티를 변화시켜 목표 회전수에 맞도록 제어하는데, 이때 피드백용으로 사용되는 센서는 CKP 센서와 같은 rpm 센서이다.

전기 3 ─ 주어진 자동차에서 실내등 및 열선 회로에 고장부분을 점검한 후 기록표에 기록·판정하시오.

3-1 실내등 및 열선 회로 점검

(1) 실내등 회로

❶ 실내등 회로 점검
  ㈎ 퓨즈 19(10 A) 단선 유무를 점검한다.
  ㈏ 실내등에 공급전원과 접지상태를 점검한다.
  ㈐ 좌·우측 앞도어 스위치를 점검한다.
  ㈑ 실내등 단선 유무를 점검한다.

❷ 실내등 회로 전원공급
  축전지 → 퓨즈 19(10 A) → 실내등 스위치(ON) → 정션 박스 접지

(2) 열선 회로

❶ 열선 회로 점검
  ㈎ 퓨즈를(단선 유무) 점검한다.
  ㈏ 열선 릴레이 회로 진단
  ㈐ 열선 릴레이 단품 점검
  ㈑ 열선 스위치 점검

❷ 열선 회로 전원 공급
  ㈎ 디포거 스위치 ON → 에탁스 17번 단자 전원공급 → 디포거 스위치 작동 → 접지
  ㈏ 에탁스 12번 단자 → 디포거 릴레이 86번 단자 → 접지
  ㈐ 축전지(+) 전원 공급 → 디포거 퓨즈(30 A) → 디포거 릴레이 30번 단자 → 디포거 릴레이 87번 단자 → 뒤 유리 1번 단자 → 뒤 유리 디포거 → 접지

(3) 열선 회로 점검 순서

❶ 디포거 스위치 공급전원(17번 단자)
❷ 디포거 릴레이 접지
❸ 디포거 퓨즈(30 A) 점검
❹ 디포거 릴레이 30번 단자
❺ 뒤 유리 1번 단자
❻ 뒤 유리 디포거 접지(G22)

(4) 실내등 및 열선 회로도
● 주요 부위 회로 점검

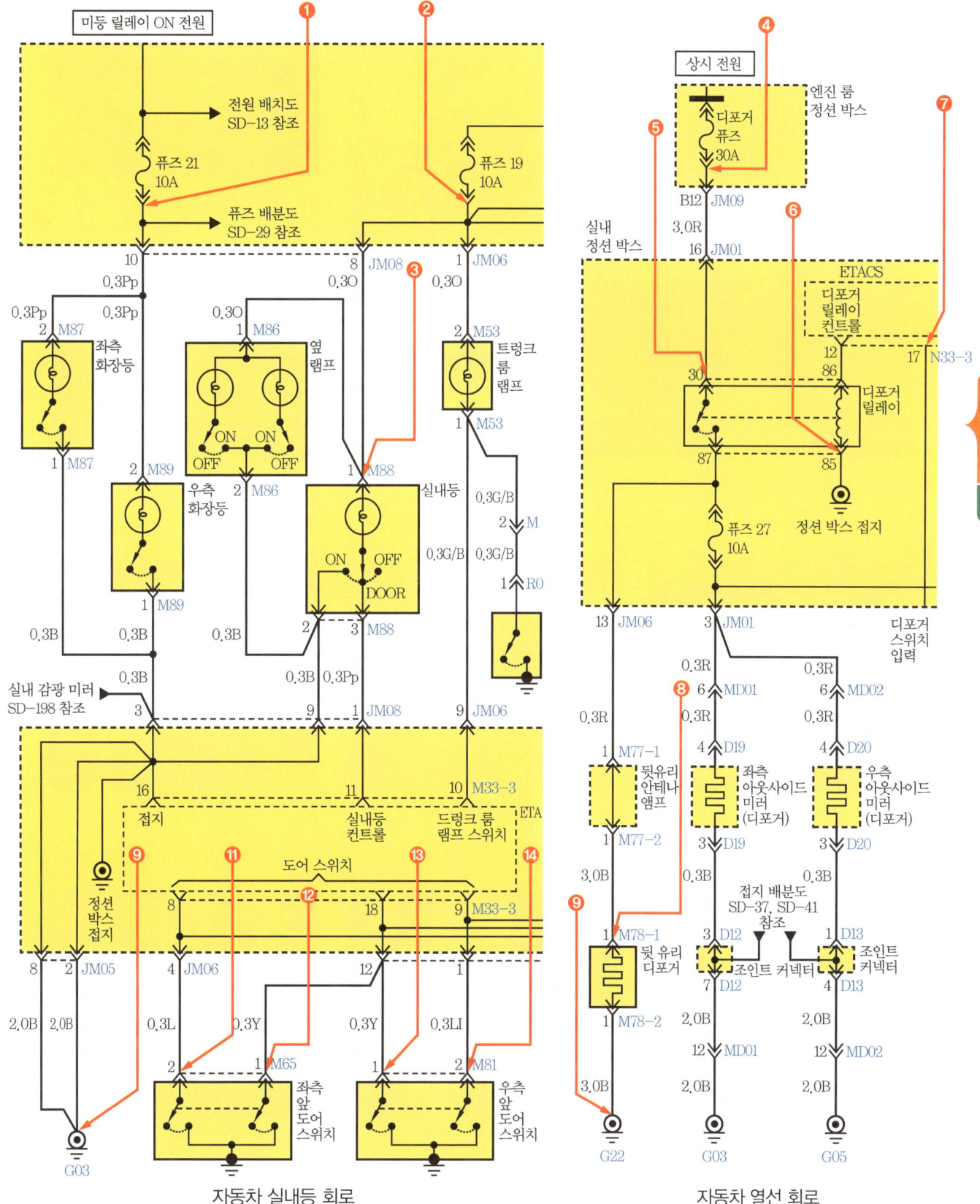

자동차 실내등 회로   자동차 열선 회로

(5) 실내등 및 열선 회로 점검

실내등 회로 및 열선 회로 점검

1. 축전지 전압을 확인한다(12.46 V).

2. 열선 퓨즈 및 공급 전압을 확인한다(12.46 V).

3. 열선 스위치 공급 전원을 확인한다. (12.27 V)

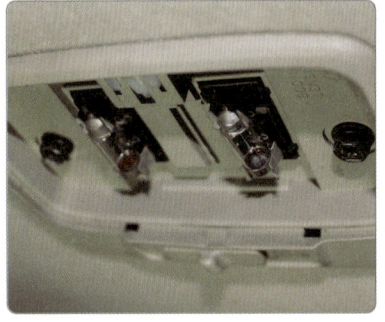

4. 실내등 박스를 탈거한다.

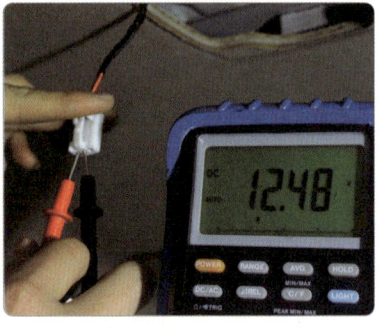

5. 실내등 공급 전압을 확인한다. (12.48 V)

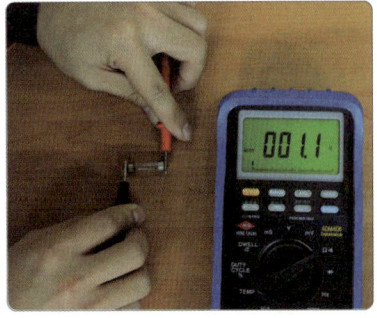

6. 실내등 전구를 점검한다(1.1 Ω).

7. 도어 스위치 작동 상태를 점검한다.

8. 실내등 작동 상태를 확인한다.

답안지 작성

전기 3 실내등 및 열선 회로 점검

	(A) 자동차 번호 :		(B) 비번호		(C) 감독위원 확인	
항목	① 측정(또는 점검)		② 판정 및 정비(또는 조치) 사항			(H) 득점
	(D) 이상 부위	(E) 내용 및 상태	(F) 판정(□에 'V' 표)	(G) 정비 및 조치할 사항		
실내등 및 열선 회로	좌측 앞 도어 스위치	커넥터 탈거	□ 양호 V 불량	좌측 앞 도어 스위치 커넥터 연결 후 재점검		

※ 제시된 전기회로도의 명칭을 사용·기입합니다.

1. 답안지 공통 사항(감독위원 확인 및 기록 사항)

> (C) **감독위원 확인** : 시험 전 또는 시험 후 감독위원이 채점 후 확인합니다(날인).
> (H) **득점** : 감독위원이 해당 문항을 채점하고 점수를 기록합니다.

2. 수험자가 기록해야 할 답안 사항

> (A) **자동차 번호** : 측정하는 자동차 번호를 기록합니다(측정 차량이 1대인 경우 생략할 수 있습니다).
> (B) **비번호** : 책임관리위원(공단 본부)이 배부한 등번호(비번호)를 기록합니다.
> ① 측정(또는 점검)
>   (D) **이상 부위** : 회로 점검에서 발견된 이상 부위 **좌측 앞 도어 스위치**를 기록합니다.
>   (E) **내용 및 상태** : 이상 부위의 내용 및 상태로 **커넥터 탈거**를 기록합니다.
> ② 판정 및 정비(또는 조치) 사항
>   (F) **판정** : 실내등 회로 좌측 앞 도어 스위치 커넥터가 탈거된 상태이므로 V **불량**에 표시합니다.
>   (G) **정비 및 조치할 사항** : 판정이 불량이므로 **좌측 앞 도어 스위치 커넥터 연결 후 재점검**을 기록합니다.
>   판정이 양호일 때는 **정비 및 조치할 사항 없음**을 기록합니다.
> ※ 실내등 고장 원인
>   • 축전지 터미널 연결 상태 불량   • 도어 스위치 불량
>   • 도어 스위치 커넥터 탈거   • 실내등 퓨즈의 단선 및 탈거
>   • 실내등 전구 탈거   • 실내등 전구 단선

실기시험 주요 Point

도어 열림 경고등 회로 고장진단

축전지 (+) → 축전지 퓨즈블링크 50 A → 실내 정션 박스(15 A) → 계기판 도어 열림 경고등 → 조인트 커넥터 → 도어 스위치 → 접지

전기 4. 주어진 자동차에서 경음기 음량을 측정하여 기록표에 기록·판정하시오.

 — 115쪽

실기시험 주요 Point

소음 측정기 사용 설명

❶ 마이크로폰 : 음량을 측정하는 부분이다.
❷ 기능 선택 스위치
  A위치 : A특성(소음 레벨), C위치 : C특성(음압 레벨), Cal위치 : 교정(94.0 dB)
❸ 측정 범위 선택 스위치
  90~130 dB, 70~110 dB, 50~90 dB, 30~70 dB
❹ 액정표시기
  • 음량 크기 : 음량은 dB로 표시된다.
  • 초과 범위(over) : 입력되는 음량이 설정한 음량보다 높을 때 표시된다.
  • 이하 범위(under) : 입력되는 음량이 설정한 음량보다 낮을 때 표시된다.
  • BAT : 시험기 내부의 건전지가 1.9 V 이하일 때 표시된다.
❺ 리셋 버튼 : 측정한 음량을 제거할 때 사용한다.
❻ 최고 소음 측정(정지) 스위치(Inst/Max Hold swith)
  • Inst : 음을 측정할 때 사용한다.
  • Max Hold : 최고 소음을 정지시킬 때 사용한다(혼자 측정할 때).
❼ 동특성(Fast/Slow) 스위치 : 동특성 선택 시 사용한다.

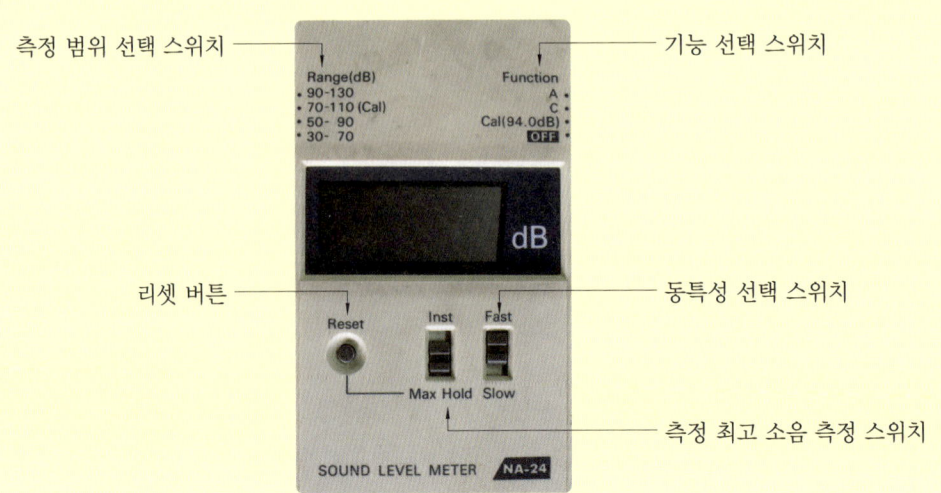

자동차정비기능사 실기시험 13안

파트별	안별 문제	13안
엔진	엔진(부품) 분해 조립	CRDI 인젝터 1개 예열 플러그
	측정/답안작성	예열 플러그 저항
	시스템 점검/엔진 시동	점화회로
	부품 탈거/조립	AFS/에어클리너
	자기진단(답안작성)	스캐너를 이용한 엔진 전자제어 센서(액추에이터) 점검
	차량 검사 측정	디젤 매연
섀시	부품 탈거/조립	A/T 오일펌프
	점검/답안작성	사이드슬립
	부품 탈거 작동 상태	ABS 브레이크 패드
	점검/답안작성	A/T 오일 압력 점검
	안전기준 검사	브레이크 제동력
전기	부품 탈거/조립 작동 확인	히터 블로어 모터
	측정/답안작성	스텝 모터 저항
	전기회로 점검/고장부위 작성	방향지시등 회로
	차량 검사 측정	전조등 광도

국가기술자격 실기시험문제 13안 (엔진)

자격종목	자동차정비기능사	과제명	자동차정비작업

비번호 : 시험시간 : 4시간(엔진 : 100분, 섀시 : 80분, 전기 : 60분)

엔진 1

주어진 전자제어 디젤(CRDI) 엔진에서 인젝터(1개)와 예열 플러그(1개)를 탈거(감독위원에게 확인)하고 감독위원의 지시에 따라 기록표의 내용대로 기록·판정한 후 다시 조립하시오.

1-1 디젤 커먼레일 인젝터 탈·부착

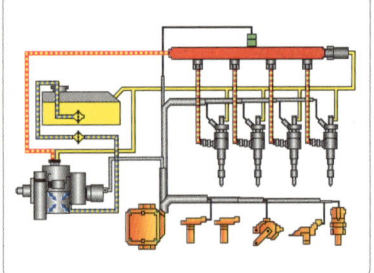

디젤(CRDI) 엔진 시스템

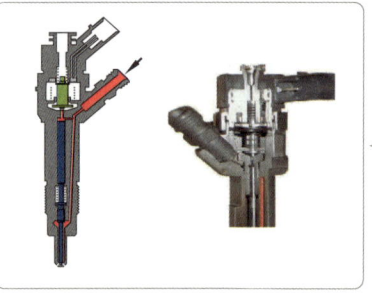

인젝터 작동

- 고압의 연료를 연소실로 분사하는 장치
- 실린더 헤드 중앙 직립 형태로 장착
- 엔진 ECU에 의해 제어됨
- 초기 작동 전류 80 V 20 A

1. 커먼레일 인젝터 커넥터를 분리한다.

2. 연료 리턴 호스 고정키를 탈거한다.

3. 연료 공급 파이프를 탈거한다.

4. 인젝터 고정 볼트 플러그를 확인한다.

5. 인젝터 고정 볼트 플러그를 제거한다.

6. 인젝터 고정 볼트를 확인한다.

7. 인젝터 고정 볼트를 별표 렌치를 사용하여 분해한다.

8. 고정 볼트 홀에 드라이버로 지그를 밀고 분해된 볼트를 자석을 사용하여 들어낸다.

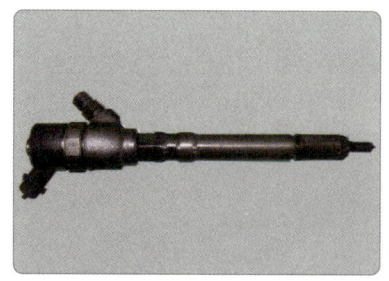

9. 인젝터를 탈거한 후 감독위원의 확인을 받는다.

10. 인젝터를 조립한다(고정지그를 드라이버를 이용하여 고정위치로 밀어 맞춘다).

11. 고정 볼트를 홀에 넣고 조립한다.

12. 별표 렌치를 사용하여 인젝터를 조립한다.

13. 인젝터 홀 플러그를 CLOSE로 돌려 플러그를 조립한다.

14. 연료 공급 파이프를 조립한다.

15. 연료 리턴 파이프 키를 조립한다.

16. 커넥터를 체결한다.

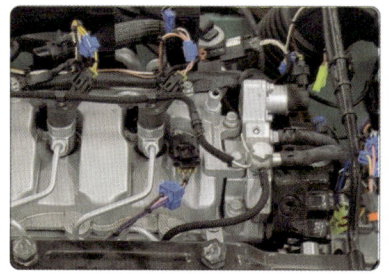

17. 조립된 상태를 감독위원에게 확인받는다.

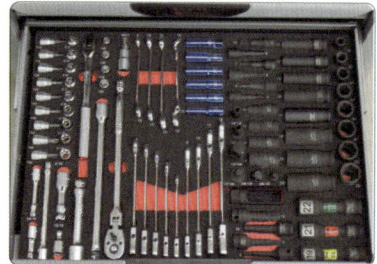

18. 공구세트를 정리한다.

1-2 예열 플러그 탈·부착

1. 작업 차량의 예열 플러그 위치를 확인한다.

2. 예열 플러그 고정 너트를 분해한다.

3. 예열 플러그 전원 케이블을 탈거한다.

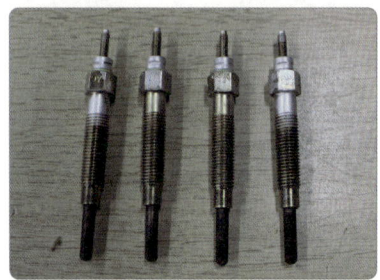
4. 예열 플러그를 정렬하고 감독위원에게 확인을 받는다.

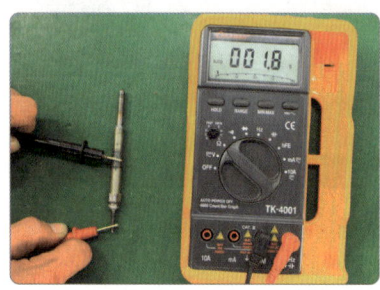
5. 예열 플러그 저항을 측정한다. (1.8 Ω)

6. 전원 케이블을 연결하고 예열 플러그를 조립한 후 감독위원의 확인을 받는다.

● 전자제어 디젤 인젝터 분사 특성

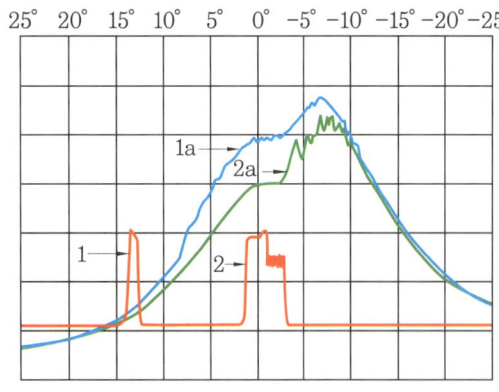

1 : 점화 분사
1a : 점화 분사를 실시하는 연소실 압력 그래프
2 : 주 분사
2a : 점화 분사가 없는 연소실 압력 그래프

❶ 예비분사, 점화분사 : 주 분사가 이루어지기 전 연료를 분사하여 연소가 잘 이루어지게 하기 위한 분사이며, 예비분사 실시 여부에 따라 엔진의 소음과 진동을 줄이기 위한 목적이 있다.

❷ 주 분사 : 엔진 출력에 대한 에너지는 주 분사로부터 나온다. 커먼 레일 연료분사 시스템에서 분사압력은 분사과정 전체를 통해 실제적으로 일정하게 유지된다.

답안지 작성

엔진 1 예열 플러그 저항 점검

항목	① 측정(또는 점검)		② 판정 및 정비(또는 조치) 사항		(H) 득점
	(D) 측정값	(E) 규정(정비한계)값	(F) 판정(□에 'V' 표)	(G) 정비 및 조치할 사항	
예열 플러그 저항	1.8 Ω	0.25~0.30 Ω	□ 양호 ☑ 불량	예열 플러그 교체	

(A) 엔진 번호 :   (B) 비번호   (C) 감독위원 확인

1. 답안지 공통 사항(감독위원 확인 및 기록 사항)

(C) 감독위원 확인 : 시험 전 또는 시험 후 감독위원이 채점 후 확인합니다(날인).
(H) 득점 : 감독위원이 해당 문항을 채점하고 점수를 기록합니다.

2. 수험자가 기록해야 할 답안 사항

(A) 엔진 번호 : 측정하는 엔진 번호를 기록합니다(측정 엔진이 1대인 경우 생략할 수 있습니다).
(B) 비번호 : 책임관리위원(공단 본부)이 배부한 등번호(비번호)를 기록합니다.
① 측정(또는 점검)
  (D) 측정값 : 예열 플러그 저항을 측정한 값 **1.8 Ω**을 기록합니다.
  (E) 규정(정비한계)값 : 정비지침서나 감독위원이 제시한 값 **0.25~0.30 Ω**을 기록합니다.
② 판정 및 정비(또는 조치) 사항
  (F) 판정 : 측정한 값이 규정(정비한계)값 범위를 벗어났으므로 ☑ **불량**에 표시합니다.
  (G) 정비 및 조치할 사항 : 판정이 불량이므로 **예열 플러그 교체**를 기록합니다.
              판정이 양호일 때는 **정비 및 조치할 사항 없음**을 기록합니다.

실기시험 주요 Point

예열 플러그 점검
❶ 예열 플러그의 손상 및 플레이트 녹을 점검한다.
❷ 멀티 테스터 선택 레인지를 Ω으로 선택하고, 리드선 (+, −)를 전원 단자부와 보디 사이의 저항을 측정한다.

● 예열 플러그 저항값이 ∞Ω일 경우

항목	엔진 번호 :		비번호		감독위원 확 인	
	측정(또는 점검)		판정 및 정비(또는 조치) 사항			득점
	측정값	규정(정비한계)값	판정(□에 'V'표)	정비 및 조치할 사항		
예열 플러그 저항	∞ Ω(20℃)	0.25~0.30 Ω(20℃)	□ 양호 ☑ 불량	예열 플러그 교체 후 재점검		

※ 판정 : 예열 플러그 저항값이 ∞Ω으로 규정값 범위를 벗어났으므로 ☑ 불량에 표시하고, 예열 플러그 교체 후 재점검합니다.

● 예열 플러그 저항값이 0Ω일 경우

항목	엔진 번호 :		비번호		감독위원 확 인	
	측정(또는 점검)		판정 및 정비(또는 조치) 사항			득점
	측정값	규정(정비한계)값	판정(□에 'V'표)	정비 및 조치할 사항		
예열 플러그 저항	0 Ω	0.25~0.30 Ω	□ 양호 ☑ 불량	예열 플러그 교체 후 재점검		

● 예열 플러그 저항 규정값

차 종	규정값	차 종	규정값
아반떼	0.25 Ω(20℃)	그레이스	0.25 Ω(20℃)
프라이드	0.25 Ω(20℃)	포터	0.25 Ω(20℃)

※ 규정값은 정비지침서 또는 감독위원이 제시한 값을 적용합니다.

실기시험 주요 Point

예열 플러그 저항 점검 시 유의사항
시험장에서는 감독위원에 따라 규정값을 제시할 때 온도를 주는 경우가 있으므로 온도가 주어질 때는 반드시 규정값에 온도를 표기하도록 한다.

엔진 2

주어진 전자제어 가솔린 엔진에서 감독위원의 지시에 따라 시동에 필요한 점화 회로의 이상개소를 점검 및 수리하여 시동하시오.

 1안 참조 — 30쪽

엔진 3

주어진 자동차에서 엔진의 공기 유량 센서(AFS)와 에어 필터를 탈거(감독위원에게 확인)한 후 다시 조립하고 감독위원의 지시에 따라 진단기(스캐너)를 사용하여 엔진의 각종 센서(액추에이터)를 점검 후 고장부분을 기록·판정하시오.

3-1 공기 유량 센서 탈·부착

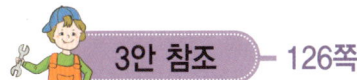 3안 참조 — 126쪽

3-2 엔진 자기진단

 1안 참조 — 33쪽

엔진 4

주어진 자동차에서 기록표에 제시된 내용을 측정하고 기록·판정하시오.

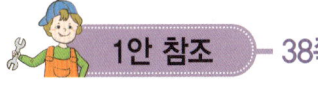 1안 참조 — 38쪽

국가기술자격 실기시험문제 13안 (섀시)

자격종목	자동차정비기능사	과제명	자동차정비작업

비번호 : 　　　　　시험시간 : 4시간(엔진 : 100분, 섀시 : 80분, 전기 : 60분)

섀시 1 주어진 자동변속기에서 감독위원의 지시에 따라 오일펌프를 탈거(감독위원에게 확인)한 후 다시 조립하시오.

1-1 자동변속기 오일펌프 탈·부착

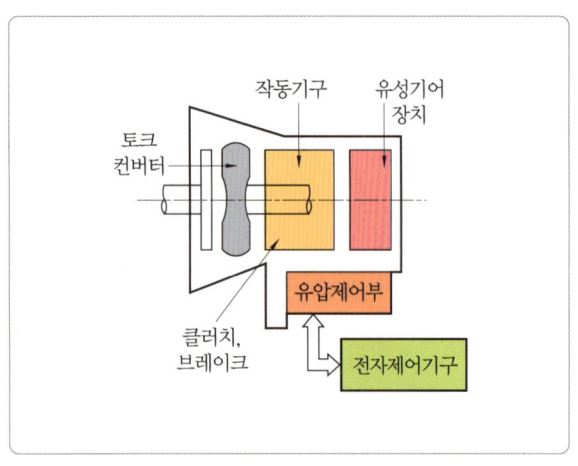

자동변속기 구성

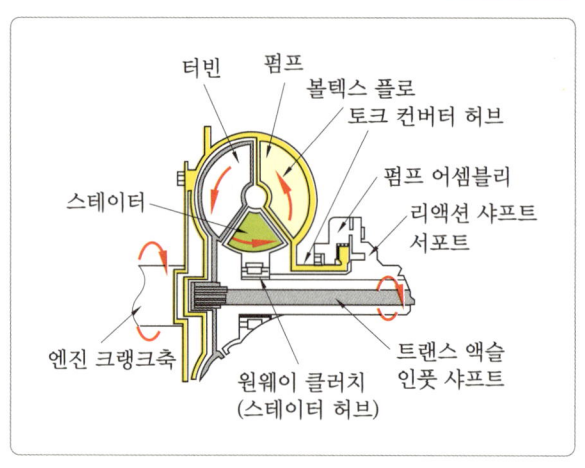

토크 컨버터의 구성

토크 컨버터와 A/T 오일펌프 구동

1. 주어진 자동변속기를 정렬한다.

2. 토크 컨버터 하우징을 탈거한다.

3. 개스킷을 제거한다.

4. 오일펌프 고정 볼트를 분해한다.

5. 오일펌프를 탈거한 후 감독위원에게 확인을 받는다.

6. 오일펌프를 조립한다(A/T 오일을 도포한다).

7. 자동변속기 개스킷을 조립한다.

8. 토크 컨버터 하우징을 조립하고 감독위원에게 확인을 받는다.

실기시험 주요 Point

유압 제어장치

❶ **오일펌프** : 엔진 시동과 함께 토크 컨버터에 의해 구동되며, 유압 조절장치의 자동 변속기 유압 회로에 작동부 압력을 제어할 수 있는 유압을 공급한다.

❷ **밸브 보디** : 오일펌프에서 공급된 유압을 작동부(클러치 및 브레이크) 유압 회로에 변속에 필요한 유압을 제어한다.

유압 제어장치

섀시 2

주어진 자동차에서 감독위원의 지시에 따라 사이드슬립을 점검하여 기록·판정하시오.

2-1 사이드슬립 측정

1. 사이드슬립 답판을 정리한다.

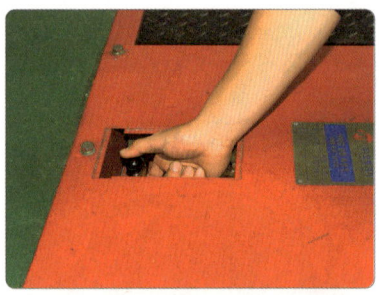

2. 사이드슬립 답판 고정장치를 풀어 준다.

3. 답판이 움직이는 상태를 확인한다.

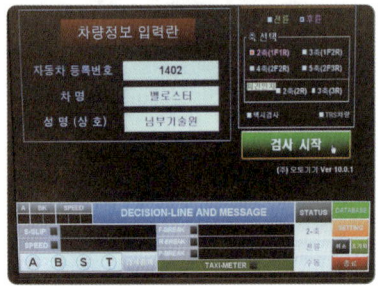

4. 차량 정보를 입력한 뒤 검사모드를 실행한다.

5. 사이드슬립 답판 위로 측정 차량을 진입시킨다.

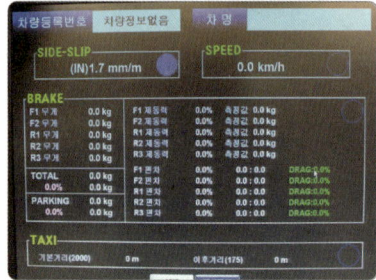

6. 측정값을 확인한다.

● **사이드슬립**

❶ 사이드슬립이란 앞바퀴 얼라인먼트(캠버, 캐스터, 킹핀, 토인 등)의 부조화로 인해 주행 중 타이어가 옆 방향으로 미끄러지는 현상이다.

❷ 토인을 측정하였을 때 규정값 이내로 양호하다고 판단될 경우에도 캠버, 캐스터 등이 불량이면 사이드 슬립이 발생한다. 따라서 토인과 사이드슬립 값은 서로 다르다.

❸ 사이드슬립 양은 mm로 나타내는 것이 일반적이지만 이것은 1 m의 답판을 진행할 때의 양을 표시한 것이므로 단위는 mm/m이다.

➡ 자동차 안전기준 1 m 주행 시 5 mm 이내로 미끄러져야 한다(5 mm/m).

답안지 작성

섀시 2 사이드슬립 점검

항목	① 측정(또는 점검)		② 판정 및 정비(또는 조치) 사항		(H) 득점
(A) 자동차 번호 :		(B) 비번호		(C) 감독위원 확 인	
	(D) 측정값	(E) 규정(정비한계)값	(F) 판정(□에 'V' 표)	(G) 정비 및 조치할 사항	
사이드슬립	토 아웃 6 mm	토 인, 토 아웃 5 mm 이내	□ 양호 ☑ 불량	타이로드 고정 너트를 풀고, 타이로드를 바퀴 진행 방향으로 돌려서 조정	

1. 답안지 공통 사항(감독위원 확인 및 기록 사항)

(C) 감독위원 확인 : 시험 전 또는 시험 후 감독위원이 채점 후 확인합니다(날인).
(H) 득점 : 감독위원이 해당 문항을 채점하고 점수를 기록합니다.

2. 수험자가 기록해야 할 답안 사항

(A) 자동차 번호 : 측정하는 자동차 번호를 기록합니다(측정 차량이 1대인 경우 생략할 수 있습니다).
(B) 비번호 : 책임관리위원(공단 본부)이 배부한 등번호(비번호)를 기록합니다.
① 측정(또는 점검)
  (D) 측정값 : 사이드슬립을 측정한 값 **토 아웃 6 mm**를 기록합니다.
  (E) 규정(정비한계)값 : 감독위원이 제시한 값이나 정비지침서를 보고 **토 인, 토 아웃 5 mm 이내**를 기록합니다.
② 판정 및 정비(또는 조치) 사항
  (F) 판정 : 측정한 값이 규정(정비한계)값 범위를 벗어났으므로 ☑ **불량**에 표시합니다.
  (G) 정비 및 조치할 사항 : 판정이 불량이므로 **타이로드 고정 너트를 풀고, 타이로드를 바퀴 진행 방향으로 돌려서 조정**을 기록합니다.

실기시험 주요 Point

사이드슬립 측정 점검
❶ 자동차는 공차상태에 운전자 1인이 승차한 상태로 한다.
❷ 타이어 공기 압력은 표준값으로 하고 조향 링크의 각부를 점검한다.
❸ 시험기는 사이드슬립 테스터로 하고 지시장치의 표시가 0점에 있는지 확인한다.

사이드슬립 측정 방법
❶ 자동차를 측정기와 정면으로 대칭시키고 측정기에 진입하는 속도는 5 km/h로 한다.
❷ 조향 핸들에서 손을 떼고 5 km/h로 서행하면서 타이어 접지면이 답판을 통과할 때 눈금을 읽는다.
❸ 옆 미끄러짐 양은 자동차가 1 m 주행할 때의 사이드슬립량으로 측정한다.
❹ 조향바퀴의 사이드슬립은 1 m 주행에 좌우 방향으로 각각 5 mm 이내이어야 한다.

 **3** 주어진 자동차(ABS 장착 차량)에서 감독위원의 지시에 따라 브레이크 패드를 탈거(감독위원에게 확인)하고 다시 조립하여 브레이크의 작동상태를 확인하시오.

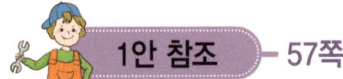 57쪽

 **4** 주어진 자동차에서 감독위원의 지시에 따라 자동변속기 오일 압력을 점검하고 기록·판정하시오.

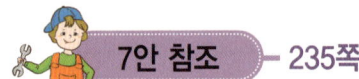 235쪽

 **5** 주어진 자동차에서 감독위원의 지시에 따라 제동력을 측정하여 기록·판정하시오.

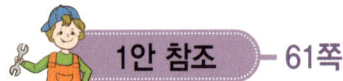 61쪽

 **실기시험 주요 Point**

제동력 테스터
① 감독위원에게 신호하여 차량을 서서히 진입시킨다(변속기는 중립 상태).
② 측정 바퀴가 리프트 중앙에 오면 자동으로(또는 관리원) 리프트가 하강한다.
③ 롤러가 구동하면 브레이크를 힘껏 밟으라는 신호가 주어진다(이때 계기판에 좌·우 제동력 측정값이 뜬다).
④ L은 왼쪽 바퀴를, R은 오른쪽 바퀴를 의미하며 제동력 테스터에 따라 차잇값(kgf)이 출력되기도 하는데, PUSH 버튼이 있으면 눌러서 측정값을 고정시키고, PUSH 버튼이 없으면 최대 제동력에서 나온 값을 기록한다.
⑤ 앞(뒤) 축중은 측정 차량 정비지침서 규정값을 기준으로 기록한다.
  • 앞바퀴 제동력 : 50% 이상이면 양호
  • 뒤바퀴 제동력 : 20% 이상이면 양호
  • 좌·우 제동력의 편차 : 8% 이하이면 양호

국가기술자격 실기시험문제 13안 (전기)

자격종목	자동차정비기능사	과제명	자동차정비작업

비번호 :   시험시간 : 4시간(엔진 : 100분, 섀시 : 80분, 전기 : 60분)

전기 1

주어진 자동차에서 감독위원의 지시에 따라 히터 블로어 모터를 탈거(감독위원에게 확인)한 후 다시 부착하여 모터가 정상적으로 작동되는지 확인하시오.

1-1 히터 블로어 모터 탈·부착

1. 조수석 콘솔 박스를 연다.

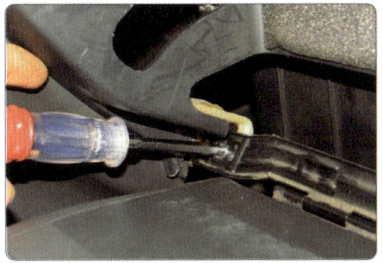

2. 콘솔 박스 고정 볼트를 분해한다.

3. 콘솔 박스를 탈거한다.

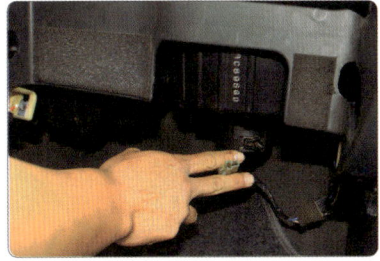

4. 블로어 모터 커넥터를 분리한다.

5. 블로어 모터 고정 볼트를 분해한다.

6. 블로어 모터를 정렬한다.

7. 블로어 모터를 제위치에 조립한다.

8. 블로어 모터 고정 볼트와 커넥터를 체결한다.

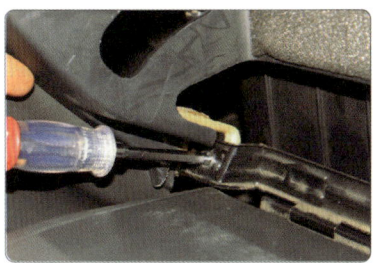

9. 콘솔 박스를 조립하고 감독위원에게 확인을 받는다.

전기 2
주어진 자동차에서 스텝 모터(공회전 속도조절 서보)의 저항을 점검하고 스텝 모터의 고장 유무를 확인한 후 기록표에 기록·판정하시오.

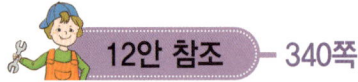 — 340쪽

전기 3
주어진 자동차에서 방향지시등 회로의 고장부분을 점검한 후 기록표에 기록·판정하시오.

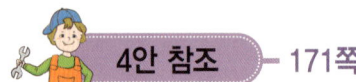 — 171쪽

전기 4
주어진 자동차에서 좌 또는 우측의 전조등 광도를 측정하고 기록표에 기록·판정하시오.

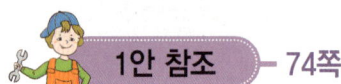 — 74쪽

실기시험 주요 Point — 에어컨·히터 유닛 내부 구조

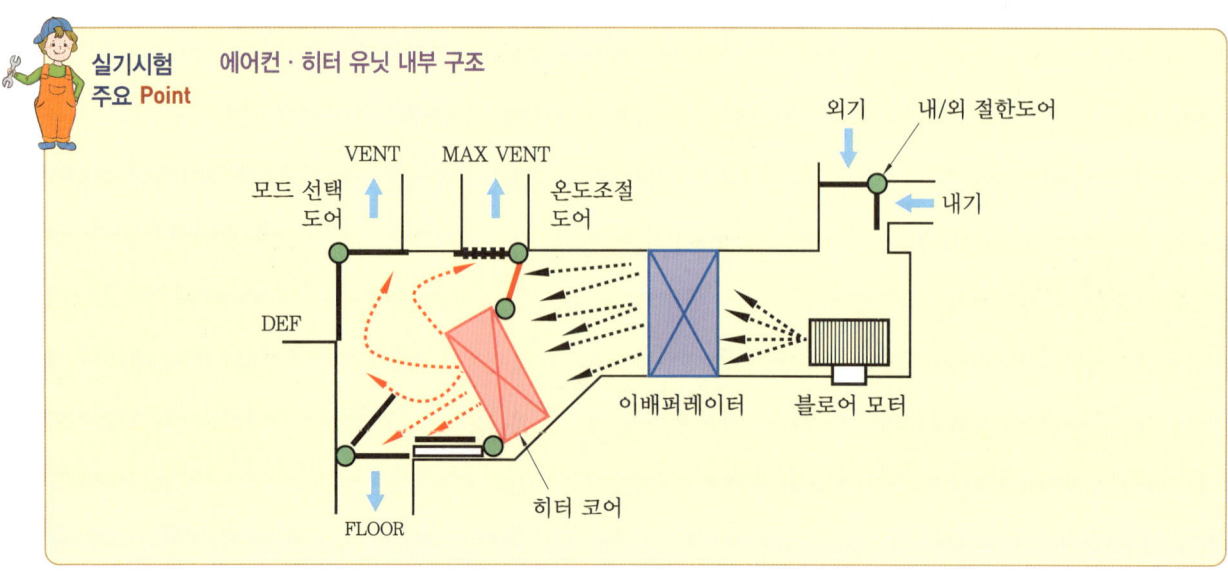

자동차정비기능사 실기시험 14안

파트별	안별 문제	14안
엔진	엔진(부품) 분해 조립	실린더 헤드(DOHC) 피스톤 1개
	측정/답안작성	피스톤 간극
	시스템 점검/엔진 시동	연료계통회로
	부품 탈거/조립	AFS/에어클리너
	자기진단(답안작성)	스캐너를 이용한 엔진 전자제어 센서(액추에이터) 점검
	차량 검사 측정	가솔린 배기가스
섀시	부품 탈거/조립	M/T 후진 아이들 기어
	점검/답안작성	ABS 톤 휠 간극
	부품 탈거 작동 상태	휠 실린더/공기빼기
	점검/답안작성	A/T 자기진단
	안전기준 검사	최소회전반지름
전기	부품 탈거/조립 작동 확인	에어컨 벨트
	측정/답안작성	메인 컨트롤 릴레이 점검
	전기회로 점검/고장부위 작성	와이퍼 회로
	차량 검사 측정	경음기 음량

국가기술자격 실기시험문제 14안 (엔진)

| 자격종목 | 자동차정비기능사 | 과제명 | 자동차정비작업 |

비번호 :   시험시간 : 4시간(엔진 : 100분, 섀시 : 80분, 전기 : 60분)

엔진 1

주어진 DOHC 가솔린 엔진에서 실린더 헤드와 피스톤(1개)을 탈거(감독위원에게 확인)하고 감독위원의 지시에 따라 기록표의 내용대로 기록·판정한 후 다시 조립하시오.

1-1 엔진 분해 조립

 1안 참조 — 22쪽

1-2 실린더 간극 측정

(1) 실린더 간극

실린더 간극이란 실린더 안지름과 피스톤의 최대 바깥지름(스커트 부분의 지름)과의 차를 말하는 것으로, 피스톤 간극이라고도 한다.

일반적으로 알루미늄 합금 피스톤일 경우 실린더 안지름의 0.05% 정도이다.

(2) 실린더 간극 측정

1. 실린더 보어 게이지를 측정 실린더에 넣고 실린더 안지름을 측정한다.

2. 실린더 보어 게이지를 앞뒤로 움직여 실린더 내 최소 부위를 측정한다.

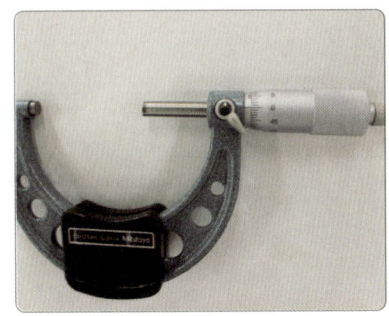

3. 측정 전 점검할 마이크로미터의 0점이 맞는지 확인한다.

 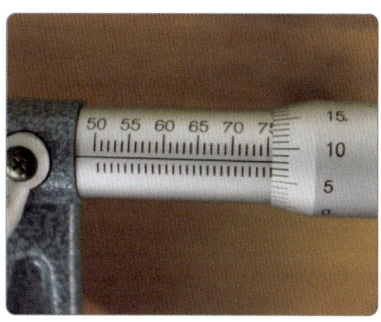 

4. 지시된 실린더 보어 게이지 위치(눈금)에 마이크로미터 스핀들을 맞추고 측정값을 확인한다.

5. 실린더 안지름 측정값을 확인한다. (75.58 mm)

6. 피스톤 스커트부 바깥지름을 측정한다.

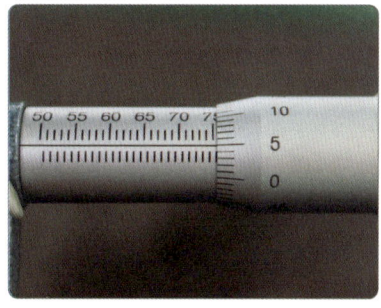

실린더 간극
= 실린더 안지름(최소 측정값) − 피스톤 바깥지름(최대 측정값)
= 75.58 mm − 75.55 mm
= 0.03 mm

7. 피스톤 바깥지름 측정값을 확인한다(75.55 mm).

 **실기시험 주요 Point**

실린더 간극

❶ 실린더 간극이 작으면 엔진 작동 중 열팽창으로 인해 실린더와 피스톤 사이에서 고착(소결)이 발생하여 마찰 및 마멸 증대가 발생한다.

❷ 실린더 간극이 크면 압축압력의 저하, 블로바이 발생, 피스톤 슬랩이 발생하고, 연료가 엔진오일에 유입되어 희석되고 엔진 출력이 감소하는 원인이 된다.

❸ 규정값은 차종에 따라 다소 차이가 있지만 일반적으로 0.02~0.03 mm이며 정비의 한계값은 0.15 mm이다.

답안지 작성

엔진 1   실린더 간극 점검

	(A) 엔진 번호 :		(B) 비번호		(C) 감독위원 확 인	
항목	① 측정(또는 점검)		② 판정 및 정비(또는 조치) 사항			(H) 득점
	(D) 측정값	(E) 규정(정비한계)값	(F) 판정(□에 'V' 표)	(G) 정비 및 조치할 사항		
실리더 간극	0.28 mm	0.02~0.03 mm (한계값 : 0.15 mm)	□ 양호 ☑ 불량	실린더 보링, O/S 피스톤 교체 후 재점검		

1. 답안지 공통 사항(감독위원 확인 및 기록 사항)

(C) 감독위원 확인 : 시험 전 또는 시험 후 감독위원이 채점 후 확인합니다(날인).

(H) 득점 : 감독위원이 해당 문항을 채점하고 점수를 기록합니다.

2. 수험자가 기록해야 할 답안 사항

(A) 엔진 번호 : 측정하는 엔진 번호를 기록합니다(측정 엔진이 1대인 경우 생략할 수 있습니다).

(B) 비번호 : 책임관리위원(공단 본부)이 배부한 등번호(비번호)를 기록합니다.

① 측정(또는 점검)

  (D) 측정값 : 실린더 간극을 측정한 값 0.28 mm를 기록합니다.

  (E) 규정(정비한계)값 : 감독위원이 제시한 값이나 정비지침서를 보고 규정(정비한계값)을 기록합니다.

                    0.02~0.03 mm(한계값 : 0.15 mm)

② 판정 및 정비(또는 조치) 사항

  (F) 판정 : 측정한 값이 규정(정비한계)값 범위를 벗어났으므로 ☑ 불량에 표시합니다.

  (G) 정비 및 조치할 사항 : 판정이 불량이므로 **실린더 보링, O/S 피스톤 교체 후 재점검**을 기록합니다.

                    판정이 양호일 때는 **정비 및 조치할 사항 없음**을 기록합니다.

3. 실린더 간극(피스톤 간극) 규정값

차 종	규정값	한계값	비 고
EF 쏘나타	0.02~0.03 mm	0.15 mm	측정값의 판정은 한계값을 기준으로 합니다.
쏘나다 Ⅰ, Ⅱ, Ⅲ	0.01~0.03 mm	0.15 mm	
아반떼	0.025~0.045 mm	0.15 mm	
엑셀	0.02~0.04 mm	0.15 mm	

● 실린더 간극이 규정값보다 클 경우

항목	측정(또는 점검)		판정 및 정비(또는 조치)사항		득점
	측정값	규정(정비한계)값	판정(□에 'V'표)	정비 및 조치할 사항	
실리더 간극	0.1 mm	0.02~0.03 mm (한계값 : 0.15 mm)	☑ 양호 □ 불량	정비 및 조치할 사항 없음	

엔진 번호 :   비번호   감독위원 확 인

※ 판정 및 정비(조치)사항 : 실린더 간극을 측정한 값이 규정값 이상 한계값 이하이므로 ☑ 양호에 표시하고, 정비 및 조치할 사항 없음을 기록합니다.

● 실린더 간극이 규정값 범위 내에 있을 경우

항목	측정(또는 점검)		판정 및 정비(또는 조치) 사항		득점
	측정값	규정(정비한계)값	판정(□에 'V'표)	정비 및 조치할 사항	
실린더 간극	0.03 mm	0.02~0.03 mm (한계값 : 0.15 mm)	☑ 양호 □ 불량	정비 및 조치할 사항 없음	

엔진 번호 :   비번호   감독위원 확 인

※ 판정 및 정비(조치)사항 : 실린더 간극을 측정한 값이 규정값 범위 내에 있으므로 ☑ 양호에 표시하고, 정비 및 조치할 사항 없음을 기록합니다.

실기시험 주요 Point   실린더 간극
❶ 피스톤 간극이라고도 하며 실린더 안지름(최솟값) − 피스톤 바깥지름(최댓값)으로 계산한다.
❷ 측정 오차를 감안하여 실린더 보어 게이지와 마이크로미터를 사용하여 실린더 간극을 측정한다.

엔진 2 주어진 전자제어 가솔린 엔진에서 감독위원의 지시에 따라 시동에 필요한 연료장치 회로의 이상개소를 점검 및 수리하여 시동하시오.

 2안 참조 — 85쪽

 **엔진 3** 주어진 자동차에서 엔진의 공기 유량 센서(AFS)와 에어 필터를 탈거(감독위원에게 확인)한 후 다시 조립하고, 감독위원의 지시에 따라 진단기(스캐너)를 사용하여 엔진의 각종 센서(액추에이터)를 점검 후 기록표에 기록하시오.

 3안 참조 — 126쪽

 **엔진 4** 주어진 자동차에서 기록표에 제시된 내용을 측정하고 기록·판정하시오.

 2안 참조 — 90쪽

 **실기시험 주요 Point**

피스톤 간극
1. 피스톤과 실린더 사이의 최소 틈새를 말하며, 보통 피스톤과 실린더 지름의 차이로 나타낸다.
2. 피스톤은 엔진이 작동하는 동안 폭발열에 의하여 팽창하므로 실린더의 지름보다 작아야 한다.
3. 피스톤 간극이 크면 피스톤 슬랩이 발생되고, 피스톤과 실린더 벽 사이의 열전도율이 떨어지며, 윤활유 소비량이 증가한다.
4. 간극이 적으면 엔진 작동 중 피스톤이 실린더 벽과의 접촉에 의한 마찰열로 소손되기 쉽다.
5. 피스톤 간극은 피스톤의 크기, 재질, 작동온도, 엔진의 형식 등에 따라 다르나, 보통 0.04~0.06 mm 정도인 경우가 많다.

국가기술자격 실기시험문제 14안(섀시)

자격종목	자동차정비기능사	과제명	자동차정비작업

비번호 :   시험시간 : 4시간(엔진 : 100분, 섀시 : 80분, 전기 : 60분)

섀시 1 주어진 수동변속기에서 감독위원의 지시에 따라 후진 아이들 기어(또는 디퍼런셜 기어 어셈블리)를 탈거(감독위원에게 확인)한 후 다시 조립하시오.

1-1 수동변속기 1단 기어 탈·부착

1. 작업할 수동변속기를 확인한다.

2. 리어 커버를 탈거한다.

3. 분해된 리어 커버를 정렬한다.

4. 기어의 중립을 확인한다.

5. 핀 펀치를 사용하여 5단 시프트 포크 고정 핀을 탈거한다.

6. 로크 너트를 분해한다.

7. 5단 기어 및 허브와 포크를 분해한다.

8. 분해된 5단 기어 및 시프트 포크 허브를 정렬한다.

9. 후진 아이들 기어 축 고정 볼트를 탈거한다.

10. 로킹 볼 어셈블리 및 후진 스위치를 탈거한다.

11. 로킹 볼 어셈블리를 정렬한다.

12. 케이스 고정 볼트를 탈거한다.

13. 트랜스미션 케이스를 탈거한다.

14. 종감속 기어와 차동 기어를 탈거한다.

15. 아이들 기어 축 및 링크를 탈거한다.

16. 시프트 레일을 중립으로 세팅한다.

17. 분해한 종감속 기어를 정렬한다.

18. 출력축 기어를 탈거하여 정렬한다.

19. 각 시프트 포크 고정 핀을 탈거한다.

20. 각 시프트 포크 및 레일 주축 베어링 리테이너를 분해한다.

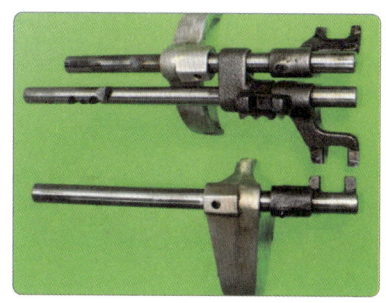
21. 각 시프트 레일 및 포크를 정렬한다.

22. 입력축 기어와 부축 기어 어셈블리를 정렬한다.

23. 1-2단 기어 어셈블리를 감독위원에게 확인을 받는다.

24. 입력축과 부축 기어 어셈블리를 조립하고 주축 베어링 리테이너를 조립한다.

25. 각 시프트 포크 및 레일을 조립하고 고정핀을 조립한다.

26. 종감속 기어 및 출력축 기어, 아이들 기어를 조립한다.

27. 케이스를 조립하고 고정 볼트를 조립한다.

28. 5단 기어 및 허브와 포크를 조립한다.

29. 5단 시프트 포크 고정핀을 조립하고 로킹 볼 어셈블리도 조립한다.

30. 리어 커버를 조립한 후 감독위원의 확인을 받는다.

> **섀시 2** 주어진 자동차(ABS 장착 차량)에서 감독위원의 지시에 따라 톤 휠 간극을 점검하여 기록·판정하시오.

2-1 ABS 톤 휠 간극 측정

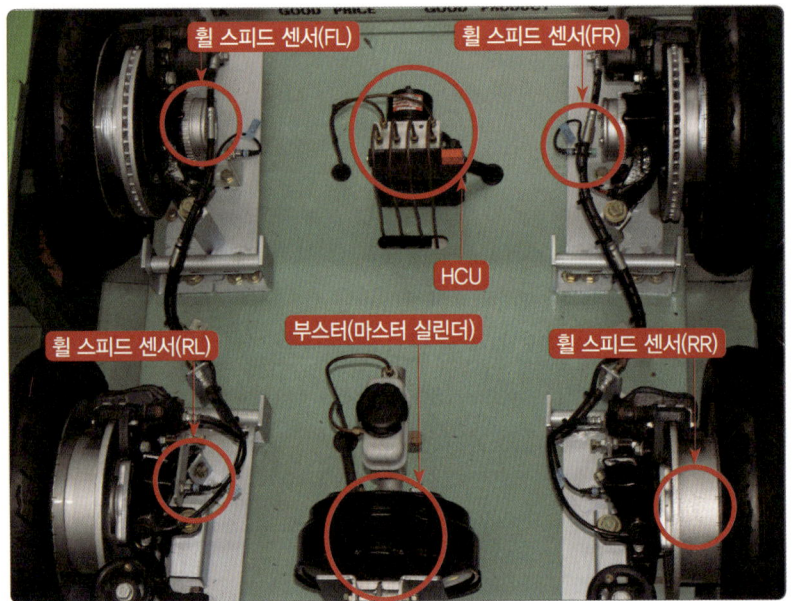

ABS 시스템의 구성

1. 톤 휠과 휠 스피드 센서 위치 확인

2. 디그니스 게이지로 톤 휠 간극을 측정한다(0.7 mm).

실기시험 주요 Point

변속기 본체의 점검

① 클러치 입력축 싱크로나이저부의 테이퍼부 베어링 및 파일럿 베어링 등의 마모, 손상 : 교체
② 클러치 기어와 싱크로나이저 링과의 간극 측정 : 규정값 이하이면 싱크로나이저 링 교체
③ 각 기어의 부시와 스플라인부 리어 베어링 마모, 손상 유무 검사 : 불량이면 교체
④ 각 싱크로나이저 링의 내측 테이퍼부, 허브 스플라인부, key가 물리는 부분 마모, 손상 : 교체
⑤ 출력축에 기어를 조립하고 각각의 엔드플레이 점검 : 불량이면 스냅 링 교체
⑥ 카운터 기어의 엔드플레이 측정 : 0.1 mm 이상이면 스러스트 와셔 교교
⑦ 시프트 포크와 슬리브와의 간극 측정 : 1 mm 이상이면 교환, 포크의 비틀림이 있으면 교체
⑧ 트랜스미션 케이스의 균열, 블리더 구멍의 막힘, 커버 고무의 노화, 손상 : 교체
⑨ 입력축의 오일 실 점검 : 불량이면 교환, 베어링과 익스텐션 하우징의 간극을 규정대로 조립
⑩ 출력축의 휨 측정 : 약 0.05 mm 이상이면 프레스로 수정하거나 교체

답안지 작성

섀시 2 ABS 스피드 센서 점검(톤 휠 간극)

(A) 자동차 번호 :				(B) 비번호		(C) 감독위원 확 인	
항목	① 측정(또는 점검)			② 판정 및 정비(또는 조치) 사항			(H) 득점
	(D) 측정값		(E) 규정(정비한계)값	(F) 판정(□에 'V' 표)	(G) 정비 및 조치할 사항		
톤 휠 간극	전륜·우측 : 1.3 mm		전륜·우측 : 0.2~0.9 mm	□ 양호 ☑ 불량	휠 스피드 센서를 규정 간극으로 조정 후 재점검		

1. 답안지 공통 사항(감독위원 확인 및 기록 사항)

(C) 감독위원 확인 : 시험 전 또는 시험 후 감독위원이 채점 후 확인합니다(날인).
(H) 득점 : 감독위원이 해당 문항을 채점하고 점수를 기록합니다.

2. 수험자가 기록해야 할 답안 사항

(A) 자동차 번호 : 측정하는 자동차 번호를 기록합니다(측정 차량이 1대인 경우 생략할 수 있습니다).
(B) 비번호 : 책임관리위원(공단 본부)이 배부한 등번호(비번호)를 기록합니다.
① 측정(또는 점검)
 (D) 측정값 : 톤 휠 간극을 측정한 값을 기록합니다.   • 전륜·우측 : 1.3 mm
 (E) 규정값 : 감독위원이 제시한 값이나 정비지침서를 보고 규정값을 기록합니다.   • 전륜·우측 : 0.2~0.9 mm
② 판정 및 정비(또는 조치) 사항
 (F) 판정 : 측정한 값이 규정(정비한계)값 범위를 벗어났으므로 ☑ **불량**에 표시합니다.
 (G) 정비 및 조치할 사항 : 판정이 불량이므로 **휠 스피드 센서를 규정 간극으로 조정 후 재점검**을 기록합니다.
    판정이 양호일 때는 **정비 및 조치할 사항 없음**을 기록합니다.

3. 톤 휠 간극 규정값

항목 \ 차종	규정값		비 고
	프런트	리어	
그랜저	0.3~0.9 mm	0.3~0.9 mm	톤 휠 간극이 규정 간극을 벗어나면 각 바퀴의 휠 스피드 센서 회전수 정보의 오류 발생으로 ABS ECU가 정확한 제어를 할 수 없으므로 톤 휠 간극이 틀어지지 않도록 주의합니다.
카렌스	0.7~1.5 mm	0.6~1.6 mm	
아반떼	0.2~1.3 mm	0.2~1.3 mm	
쏘나타 Ⅱ	–	0.2~0.7 mm	
엑센트	0.2~0.11mm	0.2~1.2 mm	
쏘나타	0.2~1.3 mm	0.2~1.2 mm	
싼타페	0.3~0.9 mm		
EF 쏘나타/그랜저 XG	0.2~1.1 mm		
아반떼 XD	0.2~0.9 mm		

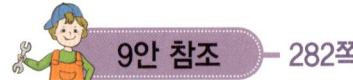 주어진 자동차에서 감독위원의 지시에 따라 브레이크 휠 실린더를 탈거(감독위원에게 확인)하고 다시 조립하여 공기빼기 작업 후 브레이크의 작동상태를 확인하시오.

 9안 참조 — 282쪽

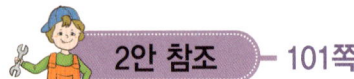 주어진 자동차에서 감독위원의 지시에 따라 진단기(스캐너)로 자동변속기를 점검하고 기록·판정하시오.

2안 참조 — 101쪽

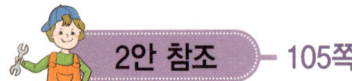 주어진 자동차에서 감독위원의 지시에 따라 좌 또는 우회전 시 최소회전반경을 측정하여 기록·판정하시오.

2안 참조 — 105쪽

실기시험 주요 Point

휠 스피드 센서 톤 휠 간극 점검

디그니스 게이지를 이용하여 휠 스피드 센서와 톤 휠 사이의 간극을 점검한다. 간극이 규정값 내에 있지 않으면 톤 휠의 설치가 부정확하게 된 것으로 재조정 후 점검한다.

국가기술자격 실기시험문제 14안 (전기)

자격종목	자동차정비기능사	과제명	자동차정비작업

비번호 :   시험시간 : 4시간(엔진 : 100분, 섀시 : 80분, 전기 : 60분)

전기 1

주어진 자동차에서 에어컨 벨트를 탈거(감독위원에게 확인)한 후 다시 부착하여 벨트 장력까지 점검한 다음 에어컨 컴프레서가 작동되는지 확인하시오.

1-1 에어컨 벨트 탈·부착

에어컨 벨트 탈·부착

1. 원 벨트 텐션 장력 조정 고정 볼트에 맞는 공구를 선택한다.

2. 원 벨트 텐션 장력 조정볼트를 시계방향으로 회전시켜 벨트 장력을 느슨하게 한다.

3. 원 벨트를 탈거한다. 조립 시 회전방향이 바뀌지 않도록 벨트 회전방향을 표시한다(→ 표시).

4. 탈거한 벨트를 정렬한 후 감독위원에게 확인을 받는다.

5. 벨트를 풀리 위치에 맞춘다.

6. 원 벨트 텐션 장력 조정 볼트를 회전시켜 벨트를 풀리에 맞게 조립한다.

7. 텐션 베어링 고정 볼트를 놓아 벨트의 장력이 자동조정되도록 한다.

8. 주변을 정리한 후 감독위원에게 확인을 받는다.

9. 공구세트를 정리한다.

전기 2 주어진 자동차에서 감독위원의 지시에 따라 메인 컨트롤 릴레이의 고장부분을 점검한 후 기록표에 기록·판정하시오.

4안 참조 — 168쪽

전기 3 주어진 자동차에서 와이퍼 회로의 고장부분을 점검한 후 기록표에 기록·판정하시오.

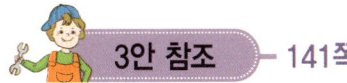 3안 참조 — 141쪽

 전기 4 주어진 자동차에서 경음기 음량을 측정하여 기록표에 기록·판정하시오.

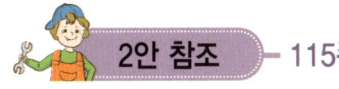 2안 참조 — 115쪽

자동차정비기능사 실기시험 15안

파트별	안별 문제	15안
엔진	엔진(부품) 분해 조립	실린더 헤드(가솔린) 피스톤
	측정/답안작성	피스톤 링 엔드 갭
	시스템 점검/엔진 시동	시동회로
	부품 탈거/조립	AFS/에어클리너
	자기진단(답안작성)	스캐너를 이용한 엔진 전자제어 센서(액추에이터) 점검
	차량 검사 측정	디젤 매연
섀시	부품 탈거/조립	A/T 밸브 보디
	점검/답안작성	A/T 오일 점검
	부품 탈거 작동 상태	릴리스 실린더/공기빼기
	점검/답안작성	ECS 자기진단
	안전기준 검사	브레이크 제동력
전기	부품 탈거/조립 작동 확인	계기판
	측정/답안작성	점화코일 1, 2차 저항 측정
	전기회로 점검/고장부위 작성	파워윈도 회로
	차량 검사 측정	전조등 광도

국가기술자격 실기시험문제 15안 (엔진)

자격종목	자동차정비기능사	과제명	자동차정비작업

비번호 :   시험시간 : 4시간(엔진 : 100분, 섀시 : 80분, 전기 : 60분)

엔진 1

주어진 가솔린 엔진에서 실린더 헤드와 피스톤(1개)을 탈거(감독위원에게 확인)하고 감독위원의 지시에 따라 기록표의 내용대로 기록·판정한 후 다시 조립하시오.

1-1 엔진 분해 조립

 1안 참조 — 22쪽

1-2 피스톤 링 이음 간극 측정

1. 피스톤 링 이음 간극을 측정할 실린더를 확인하고 깨끗이 닦는다.

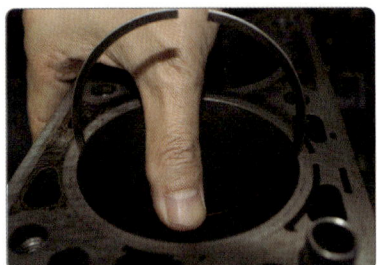

2. 측정할 피스톤 링을 세우고 엄지를 이용하여 실린더에 삽입한다.

3. 실린더에 피스톤을 거꾸로 끼워 피스톤 링을 삽입한다.

4. 피스톤 링을 실린더 최상단에 위치시키고 디그니스 게이지로 피스톤 링 엔드 갭을 측정한다(실린더 하단부 2/3 지점 측정 가능).

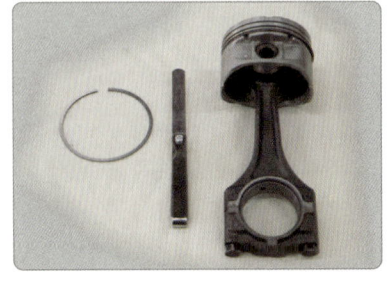

5. 측정이 끝나면 피스톤, 피스톤 링, 디그니스 게이지를 정리한다.

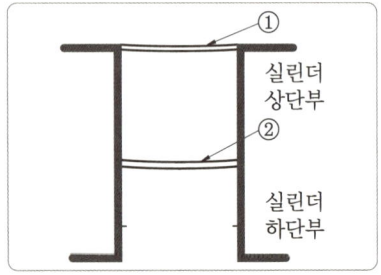

피스톤 링 앤드 갭 측정 부위

답안지 작성

엔진 1 | 피스톤 링 이음 간극 점검

항목	① 측정(또는 점검)		② 판정 및 정비(또는 조치) 사항		(H) 득점
	(D) 측정값	(E) 규정(정비한계)값	(F) 판정(□에 'V' 표)	(G) 정비 및 조치할 사항	
피스톤 링 이음 간극	압축링 : 0.1 mm	0.25~0.40 mm (한계값 : 0.8 mm)	□ 양호 ☑ 불량	피스톤 링 엔드 갭 연마 후 재점검	

상단에는 (A) 엔진 번호 :, (B) 비번호, (C) 감독위원 확 인 란이 있습니다.

1. 답안지 공통 사항(감독위원 확인 및 기록 사항)

(C) 감독위원 확인 : 시험 전 또는 시험 후 감독위원이 채점 후 확인합니다(날인).
(H) 득점 : 감독위원이 해당 문항을 채점하고 점수를 기록합니다.

2. 수험자가 기록해야 할 답안 사항

(A) 엔진 번호 : 측정하는 엔진 번호를 기록합니다(측정 엔진이 1대인 경우 생략할 수 있습니다).
(B) 비번호 : 책임관리위원(공단 본부)이 배부한 등번호(비번호)를 기록합니다.
① 측정(또는 점검)
  (D) 측정값 : 실린더 마모량을 측정한 값으로 압축 링 : 0.1 mm를 기록합니다.
  (E) 규정(정비한계)값 : 정비지침서나 감독위원이 제시한 값 0.25~0.40 mm(한계값 : 0.8 mm)를 기록합니다.
② 판정 및 정비(또는 조치) 사항
  (F) 판정 : 측정한 값이 규정(정비한계)값 범위를 벗어났으므로 ☑ 불량에 표시합니다.
  (G) 정비 및 조치할 사항 : 판정이 불량이므로 피스톤 링 엔드 갭 연마 후 재점검을 기록합니다.
       판정이 양호일 때는 정비 및 조치할 사항 없음을 기록합니다.

3. 피스톤 링 이음 간극 규정값

차 종	규정값	한계값	비 고
EF 쏘나타(1.8, 2.0)	1번 : 0.20~0.35 mm 2번 : 0.40~0.55 mm 오일 링 : 0.2~0.7 mm	1.00 mm	1, 2번 링은 압축 링 3번 링은 오일 링 피스톤 간극 측정 공구 (텔레스코핑 게이지와 마이크로미터 실린더 보어 게이지)
쏘나타 Ⅰ, Ⅱ, Ⅲ	1번 : 0.25~0.40 mm 2번 : 0.35~0.5 mm 오일 링 : 0.2~0.7 mm	0.80 mm	
아반떼(1.5D)	1번 : 0.20~0.35 mm 2번 : 0.37~0.52 mm 오일 링 : 0.2~0.7 mm	1.00 mm	

엔진 2 주어진 전자제어 가솔린 엔진에서 감독위원의 지시에 따라 시동에 필요한 크랭킹 회로의 이상 개소를 점검 및 수리하여 시동하시오.

 3안 참조 — 123쪽

 엔진 3 주어진 자동차에서 엔진의 공기 유량 센서(AFS)와 에어 필터를 탈거(감독위원에게 확인)한 후 다시 조립하고 감독위원의 지시에 따라 진단기(스캐너)를 사용하여 엔진의 각종 센서(액추에이터)를 점검 후 고장부분을 기록하시오.

 3안 참조 — 126쪽

 **엔진 4** 주어진 자동차에서 기록표에 제시된 내용을 측정하고 기록 · 판정하시오.

 1안 참조 — 38쪽

 **실기시험 주요 Point**

피스톤 링 이음 측정 시 주의사항
① 측정 작업대 및 실린더 측정면을 깨끗하게 닦는다.
② 측정은 실린더 마멸이 가장 적은 부분에서 한다.
③ 피스톤 링을 실린더 하단부 2/3지점이나 실린더 최상단부가 수평이 유지된 상태에서 측정한다.

국가기술자격 실기시험문제 15안 (섀시)

자격종목	자동차정비기능사	과제명	자동차정비작업

비번호 :   시험시간 : 4시간(엔진 : 100분, 섀시 : 80분, 전기 : 60분)

섀시 1
주어진 자동변속기에서 감독위원의 지시에 따라 밸브 보디를 탈거(감독위원에게 확인)한 후 다시 조립하시오.

1-1 자동변속기 밸브 보디 탈·부착

분해할 자동변속기를 정렬한다.

1. 자동변속기 밸브 보디를 분해할 수 있도록 정렬한다.

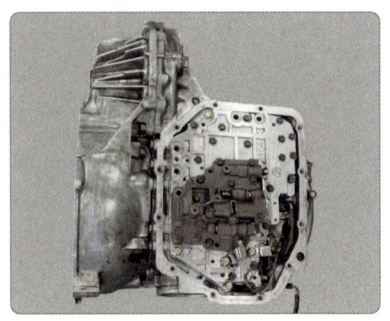
2. 오일 팬을 탈거하고 오일 필터를 탈거한다.

3. 밸브 보디 고정 볼트를 분해하고 오일 온도센서 고정 브래킷을 제거한 뒤 밸브 보디를 분해한다.

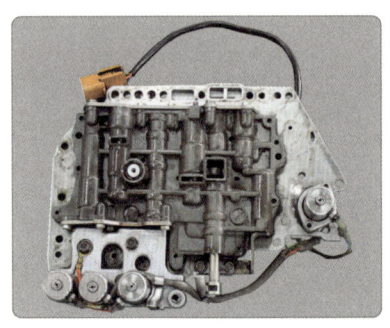
4. 분해된 밸브 보디를 감독위원에게 확인을 받는다.

5. 매뉴얼 밸브 위치를 확인한다.

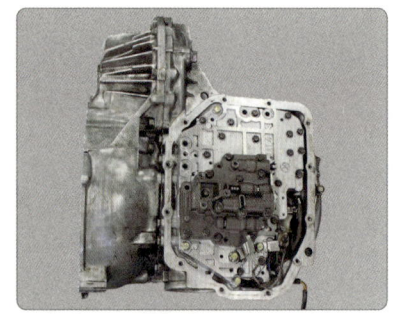
6. 밸브 보디를 조립한다.

7. 오일 필터를 조립한다.

8. 오일 팬을 장착한 후 감독위원에게 확인을 받는다.

9. 공구세트를 정리한다.

섀시 2 주어진 자동차에서 감독위원의 지시에 따라 자동변속기의 오일량을 점검하여 기록·판정하시오.

8안 참조 — 257쪽

섀시 3 주어진 자동차에서 감독위원의 지시에 따라 클러치 릴리스 실린더를 탈거(감독위원에게 확인)하고 다시 조립하여 공기빼기 작업 후 클러치의 작동 상태를 확인하시오.

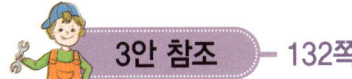 132쪽

섀시 4 주어진 자동차에서 감독위원의 지시에 따라 진단기(스캐너)로 전자제어 자세제어장치(VDC, ECS, TCS 등)를 점검하고 기록·판정하시오.

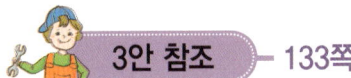 133쪽

섀시 5 주어진 자동차에서 감독위원의 지시에 따라 제동력을 측정하여 기록·판정하시오.

 61쪽

국가기술자격 실기시험문제 15안 (전기)

자격종목	자동차정비기능사	과제명	자동차정비작업

비번호 :　　　　　　　　시험시간 : 4시간(엔진 : 100분, 섀시 : 80분, 전기 : 60분)

전기 1

주어진 자동차에서 감독위원의 지시에 따라 계기판을 탈거(감독위원에게 확인)한 후 다시 부착하여 계기판의 작동 여부를 확인하시오.

1-1 계기판 탈·부착

계기판 탈·부착

1. 작업 영역을 넓히기 위해 핸들을 아래로 틸티시킨다.

2. 조향 컬럼 상부 커버를 탈거한다.

3. 계기판 커버 고정 볼트를 탈거한다.

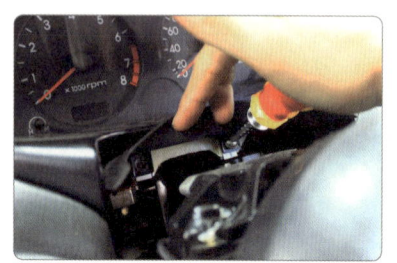

4. 계기판 고정 볼트(하단)를 탈거한다.

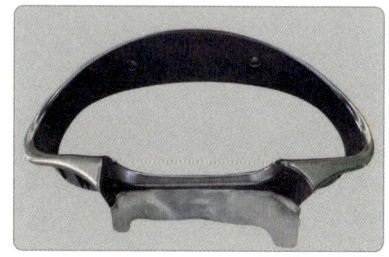

5. 계기판 커버 케이스를 탈거한다.

6. 계기판 고정 볼트를 탈거한다.

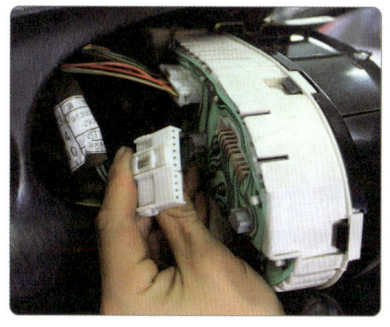
7. 계기판을 우측으로 젖혀 배선 커넥터를 분리한다.

8. 계기판을 분해하여 들어낸다.

9. 계기판을 정렬하고 감독위원의 확인을 받는다.

10. 계기판 뒤 커넥터를 연결하고 정위치한다.

11. 계기판 고정 볼트를 조립한다.

12. 계기판 커버 케이스를 조립한다.

13. 조향 컬럼 상부 커버를 조립한다.

14. 틸트를 알맞게 조정하고 핸들을 정위치한 후 감독위원의 확인을 받는다.

전기 2

자동차에서 점화코일 1차, 2차 저항을 측정하고 코일의 고장 유무를 확인하여 기록표에 기록·판정하시오.

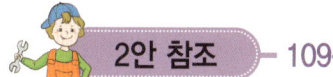
2안 참조 — 109쪽

전기 3
주어진 자동차에서 파워윈도 회로의 고장 부분을 점검한 후 기록표에 기록·판정하시오.

3-1 파워윈도 회로 점검

(1) 퓨즈 상태 점검

엔진 룸 정션 박스 30 A

(2) 파워윈도 릴레이 회로 진단
  ❶ 릴레이 코일의 전원공급 점검
  ❷ 릴레이 접점 전원공급 단자 확인

(3) 파워릴레이 단품 점검

파워윈도 릴레이에서 회로진단에 이상이 없다면 파워윈도 릴레이 단품 점검 실시

(4) 파워 릴레이 스위치 점검

파워윈도 스위치 UP/DOWN 위치에서 통전시험을 실시

실기시험 주요 Point

파워윈도 회로 점검
❶ 축전지 퓨즈(30 A) 및 파워윈도 퓨즈(25 A)를 점검한다.
❷ 파워윈도 릴레이를 점검한다.
❸ 파워윈도 릴레이 단자 86번과 85번 사이에 전원을 인가하였을 때 87번과 30번 사이가 통전이 되는지 점검하고 이상이 없다면 단자 86번과 85번 사이에 전원을 인가 해지시켰을 때 87번과 30번 사이가 통전이 되지 않는지 점검한다.
❹ 파워윈도 메인 스위치 커넥터의 10번 단자 공급전원(12 V)을 점검한다.
❺ 조수석 파워윈도 스위치 커넥터의 1번과 2번 사이의 공급전원(12 V)을 점검한다.
❻ 파워윈도 모터를 점검한다.
❼ 모터 커넥터를 분리한 후 모터 단자에 축전지 전원(+, −)을 연결하여 모터가 작동하는지 점검한다.
❽ 축전지 전원(+, −)의 극성을 바꾸어 모터 커넥터 단자에 연결하고 반대 방향으로 작동되는지 점검한다.

(5) 파워윈도 회로

● 주요 부위 회로 점검

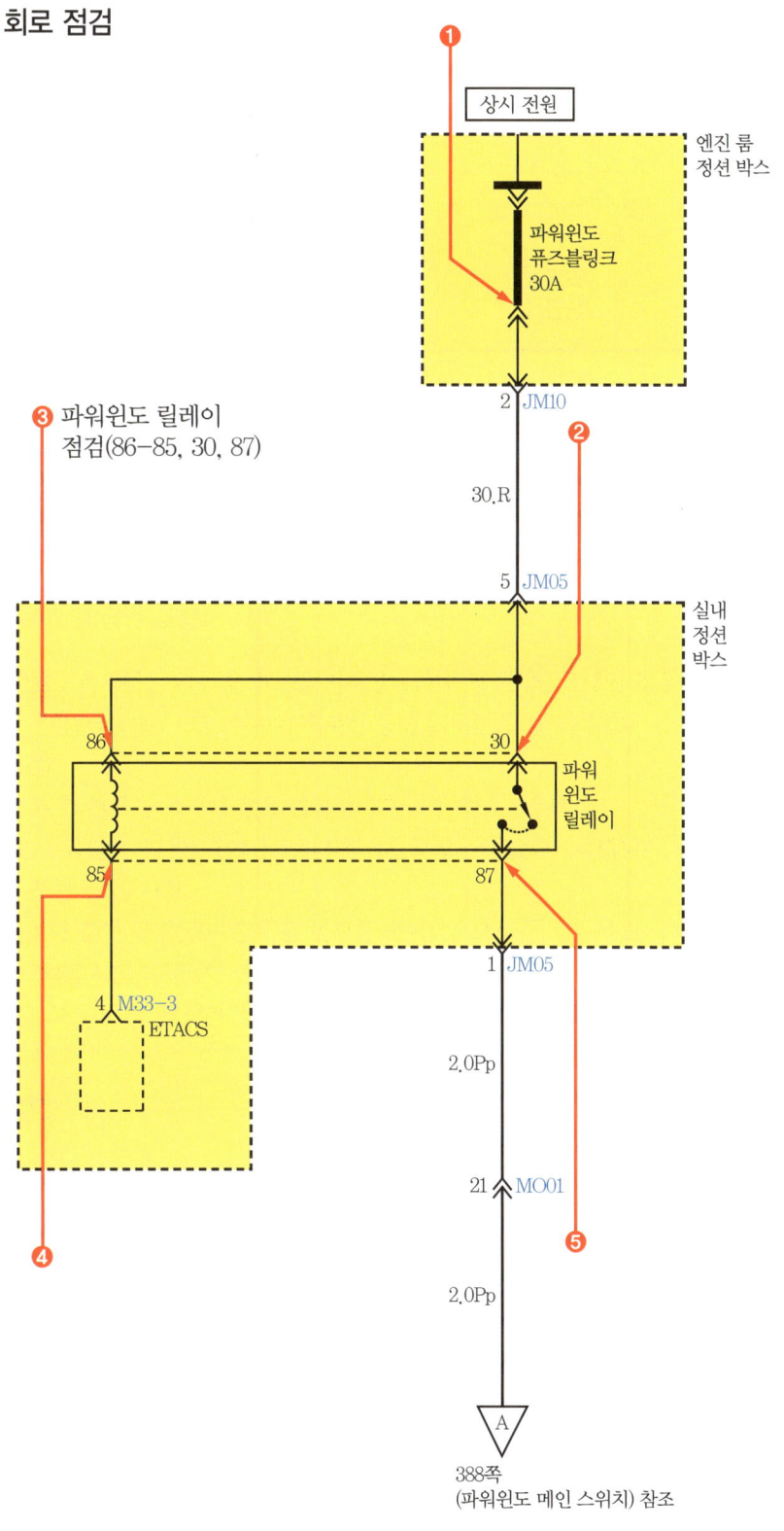

파워윈도 전기 회로도(1)

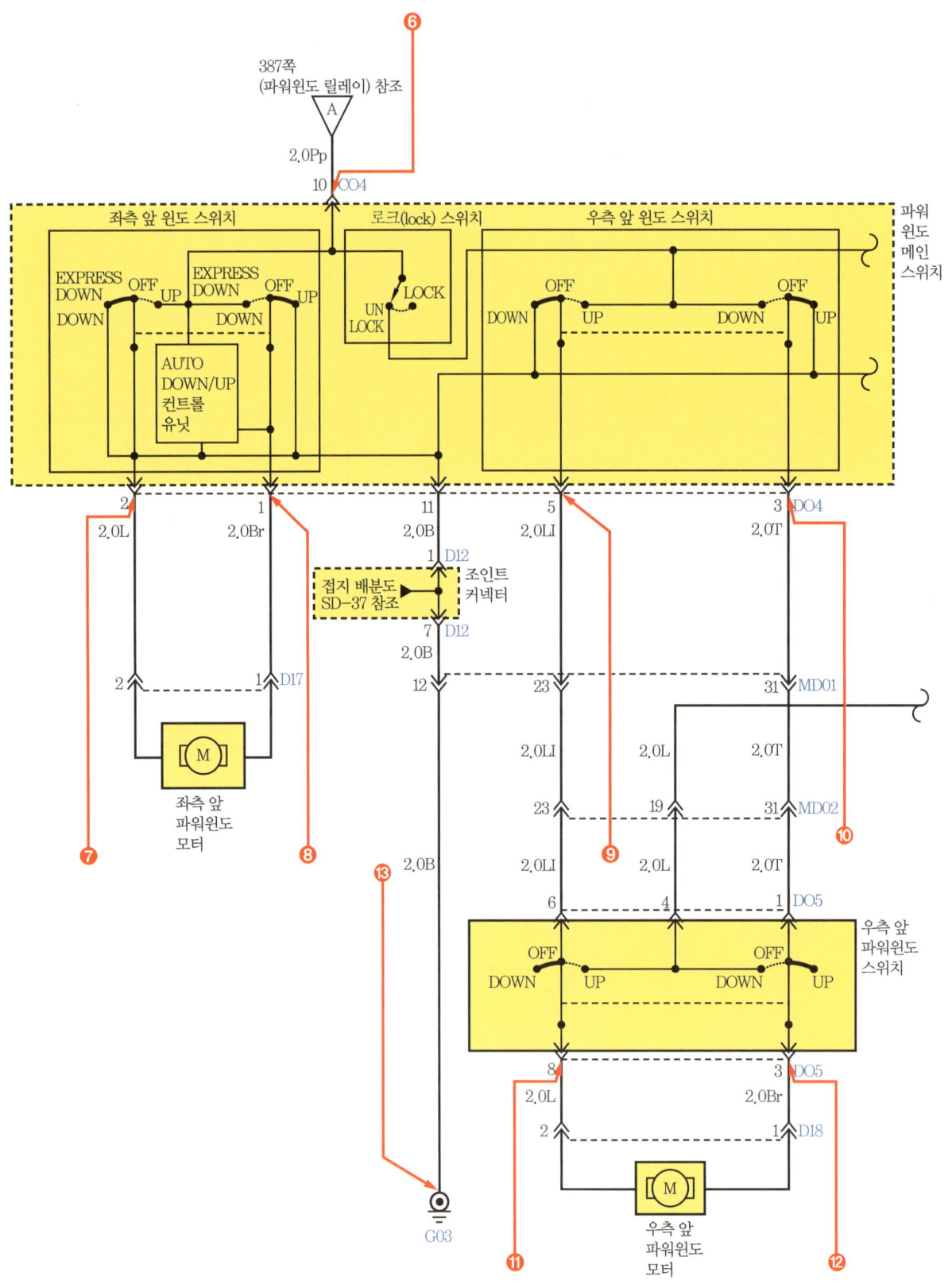

파워윈도 전기 회로도(2)

(6) 파워윈도 회로 점검

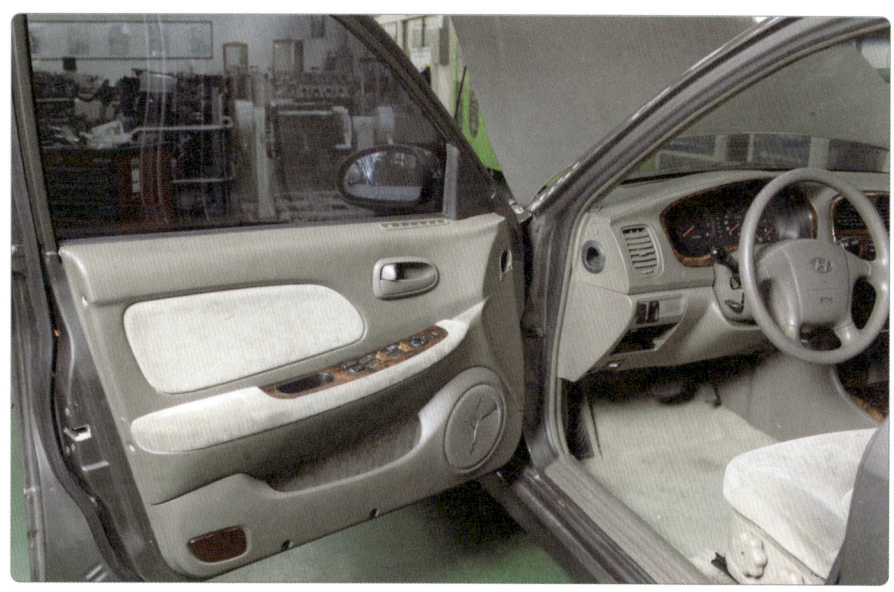

파워윈도 회로 점검

1. 축전지 전압을 확인하고 단자 체결 상태를 확인한다.

2. 공급전원 30 A 퓨즈의 단선 상태를 확인한다.

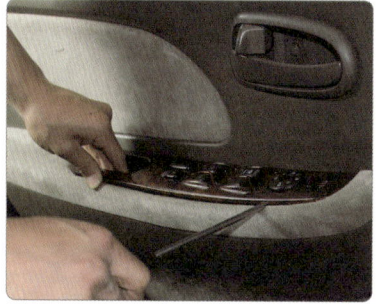

3. 파워윈도 운전석 스위치를 탈거한다.

4. 파워윈도 스위치를 커넥터에 연결하고 작동상태를 확인한다.

5. 멀티 테스터를 사용하여 공급전압을 확인한다.

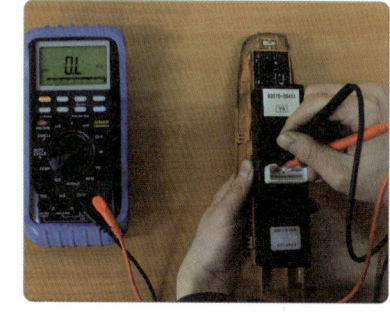

6. 파워윈도 스위치 Up/Down 위치에서 통전시험을 실시한다.

답안지 작성

전기 3   파워윈도 회로 점검

항목	① 측정(또는 점검)		② 판정 및 정비(또는 조치) 사항		(H) 득점
(A) 자동차 번호 :		(B) 비번호		(C) 감독위원 확 인	
	(D) 이상 부위	(E) 내용 및 상태	(F) 판정(□에 'V' 표)	(G) 정비 및 조치할 사항	
파워윈도 회로	파워윈도 스위치	커넥터 탈거	□ 양호 ☑ 불량	파워윈도 스위치 커넥터 체결 후 재점검	

1. 답안지 공통 사항(감독위원 확인 및 기록 사항)

(C) 감독위원 확인 : 시험 전 또는 시험 후 감독위원이 채점 후 확인합니다(날인).
(H) 득점 : 감독위원이 해당 문항을 채점하고 점수를 기록합니다.

2. 수험자가 기록해야 할 답안 사항

(A) 자동차 번호 : 측정하는 자동차 번호를 기록합니다(측정 차량이 1대인 경우 생략할 수 있습니다).
(B) 비번호 : 책임관리위원(공단 본부)이 배부한 등번호(비번호)를 기록합니다.
① 측정(또는 점검)
  (D) 이상 부위 : 파워윈도 회로를 점검하고 확인된 이상 부위로 **파워윈도 스위치**를 기록합니다.
  (E) 내용 및 상태 : 이상 부위의 내용 및 상태로 **커넥터 탈거**를 기록합니다.
② 판정 및 정비(또는 조치) 사항
  (F) 판정 : 파워윈도 스위치 커넥터가 탈거되었으므로 ☑ **불량**에 표시합니다.
  (G) 정비 및 조치할 사항 : 판정이 불량이므로 **파워윈도 스위치 커넥터 체결 후 재점검**을 기록합니다.
             판정이 양호일 때는 **정비 및 조치할 사항 없음**을 기록합니다.

※ 파워윈도 작동 불량 및 고장 원인
- 축전지 불량 및 터미널 체결 불량
- 파워윈도 릴레이 탈거 및 릴레이 불량
- 파워윈도 스위치 커넥터 탈거
- 파워윈도 스위치 커넥터 불량
- 파워윈도 퓨즈의 탈거 및 단선
- 파워윈도 스위치 불량
- 파워윈도 모터 불량
- 파워윈도 모터 커넥터 불량

전기 4 주어진 자동차에서 좌 또는 우측의 전조등 광도를 측정하고 기록표에 기록·판정하시오.

 1안 참조 — 74쪽

 **실기시험 주요 Point**

파워윈도 릴레이 회로 진단
파워윈도 릴레이 회로는 파워윈도 회로에서 윈도 제어의 역할보다 전원공급의 역할을 하므로 전원공급에 중점을 두고 점검을 해야 한다.
❶ 릴레이 솔레노이드의 작동 단자의 접지 공급 여부는 멀티 테스터나 전구시험기를 활용한다.
❷ 릴레이 솔레노이드의 작동 단자의 접지 공급 여부는 제어장치에서 IG ON 상태로 접지 공급을 하는지 전구시험기를 활용하여 확인한다.
❸ 릴레이 스위치의 전원공급 단자의 전원공급 여부는 전구시험기를 활용하여 확인한다.
❹ 릴레이의 파워윈도 작동 단자에 전원을 공급하여 파워윈도가 작동하는지 확인한다.

전기회로 기본 결함 유형
❶ 단선 회로 : 회로의 단선으로 전류가 흐르지 않으므로 시스템이 전혀 작동하지 않는다.
❷ 높은 선간 저항 : 스위치나 커넥터에 접촉 불량이나 부식이 발생하여 저항이 증가하면 전류는 흐르지만 램프가 흐려지거나 모터 속도가 느려지는 등의 현상이 발생하며 경우에 따라 전혀 작동하지 않을 수 있다.
❸ 배선간 쇼트 : 배선간 쇼트가 발생하면 배선간에 서로 영향을 미치므로 이상 작동을 하게 된다.
❹ 접지 쇼트 : 전원 공급선에 접지 쇼트가 발생하면 과전류가 흘러 퓨즈는 즉시 단선되고 시스템은 전혀 작동하지 않는다.

자동차정비기능사

부록

실기시험문제

국가기술자격 실기시험문제 1안

자격종목	자동차정비기능사	과제명	자동차정비작업

비번호 : 시험시간 : 4시간(엔진 : 100분, 섀시 : 80분, 전기 : 60분)

[시험 안 및 요구 사항 일부 내용이 변경될 수 있음]

1 엔진

① 주어진 디젤엔진에서 실린더 헤드와 분사노즐(1개)을 탈거한 후(감독위원에게 확인하고) 감독위원의 지시에 따라 기록표의 내용대로 기록·판정한 후 다시 조립하시오.

② 주어진 전자제어 가솔린 엔진에서 감독위원의 지시에 따라 시동에 필요한 점화회로의 고장 부분 1개소를 점검 및 수리하여 시동하시오.

③ 주어진 자동차에서 엔진의 공회전 조절장치를 탈거(감독위원에게 확인)한 후 다시 조립하고 감독위원의 지시에 따라 진단기(스캐너)를 사용하여 엔진의 각종 센서(액추에이터) 점검 후 고장 부분을 기록하시오.

④ 주어진 자동차에서 기록표에 제시된 내용을 측정하고 기록·판정하시오.

2 섀시

① 주어진 자동차에서 감독위원의 지시에 따라 앞 쇽업소버(shock absorber)의 스프링을 탈거(감독위원에게 확인)한 후 다시 조립하시오.

② 주어진 자동차에서 감독위원의 지시에 따라 휠 얼라인먼트 시험기를 사용하여 캐스터각과 캠버각을 점검하여 기록·판정하시오.

③ 주어진 자동차(ABS 장착 차량)에서 감독위원의 지시에 따라 브레이크 패드(좌 또는 우측)를 탈거(감독위원에게 확인)하고 다시 조립하여 브레이크의 작동 상태를 확인하시오.

④ 주어진 자동차에서 감독위원의 지시에 따라 인히비터 스위치와 선택 레버 위치를 점검하고 기록·판정하시오.

⑤ 주어진 자동차에서 감독위원의 지시에 따라 제동력을 측정하여 기록·판정하시오.

3 전기

① 주어진 자동차에서 윈드 실드 와이퍼 모터를 탈거(감독위원에게 확인)한 후 다시 부착하여 와이퍼 블레이드가 작동되는지 확인하시오.

② 주어진 자동차에서 시동 모터의 크랭킹 부하시험을 하여 고장 부분을 점검한 후, 기록·판정하시오.

③ 주어진 자동차에서 미등 및 번호등 회로의 고장 부분을 점검한 후 기록·판정하시오.

④ 주어진 자동차에서 좌 또는 우측의 전조등 광도를 측정하고 기록·판정하시오.

국가기술자격 실기시험 결과기록표 1안

자격종목	자동차정비기능사	과제명	자동차정비작업

● 기록표는 문항별 구분 절단하여 배부하고, 각 문항별로 종료 시 회수한다.

엔진 1 　분사노즐 분사압력 점검

엔진 번호 :				비번호		감독위원 확인	
항목	측정(또는 점검)			판정 및 정비(또는 조치) 사항			득점
	측정값	규정(정비한계)값	후적 유무 판정 (□에 'V'표)	판정(□에 'V'표)	정비 및 조치 사항		
분사노즐 분사압력			□ 유 □ 무	□ 양호 □ 불량			

엔진 3 　엔진 센서(액추에이터) 점검

자동차 번호 :				비번호		감독위원 확인	
항목	측정(또는 점검)			판정 및 정비(또는 조치) 사항			득점
	고장 부위	측정값	규정값	고장 내용	정비 및 조치 사항		
센서 (액추에이터) 점검							

엔진 4 　디젤엔진 매연 점검

자동차 번호 :				비번호		감독위원 확인	
항목	측정(또는 점검)				산출 근거 및 판정		득점
	차종	연식	기준값	측정값	측정	산출 근거(계산) 기록	판정(□에 'V'표)	
매연					1회 : 2회 : 3회 :		□ 양호 □ 불량	

※ 23년부터 과급기 부착차량에 대한 매연검사(무부하급가속)의 5% 가산 기준은 미적용합니다.
※ 감독위원이 제시한 자동차등록증(차대번호)을 활용하여 차종 및 연식을 적용합니다.
※ 자동차 검사 기준 및 방법에 의하여 기록·판정합니다.　※ 측정 및 판정은 무부하 조건으로 합니다.
※ 측정 및 산출근거란은 소수점 값을 기입합니다.
※ 측정값란은 매연 농도를 산술평균하여 소수점 이하는 버린 값으로 기입합니다.

섀시 2 — 캐스터각, 캠버각 점검

자동차 번호 :			비번호		감독위원 확 인	
항목	측정(또는 점검)		판정 및 정비(또는 조치) 사항			득점
	측정값	규정(정비한계)값	판정(□에 'V' 표)	정비 및 조치 사항		
캐스터각			□ 양호 □ 불량			
캠버각						

섀시 4 — 자동변속기 점검

자동차 번호 :			비번호		감독위원 확 인	
항목	측정(또는 점검)		판정 및 정비(또는 조치) 사항			득점
	점검 위치	내용 및 상태	판정(□에 'V' 표)	정비 및 조치 사항		
변속 선택 레버			□ 양호 □ 불량			
인히비터 스위치						

섀시 5 — 제동력 점검

자동차 번호 :				비번호		감독위원 확 인	
측정(또는 점검)				산출 근거 및 판정			득점
항목	구분	측정값(kgf)	기준값 (□에 'V' 표)	산출 근거		판정 (□에 'V' 표)	
제동력 위치 (□에 'V'표) □ 앞 □ 뒤	좌		□ 앞 □ 뒤 축중의	편차		□ 양호 □ 불량	
			제동력 편차				
	우		제동력 합	합			

※ 측정 위치는 감독위원이 지정하는 위치의 □에 'V' 표시합니다.
※ 자동차 검사 기준 및 방법에 의하여 기록·판정합니다.
※ 측정값의 단위는 시험장비 기준으로 기록합니다.
※ 산출 근거에는 단위를 기록하지 않아도 됩니다.

전기 2 　크랭킹 시 전류 소모 점검

자동차 번호 :			비번호		감독위원 확　인	
항목	측정(또는 점검)		판정 및 정비(또는 조치) 사항			득점
	측정값	규정(정비한계)값	판정(□에 'V' 표)	정비 및 조치 사항		
전류 소모			□ 양호 □ 불량			

전기 3 　미등 및 번호등 회로 점검

자동차 번호 :			비번호		감독위원 확　인	
항목	측정(또는 점검)		판정 및 정비(또는 조치) 사항			득점
	이상 부위	내용 및 상태	판정(□에 'V' 표)	정비 및 조치 사항		
미등 및 번호등 회로			□ 양호 □ 불량			

※ 제시된 전기회로도의 명칭을 사용·기입합니다.

전기 4 　전조등 점검

자동차 번호 :			비번호		감독위원 확　인	
측정(또는 점검)					판정 (□에 'V'표)	득점
구분	측정 항목	측정값	기준값			
(□에 'V'표) 위치 : □ 좌 □ 우	광도		_____ 이상		□ 양호 □ 불량	

※ 측정 위치는 감독위원이 지정하는 위치의 □에 'V' 표시합니다.
※ 자동차 검사 기준 및 방법에 의하여 기록·판정합니다.

국가기술자격 실기시험문제 2안

자격종목	자동차정비기능사	과제명	자동차정비작업

비번호 :　　　　　시험시간 : 4시간(엔진 : 100분, 섀시 : 80분, 전기 : 60분)

[시험 안 및 요구 사항 일부 내용이 변경될 수 있음]

1 엔진

① 주어진 가솔린 엔진에서 실린더 헤드와 밸브 스프링(1개)을 탈거(감독위원에게 확인)하고 감독위원의 지시에 따라 기록표의 내용대로 기록·판정한 후 다시 조립하시오.

② 주어진 전자제어 가솔린 엔진에서 감독위원의 지시에 따라 시동에 필요한 연료장치 회로의 고장 부분 1개소를 점검 및 수리하여 시동하시오.

③ 주어진 자동차에서 엔진의 인젝터 1개를 탈거(감독위원에게 확인)한 후 다시 조립하고 감독위원의 지시에 따라 진단기(스캐너)를 사용하여 엔진의 각종 센서(액추에이터) 점검 후 고장 부분을 기록하시오.

④ 주어진 자동차에서 기록표에 제시된 내용을 측정하고 기록·판정하시오.

2 섀시

① 주어진 자동차에서 감독위원의 지시에 따라 (좌 또는 우측) 앞 허브 및 너클을 탈거(감독위원에게 확인)한 후, 다시 조립하시오.

② 주어진 자동차에서 감독위원의 지시에 따라 휠 얼라인먼트 시험기를 사용하여 캐스터각과 캠버각을 점검하여 기록·판정하시오.

③ 주어진 자동차에서 감독위원의 지시에 따라 (좌 또는 우측) 브레이크 라이닝(슈)을 탈거(감독위원에게 확인)하고 다시 조립하여 브레이크의 작동 상태를 확인하시오.

④ 주어진 자동차에서 감독위원의 지시에 따라 진단기(스캐너)로 자동변속기를 점검하고 기록·판정하시오.

⑤ 주어진 자동차에서 감독위원의 지시에 따라 좌 또는 우회전 시 최소회전반경을 측정하여 기록·판정하시오.

3 전기

① 주어진 자동차에서 발전기를 탈거(감독위원에게 확인)한 후, 다시 부착하여 발전기가 정상 작동하는지 충전 전압으로 확인하시오.

② 주어진 자동차에서 점화코일 1, 2차 저항을 측정하고 코일의 고장 유무를 확인하여 기록·판정하시오.

③ 주어진 자동차에서 전조등 회로의 고장 부분을 점검한 후 기록·판정하시오.

④ 주어진 자동차에서 경음기 음량을 측정하여 기록·판정하시오.

국가기술자격 실기시험 결과기록표 2안

자격종목	자동차정비기능사	과제명	자동차정비작업

● 기록표는 문항별 구분 절단하여 배부하고, 각 문항별로 종료 시 회수한다.

엔진 1 밸브 스프링 장력 점검

	엔진 번호 :		비번호		감독위원 확인	
항목	측정(또는 점검)		판정 및 정비(또는 조치) 사항			득점
	측정값	규정(정비한계)값	판정(□에 'V' 표)	정비 및 조치 사항		
밸브 스프링 장력			□ 양호 □ 불량			

엔진 3 엔진 센서(액추에이터) 점검

	자동차 번호 :			비번호		감독위원 확인	
항목	측정(또는 점검)			판정 및 정비(또는 조치) 사항			득점
	고장 부위	측정값	규정값	고장 내용	정비 및 조치 사항		
센서 (액추에이터) 점검							

엔진 4 배기가스 점검

	자동차 번호 :		비번호		감독위원 확인	
측정 항목	측정(또는 점검)		판정 (□에 'V'표)			득점
	측정값	기준값				
CO			□ 양호 □ 불량			
HC						

※ 감독위원이 제시한 자동차등록증(또는 차대번호)을 활용하여 차종 및 연식을 적용합니다.
※ 자동차 검사 기준 및 방법에 의하여 기록·판정합니다.
※ CO 측정값은 소수 첫째 자리까지만 기입하고 HC 측정값은 소수점 자리를 기록하지 않습니다.

섀시 2 캐스터각, 캠버각 점검

자동차 번호 :			비번호		감독위원 확 인	
항목	측정(또는 점검)		판정 및 정비(또는 조치) 사항			득점
	측정값	규정(정비한계)값	판정(□에 'V' 표)	정비 및 조치 사항		
캐스터각			□ 양호 □ 불량			
캠버각						

섀시 4 자동변속기 자기진단

자동차 번호 :		비번호		감독위원 확 인	
항목	측정(또는 점검)		판정 및 정비(또는 조치) 사항		득점
	이상 부위	내용 및 상태	판정 (□에 'V' 표)	정비 및 조치 사항	
변속기 자기진단			□ 양호 □ 불량		

섀시 5 최소회전반지름

자동차 번호 :					비번호		감독위원 확 인	
항목	측정(또는 점검)				산출 근거 및 판정			득점
	최대조향각도		기준값 (최소회전 반지름)	측정값 (최소회전 반지름)	산출 근거	판정 (□에 'V' 표)		
	좌측 바퀴	우측 바퀴						
회전 방향 (□에 'V'표) □ 좌 □ 우						□ 양호 □ 불량		

※ 회전방향은 감독위원이 지정하는 위치의 □에 'V'표시합니다.
※ 최대 조향 시 각도 항목은 두 바퀴 모두 기록합니다.
※ 축거는 감독위원이 제시합니다.
※ 자동차 검사 기준 및 방법에 의하여 기록·판정합니다.
※ 산출근거에는 단위를 기록하지 않아도 됩니다.

전기 2 점화코일 저항 점검

항목	측정(또는 점검)		판정 및 정비(또는 조치) 사항		득점
	자동차 번호 :	비번호		감독위원 확인	
	측정값	규정(정비한계)값	판정(□에 'V' 표)	정비 및 조치 사항	
1차 저항			□ 양호 □ 불량		
2차 저항			□ 양호 □ 불량		

전기 3 전조등 회로 점검

항목	측정(또는 점검)		판정 및 정비(또는 조치) 사항		득점
	자동차 번호 :	비번호		감독위원 확인	
	이상 부위	내용 및 상태	판정(□에 'V' 표)	정비 및 조치 사항	
전조등 회로			□ 양호 □ 불량		

※ 제시된 전기회로도의 명칭을 사용·기입합니다.

전기 4 경음기 음량 점검

항목	측정(또는 점검)		판정 (□에 'V' 표)	득점
	자동차 번호 :	비번호 감독위원 확인		
	측정값	기준값		
경음기 음량		_____ 이상 _____ 이하	□ 양호 □ 불량	

※ 감독위원이 제시한 자동차등록증(또는 차대번호)을 활용하여 차종 및 연식을 적용합니다.
※ 자동차 검사 기준 및 방법에 의하여 기록·판정합니다.
※ 암소음은 무시합니다.

국가기술자격 실기시험문제 3안

| 자격종목 | 자동차정비기능사 | 과제명 | 자동차정비작업 |

비번호 :   시험시간 : 4시간(엔진 : 100분, 섀시 : 80분, 전기 : 60분)

[시험 안 및 요구 사항 일부 내용이 변경될 수 있음]

① 주어진 디젤엔진에서 워터펌프와 라디에이터 압력식 캡을 탈거(감독위원에게 확인)하고 감독위원의 지시에 따라 기록표의 내용대로 기록 · 판정한 후 다시 조립하시오.
② 주어진 전자제어 가솔린 엔진에서 감독위원의 지시에 따라 시동에 필요한 크랭킹 회로의 고장 부분 1개소를 점검 및 수리하여 시동하시오.
③ 주어진 자동차에서 흡입공기 유량 센서를 탈거(감독위원에게 확인)한 후 다시 조립하고, 감독위원의 지시에 따라 진단기(스캐너)를 사용하여 엔진의 각종 센서(액추에이터) 점검 후 고장 부분을 기록하시오.
④ 주어진 자동차에서 기록표에 제시된 내용을 측정하고 기록 · 판정하시오.

① 주어진 자동차에서 감독위원의 지시에 따라 림(휠)에서 타이어 1개를 탈거(감독위원에게 확인)한 후 다시 조립하시오.
② 주어진 수동변속기에서 감독위원의 지시에 따라 입력축 엔드 플레이를 점검하여 기록 · 판정하시오.
③ 주어진 자동차에서 감독위원의 지시에 따라 클러치 릴리스 실린더를 탈거(감독위원에게 확인)하고, 다시 조립하여 공기빼기 작업 후 클러치의 작동 상태를 확인하시오.
④ 주어진 자동차에서 감독위원의 지시에 따라 진단기(스캐너)로 전자제어 자세제어장치(VDC, ECS, TCS 등)를 점검하고 기록 · 판정하시오.
⑤ 주어진 자동차에서 감독위원의 지시에 따라 제동력을 측정하여 기록 · 판정하시오.

① DOHC 엔진의 자동차에서 점화플러그 및 고압 케이블을 탈거(감독위원에게 확인)한 후 다시 부착하여 시동이 되는지 확인하시오.
② 주어진 자동차의 발전기에서 감독위원의 지시에 따라 충전되는 전류와 전압을 점검하여 확인사항을 기록 · 판정하시오.
③ 주어진 자동차에서 와이퍼 회로의 고장 부분을 점검한 후 기록 · 판정하시오.
④ 주어진 자동차에서 좌 또는 우측의 전조등 광도를 측정하고 기록 · 판정하시오.

국가기술자격 실기시험 결과기록표 3안

| 자격종목 | 자동차정비기능사 | 과제명 | 자동차정비작업 |

● 기록표는 문항별 구분 절단하여 배부하고, 각 문항별로 종료 시 회수한다.

엔진 1 라디에이터 압력식 캡 점검

| 엔진 번호 : | | 비번호 | | 감독위원 확인 | |

항목	측정(또는 점검)		판정 및 정비(또는 조치) 사항		득점
	측정값	규정(정비한계)값	판정(□에 'V' 표)	정비 및 조치 사항	
압력식 캡 작동압력			□ 양호 □ 불량		

엔진 3 엔진 센서(액추에이터) 점검

| 자동차 번호 : | | 비번호 | | 감독위원 확인 | |

항목	측정(또는 점검)			판정 및 정비(또는 조치) 사항		득점
	고장 부위	측정값	규정값	고장 내용	정비 및 조치 사항	
센서 (액추에이터) 점검						

엔진 4 디젤엔진 매연 점검

| 자동차 번호 : | | 비번호 | | 감독위원 확인 | |

항목	측정(또는 점검)				산출 근거 및 판정			득점
	차종	연식	기준값	측정값	측정	산출 근거(계산) 기록	판정(□에 'V' 표)	
매연					1회 : 2회 : 3회 :		□ 양호 □ 불량	

※ 23년부터 과급기 부착차량에 대한 매연검사(무부하급가속)의 5% 가산 기준은 미적용합니다.
※ 감독위원이 제시한 자동차등록증(차대번호)을 활용하여 차종 및 연식을 적용합니다.
※ 자동차 검사 기준 및 방법에 의하여 기록·판정합니다. ※ 측정 및 판정은 무부하 조건으로 합니다.
※ 측정 및 산출근거란은 소수점 값을 기입합니다.
※ 측정값란은 매연 농도를 산술평균하여 소수점 이하는 버린 값으로 기입합니다.

섀시 2 입력축 엔드 플레이 점검

자동차 번호 :			비번호		감독위원 확 인	
항목	측정(또는 점검)		판정 및 정비(또는 조치) 사항			득점
	측정값	규정(정비한계)값	판정(□에 'ⅴ' 표)	정비 및 조치 사항		
엔드 플레이			□ 양호 □ 불량			

섀시 4 전자제어 현가장치 점검

자동차 번호 :			비번호		감독위원 확 인	
항목	측정(또는 점검)		판정 및 정비(또는 조치) 사항			득점
	이상 부위	내용 및 상태	판정(□에 'ⅴ' 표)	정비 및 조치 사항		
전자제어 현가장치 자기진단			□ 양호 □ 불량			

섀시 5 제동력 점검

자동차 번호 :				비번호		감독위원 확 인	
측정(또는 점검)				산출 근거 및 판정			
항목	구분	측정값(kgf)	기준값 (□에 'ⅴ' 표)	산출 근거		판정 (□에 'ⅴ' 표)	득점
제동력 위치 (□에 'ⅴ'표) □ 앞 □ 뒤	좌		□ 앞 축중의 □ 뒤	편차		□ 양호 □ 불량	
			제동력 편차				
	우		제동력 합	합			

※ 측정 위치는 감독위원이 지정하는 위치의 □에 'ⅴ' 표시합니다.
※ 자동차 검사 기준 및 방법에 의하여 기록 · 판정합니다.
※ 측정값의 단위는 시험장비 기준으로 기록합니다.
※ 산출 근거에는 단위를 기록하지 않아도 됩니다.

전기 2 발전기 점검

자동차 번호 :			비번호		감독위원 확 인	
항 목	측정(또는 점검)		판정 및 정비(또는 조치) 사항			득점
	측정값	규정(정비한계)값	판정(□에 'V' 표)	정비 및 조치 사항		
충전 전류			□ 양호 □ 불량			
충전 전압						

전기 3 와이퍼 회로 점검

자동차 번호 :			비번호		감독위원 확 인	
항 목	측정(또는 점검)		판정 및 정비(또는 조치) 사항			득점
	이상 부위	내용 및 상태	판정(□에 'V' 표)	정비 및 조치 사항		
와이퍼 회로			□ 양호 □ 불량			

※ 제시된 전기회로도의 명칭을 사용·기입합니다.

전기 4 전조등 점검

자동차 번호 :			비번호		감독위원 확 인	
	측정(또는 점검)				판정 (□에 'V'표)	득점
구분	측정항목	측정값	기준값			
(□에 'V'표) 위치 : □ 좌 □ 우	광도		_____ 이상		□ 양호 □ 불량	

※ 측정 위치는 감독위원이 지정하는 위치의 □에 'V' 표시합니다.
※ 자동차 검사 기준 및 방법에 의하여 기록·판정합니다.

국가기술자격 실기시험문제 4안

자격종목	자동차정비기능사	과제명	자동차정비작업

비번호 :　　　　　시험시간 : 4시간(엔진 : 100분, 섀시 : 80분, 전기 : 60분)

[시험 안 및 요구 사항 일부 내용이 변경될 수 있음]

1 엔진

① 주어진 DOHC 가솔린 엔진에서 캠축과 타이밍 벨트를 탈거(감독위원에게 확인)하고, 감독위원의 지시에 따라 기록표의 내용대로 기록·판정한 후 다시 조립하시오.

② 주어진 전자제어 가솔린 엔진에서 감독위원의 지시에 따라 시동에 필요한 점화회로의 이상 개소를 점검 및 수리하여 시동하시오.

③ 주어진 자동차에서 CRDI 엔진의 연료 압력 조절밸브를 탈거(감독위원에게 확인)한 후 다시 조립하고, 감독위원의 지시에 따라 진단기(스캐너)를 사용하여 엔진의 각종 센서(액추에이터) 점검 후 고장 부분을 기록하시오.

④ 주어진 자동차에서 기록표에 제시된 내용을 측정하고 기록·판정하시오.

2 섀시

① 주어진 자동차에서 감독위원의 지시에 따라 (좌 또는 우측) 로어 암(lower control arm)을 탈거(감독위원에게 확인)한 후, 다시 조립하시오.

② 주어진 자동차에서 감독위원의 지시에 따라 휠 얼라인먼트 시험기를 사용하여 캐스터각과 캠버각을 점검하여 기록·판정하시오.

③ 주어진 자동차에서 감독위원의 지시에 따라 제동장치의 (좌측 또는 우측) 브레이크 캘리퍼를 탈거(감독위원에게 확인)하고, 다시 조립하여 공기빼기 작업 후 브레이크의 작동 상태를 확인하시오.

④ 주어진 자동차에서 감독위원의 지시에 따라 진단기(스캐너)로 전자제어 제동장치(ABS)를 점검하고 기록·판정하시오.

⑤ 주어진 자동차에서 감독위원의 지시에 따라 좌 또는 우회전 시 최소회전반경을 측정하여 기록·판정하시오.

3 전기

① 주어진 자동차에서 기동모터를 탈거(감독위원에게 확인)한 후, 다시 부착하고 크랭킹하여 기동모터가 작동되는지 확인하시오.

② 주어진 자동차에서 감독위원의 지시에 따라 메인 컨트롤 릴레이의 고장부분을 점검한 후 기록표에 기록·판정하시오.

③ 주어진 자동차에서 방향지시등 회로의 고장 부분을 점검한 후 기록표에 기록·판정하시오.

④ 주어진 자동차에서 경음기 음량을 측정하여 기록표에 기록·판정하시오.

국가기술자격 실기시험 결과기록표 4안

자격종목	자동차정비기능사	과제명	자동차정비작업

● 기록표는 문항별 구분 절단하여 배부하고, 각 문항별로 종료 시 회수한다.

엔진 1 — 캠 높이 점검

항목	엔진 번호 :		비번호		감독위원 확 인		득점
	측정(또는 점검)		판정 및 정비(또는 조치) 사항				
	측정값	규정(정비한계)값	판정(□에 'V' 표)		정비 및 조치 사항		
캠 높이			□ 양호 □ 불량				

엔진 3 — 엔진 센서(액추에이터) 점검

항목	자동차 번호 :			비번호		감독위원 확 인	득점
	측정(또는 점검)			판정 및 정비(또는 조치) 사항			
	고장 부위	측정값	규정값	고장 내용	정비 및 조치 사항		
센서 (액추에이터) 점검							

엔진 4 — 배기가스 점검

측정 항목	자동차 번호 :		비번호	감독위원 확 인	득점
	측정(또는 점검)		판정 (□에 'V'표)		
	측정값	기준값			
CO			□ 양호 □ 불량		
HC					

※ 감독위원이 제시한 자동차등록증(또는 차대번호)을 활용하여 차종 및 연식을 적용합니다.
※ 자동차 검사 기준 및 방법에 의하여 기록 · 판정합니다.
※ CO 측정값은 소수 첫째 자리까지만 기입하고 HC 측정값은 소수점 자리를 기록하지 않습니다.

섀시 2 　조향 휠 유격 점검

항목	자동차 번호 :		비번호		감독위원 확　인	
	측정(또는 점검)		판정			득점
	측정값	기준값	산출 근거(계산) 기록	판정(□에 'V'표)		
조향 휠 유격				□ 양호 □ 불량		

섀시 4 　전자제어 제동장치(ABS) 점검

항목	자동차 번호 :		비번호		감독위원 확　인	
	측정(또는 점검)		판정 및 정비(또는 조치) 사항			득점
	이상 부위	내용 및 상태	판정(□에 'V'표)	정비 및 조치 사항		
ABS 자기진단			□ 양호 □ 불량			

섀시 5 　최소회전반지름

항목	자동차 번호 :				비번호		감독위원 확　인	
	측정(또는 점검)				산출 근거 및 판정			득점
	최대조향각도		기준값 (최소회전 반지름)	측정값 (최소회전 반지름)	산출 근거	판정 (□에 'V'표)		
	좌측 바퀴	우측 바퀴						
회전 방향 (□에 'V'표) □ 좌 □ 우						□ 양호 □ 불량		

※ 회전방향은 감독위원이 지정하는 위치의 □에 'V'표시합니다.
※ 최대 조향 시 각도 항목은 두 바퀴 모두 기록합니다.
※ 축거는 감독위원이 제시합니다.
※ 자동차 검사 기준 및 방법에 의하여 기록·판정합니다.
※ 산출근거에는 단위를 기록하지 않아도 됩니다.

전기 2 메인 컨트롤 릴레이 점검

자동차 번호 :		비번호		감독위원 확　인	
항목	측정(또는 점검)	판정 및 정비(또는 조치) 사항			득점
		판정(□에 'V' 표)	정비 및 조치 사항		
코일이 여자되었을 때	□ 양호　□ 불량	□ 양호 □ 불량			
코일이 여자 안 되었을 때	□ 양호　□ 불량				

전기 3 방향지시등 회로 점검

자동차 번호 :		비번호		감독위원 확　인	
항목	측정(또는 점검)		판정 및 정비(또는 조치) 사항		득점
	이상 부위	내용 및 상태	판정(□에 'V' 표)	정비 및 조치 사항	
방향지시등 회로			□ 양호 □ 불량		

※ 제시된 전기회로도의 명칭을 사용·기입합니다.

전기 4 경음기 음량 점검

자동차 번호 :		비번호		감독위원 확　인	
항목	측정(또는 점검)		판정 (□에 'V' 표)		득점
	측정값	기준값			
경음기 음량		＿＿＿＿＿ 이상 ＿＿＿＿＿ 이하	□ 양호 □ 불량		

※ 감독위원이 제시한 자동차등록증(또는 차대번호)을 활용하여 차종 및 연식을 적용합니다.
※ 자동차 검사 기준 및 방법에 의하여 기록·판정합니다.
※ 암소음은 무시합니다.

국가기술자격 실기시험문제 5안

| 자격종목 | 자동차정비기능사 | 과제명 | 자동차정비작업 |

비번호 :　　　　　　　　시험시간 : 4시간(엔진 : 100분, 섀시 : 80분, 전기 : 60분)

[시험 안 및 요구 사항 일부 내용이 변경될 수 있음]

1 엔진

1. 주어진 디젤엔진에서 크랭크축을 탈거(감독위원에게 확인)하고, 감독위원의 지시에 따라 기록표의 내용대로 기록·판정한 후 다시 조립하시오.
2. 주어진 전자제어 가솔린 엔진에서 감독위원의 지시에 따라 시동에 필요한 연료장치 회로의 고장 부분 1개소를 점검 및 수리하여 시동하시오.
3. 주어진 자동차에서 전자제어 디젤(CRDI) 엔진의 예열플러그(예열장치) 1개를 탈거(감독위원에게 확인)한 후 다시 조립하고, 감독위원의 지시에 따라 진단기(스캐너)를 사용하여 엔진의 각종 센서(액추에이터)를 점검 후 고장 부분을 기록하시오.
4. 주어진 자동차에서 기록표에 제시된 내용을 측정하고 기록·판정하시오.

2 섀시

1. 주어진 자동차에서 감독위원의 지시에 따라 (좌 또는 우측) 앞 등속축(drive shaft)을 탈거(감독위원에게 확인)한 후, 다시 조립하시오.
2. 주어진 자동차에서 감독위원의 지시에 따라 1개의 휠을 탈거하여 휠 밸런스 상태를 점검하여 기록·판정하시오.
3. 주어진 자동차에서 감독위원의 지시에 따라 타이로드 엔드를 탈거(감독위원에게 확인)하고, 다시 조립하여 조향 휠의 직진 상태를 확인하시오.
4. 주어진 자동차에서 감독위원의 지시에 따라 진단기(스캐너)로 자동변속기를 점검하고 기록·판정하시오.
5. 주어진 자동차에서 감독위원의 지시에 따라 제동력을 측정하여 기록·판정하시오.

3 전기

1. 주어진 자동차의 에어컨 시스템의 에어컨 냉매(R-134a)를 회수(감독위원에게 확인) 후 재충전하여 에어컨이 정상 작동되는지 확인하시오.
2. 주어진 자동차에서 ISC밸브 듀티값을 측정하여 ISC 밸브의 이상 유무를 확인하고 기록표에 기록·판정하시오(측정 조건 : 무부하 공회전 시).
3. 주어진 자동차에서 경음기 회로의 고장 부분을 점검한 후 기록표에 기록·판정하시오.
4. 주어진 자동차에서 좌 또는 우측의 전조등 광도를 측정하고 기록표에 기록·판정하시오.

국가기술자격 실기시험 결과기록표 5안

| 자격종목 | 자동차정비기능사 | 과제명 | 자동차정비작업 |

● 기록표는 문항별 구분 절단하여 배부하고, 각 문항별로 종료 시 회수한다.

엔진 1 크랭크축 휨 점검

엔진 번호 :		비번호		감독위원 확 인	
항 목	측정(또는 점검)		판정 및 정비(또는 조치) 사항		득점
	측정값	규정(정비한계)값	판정(□에 'V' 표)	정비 및 조치 사항	
크랭크축 휨			□ 양호 □ 불량		

엔진 3 엔진 센서(액추에이터) 점검

자동차 번호 :			비번호		감독위원 확 인	
항 목	측정(또는 점검)			판정 및 정비(또는 조치) 사항		득점
	고장 부위	측정값	규정값	고장 내용	정비 및 조치 사항	
센서 (액추에이터) 점검						

엔진 4 디젤엔진 매연 점검

자동차 번호 :				비번호		감독위원 확 인	
항 목	측정(또는 점검)				산출 근거 및 판정			득점
	차종	연식	기준값	측정값	측정	산출 근거(계산) 기록	판정(□에 'V' 표)	
매 연					1회 : 2회 : 3회 :		□ 양호 □ 불량	

※ 23년부터 과급기 부착차량에 대한 매연검사(무부하급가속)의 5% 가산 기준은 미적용합니다.
※ 감독위원이 제시한 자동차등록증(차대번호)을 활용하여 차종 및 연식을 적용합니다.
※ 자동차 검사 기준 및 방법에 의하여 기록·판정합니다. ※ 측정 및 판정은 무부하 조건으로 합니다.
※ 측정 및 산출근거란은 소수점 값을 기입합니다.
※ 측정값란은 매연 농도를 산술평균하여 소수점 이하는 버린 값으로 기입합니다.

섀시 2 　타이어 휠 밸런스 점검

자동차 번호 :			비번호		감독위원 확　인	
항목	측정(또는 점검)		판정 및 정비(또는 조치) 사항			득점
	측정값	규정(정비한계)값	판정(□에 'V' 표)	정비 및 조치 사항		
타이어 밸런스	IN : OUT :	IN : OUT :	□ 양호 □ 불량			

섀시 4 　자동변속기 자기진단

자동차 번호 :			비번호		감독위원 확　인	
항목	측정(또는 점검)		판정 및 정비(또는 조치) 사항			득점
	이상 부위	내용 및 상태	판정 (□에 'V' 표)	정비 및 조치 사항		
변속기 자기진단			□ 양호 □ 불량			

섀시 5 　제동력 점검

자동차 번호 :				비번호		감독위원 확　인	
측정(또는 점검)				산출 근거 및 판정			득점
항목	구분	측정값(kgf)	기준값 (□에 'V' 표)	산출 근거		판정 (□에 'V' 표)	
제동력 위치 (□에 'V'표) □ 앞 □ 뒤	좌		□ 앞　축중의 □ 뒤	편차		□ 양호 □ 불량	
			제동력 편차				
	우		제동력 합	합			

※ 측정 위치는 감독위원이 지정하는 위치의 □에 'V' 표시합니다.
※ 자동차 검사 기준 및 방법에 의하여 기록·판정합니다.
※ 측정값의 단위는 시험장비 기준으로 기록합니다.
※ 산출 근거에는 단위를 기록하지 않아도 됩니다.

전기 2 | 스텝 모터(공회전 속도조절 서보) 듀티 점검

항목	자동차 번호 :		비번호		감독위원 확 인	
	측정(또는 점검)		판정 및 정비(또는 조치) 사항			득점
	측정값	규정(정비한계)값	판정(□에 'V' 표)	정비 및 조치 사항		
밸브 듀티 (열림 코일)			□ 양호 □ 불량			

전기 3 | 경음기 회로 점검

항목	자동차 번호 :		비번호		감독위원 확 인	
	측정(또는 점검)		판정 및 정비(또는 조치) 사항			득점
	이상 부위	내용 및 상태	판정(□에 'V' 표)	정비 및 조치 사항		
경음기(혼) 회로			□ 양호 □ 불량			

※ 제시된 전기회로도의 명칭을 사용 · 기입합니다.

전기 4 | 전조등 점검

	자동차 번호 :		비번호		감독위원 확 인	
	측정(또는 점검)				판정 (□에 'V'표)	득점
구분	측정항목	측정값		기준값		
(□에 'V'표) 위치 : □ 좌 □ 우	광도			_____ 이상	□ 양호 □ 불량	

※ 측정 위치는 감독위원이 지정하는 위치의 □에 'V' 표시합니다.
※ 자동차 검사 기준 및 방법에 의하여 기록 · 판정합니다.

국가기술자격 실기시험문제 6안

자격종목	자동차정비기능사	과제명	자동차정비작업

비번호 : 시험시간 : 4시간(엔진 : 100분, 섀시 : 80분, 전기 : 60분)

[시험 안 및 요구 사항 일부 내용이 변경될 수 있음]

1 엔진

① 주어진 가솔린 엔진에서 크랭크축을 탈거(감독위원에게 확인)하고, 감독위원의 지시에 따라 기록표의 내용대로 기록 · 판정한 후 다시 조립하시오.

② 주어진 전자제어 가솔린 엔진에서 감독위원의 지시에 따라 시동에 필요한 크랭킹 회로의 고장부분 1개소를 점검 및 수리하여 시동하시오.

③ 주어진 자동차에서 엔진의 스로틀 보디를 탈거(감독위원에게 확인)한 후 다시 조립하고, 감독위원의 지시에 따라 진단기(스캐너)를 사용하여 엔진의 각종 센서(액추에이터)를 점검 후 고장부분을 기록하시오.

④ 주어진 자동차에서 기록표에 제시된 내용을 측정하고 기록 · 판정하시오.

2 섀시

① 주어진 자동차에서 감독위원의 지시에 따라 앞 또는 뒤 범퍼를 탈거(감독위원에게 확인)한 후 다시 조립하시오.

② 주어진 자동차에서 감독위원의 지시에 따라 주차 브레이크 레버의 클릭수(노치)를 점검하여 기록 · 판정하시오.

③ 주어진 자동차에서 감독위원의 지시에 따라 파워스티어링의 오일 펌프를 탈거(감독위원에게 확인)하고, 다시 조립하여 오일 양 점검 및 공기빼기 작업 후 스티어링의 작동상태를 확인하시오.

④ 주어진 자동차에서 감독위원의 지시에 따라 진단기(스캐너)로 자동변속기를 점검하고 기록 · 판정하시오.

⑤ 주어진 자동차에서 감독위원의 지시에 따라 좌 또는 우회전 시 최소회전반경을 측정하여 기록 · 판정하시오.

3 전기

① 자동차에서 다기능 스위치(콤비네이션 SW)를 탈거(감독위원에게 확인)한 후, 다시 부착하여 다기능 스위치가 작동되는지 확인하시오.

② 주어진 자동차에서 감독위원의 지시에 따라 축전지의 비중과 축전지 용량시험기를 작동시킨 상태에서 전압을 측정하여 기록표에 기록 · 판정하시오.

③ 주어진 자동차에서 기동 및 점화회로의 고장 부분을 점검한 후 기록표에 기록 · 판정하시오.

④ 주어진 자동차에서 경음기 음량을 측정하여 기록표에 기록 · 판정하시오.

국가기술자격 실기시험 결과기록표 6안

| 자격종목 | 자동차정비기능사 | 과제명 | 자동차정비작업 |

● 기록표는 문항별 구분 절단하여 배부하고, 각 문항별로 종료 시 회수한다.

엔진 1 크랭크축 마모량 점검

엔진 번호 :			비번호		감독위원 확 인	
항 목	측정(또는 점검)		판정 및 정비(또는 조치) 사항			득점
	측정값	규정(정비한계)값	판정(□에 'V' 표)	정비 및 조치 사항		
( )번 저널 크랭크축 외경			□ 양호 □ 불량			

엔진 3 엔진 센서(액추에이터) 점검

자동차 번호 :				비번호		감독위원 확 인	
항 목	측정(또는 점검)			판정 및 정비(또는 조치) 사항			득점
	고장 부위	측정값	규정값	고장 내용	정비 및 조치 사항		
센서 (액추에이터) 점검							

엔진 4 배기가스 점검

자동차 번호 :			비번호		감독위원 확 인	
측정 항목	측정(또는 점검)		판정 (□에 'V'표)			득점
	측정값	기준값				
CO			□ 양호 □ 불량			
HC						

※ 감독위원이 제시한 자동차등록증(또는 차대번호)을 활용하여 차종 및 연식을 적용합니다.
※ 자동차 검사 기준 및 방법에 의하여 기록·판정합니다.
※ CO 측정값은 소수 첫째 자리까지만 기입하고 HC 측정값은 소수점 자리를 기록하지 않습니다.

섀시 2 주차 레버 클릭수 점검

항목	측정(또는 점검)		판정 및 정비(또는 조치) 사항		득점
	측정값	규정(정비한계)값	판정(□에 'V' 표)	정비 및 조치 사항	
주차 레버 클릭수(노치)			□ 양호 □ 불량		

자동차 번호 :　　비번호　　감독위원 확인

섀시 4 자동변속기 자기진단

항목	측정(또는 점검)		판정 및 정비(또는 조치) 사항		득점
	이상 부위	내용 및 상태	판정 (□에 'V' 표)	정비 및 조치 사항	
변속기 자기진단			□ 양호 □ 불량		

자동차 번호 :　　비번호　　감독위원 확인

섀시 5 최소회전반지름

항목	측정(또는 점검)				산출 근거 및 판정		득점
	최대조향각도		기준값 (최소회전 반지름)	측정값 (최소회전 반지름)	산출 근거	판정 (□에 'V' 표)	
	좌측 바퀴	우측 바퀴					
회전 방향 (□에 'V'표) □ 좌 □ 우						□ 양호 □ 불량	

자동차 번호 :　　비번호　　감독위원 확인

※ 회전방향은 감독위원이 지정하는 위치의 □에 'V'표시합니다.
※ 최대 조향 시 각도 항목은 두 바퀴 모두 기록합니다.
※ 축거는 감독위원이 제시합니다.
※ 자동차 검사 기준 및 방법에 의하여 기록·판정합니다.
※ 산출근거에는 단위를 기록하지 않아도 됩니다.

전기 2 축전지 비중 및 전압 점검

	자동차 번호 :		비번호		감독위원 확 인	
항목	측정(또는 점검)		판정 및 정비(또는 조치) 사항			득점
	측정값	규정(정비한계)값	판정(□에 'V' 표)	정비 및 조치 사항		
축전지 전해액 비중			□ 양호 □ 불량			
축전지 전압						

전기 3 점화 회로 점검

	자동차 번호 :		비번호		감독위원 확 인	
항목	측정(또는 점검)		판정 및 정비(또는 조치) 사항			득점
	이상 부위	내용 및 상태	판정(□에 'V' 표)	정비 및 조치 사항		
점화 회로			□ 양호 □ 불량			

※ 제시된 전기회로도의 명칭을 사용·기입합니다.

전기 4 경음기 음량 점검

	자동차 번호 :		비번호		감독위원 확 인	
항목	측정(또는 점검)		판정 (□에 'V' 표)			득점
	측정값	기준값				
경음기 음량		_____ 이상 _____ 이하	□ 양호 □ 불량			

※ 감독위원이 제시한 자동차등록증(또는 차대번호)을 활용하여 차종 및 연식을 적용합니다.
※ 자동차 검사 기준 및 방법에 의하여 기록·판정합니다.
※ 암소음은 무시합니다.

국가기술자격 실기시험문제 7안

자격종목	자동차정비기능사	과제명	자동차정비작업

비번호 :　　　　　　시험시간 : 4시간(엔진 : 100분, 섀시 : 80분, 전기 : 60분)

[시험 안 및 요구 사항 일부 내용이 변경될 수 있음]

1 엔진

① 주어진 DOHC 가솔린 엔진에서 실린더 헤드를 탈거(감독위원에게 확인)하고, 감독위원의 지시에 따라 기록표의 내용대로 기록 · 판정한 후 다시 조립하시오.

② 주어진 전자제어 가솔린 엔진에서 감독위원의 지시에 따라 시동에 필요한 점화회로의 고장부분 1개소를 점검 및 수리하여 시동하시오.

③ 주어진 자동차의 엔진에서 점화 플러그와 배선을 탈거(감독위원에게 확인)한 후 다시 조립하고, 감독위원의 지시에 따라 진단기(스캐너)를 사용하여 엔진의 각종 센서(액추에이터)를 점검 후 고장부분을 기록하시오.

④ 주어진 자동차에서 기록표에 제시된 내용을 측정하고 기록 · 판정하시오.

2 섀시

① 주어진 수동변속기에서 감독위원의 지시에 따라 후진 아이들 기어(또는 디퍼런셜 기어 어셈블리)를 탈거(감독위원에게 확인)한 후 다시 조립하시오.

② 주어진 자동차에서 감독위원의 지시에 따라 한쪽 브레이크 디스크의 두께 및 흔들림(런 아웃)을 점검하여 기록 · 판정하시오.

③ 주어진 자동차에서 감독위원의 지시에 따라 (좌 또는 우측) 타이로드 엔드를 탈거(감독위원에게 확인)하고, 다시 조립하여 조향 휠의 직진 상태를 확인하시오.

④ 주어진 자동차에서 감독위원의 지시에 따라 자동변속기의 오일 압력을 점검하고 기록 · 판정하시오.

⑤ 주어진 자동차에서 감독위원의 지시에 따라 제동력을 측정하여 기록 · 판정하시오.

3 전기

① 주어진 자동차에서 경음기와 릴레이를 탈거(감독위원에게 확인)한 후, 다시 부착하여 작동을 확인하시오.

② 주어진 자동차의 에어컨 시스템에서 감독위원의 지시에 따라 에어컨 라인의 압력을 점검하고 에어컨 작동상태의 이상 유무를 확인하여 기록표에 기록 · 판정하시오.

③ 주어진 자동차에서 라디에이터 전동 팬 회로의 고장 부분을 점검한 후 기록표에 기록 · 판정하시오.

④ 주어진 자동차에서 좌 또는 우측의 전조등 광도를 측정하고 기록표에 기록 · 판정하시오.

국가기술자격 실기시험 결과기록표 7안

| 자격종목 | 자동차정비기능사 | 과제명 | 자동차정비작업 |

● 기록표는 문항별 구분 절단하여 배부하고, 각 문항별로 종료 시 회수한다.

엔진 1 실린더 헤드 변형도 점검

엔진 번호 :		비번호		감독위원 확인	
항목	측정(또는 점검)		판정 및 정비(또는 조치) 사항		득점
	측정값	규정(정비한계)값	판정(□에 'V' 표)	정비 및 조치 사항	
헤드 변형도			□ 양호 □ 불량		

엔진 3 엔진 센서(액추에이터) 점검

자동차 번호 :			비번호		감독위원 확인	
항목	측정(또는 점검)			판정 및 정비(또는 조치) 사항		득점
	고장 부위	측정값	규정값	고장 내용	정비 및 조치 사항	
센서 (액추에이터) 점검						

엔진 4 디젤엔진 매연 점검

자동차 번호 :				비번호		감독위원 확인	
항목	측정(또는 점검)				산출 근거 및 판정		득점
	차종	연식	기준값	측정값	측정	산출 근거(계산) 기록	판정(□에 'V' 표)	
매 연					1회 : 2회 : 3회 :		□ 양호 □ 불량	

※ 23년부터 과급기 부착차량에 대한 매연검사(무부하급가속)의 5% 가산 기준은 미적용합니다.
※ 감독위원이 제시한 자동차등록증(차대번호)을 활용하여 차종 및 연식을 적용합니다.
※ 자동차 검사 기준 및 방법에 의하여 기록·판정합니다.   ※ 측정 및 판정은 무부하 조건으로 합니다.
※ 측정 및 산출근거란은 소수점 값을 기입합니다.
※ 측정값란은 매연 농도를 산술평균하여 소수점 이하는 버린 값으로 기입합니다.

섀시 2   브레이크 디스크 두께 및 흔들림 점검

자동차 번호 :			비번호		감독위원 확 인		
항 목	측정(또는 점검)		판정 및 정비(또는 조치) 사항				득점
	측정값	규정(정비한계)값	판정(□에 'V' 표)		정비 및 조치 사항		
디스크 두께			□ 양호 □ 불량				
흔들림 (런 아웃)							

섀시 4   자동변속기 오일 압력 점검

자동차 번호 :			비번호		감독위원 확 인		
항 목	측정(또는 점검)		판정 및 정비(또는 조치) 사항				득점
	측정값	규정값	판정(□에 'V' 표)		정비 및 조치 사항		
( )의 오일 압력			□ 양호 □ 불량				

※ 감독위원의 지시에 따라 공전 시 한 곳의 오일 압력을 측정합니다.

섀시 5   제동력 점검

자동차 번호 :				비번호		감독위원 확 인		
항목	구분	측정(또는 점검)			산출 근거 및 판정			득점
		측정값(kgf)	기준값 (□에 'V' 표)		산출 근거		판정 (□에 'V' 표)	
제동력 위치 (□에 'V'표) □ 앞 □ 뒤	좌		□ 앞 축중의 □ 뒤		편차		□ 양호 □ 불량	
			제동력 편차					
	우		제동력 합		합			

※ 측정 위치는 감독위원이 지정하는 위치의 □에 'V' 표시합니다.
※ 자동차 검사 기준 및 방법에 의하여 기록·판정합니다.
※ 측정값의 단위는 시험장비 기준으로 기록합니다.
※ 산출 근거에는 단위를 기록하지 않아도 됩니다.

전기 2 　 에어컨 라인 압력 점검

자동차 번호 :			비번호		감독위원 확 인	
항목	측정(또는 점검)		판정 및 정비(또는 조치) 사항			득점
	측정값	규정(정비한계)값	판정(□에 'V' 표)	정비 및 조치 사항		
저압			☐ 양호 ☐ 불량			
고압						

전기 3 　 전동 팬 회로 점검

자동차 번호 :			비번호		감독위원 확 인	
항목	측정(또는 점검)		판정 및 정비(또는 조치) 사항			득점
	이상 부위	내용 및 상태	판정(□에 'V' 표)	정비 및 조치 사항		
전동 팬 회로			☐ 양호 ☐ 불량			

※ 제시된 전기회로도의 명칭을 사용·기입합니다.

전기 4 　 전조등 점검

자동차 번호 :				비번호	감독위원 확 인	
측정(또는 점검)					판정 (□에 'V'표)	득점
구분	측정 항목	측정값	기준값			
(□에 'V'표) 위치 : ☐ 좌 ☐ 우	광도		_____ 이상		☐ 양호 ☐ 불량	

※ 측정 위치는 감독위원이 지정하는 위치의 □에 'V' 표시합니다.
※ 자동차 검사 기준 및 방법에 의하여 기록·판정합니다.

국가기술자격 실기시험문제 8안

| 자격종목 | 자동차정비기능사 | 과제명 | 자동차정비작업 |

비번호 :　　　　　　　　시험시간 : 4시간(엔진 : 100분, 섀시 : 80분, 전기 : 60분)

[시험 안 및 요구 사항 일부 내용이 변경될 수 있음]

1. 주어진 가솔린 엔진에서 에어 클리너(어셈블리)와 점화플러그를 모두 탈거(감독위원에게 확인)하고 감독위원의 지시에 따라 기록표의 내용대로 기록·판정한 후 다시 조립하시오.
2. 주어진 전자제어 가솔린 엔진에서 감독위원의 지시에 따라 시동에 필요한 연료장치 회로의 이상 개소를 점검 및 수리하여 시동하시오.
3. 주어진 자동차의 엔진에서 점화코일을 탈거(감독위원에게 확인)한 후 다시 조립하고, 감독위원의 지시에 따라 진단기(스캐너)를 사용하여 엔진의 각종 센서(액추에이터)를 점검 후 고장부분을 기록하시오.
4. 주어진 자동차에서 기록표에 제시된 내용을 측정하고 기록·판정하시오.

1. 주어진 후륜구동(FR형식) 자동차에서 감독위원의 지시에 따라 액슬축을 탈거(감독위원에게 확인) 한 후 다시 조립하시오.
2. 주어진 자동차에서 감독위원의 지시에 따라 자동변속기의 오일 양을 점검하여 기록·판정하시오.
3. 주어진 자동차에서 감독위원의 지시에 따라 브레이크 캘리퍼를 탈거(감독위원에게 확인)하고, 다시 조립하여 공기빼기 작업 후 브레이크의 작동 상태를 확인하시오.
4. 주어진 자동차에서 감독위원의 지시에 따라 인히비터 스위치와 변속 선택 레버의 위치를 점검하고 기록·판정하시오.
5. 주어진 자동차에서 감독위원의 지시에 따라 좌 또는 우회전 시 최소회전반경을 측정하여 기록·판정하시오.

1. 주어진 자동차에서 감독위원의 지시에 따라 윈도 레귤레이터(또는 파워 윈도 모터)를 탈거(감독위원에게 확인)한 후, 다시 부착하여 윈도 모터가 원활하게 작동되는지 확인하시오.
2. 주어진 자동차에서 축전지를 감독위원의 지시에 따라 급속 충전한 후 충전된 축전지의 비중과 전압을 측정하여 기록표에 기록·판정하시오.
3. 주어진 자동차에서 충전회로의 고장부분을 점검한 후 기록표에 기록·판정하시오.
4. 주어진 자동차에서 경음기 음량을 측정하여 기록표에 기록·판정하시오.

국가기술자격 실기시험 결과기록표 8안

자격종목	자동차정비기능사	과제명	자동차정비작업

● 기록표는 문항별 구분 절단하여 배부하고, 각 문항별로 종료 시 회수한다.

엔진 1 가솔린 엔진 압축압력 점검

	엔진 번호 :		비번호		감독위원 확 인	
항 목	측정(또는 점검)		판정 및 정비(또는 조치) 사항			득점
	측정값	규정(정비한계)값	판정(□에 'V' 표)	정비 및 조치 사항		
(3)번 실린더 압축압력			□ 양호 □ 불량			

엔진 3 엔진 센서(액추에이터) 점검

	자동차 번호 :			비번호		감독위원 확 인	
항 목	측정(또는 점검)			판정 및 정비(또는 조치) 사항			득점
	고장 부위	측정값	규정값	고장 내용	정비 및 조치 사항		
센서 (액추에이터) 점검							

엔진 4 배기가스 점검

	자동차 번호 :		비번호		감독위원 확 인	
측정 항목	측정(또는 점검)		판정 (□에 'V'표)			득점
	측정값	기준값				
CO			□ 양호 □ 불량			
HC						

※ 감독위원이 제시한 자동차등록증(또는 차대번호)을 활용하여 차종 및 연식을 적용합니다.
※ 자동차 검사 기준 및 방법에 의하여 기록 · 판정합니다.
※ CO 측정값은 소수 첫째 자리까지만 기입하고 HC 측정값은 소수점 자리를 기록하지 않습니다.

섀시 2   자동변속기 오일 양 점검

항목	측정(또는 점검)	판정 및 정비(또는 조치) 사항		득점
	자동차 번호 :	비번호	감독위원 확 인	
		판정(□에 'V' 표)	정비 및 조치 사항	
오일 양	COLD HOT 오일 레벨을 게이지에 그리시오.	□ 양호 □ 불량		

섀시 4   자동변속기 선택 레버 작동 점검

항목	측정(또는 점검)		판정 및 정비(또는 조치) 사항		득점
	자동차 번호 :		비번호	감독위원 확 인	
	점검 위치	내용 및 상태	판정(□에 'V' 표)	정비 및 조치 사항	
변속 선택 레버			□ 양호 □ 불량		
인히비터 스위치					

섀시 5   최소회전반지름

항목	측정(또는 점검)				산출 근거 및 판정		득점
	자동차 번호 :				비번호	감독위원 확 인	
	최대조향각도		기준값 (최소회전 반지름)	측정값 (최소회전 반지름)	산출 근거	판정 (□에 'V' 표)	
	좌측 바퀴	우측 바퀴					
회전 방향 (□에 'V'표) □ 좌 □ 우						□ 양호 □ 불량	

※ 회전방향은 감독위원이 지정하는 위치의 □에 'V'표시합니다.
※ 최대 조향 시 각도 항목은 두 바퀴 모두 기록합니다.
※ 축거는 감독위원이 제시합니다.
※ 자동차 검사 기준 및 방법에 의하여 기록·판정합니다.
※ 산출근거에는 단위를 기록하지 않아도 됩니다.

전기 2   축전지 비중 및 전압 점검

	자동차 번호 :		비번호		감독위원 확 인	
항 목	측정(또는 점검)		판정 및 정비(또는 조치) 사항			득점
	측정값	규정(정비한계)값	판정(□에 'V' 표)	정비 및 조치 사항		
축전지 비중			□ 양호 □ 불량			
축전지 전압						

전기 3   충전회로 점검

	자동차 번호 :		비번호		감독위원 확 인	
항 목	측정(또는 점검)		판정 및 정비(또는 조치) 사항			득점
	이상 부위	내용 및 상태	판정(□에 'V' 표)	정비 및 조치 사항		
충전회로			□ 양호 □ 불량			

※ 제시된 전기회로도의 명칭을 사용 · 기입합니다.

전기 4   경음기 음량 점검

	자동차 번호 :		비번호		감독위원 확 인	
항 목	측정(또는 점검)			판정 (□에 'V' 표)		득점
	측정값		기준값			
경음기 음량			_____ 이상 _____ 이하	□ 양호 □ 불량		

※ 감독위원이 제시한 자동차등록증(또는 차대번호)을 활용하여 차종 및 연식을 적용합니다.
※ 자동차 검사 기준 및 방법에 의하여 기록 · 판정합니다.
※ 암소음은 무시합니다.

국가기술자격 실기시험문제 9안

| 자격종목 | 자동차정비기능사 | 과제명 | 자동차정비작업 |

비번호 :   시험시간 : 4시간(엔진 : 100분, 섀시 : 80분, 전기 : 60분)

[시험 안 및 요구 사항 일부 내용이 변경될 수 있음]

1. 주어진 가솔린 엔진에서 크랭크축을 탈거(감독위원에게 확인)하고 감독위원의 지시에 따라 기록표의 내용대로 기록 · 판정한 후 다시 조립하시오.
2. 주어진 전자제어 가솔린 엔진에서 감독위원의 지시에 따라 시동에 필요한 크랭킹 회로의 이상개소를 점검 및 수리하여 시동하시오.
3. 주어진 자동차에서 엔진의 맵 센서(공기 유량 센서) 탈거(감독위원에게 확인)한 후 다시 조립하고, 감독위원의 지시에 따라 진단기(스캐너)를 사용하여 엔진의 각종 센서(액추에이터)를 점검 후 고장 부분을 기록하시오.
4. 주어진 자동차에서 기록표에 제시된 내용을 측정하고 기록 · 판정하시오.

1. 주어진 자동차에서 감독위원의 지시에 따라 뒤 쇽업소버(shock absorber) 및 현가 스프링 1개를 탈거(감독위원에게 확인)한 후, 다시 조립하시오.
2. 주어진 자동차에서 감독위원의 지시에 따라 종감속 기어의 백래시를 점검하여 기록 · 판정하시오.
3. 주어진 자동차에서 감독위원의 지시에 따라 브레이크 휠 실린더를 탈거(감독위원에게 확인)하고, 다시 조립하여 공기빼기 작업 후 브레이크의 작동 상태를 확인하시오.
4. 주어진 자동차에서 감독위원의 지시에 따라 진단기(스캐너)로 ABS 장치를 점검하고 기록 · 판정하시오.
5. 주어진 자동차에서 감독위원의 지시에 따라 제동력을 측정하여 기록 · 판정하시오.

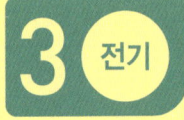

1. 주어진 자동차에서 감독위원의 지시에 따라 전조등(헤드라이트) 어셈블리를 탈거(감독위원에게 확인)한 후, 다시 부착하여 전조등 작동여부를 확인하시오.
2. 주어진 자동차의 발전기에서 충전되는 전류와 전압을 점검하여 확인사항을 기록표에 기록 · 판정하시오.
3. 주어진 자동차에서 에어컨 회로의 고장 부분을 점검한 후 기록표에 기록 · 판정하시오.
4. 주어진 자동차에서 경음기 음량을 측정하여 기록표에 기록 · 판정하시오.

국가기술자격 실기시험 결과기록표 9안

자격종목	자동차정비기능사	과제명	자동차정비작업

● 기록표는 문항별 구분 절단하여 배부하고, 각 문항별로 종료 시 회수한다.

엔진 1 크랭크축 축 방향 유격 점검

엔진 번호 :			비번호		감독위원 확인	
항목	측정(또는 점검)		판정 및 정비(또는 조치) 사항			득점
	측정값	규정(정비한계)값	판정(□에 'V' 표)	정비 및 조치 사항		
크랭크축 축 방향 유격			□ 양호 □ 불량			

엔진 3 엔진 센서(액추에이터) 점검

자동차 번호 :				비번호		감독위원 확인	
항목	측정(또는 점검)			판정 및 정비(또는 조치) 사항			득점
	고장 부위	측정값	규정값	고장 내용	정비 및 조치 사항		
센서 (액추에이터) 점검							

엔진 4 디젤엔진 매연 점검

자동차 번호 :					비번호		감독위원 확인	
항목	측정(또는 점검)				산출 근거 및 판정			득점
	차종	연식	기준값	측정값	측정	산출 근거(계산) 기록	판정(□에 'V' 표)	
매 연					1회 : 2회 : 3회 :		□ 양호 □ 불량	

※ 23년부터 과급기 부착차량에 대한 매연검사(무부하급가속)의 5% 가산 기준은 미적용합니다.
※ 감독위원이 제시한 자동차등록증(차대번호)을 활용하여 차종 및 연식을 적용합니다.
※ 자동차 검사 기준 및 방법에 의하여 기록·판정합니다.   ※ 측정 및 판정은 무부하 조건으로 합니다.
※ 측정 및 산출근거란은 소수점 값을 기입합니다.
※ 측정값란은 매연 농도를 산술평균하여 소수점 이하는 버린 값으로 기입합니다.

섀시 2 — 종감속 기어 백래시 점검

항목	측정(또는 점검)		판정 및 정비(또는 조치) 사항		득점
	자동차 번호 :		비번호	감독위원 확인	
	측정값	규정(정비한계)값	판정(□에 'V' 표)	정비 및 조치 사항	
백래시			□ 양호 □ 불량		

섀시 4 — ABS 자기진단 점검

항목	측정(또는 점검)		판정 및 정비(또는 조치) 사항		득점
	자동차 번호 :		비번호	감독위원 확인	
	이상 부위	내용 및 상태	판정 (□에 'V' 표)	정비 및 조치 사항	
ABS 자기진단			□ 양호 □ 불량		

섀시 5 — 제동력 점검

항목	구분	측정(또는 점검)			산출 근거 및 판정		득점
		자동차 번호 :			비번호	감독위원 확인	
		측정값(kgf)	기준값 (□에 'V' 표)		산출 근거	판정 (□에 'V' 표)	
제동력 위치 (□에 'V'표) □ 앞 □ 뒤	좌		□ 앞 축중의 □ 뒤		편차	□ 양호 □ 불량	
	우		제동력 편차		합		
			제동력 합				

※ 측정 위치는 감독위원이 지정하는 위치의 □에 'V' 표시합니다.
※ 자동차 검사 기준 및 방법에 의하여 기록·판정합니다.
※ 측정값의 단위는 시험장비 기준으로 기록합니다.
※ 산출 근거에는 단위를 기록하지 않아도 됩니다.

전기 2 발전기 점검

항목	측정(또는 점검)		판정 및 정비(또는 조치) 사항		득점
	측정값	규정(정비한계)값	판정(□에 'V' 표)	정비 및 조치 사항	
충전 전류			□ 양호		
충전 전압			□ 불량		

자동차 번호 : / 비번호 / 감독위원 확 인

전기 3 에어컨 회로 점검

항목	측정(또는 점검)		판정 및 정비(또는 조치) 사항		득점
	이상 부위	내용 및 상태	(판정(□에 'V' 표)	정비 및 조치 사항	
에어컨 회로			□ 양호 □ 불량		

자동차 번호 : / 비번호 / 감독위원 확 인

※ 제시된 전기회로도의 명칭을 사용하여 기입합니다.

전기 4 경음기 음량 점검

항목	측정(또는 점검)		판정 (□에 'V' 표)	득점
	측정값	기준값		
경음기 음량		_____ 이상 _____ 이하	□ 양호 □ 불량	

자동차 번호 : / 비번호 / 감독위원 확 인

※ 감독위원이 제시한 자동차등록증(또는 차대번호)을 활용하여 차종 및 연식을 적용합니다.
※ 자동차 검사 기준 및 방법에 의하여 기록·판정합니다.
※ 암소음은 무시합니다.

국가기술자격 실기시험문제 10안

| 자격종목 | 자동차정비기능사 | 과제명 | 자동차정비작업 |

비번호 :　　　　　　　　　시험시간 : 4시간(엔진 : 100분, 섀시 : 80분, 전기 : 60분)

[시험 안 및 요구 사항 일부 내용이 변경될 수 있음]

① 주어진 가솔린 엔진에서 크랭크축과 메인 베어링을 탈거(감독위원에게 확인)하고, 감독위원의 지시에 따라 기록표의 내용대로 기록·판정한 후 다시 조립하시오.

② 주어진 전자제어 가솔린 엔진에서 감독위원의 지시에 따라 시동에 필요한 점화장치 회로의 이상 개소를 점검 및 수리하여 시동하시오.

③ 주어진 자동차에서 가솔린 엔진의 연료펌프를 탈거(감독위원에게 확인)한 후 다시 조립하고, 감독위원의 지시에 따라 진단기(스캐너)를 사용하여 엔진의 각종 센서(액추에이터)를 점검 후 고장부분을 기록하시오.

④ 주어진 자동차에서 기록표에 제시된 내용을 측정하고 기록·판정하시오.

① 주어진 자동변속기에서 감독위원의 지시에 따라 오일 필터 및 유온 센서를 탈거(감독위원에게 확인)한 후, 다시 조립하시오.

② 주어진 자동차에서 감독위원의 지시에 따라 브레이크 페달의 작동 상태를 점검하여 기록·판정하시오.

③ 주어진 자동차에서 감독위원의 지시에 따라 파워스티어링 오일 펌프를 탈거(감독위원에게 확인)하고, 다시 조립하여 오일 양 점검 및 공기빼기 작업 후 스티어링의 작동 상태를 확인하시오.

④ 주어진 자동차에서 감독위원의 지시에 따라 진단기(스캐너)로 전자제어 자세제어장치(VDC, ECS, TCS 등)를 점검하고 기록·판정하시오.

⑤ 주어진 자동차에서 감독위원의 지시에 따라 좌 또는 우회전 시 최소회전반경을 측정하여 기록·판정하시오.

① 주어진 자동차에서 에어컨 필터(실내 필터)를 탈거(감독위원에게 확인)한 후, 다시 부착하여 블로어 모터의 작동 상태를 확인하시오.

② 주어진 자동차에서 엔진의 인젝터 코일 저항(1개)을 점검하여 솔레노이드 코일의 이상 유무를 확인한 후 기록표에 기록·판정하시오.

③ 주어진 자동차에서 점화회로의 고장 부분을 점검한 후 기록표에 기록·판정하시오.

④ 주어진 자동차에서 좌 또는 우측의 전조등 광도를 측정하고 기록표에 기록·판정하시오.

국가기술자격 실기시험 결과기록표 10안

자격종목	자동차정비기능사	과제명	자동차정비작업

● 기록표는 문항별 구분 절단하여 배부하고, 각 문항별로 종료 시 회수한다.

엔진 1   크랭크축 오일 간극 점검

항목	엔진 번호 :		비번호		감독위원 확인		득점
	측정(또는 점검)		판정 및 정비(또는 조치) 사항				
	측정값	규정(정비한계)값	판정(□에 'V' 표)	정비 및 조치 사항			
크랭크축 ( )번 베어링 오일 간극			□ 양호 □ 불량				

엔진 3   엔진 센서(액추에이터) 점검

항목	자동차 번호 :			비번호		감독위원 확인	득점
	측정(또는 점검)			판정 및 정비(또는 조치) 사항			
	고장 부위	측정값	규정값	고장 내용	정비 및 조치 사항		
센서 (액추에이터) 점검							

엔진 4   배기가스 점검

측정 항목	자동차 번호 :		비번호	감독위원 확인	득점
	측정(또는 점검)		판정 (□에 'V'표)		
	측정값	기준값			
CO			□ 양호 □ 불량		
HC					

※ 감독위원이 제시한 자동차등록증(또는 차대번호)을 활용하여 차종 및 연식을 적용합니다.
※ 자동차 검사 기준 및 방법에 의하여 기록·판정합니다.
※ CO 측정값은 소수 첫째 자리까지만 기입하고 HC 측정값은 소수점 자리를 기록하지 않습니다.

섀시 2 브레이크 페달 점검

자동차 번호 :			비번호		감독위원 확 인	
항목	측정(또는 점검)		판정 및 정비(또는 조치) 사항			득점
	측정값	규정(정비한계)값	판정(□에 'V' 표)	정비 및 조치 사항		
브레이크 페달 높이			□ 양호 □ 불량			
브레이크 페달 유격						

섀시 4 전자제어 현가장치 점검

자동차 번호 :			비번호		감독위원 확 인	
항목	측정(또는 점검)		판정 및 정비(또는 조치) 사항			득점
	이상 부위	내용 및 상태	판정(□에 'V' 표)	정비 및 조치 사항		
전자제어 현가장치 자기진단			□ 양호 □ 불량			

섀시 5 최소회전반지름

자동차 번호 :					비번호		감독위원 확 인	
항목	측정(또는 점검)				산출 근거 및 판정			득점
	최대조향각도		기준값 (최소회전 반지름)	측정값 (최소회전 반지름)	산출 근거	판정 (□에 'V' 표)		
	좌측 바퀴	우측 바퀴						
회전 방향 (□에 'V'표) □ 좌 □ 우						□ 양호 □ 불량		

※ 회전방향은 감독위원이 지정하는 위치의 □에 'V'표시합니다.
※ 최대 조향 시 각도 항목은 두 바퀴 모두 기록합니다.
※ 축거는 감독위원이 제시합니다.
※ 자동차 검사 기준 및 방법에 의하여 기록·판정합니다.
※ 산출근거에는 단위를 기록하지 않아도 됩니다.

전기 2 　인젝터 코일 저항 점검

자동차 번호 :			비번호		감독위원 확　인	
항 목	측정(또는 점검)		판정 및 정비(또는 조치) 사항			득점
	측정값	규정(정비한계)값	판정(☐에 'ᐯ' 표)	정비 및 조치 사항		
인젝터 저항			☐ 양호 ☐ 불량			

전기 3 　점화 회로 점검

자동차 번호 :			비번호		감독위원 확　인	
항 목	측정(또는 점검)		판정 및 정비(또는 조치) 사항			득점
	이상 부위	내용 및 상태	판정(☐에 'ᐯ' 표)	정비 및 조치 사항		
점화 회로			☐ 양호 ☐ 불량			

※ 제시된 전기회로도의 명칭을 사용·기입합니다.

전기 4 　전조등 점검

자동차 번호 :			비번호		감독위원 확　인	
측정(또는 점검)					판정 (☐에 'ᐯ'표)	득점
구분	측정항목	측정값	기준값			
(☐에 'ᐯ'표) 위치 : ☐ 좌 ☐ 우	광도		_____ 이상		☐ 양호 ☐ 불량	

※ 측정 위치는 감독위원이 지정하는 위치의 ☐에 'ᐯ' 표시합니다.
※ 자동차 검사 기준 및 방법에 의하여 기록·판정합니다.

국가기술자격 실기시험문제 11안

자격종목	자동차정비기능사	과제명	자동차정비작업

비번호 :   시험시간 : 4시간(엔진 : 100분, 섀시 : 80분, 전기 : 60분)

[시험 안 및 요구 사항 일부 내용이 변경될 수 있음]

1. 주어진 DOHC 가솔린 엔진에서 실린더 헤드와 캠축을 탈거(감독위원에게 확인)하고, 감독위원의 지시에 따라 기록표의 내용대로 기록·판정한 후 다시 조립하시오.
2. 주어진 전자제어 가솔린 엔진에서 감독위원의 지시에 따라 시동에 필요한 연료장치 회로의 이상 개소를 점검 및 수리하여 시동하시오.
3. 주어진 자동차에서 엔진의 연료 펌프를 탈거(감독위원에게 확인)한 후 다시 조립하고, 감독위원의 지시에 따라 진단기(스캐너)를 사용하여 엔진의 각종 센서(액추에이터)를 점검 후 고장 부분을 기록하시오.
4. 주어진 자동차에서 기록표에 제시된 내용을 측정하고 기록·판정하시오.

1. 주어진 후륜 구동(FR형식) 자동차에서 감독위원의 지시에 따라 추진축(또는 propeller shaft)을 탈거(감독위원에게 확인)한 후 다시 조립하시오.
2. 주어진 자동차에서 감독위원의 지시에 따라 토(toe)를 점검하여 기록·판정하시오.
3. 주어진 자동차에서 감독위원의 지시에 따라 브레이크 마스터 실린더를 탈거(감독위원에게 확인)하고, 다시 조립하여 공기빼기 작업 후 브레이크의 작동 상태를 확인하시오.
4. 주어진 자동차에서 감독위원의 지시에 따라 진단기(스캐너)로 자동변속기를 점검하고 기록·판정하시오.
5. 주어진 자동차에서 감독위원의 지시에 따라 제동력을 측정하여 기록·판정하시오.

1. 주어진 자동차에서 라디에이터 전동 팬을 탈거(감독위원에게 확인)한 후, 다시 부착하여 전동 팬이 작동하는지 확인하시오.
2. 주어진 자동차에서 시동 모터의 크랭킹 전압 강하 시험을 하여 고장 부분을 점검한 후 기록표에 기록·판정하시오.
3. 주어진 자동차에서 제동등 및 미등 회로의 고장 부분을 점검한 후 기록표에 기록·판정하시오.
4. 주어진 자동차에서 좌 또는 우측의 전조등 광도를 측정하고 기록표에 기록·판정하시오.

국가기술자격 실기시험 결과기록표 11안

| 자격종목 | 자동차정비기능사 | 과제명 | 자동차정비작업 |

● 기록표는 문항별 구분 절단하여 배부하고, 각 문항별로 종료 시 회수한다.

엔진 1 캠축 휨 점검

엔진 번호 :		비번호		감독위원 확 인	
항목	측정(또는 점검)		판정 및 정비(또는 조치) 사항		득점
	측정값	규정(정비한계)값	판정(□에 'V' 표)	정비 및 조치 사항	
캠축 휨			□ 양호 □ 불량		

엔진 3 엔진 센서(액추에이터) 점검

자동차 번호 :			비번호		감독위원 확 인	
항목	측정(또는 점검)			판정 및 정비(또는 조치) 사항		득점
	고장 부위	측정값	규정값	고장 내용	정비 및 조치 사항	
센서 (액추에이터) 점검						

엔진 4 디젤엔진 매연 점검

자동차 번호 :				비번호		감독위원 확 인	
항목	측정(또는 점검)				산출 근거 및 판정		득점
	차종	연식	기준값	측정값	측정	산출 근거(계산) 기록	판정(□에 'V' 표)	
매 연					1회 : 2회 : 3회 :		□ 양호 □ 불량	

※ 23년부터 과급기 부착차량에 대한 매연검사(무부하급가속)의 5% 가산 기준은 미적용합니다.
※ 감독위원이 제시한 자동차등록증(차대번호)을 활용하여 차종 및 연식을 적용합니다.
※ 자동차 검사 기준 및 방법에 의하여 기록 · 판정합니다.   ※ 측정 및 판정은 무부하 조건으로 합니다.
※ 측정 및 산출근거란은 소수점 값을 기입합니다.
※ 측정값란은 매연 농도를 산술평균하여 소수점 이하는 버린 값으로 기입합니다.

새시 2 토(toe) 점검

	자동차 번호 :		비번호		감독위원 확　인	
항목	측정(또는 점검)		판정 및 정비(또는 조치) 사항			득점
	측정값	규정(정비한계)값	판정(□에 'V' 표)	정비 및 조치 사항		
토(toe)			□ 양호 □ 불량			

새시 4 자동변속기 자기진단

	자동차 번호 :		비번호		감독위원 확　인	
항목	측정(또는 점검)		판정 및 정비(또는 조치) 사항			득점
	이상 부위	내용 및 상태	판정 (□에 'V' 표)	정비 및 조치 사항		
변속기 자기진단			□ 양호 □ 불량			

새시 5 제동력 점검

항목	구분	측정(또는 점검)			산출 근거 및 판정		득점
		측정값(kgf)	기준값 (□에 'V' 표)		산출 근거	판정 (□에 'V' 표)	
제동력 위치 (□에 'V'표) □ 앞 □ 뒤	좌		□ 앞 □ 뒤 축중의		편차	□ 양호 □ 불량	
			제동력 편차				
	우		제동력 합		합		

※ 측정 위치는 감독위원이 지정하는 위치의 □에 'V' 표시합니다.
※ 자동차 검사 기준 및 방법에 의하여 기록ㆍ판정합니다.
※ 측정값의 단위는 시험장비 기준으로 기록합니다.
※ 산출 근거에는 단위를 기록하지 않아도 됩니다.

전기 2   크랭킹 시 전압 강하 점검

항목	자동차 번호 :		비번호		감독위원 확 인	
	측정(또는 점검)		판정 및 정비(또는 조치) 사항			득점
	측정값	규정(정비한계)값	판정(□에 'V'표)	정비 및 조치 사항		
전압 강하			□ 양호 □ 불량			

전기 3   제동 및 미등 회로 점검

항목	자동차 번호 :		비번호		감독위원 확 인	
	측정(또는 점검)		판정 및 정비(또는 조치) 사항			득점
	이상 부위	내용 및 상태	판정(□에 'V'표)	정비 및 조치 사항		
제동 및 미등 회로			□ 양호 □ 불량			

※ 제시된 전기회로도의 명칭을 사용하여 기입합니다.

전기 4   전조등 점검

	자동차 번호 :		비번호		감독위원 확 인	
측정(또는 점검)					판정 (□에 'V'표)	득점
구분	측정 항목	측정값	기준값			
(□에 'V'표) 위치 : □ 좌 □ 우	광도		_____ 이상		□ 양호 □ 불량	

※ 측정 위치는 감독위원이 지정하는 위치의 □에 'V' 표시합니다.
※ 자동차 검사 기준 및 방법에 의하여 기록 · 판정합니다.

국가기술자격 실기시험문제 12안

| 자격종목 | 자동차정비기능사 | 과제명 | 자동차정비작업 |

비번호 :   시험시간 : 4시간(엔진 : 100분, 섀시 : 80분, 전기 : 60분)

[시험 안 및 요구 사항 일부 내용이 변경될 수 있음]

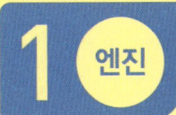

1. 주어진 디젤엔진에서 크랭크축을 탈거(감독위원에게 확인)하고, 감독위원의 지시에 따라 기록표의 내용대로 기록·판정한 후 다시 조립하시오.
2. 주어진 전자제어 가솔린 엔진에서 감독위원의 지시에 따라 시동에 필요한 크랭킹 회로의 이상개소를 점검 및 수리하여 시동하시오.
3. 주어진 자동차에서 엔진의 연료 펌프를 탈거(감독위원에게 확인)한 후 다시 조립하고, 감독위원의 지시에 따라 진단기(스캐너)를 사용하여 엔진의 각종 센서(액추에이터)를 점검 후 고장 부분을 기록하시오.
4. 주어진 자동차에서 기록표에 제시된 내용을 측정하고 기록·판정하시오.

1. 주어진 자동차에서 감독위원의 지시에 따라 후륜구동(FR 형식) 종감속장치에서 차동 기어를 탈거(감독위원에게 확인)한 후 다시 조립하시오.
2. 주어진 자동차에서 감독위원의 지시에 따라 클러치 페달의 유격을 점검하여 기록·판정하시오.
3. 주어진 자동차에서 감독위원의 지시에 따라 브레이크 라이닝(슈)을 탈거(감독위원에게 확인)하고, 다시 조립하여 브레이크의 작동 상태를 확인하시오.
4. 주어진 자동차에서 감독위원의 지시에 따라 진단기(스캐너)로 ABS 장치를 점검하고 기록·판정하시오.
5. 주어진 자동차에서 감독위원의 지시에 따라 좌 또는 우회전 시 최소회전반경을 측정하여 기록·판정하시오.

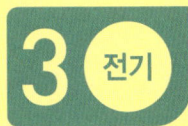

1. 주어진 자동차에서 발전기를 탈거(감독위원에게 확인)한 후, 다시 부착하여 발전기가 정상 작동하는지 충전 전압으로 확인하시오.
2. 주어진 자동차에서 감독위원의 지시에 따라 스텝 모터(공회전 속도조절 서보)의 저항을 점검하여 스텝 모터의 고장 부분을 확인한 후 기록표에 기록·판정하시오.
3. 주어진 자동차에서 실내등 및 열선 회로의 고장 부분을 점검한 후 기록표에 기록·판정하시오.
4. 주어진 자동차에서 경음기 음량을 측정하여 기록표에 기록·판정하시오.

국가기술자격 실기시험 결과기록표 12안

| 자격종목 | 자동차정비기능사 | 과제명 | 자동차정비작업 |

● 기록표는 문항별 구분 절단하여 배부하고, 각 문항별로 종료 시 회수한다.

엔진 1 플라이휠 점검

| 엔진 번호 : | | | 비번호 | | 감독위원 확 인 | |

항 목	측정(또는 점검)		판정 및 정비(또는 조치) 사항		득점
	측정값	규정(정비한계)값	판정(□에 'V' 표)	정비 및 조치 사항	
플라이휠 런 아웃			□ 양호 □ 불량		

엔진 3 엔진 센서(액추에이터) 점검

| 자동차 번호 : | | | | 비번호 | | 감독위원 확 인 | |

항 목	측정(또는 점검)			판정 및 정비(또는 조치) 사항		득점
	고장 부위	측정값	규정값	고장 내용	정비 및 조치 사항	
센서 (액추에이터) 점검						

엔진 4 배기가스 점검

| 자동차 번호 : | | | 비번호 | | 감독위원 확 인 | |

측정 항목	측정(또는 점검)		판정 (□에 'V'표)	득점
	측정값	기준값		
CO			□ 양호 □ 불량	
HC				

※ 감독위원이 제시한 자동차등록증(또는 차대번호)을 활용하여 차종 및 연식을 적용합니다.
※ 자동차 검사 기준 및 방법에 의하여 기록·판정합니다.
※ CO 측정값은 소수 첫째 자리까지만 기입하고 HC 측정값은 소수점 자리를 기록하지 않습니다.

섀시 2 　클러치 페달 유격 점검

항목	자동차 번호 :		비번호		감독위원 확　인	
	측정(또는 점검)		판정 및 정비(또는 조치) 사항			득점
	측정값	규정(정비한계)값	판정(□에 'ⅴ' 표)	정비 및 조치 사항		
클러치 페달 유격			□ 양호 □ 불량			

섀시 4 　ABS 장치 점검

항목	자동차 번호 :		비번호		감독위원 확　인	
	측정(또는 점검)		판정 및 정비(또는 조치) 사항			득점
	이상 부위	내용 및 상태	판정 (□에 'ⅴ' 표)	정비 및 조치 사항		
ABS 자기진단			□ 양호 □ 불량			

섀시 5 　최소회전반지름

항목	자동차 번호 :				비번호		감독위원 확　인	
	측정(또는 점검)				산출 근거 및 판정			득점
	최대조향각도		기준값 (최소회전 반지름)	측정값 (최소회전 반지름)	산출 근거	판정 (□에 'ⅴ' 표)		
	좌측 바퀴	우측 바퀴						
회전 방향 (□에 'ⅴ'표) □ 좌 □ 우						□ 양호 □ 불량		

※ 회전방향은 감독위원이 지정하는 위치의 □에 'ⅴ'표시합니다.
※ 최대 조향 시 각도 항목은 두 바퀴 모두 기록합니다.
※ 축거는 감독위원이 제시합니다.
※ 자동차 검사 기준 및 방법에 의하여 기록·판정합니다.
※ 산출근거에는 단위를 기록하지 않아도 됩니다.

전기 2   스텝 모터(공회전 속도 조절 서보) 저항 점검

	자동차 번호 :		비번호		감독위원 확 인	
항목	측정(또는 점검)		판정 및 정비(또는 조치) 사항			득점
	측정값	규정(정비한계)값	판정(□에 'V' 표)	정비 및 조치 사항		
저 항			□ 양호 □ 불량			

전기 3   실내등 및 열선 회로 점검

	자동차 번호 :		비번호		감독위원 확 인	
항목	측정(또는 점검)		판정 및 정비(또는 조치) 사항			득점
	이상 부위	내용 및 상태	판정(□에 'V' 표)	정비 및 조치 사항		
실내등 및 열선 회로			□ 양호 □ 불량			

※ 제시된 전기회로도의 명칭을 사용·기입합니다.

전기 4   경음기 음량 점검

	자동차 번호 :		비번호		감독위원 확 인	
항목	측정(또는 점검)			판정 (□에 'V' 표)		득점
	측정값	기준값				
경음기 음량		_____ 이상 _____ 이하		□ 양호 □ 불량		

※ 감독위원이 제시한 자동차등록증(또는 차대번호)을 활용하여 차종 및 연식을 적용합니다.
※ 자동차 검사 기준 및 방법에 의하여 기록·판정합니다.
※ 암소음은 무시합니다.

국가기술자격 실기시험문제 13안

자격종목	자동차정비기능사	과제명	자동차정비작업

비번호 : 　　　　시험시간 : 4시간(엔진 : 100분, 섀시 : 80분, 전기 : 60분)

[시험 안 및 요구 사항 일부 내용이 변경될 수 있음]

① 주어진 전자제어 디젤(CRDI) 엔진에서 인젝터(1개)와 예열 플러그(1개)를 탈거(감독위원에게 확인)하고, 감독위원의 지시에 따라 기록표의 내용대로 기록·판정한 후 다시 조립하시오.

② 주어진 전자제어 가솔린 엔진에서 감독위원의 지시에 따라 시동에 필요한 점화회로의 이상 개소를 점검 및 수리하여 시동하시오.

③ 주어진 자동차에서 엔진의 공기 유량 센서(AFS)와 에어 필터를 탈거(감독위원에게 확인)한 후 다시 조립하고, 감독위원의 지시에 따라 진단기(스캐너)를 사용하여 엔진의 각종 센서(액추에이터)를 점검 후 고장 부분을 기록·판정하시오.

④ 주어진 자동차에서 기록표에 제시된 내용을 측정하고 기록·판정하시오.

① 주어진 자동변속기에서 감독위원의 지시에 따라 오일펌프를 탈거(감독위원에게 확인)한 후 다시 조립하시오.

② 주어진 자동차에서 감독위원의 지시에 따라 사이드슬립을 점검하여 기록·판정하시오.

③ 주어진 자동차(ABS 장착 차량)에서 감독위원의 지시에 따라 브레이크 패드를 탈거(감독위원에게 확인)하고, 다시 조립하여 브레이크의 작동 상태를 확인하시오.

④ 주어진 자동차에서 감독위원의 지시에 따라 자동변속기 오일 압력을 점검하고 기록·판정하시오.

⑤ 주어진 자동차에서 감독위원의 지시에 따라 제동력을 측정하여 기록·판정하시오.

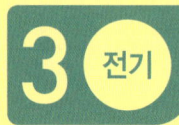

① 주어진 자동차에서 감독위원의 지시에 따라 히터 블로어 모터를 탈거(감독위원에게 확인)한 후, 다시 부착하여 모터가 정상적으로 작동되는지 확인하시오.

② 주어진 자동차에서 스텝 모터(공회전 속도조절 서보)의 저항을 점검하고 스텝 모터의 고장 유무를 확인한 후 기록표에 기록·판정하시오.

③ 주어진 자동차에서 방향지시등 회로의 고장 부분을 점검한 후 기록표에 기록·판정하시오.

④ 주어진 자동차에서 좌 또는 우측의 전조등 광도를 측정하고 기록표에 기록·판정하시오.

국가기술자격 실기시험 결과기록표 13안

자격종목	자동차정비기능사	과제명	자동차정비작업

● 기록표는 문항별 구분 절단하여 배부하고, 각 문항별로 종료 시 회수한다.

엔진 1 · 예열 플러그 저항 점검

엔진 번호 :			비번호		감독위원 확인	

항목	측정(또는 점검)		판정 및 정비(또는 조치) 사항		득점
	측정값	규정(정비한계)값	판정(□에 'V'표)	정비 및 조치 사항	
예열 플러그 저항			□ 양호 □ 불량		

엔진 3 · 엔진 센서(액추에이터) 점검

자동차 번호 :			비번호		감독위원 확인	

항목	측정(또는 점검)			판정 및 정비(또는 조치) 사항		득점
	고장 부위	측정값	규정값	고장 내용	정비 및 조치 사항	
센서 (액추에이터) 점검						

엔진 4 · 디젤엔진 매연 점검

자동차 번호 :				비번호		감독위원 확인	

항목	측정(또는 점검)				산출 근거 및 판정			득점
	차종	연식	기준값	측정값	측정	산출 근거(계산) 기록	판정(□에 'V'표)	
매 연					1회 : 2회 : 3회 :		□ 양호 □ 불량	

※ 23년부터 과급기 부착차량에 대한 매연검사(무부하급가속)의 5% 가산 기준은 미적용합니다.
※ 감독위원이 제시한 자동차등록증(차대번호)을 활용하여 차종 및 연식을 적용합니다.
※ 자동차 검사 기준 및 방법에 의하여 기록·판정합니다.   ※ 측정 및 판정은 무부하 조건으로 합니다.
※ 측정 및 산출근거란은 소수점 값을 기입합니다.
※ 측정값란은 매연 농도를 산술평균하여 소수점 이하는 버린 값으로 기입합니다.

섀시 2 · 사이드슬립 점검

항목	측정(또는 점검)		판정 및 정비(또는 조치) 사항		득점
	자동차 번호 :		비번호	감독위원 확 인	
	측정값	규정(정비한계)값	판정(□에 'V' 표)	정비 및 조치 사항	
사이드슬립			□ 양호 □ 불량		

섀시 4 · 자동변속기 오일 압력 점검

항목	측정(또는 점검)		판정 및 정비(또는 조치) 사항		득점
	자동차 번호 :		비번호	감독위원 확 인	
	측정값	규정값	판정(□에 'V' 표)	정비 및 조치 사항	
(OD)의 오일 압력			□ 양호 □ 불량		

※ 감독위원의 지시에 따라 공전 시 한 곳의 오일 압력을 측정합니다.

섀시 5 · 제동력 점검

항목	구분	측정값(kgf)	기준값 (□에 'V' 표)		산출 근거	판정 (□에 'V' 표)	득점
	자동차 번호 :				비번호	감독위원 확 인	
	측정(또는 점검)				산출 근거 및 판정		
제동력 위치 (□에 'V' 표) □ 앞 □ 뒤	좌		□ 앞 축중의 □ 뒤		편차	□ 양호 □ 불량	
			제동력 편차				
	우		제동력 합		합		

※ 측정 위치는 감독위원이 지정하는 위치의 □에 'V' 표시합니다.
※ 자동차 검사 기준 및 방법에 의하여 기록·판정합니다.
※ 측정값의 단위는 시험장비 기준으로 기록합니다.
※ 산출 근거에는 단위를 기록하지 않아도 됩니다.

전기 2 스텝 모터(공회전 속도 조절 서보) 저항 점검

항목	측정(또는 점검)		판정 및 정비(또는 조치) 사항		득점
	자동차 번호 :		비번호	감독위원 확인	
	측정값	규정(정비한계)값	판정(□에 'V'표)	정비 및 조치 사항	
저항			□ 양호 □ 불량		

전기 3 방향지시등 회로 점검

항목	측정(또는 점검)		판정 및 정비(또는 조치) 사항		득점
	자동차 번호 :		비번호	감독위원 확인	
	이상 부위	내용 및 상태	판정(□에 'V'표)	정비 및 조치 사항	
방향지시등 회로			□ 양호 □ 불량		

※ 제시된 전기회로도의 명칭을 사용 · 기입합니다.

전기 4 전조등 점검

	자동차 번호 :	비번호		감독위원 확인	
구분	측정(또는 점검)			판정 (□에 'V'표)	득점
	측정항목	측정값	기준값		
(□에 'V'표) 위치 : □ 좌 □ 우	광도		_____ 이상	□ 양호 □ 불량	

※ 측정 위치는 감독위원이 지정하는 위치의 □에 'V' 표시합니다.
※ 자동차 검사 기준 및 방법에 의하여 기록 · 판정합니다.

국가기술자격 실기시험문제 14안

자격종목	자동차정비기능사	과제명	자동차정비작업

비번호 :　　　　　　　시험시간 : 4시간(엔진 : 100분, 섀시 : 80분, 전기 : 60분)

[시험 안 및 요구 사항 일부 내용이 변경될 수 있음]

① 주어진 DOHC 가솔린 엔진에서 실린더 헤드와 피스톤(1개)을 탈거(감독위원에게 확인)하고, 감독위원의 지시에 따라 기록표의 내용대로 기록·판정한 후 다시 조립하시오.
② 주어진 전자제어 가솔린 엔진에서 감독위원의 지시에 따라 시동에 필요한 연료장치 회로의 이상 개소를 점검 및 수리하여 시동하시오.
③ 주어진 자동차에서 엔진의 공기 유량 센서(AFS)와 에어 필터를 탈거(감독위원에게 확인)한 후 다시 조립하고, 감독위원의 지시에 따라 진단기(스캐너)를 사용하여 엔진의 각종 센서(액추에이터)를 점검 후 기록표에 기록하시오.
④ 주어진 자동차에서 기록표에 제시된 내용을 측정하고 기록·판정하시오.

① 주어진 수동변속기에서 감독위원의 지시에 따라 후진 아이들 기어(또는 디퍼렌셜 기어 어셈블리)를 탈거(감독위원에게 확인)한 후 다시 조립하시오.
② 주어진 자동차(ABS 장착 차량)에서 감독위원의 지시에 따라 톤 휠 간극을 점검하여 기록·판정하시오.
③ 주어진 자동차에서 감독위원의 지시에 따라 브레이크 휠 실린더를 탈거(감독위원에게 확인)하고, 다시 조립하여 공기빼기 작업 후 브레이크의 작동 상태를 확인하시오.
④ 주어진 자동차에서 감독위원의 지시에 따라 진단기(스캐너)로 자동변속기를 점검하고 기록·판정하시오.
⑤ 주어진 자동차에서 감독위원의 지시에 따라 좌 또는 우회전 시 최소회전반경을 측정하여 기록·판정하시오.

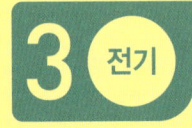

① 주어진 자동차에서 에어컨 벨트를 탈거(감독위원에게 확인)한 후, 다시 부착하여 벨트 장력까지 점검한 다음 에어컨 컴프레서가 작동되는지 확인하시오.
② 주어진 자동차에서 감독위원의 지시에 따라 메인 컨트롤 릴레이의 고장 부분을 점검한 후 기록표에 기록·판정하시오.
③ 주어진 자동차에서 와이퍼 회로의 고장 부분을 점검한 후 기록표에 기록·판정하시오.
④ 주어진 자동차에서 경음기 음량을 측정하여 기록표에 기록·판정하시오.

국가기술자격 실기시험 결과기록표 14안

자격종목	자동차정비기능사	과제명	자동차정비작업

● 기록표는 문항별 구분 절단하여 배부하고, 각 문항별로 종료 시 회수한다.

엔진 1 — 실린더 간극 점검

엔진 번호 :		비번호		감독위원 확 인	

항 목	측정(또는 점검)		판정 및 정비(또는 조치) 사항		득점
	측정값	규정(정비한계)값	판정(□에 'V' 표)	정비 및 조치 사항	
실린더 간극			□ 양호 □ 불량		

엔진 3 — 엔진 센서(액추에이터) 점검

자동차 번호 :		비번호		감독위원 확 인	

항 목	측정(또는 점검)			판정 및 정비(또는 조치) 사항		득점
	고장 부위	측정값	규정값	고장 내용	정비 및 조치 사항	
센서 (액추에이터) 점검						

엔진 4 — 배기가스 점검

자동차 번호 :		비번호		감독위원 확 인	

측정 항목	측정(또는 점검)		판정 (□에 'V'표)	득점
	측정값	기준값		
CO			□ 양호 □ 불량	
HC				

※ 감독위원이 제시한 자동차등록증(또는 차대번호)을 활용하여 차종 및 연식을 적용합니다.
※ 자동차 검사 기준 및 방법에 의하여 기록 · 판정합니다.
※ CO 측정값은 소수 첫째 자리까지만 기입하고 HC 측정값은 소수점 자리를 기록하지 않습니다.

섀시 2 ABS 스피드 센서 점검(톤 휠 간극)

자동차 번호 :			비번호		감독위원 확 인	
항목	측정(또는 점검)		판정 및 정비(또는 조치) 사항			득점
	측정값	규정(정비한계)값	판정(□에 'V' 표)	정비 및 조치 사항		
톤 휠 간극	전륜 · 우측 :	전륜 · 우측 :	□ 양호 □ 불량			

섀시 4 자동변속기 자기진단

자동차 번호 :			비번호		감독위원 확 인	
항목	측정(또는 점검)		판정 및 정비(또는 조치) 사항			득점
	이상 부위	내용 및 상태	판정 (□에 'V' 표)	정비 및 조치 사항		
변속기 자기진단			□ 양호 □ 불량			

섀시 5 최소회전반지름

자동차 번호 :					비번호		감독위원 확 인	
항목	측정(또는 점검)				산출 근거 및 판정			득점
	최대조향각도		기준값 (최소회전 반지름)	측정값 (최소회전 반지름)	산출 근거		판정 (□에 'V' 표)	
	좌측 바퀴	우측 바퀴						
회전 방향 (□에 'V'표) □ 좌 □ 우							□ 양호 □ 불량	

※ 회전방향은 감독위원이 지정하는 위치의 □에 'V'표시합니다.
※ 최대 조향 시 각도 항목은 두 바퀴 모두 기록합니다.
※ 축거는 감독위원이 제시합니다.
※ 자동차 검사 기준 및 방법에 의하여 기록 · 판정합니다.
※ 산출근거에는 단위를 기록하지 않아도 됩니다.

전기 2 — 메인 컨트롤 릴레이 점검

자동차 번호 :		비번호		감독위원 확 인	
항목	측정(또는 점검)	판정 및 정비(또는 조치) 사항		득점	
		판정(□에 'ˇ' 표)	정비 및 조치 사항		
코일이 여자되었을 때	□ 양호 □ 불량	□ 양호 □ 불량			
코일이 여자 안 되었을 때	□ 양호 □ 불량				

전기 3 — 와이퍼 회로 점검

자동차 번호 :			비번호		감독위원 확 인	
항목	측정(또는 점검)		판정 및 정비(또는 조치) 사항		득점	
	이상 부위	내용 및 상태	판정(□에 'ˇ' 표)	정비 및 조치 사항		
와이퍼 회로			□ 양호 □ 불량			

※ 제시된 전기회로도의 명칭을 사용·기입합니다.

전기 4 — 경음기 음량 점검

자동차 번호 :		비번호		감독위원 확 인	
항목	측정(또는 점검)		판정 (□에 'ˇ' 표)	득점	
	측정값	기준값			
경음기 음량		_____ 이상 _____ 이하	□ 양호 □ 불량		

※ 감독위원이 제시한 자동차등록증(또는 차대번호)을 활용하여 차종 및 연식을 적용합니다.
※ 자동차 검사 기준 및 방법에 의하여 기록·판정합니다.
※ 암소음은 무시합니다.

국가기술자격 실기시험문제 15안

| 자격종목 | 자동차정비기능사 | 과제명 | 자동차정비작업 |

비번호 :   시험시간 : 4시간(엔진 : 100분, 섀시 : 80분, 전기 : 60분)

[시험 안 및 요구 사항 일부 내용이 변경될 수 있음]

1. 주어진 가솔린 엔진에서 실린더 헤드와 피스톤(1개)을 탈거(감독위원에게 확인)하고, 감독위원의 지시에 따라 기록표의 내용대로 기록·판정한 후 다시 조립하시오.
2. 주어진 전자제어 가솔린 엔진에서 감독위원의 지시에 따라 시동에 필요한 크랭킹 회로의 이상개소를 점검 및 수리하여 시동하시오.
3. 주어진 자동차에서 엔진의 공기 유량 센서(AFS)와 에어 필터를 탈거(감독위원에게 확인)한 후 다시 조립하고, 감독위원의 지시에 따라 진단기(스캐너)를 사용하여 엔진의 각종 센서(액추에이터)를 점검 후 고장 부분을 기록하시오.
4. 주어진 자동차에서 기록표에 제시된 내용을 측정하고 기록·판정하시오.

1. 주어진 자동변속기에서 감독위원의 지시에 따라 밸브 보디를 탈거(감독위원에게 확인)한 후 다시 조립하시오.
2. 주어진 자동차에서 감독위원의 지시에 따라 자동변속기의 오일 양을 점검하여 기록·판정하시오.
3. 주어진 자동차에서 감독위원의 지시에 따라 클러치 릴리스 실린더를 탈거(감독위원에게 확인)하고, 다시 조립하여 공기빼기 작업 후 클러치의 작동 상태를 확인하시오.
4. 주어진 자동차에서 감독위원의 지시에 따라 진단기(스캐너)로 전자제어 자세제어장치(VDC, ECS, TCS 등)를 점검하고 기록·판정하시오.
5. 주어진 자동차에서 감독위원의 지시에 따라 제동력을 측정하여 기록·판정하시오.

1. 주어진 자동차에서 감독위원의 지시에 따라 계기판을 탈거(감독위원에게 확인)한 후, 다시 부착하여 계기판의 작동 여부를 확인하시오.
2. 자동차에서 점화코일 1차, 2차 저항을 측정하고 코일의 고장 유무를 확인하여 기록표에 기록·판정하시오.
3. 주어진 자동차에서 파워 윈도 회로의 고장 부분을 점검한 후 기록표에 기록·판정하시오.
4. 주어진 자동차에서 좌 또는 우측의 전조등 광도를 측정하고 기록표에 기록·판정하시오.

국가기술자격 실기시험 결과기록표 15안

자격종목	자동차정비기능사	과제명	자동차정비작업

● 기록표는 문항별 구분 절단하여 배부하고, 각 문항별로 종료 시 회수한다.

엔진 1 피스톤 링 이음 간극 점검

엔진 번호 :			비번호		감독위원 확 인	

항목	측정(또는 점검)		판정 및 정비(또는 조치) 사항		득점
	측정값	규정(정비한계)값	판정(□에 'V' 표)	정비 및 조치 사항	
피스톤 링 이음 간극 (압축링)	압축링 :		□ 양호 □ 불량		

엔진 3 엔진 센서(액추에이터) 점검

자동차 번호 :			비번호		감독위원 확 인	

항목	측정(또는 점검)			판정 및 정비(또는 조치) 사항		득점
	고장 부위	측정값	규정값	고장 내용	정비 및 조치 사항	
센서 (액추에이터) 점검						

엔진 4 디젤엔진 매연 점검

자동차 번호 :			비번호		감독위원 확 인	

항목	측정(또는 점검)				산출 근거 및 판정			득점
	차종	연식	기준값	측정값	측정	산출 근거(계산) 기록	판정(□에 'V' 표)	
매 연					1회 : 2회 : 3회 :		□ 양호 □ 불량	

※ 23년부터 과급기 부착차량에 대한 매연검사(무부하급가속)의 5% 가산 기준은 미적용합니다.
※ 감독위원이 제시한 자동차등록증(차대번호)을 활용하여 차종 및 연식을 적용합니다.
※ 자동차 검사 기준 및 방법에 의하여 기록 · 판정합니다.   ※ 측정 및 판정은 무부하 조건으로 합니다.
※ 측정 및 산출근거란은 소수점 값을 기입합니다.
※ 측정값란은 매연 농도를 산술평균하여 소수점 이하는 버린 값으로 기입합니다.

섀시 2 — 자동변속기 오일 양 점검

자동차 번호 :		비번호		감독위원 확인	
항목	측정(또는 점검)	판정 및 정비(또는 조치) 사항			득점
		판정(□에 'V' 표)	정비 및 조치 사항		
오일 양	COLD　　HOT 오일 레벨을 게이지에 그리시오.	□ 양호 □ 불량			

섀시 4 — 전자제어 현가장치 점검

자동차 번호 :			비번호		감독위원 확 인	
항목	측정(또는 점검)		판정 및 정비(또는 조치) 사항			득점
	이상 부위	내용 및 상태	판정(□에 'V' 표)	정비 및 조치 사항		
전자제어 현가장치 자기진단			□ 양호 □ 불량			

섀시 5 — 제동력 점검

자동차 번호 :				비번호		감독위원 확 인	
측정(또는 점검)				산출 근거 및 판정			득점
항목	구분	측정값(kgf)	기준값 (□에 'V' 표)	산출 근거		판정 (□에 'V' 표)	
제동력 위치 (□에 'V'표) □ 앞 □ 뒤	좌		□ 앞 축중의 □ 뒤 제동력 편차 제동력 합	편차		□ 양호 □ 불량	
	우			합			

※ 측정값의 단위는 시험장비 기준으로 기록합니다.
※ 자동차 검사 기준 및 방법에 의하여 기록·판정합니다.
※ 측정값의 단위는 시험장비 기준으로 기록합니다.
※ 산출 근거에는 단위를 기록하지 않아도 됩니다.

전기 2   점화코일 저항 점검

자동차 번호 :			비번호		감독위원 확 인	
항목	측정(또는 점검)		판정 및 정비(또는 조치) 사항			득점
	측정값	규정(정비한계)값	판정(□에 'V' 표)	정비 및 조치 사항		
1차 저항			□ 양호 □ 불량			
2차 저항			□ 양호 □ 불량			

전기 3   파워윈도 회로 점검

자동차 번호 :			비번호		감독위원 확 인	
항목	측정(또는 점검)		판정 및 정비(또는 조치) 사항			득점
	이상 부위	내용 및 상태	판정(□에 'V' 표)	정비 및 조치 사항		
파워윈도 회로			□ 양호 □ 불량			

※ 제시된 전기회로도의 명칭을 사용하여 기입합니다.

전기 4   전조등 점검

자동차 번호 :			비번호		감독위원 확 인	
	측정(또는 점검)				판정 (□에 'V'표)	득점
구분	측정항목	측정값	기준값			
(□에 'V'표) 위치 : □ 좌 □ 우	광도		_____ 이상		□ 양호 □ 불량	

※ 측정 위치는 감독위원이 지정하는 위치의 □에 'V' 표시합니다.
※ 자동차 검사 기준 및 방법에 의하여 기록·판정합니다.

자동차정비 기능사 실기

2015년 3월 20일 1판 1쇄
2026년 1월 10일 5판 2쇄

저자 : 임춘무·최종기·이호상·최필식
펴낸이 : 이정일

펴낸곳 : 도서출판 일진사
www.iljinsa.com

(우) 04317 서울시 용산구 효창원로 64길 6
대표전화 : 704-1616, 팩스 : 715-3536
이메일 : webmaster@iljinsa.com
등록번호 : 제1979-000009호(1979.4.2)

값 29,000원

ISBN : 978-89-429-1977-2

* 이 책에 실린 글이나 사진은 문서에 의한 출판사의
  동의 없이 무단 전재·복제를 금합니다.